高职高专计算机类专业系列教材

计算机组装与维护

(第二版)

主　编　杜飞明

副主编　张迎献

参　编　何亨贵　祝　旭

西安电子科技大学出版社

内 容 简 介

本书主要介绍计算机硬件结构、组成、组装方法及计算机软件的安装与维护技巧，涵盖了计算机组装与维护的基本常识和基础知识。

全书共分 14 章，第 1～8 章主要介绍计算机硬件及组装，以及计算机实际应用过程中与硬件相关的问题；第 9～13 章主要介绍计算机软件安装与维护知识，以及计算机实际应用过程中与软件相关的问题；第 14 章主要介绍和计算机组装与维护相关的实验指导。大多数章节都安排有与教学内容相关的应用案例，能够让学生巩固所学内容，提高实践技能。

本书内容全面、实用、详略得当，适合作为高职高专院校计算机应用专业或者计算机培训班的教材，也可供计算机应用与维护人员自学参考。

图书在版编目(CIP)数据

计算机组装与维护/杜飞明主编. —2 版. 西安：西安电子科技大学出版社，2012.5
(2021.1 重印)
ISBN 978 - 7 - 5606 - 2749 - 6

Ⅰ.① 计… Ⅱ.① 杜… Ⅲ.① 电子计算机—组装—高等职业教育—教材 ② 计算机维护—高等职业教育—教材 Ⅳ.① TP30

中国版本图书馆 CIP 数据核字(2012)第 009328 号

责任编辑 阎 彬 云立实 明政珠
出版发行 西安电子科技大学出版社(西安市太白南路 2 号)
电 话 (029)88242885 88201467 邮 编 710071
网 址 www.xduph.com 电子邮箱 xdupfxb001@163.com
经 销 新华书店
印刷单位 广东虎彩云印刷有限公司
版 次 2012 年 5 月第 2 版 2021 年 1 月第 4 次印刷
开 本 787 毫米×1092 毫米 1/16 印 张 20
字 数 468 千字
定 价 38.00 元
ISBN 978 - 7 - 5606 - 2749 - 6/TP
XDUP 3041002 – 4

序

1999 年以来，随着高等教育大众化步伐的加快，高等职业教育呈现出快速发展的形势。党和国家高度重视高等职业教育的改革和发展，出台了一系列相关的法律、法规、文件等，规范、推动了高等职业教育健康有序的发展。同时，社会对高等职业技术教育的认识在不断加强，高等技术应用型人才及其培养的重要性也正在被越来越多的人所认同。目前，高等职业技术教育在学校数、招生数和毕业生数等方面均占据了高等教育的半壁江山，成为高等教育的重要组成部分，在我国社会主义现代化建设事业中发挥着极其重要的作用。

在高等职业教育大发展的同时，也有着许多亟待解决的问题。其中最主要的是按照高等职业教育培养目标的要求，培养一批具有“双师素质”的中青年骨干教师；编写出一批有特色的基础课和专业主干课教材；创建一批教学工作优秀学校、特色专业和实训基地。

为解决当前信息及机电类精品高职教材不足的问题，西安电子科技大学出版社与中国高等职业技术教育研究会分两轮联合策划、组织编写了“计算机、通信电子及机电类专业”系列高职高专教材共 100 余种。这些教材的选题是在全国范围内近 30 所高职高专院校中，对教学计划和课程设置进行充分调研的基础上策划产生的。教材的编写采取公开招标的形式，以吸收尽可能多的优秀作者参与投标和编写。在此基础上，召开系列教材专家编委会，评审教材编写大纲，并对中标大纲提出修改、完善意见，确定主编、主审人选。该系列教材着力把握高职高专“重在技术能力培养”的原则，结合目标定位，注重在新颖性、实用性、可读性三个方面能有所突破，体现高职教材的特点。第一轮教材共 36 种，已于 2001 年全部出齐，从使用情况看，比较适合高等职业院校的需要，普遍受到各学校的欢迎，一再重印，其中《互联网实用技术与网页制作》在短短两年多的时间里先后重印 6 次，并获教育部 2002 年普通高校优秀教材二等奖。第二轮教材预计在 2004 年全部出齐。

教材建设是高等职业院校基本建设的主要工作之一，是教学内容改革的重要基础。为此，有关高职院校都十分重视教材建设，组织教师积极参加教材编写，为高职教材从无到有，从有到优、到特而辛勤工作。但高职教材的建设起步时间不长，还需要做艰苦的工作，我们殷切地希望广大从事高等职业教育的教师，在教书育人的同时，组织起来，共同努力，编写出一批高职教材的精品，为推出一批有特色的、高质量的高职教材作出积极的贡献。

中国高等职业技术教育研究会会长 李宗尧

前　言

本书在第一版的基础上主要进行了以下三项内容的调整和重组：其一，每章根据所学内容，引入实际应用案例，帮助读者轻松掌握相关知识和技能；其二，增删部分内容，使本书内容基本保持与时俱进；其三，增加了延伸阅读部分(用“*”号标注的各节)，可作为课外自学内容，帮助读者进行更深入的学习。

由于计算机技术发展迅猛，计算机组装与维护教材具有品种多、更新快的特点。大多数教材内容偏重于功能和特性介绍，没有与所学基础课(如电路、电子技术)紧密结合，没有运用已学课程分析一些问题、解释一些现象。学完后，学生遇到新技术、新问题时仍无从下手，不能举一反三，没有发展后劲。尽管本书第一版已做过一些探索，也被苏州农业职业技术学院电子信息技术系选为精品课程教材，但仍存在内容多而繁、教学内容取舍难等问题。

要解决以上问题确实有不小的难度，但这并不能成为阻挡我们进一步探索的理由。我们主要在如下几方面进行了一些探索：

1. 培养目标不仅是为企业提供合格人才，更要促进学生的全面发展。

本书按照教育部对高职高专学生的培养生产、管理和服务第一线应用型人才的目标和要求，以计算机组装与维护的实际应用和实际岗位能力的培养为主导，按照简而精的原则设置必讲内容于案例之前；案例选用实际工作中遇到的常见问题并说明其解决方法，进一步巩固所学内容，提高学生的实践技能；延伸阅读主要介绍计算机的发展过程、技术发展进程、工作原理及技术内涵，分析典型电路和重要零部件的技术特性，以提高学生把握计算机技术发展趋势的能力，增强其技术分析和应用能力，促进其全面发展。

2. 运用已学知识分析典型电路，理解技术术语，突破重点、难点。

针对计算机组装与维护课程涉及的知识面广、内容多、技术发展快、难以深入的特点，本书结合课程实际，对重点、难点部分进行了详细的分析。例如，重点分析了 CMOS 供电等典型电路，提高学生解决实际问题的能力；通过对随机访问模式和突发访问模式时序图的对比，帮助学生理解它们之间的异同点，突破难点。

3. 在强调实践动手能力的同时，注重必要的理论基础知识的讲授。

本书以培养技术应用能力为主线，突出高职技能型人才的培养特点，注重实用性和针对性。大多数章节都安排有实际应用案例，并配合以微机调试员操作考试，以提高学生的综合实践能力。本书也非常注重基础理论、工作原理及技术内涵的讲授，因为学好这些知识是提高实践能力的前提条件。

全书共分 14 章。第 1 章主要介绍了计算机的硬件系统、软件系统、发展过程、组成原理和体系架构；第 2 章介绍了 CPU 的分类、技术参数、选购、CPU 与风扇的安装与拆装；第 3 章介绍了主板的功能、分类及选购方法，重点对组成主板的主要部件如芯片组、主板接口、主板插座/插槽、扩展槽、排针、BIOS 芯片等进行了介绍，同时还分析了 CMOS 等典型电路和芯片；第 4 章介绍了内存的性能指标及分类、存储系统的层次结构、内存条的物理结构以及典型存储器的技术特点，同时对不同存储器进行了对比分析；第 5 章介绍了辅助存储设备的结构、技术参数、组成、基本工作原理、安装使用及日常维护；第 6 章介绍了显示卡和显示器的基本工作原理、构成、分类、性能指标、安装及日常维护；第 7 章介绍了声卡与音箱的基本结构、功能、种类、选购、安装及维护，还介绍了键盘和鼠标的工作原理与分类，AT 和 ATX 电源机箱及电源、打印机、扫描仪等的基本原理、技术指标、分类、安装及日常维护；第 8 章介绍了整机组装的原则和各主要部件的安装要领及整机组装过程；第 9 章主要介绍了利用 BIOS 设置程序对 CMOS 参数进行设置的方法；第 10 章介绍了微机操作系统及安装过程；第 11 章主要介绍了几个微机系统软件维护方面的技术；第 12 章主要介绍了常见的几种微机维护工具软件；第 13 章介绍了微机软/硬件故障维修的原则和技巧；第 14 章为计算机组装与维护实验指导，包含一些实训项目。大部分章节都根据教学内容设置了相关的应用案例，突出高职技能型人才的培养特点，注重实用性和针对性，既重视基础部分，又重视操作训练，以提高学生的综合实践能力。

参加本书编写的教师均来自湖南工业职业技术学院，其中，杜飞明编写了第 1～5 章，张迎献编写了第 6～12 章，何亨贵编写了第 13 章，祝旭编写了第 14 章。本书由杜飞明任主编，张迎献任副主编。

由于编者水平有限，书中难免有疏漏之处，敬请广大读者批评指正。编者的电子邮箱：dufm900@yahoo.com.cn。

编者

2011 年 10 月

第一版前言

本书是根据教育部高职高专培养目标及“计算机组装与维护”课程的教学大纲而编写的，为高职高专计算机类规划教材。

全书分13章。第1章介绍了计算机系统的基本组成和发展过程。第2章介绍了典型CPU的技术特征、工作电压、工作频率、速度指标、高速缓存、接口标准、脚座Socket、槽Slot、散热风扇、CPU的正确选用以及CPU的技术发展趋势。第3章介绍了主板的结构、功能、分类及选购方法，重点对组成主板的主要部件如芯片组、主板接口、主板插座插槽、扩展槽、排针、BIOS芯片等进行了介绍，同时分析了复位、CMOS等典型电路和芯片，还对主板的技术发展趋势进行了介绍。第4章介绍了内存的性能指标及分类、存储系统的层次结构、内存条和高速缓冲的物理结构，介绍了典型存储器的技术特点，同时对不同存储器进行了对比分析。第5章介绍了外部存储设备软驱、硬盘、光驱等的结构、技术参数、组成、基本工作原理、安装使用及其日常维护。第6章介绍了显示卡和显示器的基本工作原理、构成、分类、性能指标、安装及其日常维护。第7章介绍了声卡与音箱的基本结构、功能、种类、选购、安装及其维护。第8章主要介绍了键盘、鼠标的工作原理和分类，以及AT、ATX电源机箱和电源。第9章介绍了打印机、扫描仪等的基本原理、技术指标、分类、安装及日常维护。第10章介绍了整机组装的重要原则和拆装要领。第11章介绍了CMOS参数设定及软件安装。第12章介绍了计算机病毒的定义、特征及其分类方法，重点讲解了病毒的工作机理和预防方法，还介绍了常见杀毒软件的安装和使用。第13章通过几个典型实验来提升读者的操作技能。全书以“培养技术应用能力为主线”，突出高职技能型人才的培养特点，注重实用性和针对性，既重视基础部分，又增设操作训练内容，以提高读者的综合实践能力。

“计算机组装与维护”这门课程如何应对日新月异的计算机技术呢？第一，必须有扎实的理论基础知识，理解其工作原理和内涵，才能做到以不变应万变。这是因为，即使集成规模再大，也都是由三极管、二极管、电阻、电容、电感等组成的；电路部分再复杂，也能用R、L、C电路来等效。第二，要有超前意识，尽量选用最新产品进行介绍。第三，能对Intel、AMD等新产品的体系架构进行独立的技术优劣判断，以帮助用户选购产品。以上原则贯彻到了本教材编写的始终。

本书针对“计算机组装与维护”课程涉及知识面广、内容多、技术发展快、难以深入的特点，结合课程实际，对重点、难点部分进行了详细的分析，如重点分析了复位、CMOS供电的典型电路。书中知识点取舍的效果，还有待读者评判。

本书内容全面，既注重基础概念，又强调实践能力的培养，各知识点有分有合，适当交叉，互为补充，努力体现高职高专教育特色。

本书第1、2、3、4章由杜飞明编写；第5、9章由张敏编写；第6、7、8章由杨志勤编写；第 10、11、12、13 章由张迎献编写。本书由杜飞明担任主编，武汉职业技术学院程时兴担任主审。

由于编者水平有限，书中难免有疏漏和错误之处，敬请广大读者批评指正。可通过电子邮件与作者联系：dufm900@yahoo.com.cn。

编者

2005 年 4 月

目　　录

第 1 章　微型计算机概述

计算机是 20 世纪最重要的发明之一。它对人类的影响是全方位的，特别是微型计算机的应用已广泛而深入地渗透到社会的各个领域，从科研、生产、国防、文化、教育、卫生直到家庭生活。本书主要对人们使用最多的微型计算机(简称微机)进行介绍。

微机系统由硬件和软件两大部分组成。硬件是指构成微机的物理装置，看得见，摸得着，是一些实实在在的有形实体。软件是指计算机程序及有关程序的技术文档资料。

1.1　微型计算机硬件系统

1.1.1　微机的硬件组成

微机的硬件系统是指构建微机所需的各物理部件的总和。典型的微机硬件系统是由主机、键盘、鼠标、显示器、音箱等物理实体组成的，如图 1-1 所示。微机硬件系统的基本功能是接受微机程序的控制，实现数据输入、运算和数据输出等一系列操作。硬件系统是微机实现各种功能的物理基础，微机的信息交换、处理和存储等操作都是在此物理基础之上，通过软件来实现的。

1. 主机

微机的主机包含主机箱、电源、主板、CPU、内存、硬盘、光盘驱动器(CD-ROM 或 DVD)、显卡、声卡、网卡等。除机箱外，其余部分都安装在机箱的内部。微机主机如图 1-2 所示。主机是微机最重要的部件。

图 1-1　微机硬件组成

图 1-2　微机主机

图 1-3　CPU 外观

(1) 中央处理器(CPU)。CPU(Central Processing Unit)是微机硬件系统的核心部件，它主要包括运算器和控制器两个部件。由于 CPU 与内存之间的信息交换量越来越大，内存控制器也将集成于 CPU 内部。CPU 外观如图 1-3 所示。

(2) 主机板。主机板(Main Board，简称主板)又称母板或系统板(Mother Board 或 System Board),它是微机系统的最重要部件，是电脑中各种设备的连接载体。主板用于连接 CPU、内存、显卡、网卡和声卡等组件，其外形为矩形的多层印制电路板，上面安装着北桥、南桥芯片，声音处理芯片，各种电容和电阻以及相关的插座、扩展槽、接口等，如图 1-4 所示。主板上的插座(Socket)类主要包括 CPU 插座、内存插座、BIOS 插座等，扩展槽(Slot)类主要包括 AGP、PCI、ISA 等，接口(Connector)类主要包括电源接口、硬盘接口、USB 接口、1394 接口、并口、串口等。其中，CPU 插座用于安装 CPU，内存插座用于安装内存条，显卡扩展槽用于安装显卡，而 PCI 扩展槽则用于安装网卡、声卡等，电源接口连接电源。

(3) 内存。存储器分为主存储器和辅助存储器。微机的主存储器采用动态随机存储器(Dynamic Random Access Memory，DRAM)，就是常说的内存或内存条。DRAM 靠电容存储数据，为了保持数据，它必须定期刷新(Refresh)，否则数据就会丢失。辅助存储器有主机内、外之分，主机内的叫内部辅助存储器，如硬盘等。在加电情况下，CPU 可以对内存进行读/写操作；当断电后，内存中的数据将全部丢失。随着 CPU 速度的不断提高，内存的速度也在不断提高，目前常用的内存有 SDRAM、DDR、DDR2 和 DDR3 等类型。但必须清楚的是，作为个体的某位动态随机存储器(DRAM)的读/写速度的提升是有限的，因为读/写时都必须经过先输出行地址、再输出列地址、然后发出读/写命令这样的工作过程，所以 DDR、DDR2 和 DDR3 等速度的提升主要通过动态随机存储器(DRAM)的不同的组织架构(多通道、多组同时读取)和特殊的读/写(突发式，连续读取同一行地址下多列数据)等方法来实现。通过采用新组织架构，可以提升内存模组与 CPU 之间的数据交换性能。图 1-5 所示是 DDR3 内存条。

图 1-4　主板

图 1-5　内存条

(4) 硬盘。硬盘是最重要的内部辅助存储器。它采用全密封设计，将盘片和驱动器放在一起，具有高速和稳定的特点。由于硬盘采用特殊设计，因此在使用时最好保证硬盘不受震动。绝不能打开硬盘盒，以免进入灰尘而损坏。现在常用的硬盘有 PATA(并口)和 SATA(串口)两种。图 1-6 所示是一款硬盘外观。

(5) 光驱。光驱(DVD 光驱)主要用于读取 CD-ROM、DVD-ROM、VCD、CD、CD-R 等光盘媒介的数据，其外观如图 1-7 所示。光驱按结构和功能的不同可分为普通光驱和刻录机。其中，普通光驱包括 CD-ROM 和 DVD-ROM，这类光驱只能读取数据；刻录机包括 CD-R/RW(R 表示 Recordable，可一次写入；RW 表示 ReWritable，可多次重复写入)和 DVD-R/RW。刻录机不仅可以读取数据，还可以向光盘中写入数据。不同的刻录机必须使用其支持的刻录光盘才能向其中写入数据。光盘属外部辅助存储器。

图 1-6　硬盘

图 1-7　光驱

(6) 电源。电源是微机主机的动力源，它担负着向微机中各部件提供电能的重要任务。目前微机所使用的电源为开关电源(电源变换装置工作在开、关状态，具有节能高效、调节范围宽等特点)。电源外观如图 1-8 所示。

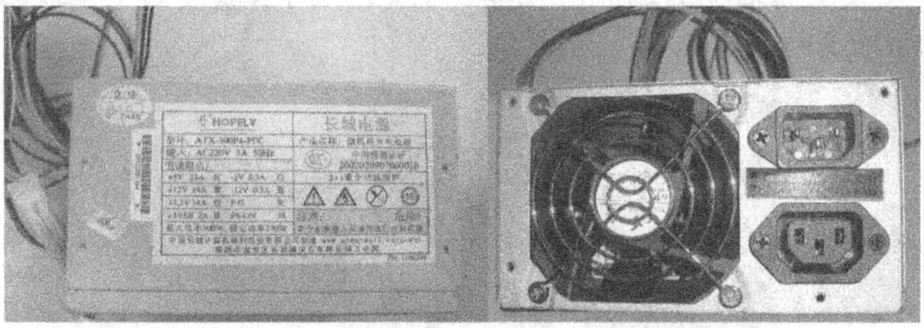

图 1-8　电源

2. 外部设备

微机硬件系统的外部设备大致可以分为输入设备、输出设备、外部移动存储器及扩展设备等。

(1) 输入设备。输入设备是外界向计算机传送信息的装置。在微型计算机系统中，最常用的输入设备有键盘和鼠标，如图 1-9 所示。此外其他的输入设备还有扫描仪、数码相机、摄像头、手写笔等。

(2) 输出设备。输出设备的作用是将计算机主机处理的结果转换为人们所熟悉的信息形式，并传送到外部媒介。例如，将计算机中的程序、运行结果、图形等信息在显示器上显示出来，或者用打印机打印出来。在微型计算机系统中，最常用的输出设备是显示器和打印机，如图 1-10 所示。有时根据特殊需要，还要配备其他输出设备，如工程上用来输出图纸的绘图仪。

图 1-9　输入设备

图 1-10　输出设备

(3) 外部移动存储器。外部移动存储器是相对于内部存储器而言的。内存的特点是速度快，容量小，断电后存储的信息会丢失。外部移动存储器的特点是速度慢，容量大，可移动，断电后信息将长久保存，而且便于在不同计算机之间进行信息传递。在微型计算机系统中，最常用的外部移动存储器有移动硬盘、光盘、U 盘、存储卡等，如图 1-11 所示。

图 1-11　外部移动存储器

(4) 扩展设备。扩展设备是计算机为了实现多媒体功能或网络功能等而增加的设备，例如为了实现接入互联网而增加的调制解调器、ADSL、网卡以及为了实现多媒体功能而增加的声卡、音箱等，如图 1-12 所示。

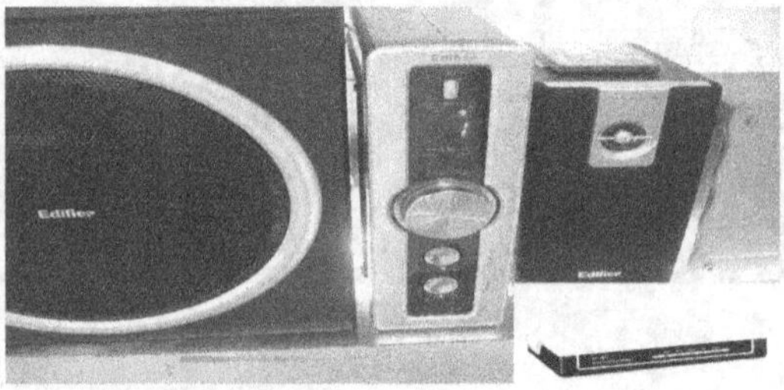

图 1-12　扩展设备

1.1.2　微机硬件功能结构

如图 1-13 所示，计算机由运算器、控制器、存储器、输入设备和输出设备这五大功能部件构成。图中，粗箭头代表数据或指令的流向，在机内表现为一组高、低电平(高、低电平分别代表 1 和 0)，通常用二进制表示；细箭头代表控制信号，在机内表现为一系列高、低电平，起控制作用，高、低电平表示两种不同的状态。计算机的工作正是通过这样的信息流动完成的。下面围绕此图说明各部件的作用。

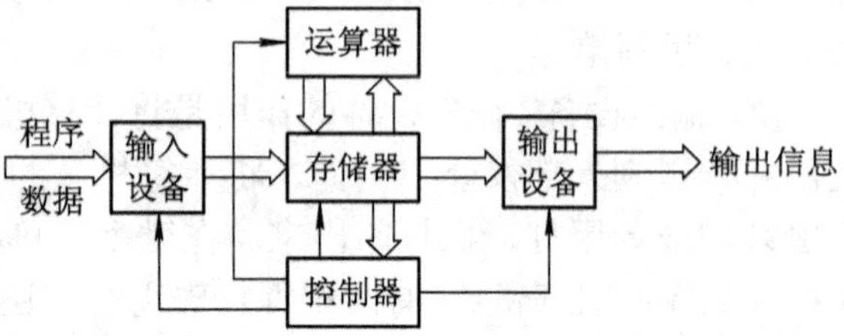

图 1-13　微机硬件功能结构

1. 运算器(Arithmetic Logic Unit，ALU)

运算器又称算术逻辑部件，是计算机进行数据运算的部件。数据运算包括算术运算和逻辑运算。

2. 控制器(Controller)

控制器是计算机的指挥系统，它控制计算机有条不紊地协调工作。控制器通过地址访问存储器，逐条取出选中单元的指令，分析指令，根据指令产生相应的控制信号并作用于其他部件，控制其他部件完成指令要求的操作。上述过程周而复始，保证了计算机能自动、连续地工作。

3. 存储器(Memory)

存储器是计算机中具有记忆能力的部件，用来存放程序或数据。程序和数据是两种不同的信息，应放在不同的地方，两者不可混淆。注意图 1-13 中所表示的信息流动方向：指令总是由存储器送到控制器，而数据则总是由存储器送到运算器。存储器就是一种能根据地址接收或提供指令或数据的装置。

4. 输入设备(Input device)

输入设备是用来输入程序和数据的部件。典型的输入设备有键盘、鼠标、光笔、图像扫描仪、数字化仪等。

5. 输出设备(Output device)

输出设备正好与输入设备相反，是用来输出计算结果的部件。输出设备要能以人们所能接受的形式输出信息，如以文字、图形的形式在显示器上输出。除显示器外，常用的输出设备还有打印机、绘图仪等。

1.2 微型计算机软件系统

1.2.1 软件系统的组成及分类

1. 软件系统的组成

软件是指计算机程序及有关程序的技术文档资料。对计算机来说，两者中更为重要的是程序，它能使计算机正常工作。一般情况下，软件就是指程序；对软件人员来说，软件应该还包含相应的技术支持文档，用以帮助人们阅读、修改和维护软件。

硬件与软件是相互依存的，软件依赖硬件才能保存和存储，而硬件则需在软件支配下才能有效地工作。软件技术现在变得越来越重要，有了软件，用户面对的将不再是计算机硬件本身，而是一台具有运算能力和逻辑判断能力的全能计算机。人们不必了解计算机本身，便可以更加方便、更加有效地让计算机为人类服务。从这个意义上说，软件是用户与硬件的接口。

2. 软件系统的分类

软件种类繁多，通常根据软件的用途将其分为两大类：系统软件和应用软件。

(1) 系统软件。系统软件是指管理、监控、维护计算机正常工作和供用户操作使用的计算机软件。这类软件一般与具体应用无关，而是在系统一级上提供服务的。系统软件主要包括以下两类：① 面向计算机本身的软件，如操作系统、诊断程序等；② 面向用户的软件，如各种语言处理程序、实用程序、字处理程序等。

(2) 应用软件。应用软件是指特定领域中的某种具体应用软件，如工业控制软件、财务报表软件、数据库应用软件等。值得注意的是，系统软件和应用软件之间并无严格的界限，随着计算机应用的普及，应用软件也在向标准化、商业化方向发展，并被纳入软件库中。这些软件库既可看成是系统软件，也可视为应用软件。

1.2.2 微机软件系统的层次关系

计算机软件系统是按层次结构组织的，如图 1-14 所示。各层之间的关系是：内层是外层的支撑环境，而外层不必了解内层细节，只需根据约定调用内层提供的服务即可。

由图 1-14 可见：在所有软件中操作系统最重要，因为操作系统直接与硬件相关联，属于最底层的软件，它管理和控制硬件资源，同时为上层软件提供服务。换句话说，任何程序必须在操作系统支持下才能运行，操作系统最终把用户与机器隔开了，凡用户对机器的操作一律转换为操作系统的命令，这样一来，用户使用计算机就变成使用操作系统了。有了操作系统，用户不用再在裸机上艰难地使用计算机(目前单片计算机应用系统的开发困难就在于此)，而是可以直接并充分享受操作系统提供的各种方便、优良的服务。

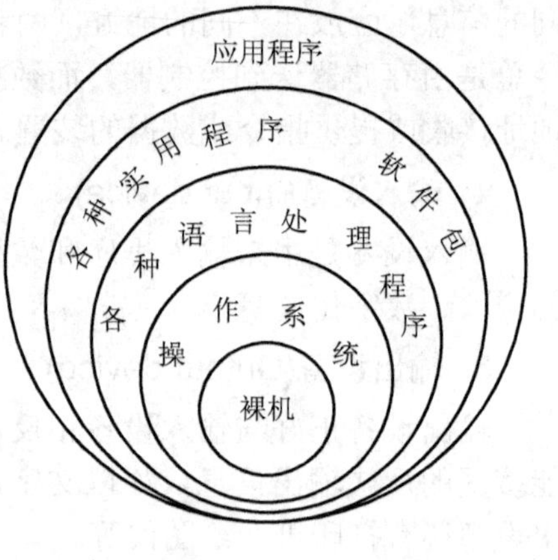

图 1-14　计算机软件系统层次结构

1.3 计算机系统组成

计算机系统是由硬件和软件两大系统构成的，图 1-15 概括地表示了计算机系统的组成。

- 计算机系统
  - 硬件
    - 主　机
      - 中央处理器
        - 运算器
        - 控制器
      - 内存储器
        - 随机存储器
          - DRAM内存条
          - SRAM高速缓存
          - CMOS SRAM
        - 只读存储器(BIOS)
    - 外部设备
      - 输入设备(键盘、鼠标、光笔等)
      - 输出设备(打印机、显示器、绘图仪等)
      - 外存储器(移动硬盘、光盘、磁带机等)
  - 软件
    - 系统软件
      - 操作系统
      - 程序设计语言
      - 服务程序(诊断程序、调试程序等)
    - 应用软件
      - 通用软件包
      - 专用软件包、用户开发的软件

图 1-15　计算机系统的组成

案例 1-1　对照表 1-1，列出一台当前主流品牌机的技术参数。

依据表 1-1，了解各参数的意义，选配一台目前的主流计算机，并列出各配件参数。

表 1-1 品牌机参数对照表

项目	技术参数	清华同方真爱 V9680-B003	联想扬天 7700R
基本类型	台式机	家用	商用
基本性能	CPU 系列	酷睿 2 四核	速龙四核
	CPU 型号	Intel 酷睿 2 四核 Q8200	AMD 速龙 II X4 630
	标称频率	2330 MHz	2800 MHz
	处理器核心	Yorkfield	Propus
	核心数	四核	四核
	二级缓存	4 MB	2 MB
	前端总线频率	1333 MHz	2000 MHz
	制程工艺	45 nm	45 nm
主板/内存	主板芯片	Intel G41	RS760G
	内存大小	4096 MB	4096 MB
	内存描述	DDR II	DDRIII
存储性能	硬盘容量	500 GB	500 GB
	硬盘描述	SATA	7200 转，SATA2
	光驱类型	DVD-SuperMulti 刻录光驱	DVD 刻录机
视频/音频	显示器大小	21.5 英寸	21.5 英寸
	显示器描述	宽屏 LCD	宽屏 LCD
	显卡类型	独立	独立
	显卡芯片	nVIDIA GeForce 9600	ATI Radeon HD 4350
	显存容量	1 GB	512 MB
	声卡描述	集成 5.1 声卡	集成 5.1 声卡
网络设备	网卡描述	100 Mb/s 以太网卡	1000 Mb/s 以太网卡
输入/输出	键盘描述	真爱黑色键盘	高端商务键盘
	鼠标描述	光电鼠标	USB 光电鼠标
	读卡器	多功能读卡器	多功能读卡器
	其他端口	USB2.0	前置 2 个 USB2.0
软件系统	操作系统	Windows 7 Home Basic	Windows XP 中文版
	随机附件	保修卡、说明书、驱动光盘急救中心(含正版杀毒软件)	驱动光盘及其他资料
产品外形	机箱描述	立式、黑色机箱境界版	立卧两用
其他特性	电源描述	220 V/300 W	220 V/275 W
	质保	三年有限保修及上门	三年有限保修及上门

案例 1-2 了解品牌机和兼容机。

早期，品牌机和兼容机具有特定意义。大型厂商自己研发的计算机产品叫品牌机，其软、硬件通用性差。后来，随着技术的逐渐成熟，厂商各自发挥自己的特长和优势，产品由大而全转向少而精；同时各种工业标准也相继推出，不同厂商的软、硬件可以很方便地连接到一起，在同一台机器内协同工作，这就是兼容机。20 世纪 80 年代初，IBM 推出 IBM-PC

个人计算机，该机采用了 Intel 的 8088 处理器和微软的 MS-DOS 操作系统，这就是典型的兼容机。目前，不论中外品牌，所有计算机厂家生产的整机都是兼容机。

本书中所说的品牌机和兼容机是特定的概念。品牌机就是各大品牌计算机公司生产的整机，比如联想(Lenovo)、戴尔(DELL)、惠普(HP)、神舟(Hasee)、方正(Founder)、清华同方、华硕(ASUS)、宏碁(Acer)等；兼容机指个人组装(DIY)机。

品牌机与兼容机的区别如下：

品牌机的优点是质量稳定、售后服务好，缺点是性价比稍低。品牌机适用于不太懂电脑、动手能力不强的用户。

品牌机厂商一般都有一定的技术力量，在批量生产前，对选用的组件经过了较为全面的技术测试，并进行了整机(工程样机)24 小时或 48 小时拷机，而且配件之间的搭配固定，所以品牌机质量稳定，各部件之间的适配性和整体性能好。品牌机通常提供三年质保和上门服务，售后服务好。同等性能的电脑，品牌机和兼容机相差几百到上千元。

兼容机的优点是兼容性好，部件搭配灵活，性价比高，适用于懂电脑的电脑发烧友、游戏玩家等动手能力强的用户。

兼容机配件现在多由一些大厂生产，比如华硕板卡等，同时不少配件厂家本身就是品牌机的原始设备生产商 (Original Equipment Manufacturer，OEM)，所以配件质量有保障。从兼容机的名字可知，兼容机具有兼容性，其兼容性高于品牌机，因为生产厂家希望配件应用的面越广越好，兼容性越强，市场越大。品牌机的兼容性不如兼容机，所以，有时品牌机的某个部件坏了，必须用原厂配件。

1.4* 计算机的发展过程

世界上第一台计算机是 1946 年问世的。60 多年以来，计算机技术获得了突飞猛进的发展。人们根据计算机的性能和硬件技术状况，将计算机的发展分成以下几个阶段，每一阶段在技术上都是一次新的突破，在性能上都是一次质的飞跃。

1. 第一阶段：电子管计算机(1946—1957 年)

该阶段的主要特点是：

(1) 采用电子管作为基本逻辑部件，体积大，耗电量大，寿命短，可靠性差，成本高。

(2) 采用电子管作为存储部件，容量很小。后来，辅助存储器使用了磁鼓存储信息，扩充了容量。

(3) 输入/输出装置落后，主要使用穿孔卡片，速度慢，使用十分不便。

(4) 没有系统软件，只能用机器语言和汇编语言编程。

2. 第二阶段：晶体管计算机(1958—1964 年)

该阶段的主要特点是：

(1) 采用晶体管制作基本逻辑部件，体积减小、重量减轻、能耗降低、成本下降，计算机的可靠性和运算速度均得到提高。

(2) 普遍采用磁芯作为存储器，采用磁盘/磁鼓作为辅助存储器。

(3) 开始有了系统软件(监控程序)，提出了操作系统的概念，出现了高级语言。

3. 第三阶段：集成电路计算机(1965—1974 年)

该阶段的主要特点是：

(1) 采用中、小规模集成电路制作各种逻辑部件，从而使计算机的体积更小、重量更轻、耗电更省、寿命更长、成本更低，运算速度有了更大的提高。

(2) 采用半导体存储器作为主存，取代了原来的磁芯存储器，使存储器容量和存取速度有了大幅度的提高，增加了系统的处理能力。

(3) 系统软件有了很大发展，出现了分时操作系统，多用户可以共享计算机软/硬件资源。

(4) 在程序设计方面采用了结构化程序设计，为研制大型软件提供了技术上的保证。

4. 第四阶段：大规模集成电路计算机(1975 年到现在)

该阶段的主要特点是：

(1) 基本逻辑部件采用大规模集成电路，使计算机的体积、重量、成本均大幅度降低，出现了微型机。

(2) 作为主存的半导体存储器，其集成度越来越高，容量越来越大；辅助存储器使用软/硬盘、磁带机和 CD-ROM、DVD，出现了高性能的移动存储设备。

(3) 台式机半导体器件的工作电压由单一的 5 V 变为多电压供电模式。

(4) 系统软件有了很大发展。

1.5* 计算机系统的工作过程

计算机的工作过程就是执行程序的过程。怎样组织程序，涉及计算机体系结构问题。现在的计算机都是基于“程序存储”概念设计的。

1. 冯・诺依曼(Von Neumann)的“程序存储”设计思想

冯・诺依曼是美籍匈牙利数学家，他在 1946 年提出了关于计算机组成和工作方式的基本设想。到现在为止，尽管计算机制造技术已经发生了极大的变化，但是就其体系结构而言，仍然是根据他的设计思想制造的，这样的计算机称为冯・诺依曼结构计算机。

冯・诺依曼设计思想可以简要地概括为以下三点：

(1) 计算机应包括运算器、存储器、控制器、输入设备和输出设备五大基本部件。

(2) 计算机内部采用二进制来表示指令和数据。每条指令一般具有一个操作码和一个地址码。其中操作码表示运算性质，地址码指出操作数在存储器中的地址。

(3) 将编好的程序送入内存储器中，然后计算机运行程序而无需操作人员干预，能自动逐条取出指令和执行指令。

冯・诺依曼设计思想最重要之处在于明确地提出了“程序存储”的概念，他的全部设计思想实际上就是对“程序存储”概念的具体化。

2. 计算机的工作过程

了解了“程序存储”，再理解计算机的工作过程将会变得十分容易。如果想让计算机工作，就得先把程序编出来，然后通过输入设备送到存储器中保存起来，即程序存储。接下来就是执行程序的问题了。根据冯·诺依曼的设计，计算机应能自动执行程序，而执行程序可归结为逐条执行指令。计算机的工作过程具体如下：

(1) 从存储器某个地址中取出要执行的指令送到CPU内部的指令寄存器；

(2) 分析指令寄存器内的指令，确定对应指令的微操作；

(3) 执行微操作，经指令译码器向各个部件发出相应的控制信号，完成指令规定的操作；

(4) 为执行下一条指令做好准备，即形成下一条指令地址。

1.6* 微机的体系架构

微机是由微处理器(CPU)、内存、输入/输出接口电路和总线接口组成的。微机配上软件系统和外部设备就构成了微机系统。

运算器和控制器在逻辑关系、电路结构上的联系十分紧密，尤其是随着大规模集成电路制作工艺的不断更新，这两大部件往往被制作在同一芯片上，因此，人们通常将它们合起来统称为中央处理器(Central Processing Unit，CPU)，而把输入设备(Input Device)与输出设备(Output Device)称为I/O设备。这样，现代计算机的结构可认为由图1-13中的五大部分组成简化为三大部分组成，即CPU、I/O设备及主存储器(Main Memory，MM)，如图1-16所示。图中主存储器(MM)是存储器子系统的一类，用来存放程序和数据。能与CPU直接交换信息的存储器俗称内存储器(简称内存)，另一类不能与CPU直接交换信息的存储器俗称辅助存储器(简称辅存)。CPU与MM合起来又称为主机。算术逻辑单元(Arithmetic Logic Unit，ALU)和控制单元(Control Unit，CU)是CPU的核心部件。

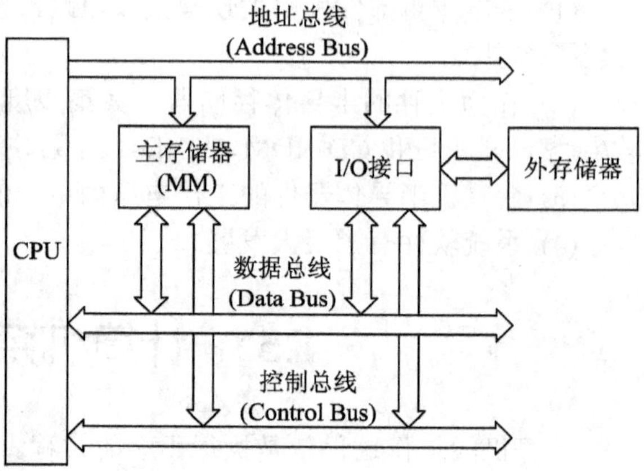

图1-16 微机结构

为了更加清晰、直观地描述计算机内部的系统结构和各类数据流、信号流之间的关系，图1-16中的总线分为地址总线(Address Bus，AB)、数据总线(Data Bus，DB)和控制总线(Control Bus，CB)三种。通常所说的总线都包括上述三个组成部分。地址总线(AB)用来传送地址信息，数据总线(DB)用来传送数据信息，控制总线(CB)用来传送各种控制信号。采用总线结构后，简化了系统设计，规范和简化了存储器、外设接口与总线的连接。

1.7* 计算机的发展方向

未来的计算机将以超大规模集成电路为基础，向巨型化、微型化、网络化与智能化的方向发展。

(1) 微处理器的内核电压正在由原来早期的5 V降低到1.33 V或更低，以减少发热量。

(2) CPU 的工作频率提升难度越来越大，这是因为计算机内部靠电压的高低来判断是 1 还是 0，而电压是靠电子的不断累积形成的，因此，电子发出端到电压形成必定存在延时，所以计算机速度的提高难度可想而知。

(3) 如果能找到一种能发射单个电子并对单个电子进行辨识(通过“有”、“无”电子分别表示 1 或 0)的器件，才有可能使计算机成为真正的“电子”计算机，这样，发热少、体积小的计算机的速度将达电子的速度，即出现真正意义上的电子计算机。

1. 巨型化

巨型化是指计算机的运算速度更高、存储容量更大、功能更强。目前正在研制的巨型计算机的运算速度可达百亿次每秒。

2. 微型化

微型计算机已进入仪器、仪表、家用电器等小型仪器设备中，同时也作为工业控制过程的“大脑”，使仪器设备实现“智能化”。随着微电子技术的进一步发展，笔记本型、掌上型微型计算机必将以更高的性能价格比受到人们的欢迎。

3. 网络化

随着计算机应用的深入，特别是家用计算机的普及，人们一方面希望众多用户能共享信息资源，另一方面也希望各计算机之间能互相传递信息进行通信。

计算机网络是现代通信技术与计算机技术相结合的产物。计算机网络已在现代企业的管理中发挥着越来越重要的作用，如银行系统、商业系统、交通运输系统等。

4. 智能化

计算机人工智能的研究是建立在现代科学基础之上的。智能化是计算机发展的一个重要方向。新一代计算机将可以模拟人的感觉行为和思维过程的机理，进行“看”、“听”、“说”、“想”、“做”，具有逻辑推理、学习与证明的能力。

1.8* 二进制及数据单位

数据是计算机处理的对象。这里的“数据”含义非常广泛，包括数值、文字、图形、图像、视频等各种数据形式。计算机内部一律采用二进制表示数据。

1.8.1 为什么用二进制

二进制并不符合人们的习惯，但是计算机内部仍采用二进制表示信息，这是由逻辑器件的自身特点决定的。计算机是由逻辑电路(器件)组成的，逻辑电路部件通常只有两个超稳定状态，且容易区分和判断，例如开关的接通与断开、晶体管的饱和与截止、电压电平的高与低等。这两种状态正好可以用二进制数的两个数码 1 和 0 来表示。

1.8.2 数据单位

二进制只有两个数码 1 和 0，任何形式的数据都要靠 1 和 0 来表示。为了能有效地表示和存储不同形式的数据，人们使用了下列不同的数据单位：

(1) 位(bit)。位是计算机存储数据、表示数据的最小单位。一个 bit 只能表示一个开关量，例如 1 代表“开关闭合”，0 代表“开关断开”。

(2) 字节(Byte)，简记为 B。规定 1 个字节等于 8 位，即 1 Byte = 8 bit。字节是重要的数据单位，因为计算机的存储器是以字节为单位组织的。每个字节都有一个地址码(就像门牌号码一样)，通过地址码可以找到这个字节，进而能存取其中的数据。因此字节是计算机处理数据的基本单位。

计算机存储器容量的大小是以字节数来表示的，经常使用的单位有 B、KB、MB、GB、TB。它们的关系是：

$$1\ \text{KB} = 2^{10}\ \text{B} = 1024\ \text{B}$$

$$1\ \text{MB} = 1024\ \text{KB} = 2^{10} \times 2^{10}\ \text{B} = 1\ 048\ 576\ \text{B}$$

$$1\ \text{GB} = 1024\ \text{MB} = 2^{10} \times 2^{10} \times 2^{10}\ \text{B} = 1\ 073\ 741\ 824\ \text{B}$$

$$1\ \text{TB} = 1024\ \text{GB} = 2^{10} \times 2^{10} \times 2^{10} \times 2^{10}\ \text{B} = 1\ 099\ 511\ 627\ 776\ \text{B}$$

(3) 字(Word)。计算机一次存取、加工和传送的字节数称为字，通常与 CPU 内部的寄存器、运算器的位数、系统数据总线和指令宽度有关。由于字长是计算机一次所能处理的实际位数，决定了计算机数据处理的速度，因而它是衡量计算机性能的一个重要指标。

小　结

本章简要介绍了计算机软件系统和硬件系统、计算机的发展过程、计算机系统的组成及工作过程、体系架构及发展方向。其中计算机软件和硬件组成是课堂学习重点。

思考与练习题

1. 计算机主要由哪几部分组成？各部分的主要功能是什么？
2. 微机总线中 AB、DB、CB 的含义是什么？
3. 计算机的主要发展趋势是什么？

第 2 章　中央处理器

中央处理器(Central Processing Unit，CPU)又称为微处理器，它主要由运算器和控制器两部分组成，是计算机系统的核心部件，被称为计算机的“大脑”。它通过指令进行运算和系统控制，其性能在很大程度上决定着计算机的性能。

2.1　CPU 的分类

随着计算机应用领域的不断扩大，针对不同的用户需求及不同应用范围，CPU 被设计成不同类型——通用式、嵌入式和微控制式。通用式 CPU 追求高性能，主要用于个人计算机系统(即 PC 台式机)、服务器(工作站)以及笔记本(上网本)。而嵌入式 CPU 主要面向特定应用领域，配备轻量级操作系统，具备一定的交互能力，像移动电话、DVD、机顶盒等都使用嵌入式 CPU。微控制式 CPU 主要用于汽车、空调、自动机械等自动控制单元或设备。

应用于服务器和专业工作站上的 CPU，因其工作时间长、任务重、速度快、服务质量要求高，所以在稳定性、处理速度、同时处理任务的数量等方面的要求都要高于单机 CPU。其中服务器 CPU 的高可靠性是普通 CPU 所无法比拟的，因为大多数的服务器(如网站服务器)都要满足每天 24 小时、每周 7 天的满负荷工作要求。由于服务器的数据处理量很大，因而需要采用多 CPU 并行处理结构，即一台服务器中安装 2、4、8 或更多个 CPU，可用于高负荷的高速数据库处理；而对于专业工作站，多处理器系统则适合三维图形制作和动画文件编码等单处理器无法实现的高处理速度应用。CPU 的许多新技术都是率先应用于服务器(工作站)CPU 中的。

早期的 CPU 设计中并没有单独的笔记本 CPU，均采用台式机 CPU，后来当笔记本电脑的散热和体积成为发展的瓶颈时，才逐渐生产出笔记本专用 CPU 和上网本 CPU。受笔记本内部空间、散热和电池容量的限制，笔记本 CPU 在外观尺寸、功耗(耗电量)方面都有很高的要求。

目前，AMD 用于服务器的 CPU 有六核 AMD 皓龙处理器、四核皓龙处理器；用于一般笔记本的有双核 Turion Ultra 移动式处理器、双核 Turion 移动式处理器、锐龙 Neo X2 移动处理器；用于超薄笔记本的有速龙 Neo 处理器、闪龙处理器、移动式 Sempron(闪龙)处理器、速龙 X2 双核处理器；用于台式机的有羿龙 II 处理器、羿龙处理器、速龙 II 处理器、速龙双核处理器、速龙处理器、闪龙处理器、闪龙盒装处理器、羿龙 II 盒装处理器、速龙 II 盒装处理器。

Intel 用于服务器的 CPU 有至强处理器 7000 型、5000 型、3000 型以及安腾处理器 9000 型；用于专业工作站的 CPU 有至强处理器 5000 型、3000 型以及酷睿处理器；用于台式机的有酷睿 i7 处理器至尊版、酷睿 i7 处理器、酷睿 i5 处理器、酷睿 i3 处理器、酷睿博锐处理器系列、酷睿 2 至尊处理器、酷睿 2 四核处理器、酷睿 2 双核处理器；用于笔记本的 CPU

有酷睿 i7 移动式处理器至尊版、移动式酷睿 i7 处理器、移动式酷睿 i5 处理器、移动式酷睿 i3 处理器、酷睿博锐处理器系列、酷睿 2 至尊移动式处理器、酷睿 2 四核移动式处理器、酷睿 2 双核移动式处理器、酷睿 2 单核移动式处理器、赛扬处理器；用于上网本的 CPU 有凌动处理器。

台式机 CPU 的工作电压和功耗都高于笔记本 CPU。家庭及办公用电脑基本上都是台式机，所以本书以介绍台式机为主。

2.2　CPU 主要技术指标

处理器的性能不能靠单一的主频来衡量，一个完整的处理器号(参数)应包括体系架构、高速缓存、主频、前端总线以及其他技术。不同用途的处理器各有不同的技术参数，只有了解其真正意义，才能做出正确的选择。

下面先分析处理器主频、外频、倍频、前端总线(FSB)频率之间的关系及意义。

1. 主频

主频即 CPU 内部运算的工作频率。随着计算机的发展，主频由过去的兆赫兹级(MHz)发展到了现在的吉赫兹级(GHz)。对于主频，值得注意的有两点：① 在同系列微处理器中，主频越高就代表着 CPU 内部的速度越快，但对于不同系列的处理器，只能将此参数作为参考；② 要注意主频与系统总线、内存、外部设备的配合与协调，清楚影响系统整体性能发挥的瓶颈。

2. 外频与倍频数

外频即系统总线时钟(System Bus Clock)频率，目前主要有 133 MHz、166 MHz、200 MHz 等。倍频数(外频倍数)即主频与外频之比。主频、外频、倍频数的关系式为：主频＝外频×倍频数。

3. 前端总线(Frontside Bus，FSB)

前端总线是指 CPU 与北桥之间的连接总线。借助前端总线和北桥芯片，微处理器能连接到主存、南桥芯片、PCI 装置、AGP 卡和其他外设上。前端总线频率决定了 CPU 与北桥之间的交换性能。例如，P4 3.6 GHz 的前端总线频率为 800 MHz。

4. 高速缓存(Cache)

CPU 的缓存分为两级：一级缓存与二级缓存，有的还有三级缓存。大家应当注意：在 CPU 的主频完全相同的情况下，缓存越大，CPU 处理数据的速度就越快。在选购的时候应尽量选用具有大缓存的 CPU。

2.3　CPU 的其他技术

处理器的性能除了前面提到的高速缓存、主频、前端总线外，还与其他技术相关。因此，选择 CPU 时应当考虑 CPU 的其他技术。

1. 体系结构

AMD 公司在 X86-64 架构的 64 位微处理器中内建 DDR 内存控制器，可大大降低对内存的访问时间，从而提高系统的性能；另外它还采用了超传输(Hyper Transport)技术，该技术是一种全新的高速、高性能的端到端互连总线技术，能够进行高速的连续数据传输。

2008 年，Intel 推出了集成 3 通道内存控制器的 Nehalem。放弃 FSB 设计，改用快速通道互连(Quick Path Interconnect，QPI)技术，能够双向串联点对点传输。事实上它的官方名字叫做 CSI(Common System Interface，公共系统界面)，用来实现芯片之间、核心之间的直接互连，而不是通过 FSB 连接到北桥。

2. 多核心技术

CPU 从诞生之日起，其主频不断在提高。桌面处理器的主频在 2000 年达到了 1 GHz，2001 年达到 2 GHz，2002 年达到了 3 GHz。但近年来处理器的主频提升似乎停滞不前了，电压和发热成为主频提升的主要障碍，靠主频提升改善计算机性能将尽极限。

多内核是指在一枚处理器中集成两个或多个完整的计算引擎(内核)。工程师们认识到，仅仅提高单核芯片的速度会产生过多热量且无法带来相应的性能改善。先前的处理器产品就是如此，即便是没有发热问题，其性价比也难以令人接受，速度稍快的处理器价格要高很多。因此，多核技术是 CPU 发展的必然趋势。Intel 在推行多核心处理器产品时将两组内核(Die)封装于同一基板上，并以 FSB 进行连接，无论是初代双核心产品 Pentium D 还是四核心产品 Core 2 Quad 均是如此，因此得名“胶水多核”。

3. CPU 内存控制器集成整合技术

早期的内存控制器(Memory Controller)位于主板芯片组的北桥芯片内部，CPU 和内存进行数据交换需要经过“CPU—北桥—内存—北桥—CPU”五个步骤，在此模式下数据经由多级传输，数据延迟大，从而影响微机的整体性能。AMD K8 系列 CPU 内部则整合了内存控制器，将 CPU 与内存之间的数据交换过程简化为“CPU—内存—CPU”三个步骤，与传统的内存控制器方案相比显然具有更低的数据延迟，这有助于提高计算机系统的整体性能。

AMD 早在 K8 时代已在 CPU 中集成了内存控制器，一直沿用到现在。集成内存控制器能大幅提升 CPU 与内存之间的数据交换性能。而英特尔公司直到 2008 年发布微结构 Nehalem 平台处理器时，才将内存控制器集成到 CPU 内部，此后 Intel 在体系架构上的不利地位才有所改善。

4. 多通道技术

多通道技术就是双通道、三通道、甚至四通道内存控制技术，它能有效地提高内存总带宽，从而适应新的微处理器的数据传输、处理的需要。双通道有两个 64 bit 内存控制器，相当于 128 位。双通道技术的带宽是单通道技术带宽的 2 倍。三通道有三个 64 bit 内存控制器，相当于 192 位。三通道的带宽是单通道带宽的 3 倍。

如果把数据交换比作汽车运输货物的话，在 CPU 与内存之间提升数据交换性能的方法有两种：① 增加车道，即采用多通道技术；② 提高车速。从 DDR、DDR2 到 DDR3 的技术发展过程看，采用的是提高汽车速度的办法。

5. 核心电压和 I/O(输入/输出)电压

早期核心电压和 I/O 电压相同。现在普遍采用分离供电方案，即 I/O 电压不变，核心电压降到更低；不过现在内存等的工作电压也在降低，因此 I/O 电压也将降低。现在的主板一般都会随 CPU 自动调整工作电压，重要的是要选一款支持所选 CPU 工作的主板。

6. 制造工艺

制造工艺决定芯片上每一层线路的宽窄及每个晶体管的大小，说简单点就是制造的精密度。目前主要采用 32 nm 技术，新的 22 nm 技术已有产品样品。购买时应选择制造工艺高的。

7. 接口类型

CPU 需要通过接口与主板连接才能进行工作。经过多年的发展，CPU 采用的接口方式有引脚式、卡式、触点式、针脚式等。而目前 CPU 的接口主要是触点式、针脚式接口，对应到主板上就有相应的插槽类型。不同类型的 CPU 接口，在插孔数、体积、形状上都有相应的变化。不同处理器的针脚不同，所以要考虑主板是否匹配的问题。一定要做到一一对应，也就是保证主板支持相应的 CPU。下面介绍目前 CPU 的两种常用接口类型。

(1) Intel LGA 1366。Intel 在 45 nm Nehalem 系列处理器中开始使用新的 LGA 1366 接口，(又称 Socket B)，逐步取代流行多年的 LGA 775。从名称上就可以看出，LGA 1366 要比 LGA 775A 多出 591 个触点，这些触点用于 QPI 总线、三条 64 bit DDR3 内存通道等连接。Bloomfield、Gainestown 以及 Nehalem 处理器的接口为 LGA 1366，比 LGA 775 接口的面积大了 20%。处理器内核(Die)越大、功能越多，发热量相对就越大，所以就需要散热效果更佳的 CPU 散热器。而且在处理器背面多加了一块金属板(和 LGA 775 接口外观雷同)，目的是为了更好地固定处理器以及散热器。Intel I7-920 CPU 如图 2-1 所示，Intel LGA 1366 接口如图 2-2 所示。

图 2-1 Intel I7-920 CPU 的正反面

图 2-2 LGA 1366 接口

(2) Socket AM3 接口。Socket AM3 是 AMD CPU 的一个接口规格。所有 AMD 台式 45 nm 处理器均采用了新的 Socket AM3 插座，它有 938 针的物理引脚，这也就意味着它与旧的 Socket AM2+插座甚至是更早的 Socket AM2 插座在物理上是兼容的，因为后两者的物理引脚数均为 940 针，技术上是否兼容必须查看相关技术资料。940 针与 938 针 CPU 如图 2-3

所示。940针与938针CPU插座如图2-4所示。

图2-3 940针与938针CPU

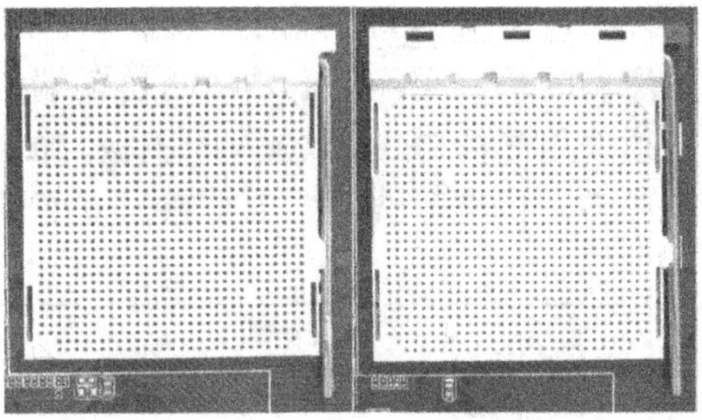

图2-4 940针与938针CPU Socket

Socket AM2是AMD于2006年5月底发布的支持DDR2内存的AMD64位桌面CPU的接口标准，具有940根CPU针脚，支持双通道DDR2内存。虽然具有940根CPU针脚，但Socket AM2与Socket 940在针脚定义以及针脚排列方面都不相同，所以不能互相兼容。目前采用Socket AM2接口的有低端的Sempron、中端的Athlon 64、高端的Athlon 64 X2以及顶级的Athlon 64 FX等全系列AMD桌面CPU，它们支持200 MHz外频和1000 MHz的HyperTransport总线频率，支持双通道DDR2内存，其中Athlon 64 X2以及Athlon 64 FX最高支持DDR2 800，Sempron和Athlon 64最高支持DDR2 667。

2.4 CPU主流品种

高端产品价格太贵，低端产品容易过时。因此，购机时应当选用主流品种，以满足应用要求为主。

其实，选CPU时是选用AMD的还是Intel的，差别已经不大了，随着AMD 64位平台的推出及超传输技术的应用，从技术架构上来说，AMD的CPU稍占上风，而且AMD的CPU的性能价格比可能更占优势。下面介绍两种主要的CPU。

1. Intel酷睿 i7 980X(至尊版)Core i7 980X Extreme Edition

Intel酷睿i7 980X(至尊版)目前是Intel的一款高档次台式机处理器，其外观如图2-5所示，各技术参数见表2-1。一般参数比较好理解，而其相关的频率、速度等就相对难理解一些。下面分析频率、速度各数据间的关系。

图2-5 酷睿i7 980X CPU

外频通过受控振荡锁相环集成电路产生，受控振荡电路外接14.318 MHz晶体作为基准频率，通过参数的不同选择可分别获得66 MHz、75 MHz、100 MHz、133 MHz、166 MHz、200 MHz等频率，有的主板可以以1 Hz为单位增加或减少。与该CPU配套的主板必须提供一个133 MHz外频，其他与CPU相关的频率或速度基本上就是133的整数倍，如3330/133 = 25，3600/133 = 27。QPI总线的传输速度是6.4 GT/s，那么QPI总线的频率就是3200 MHz，因为QPI总线采用了DDR(Dual Date Rate)数据传输形式，即在时钟的上升沿和下降沿均传输1次数据，一个周期传输两次；在计算带宽时，须在 QPI 总线传输速度的基础上乘 2，因为 QPI 总线采用了类似 HyperTransport 点对点设计，包括上行与下行一对线路，分别负责数据发送和接收。需要注意的是，实际带宽是由两传输端的速度低的一端决定的。对于内存标准 DDR3-1066，必须选用支持 DDR3-1066 的主板，加上三通道则表明集成于 CPU 内的内存控制器提供了三个通道，相当于修了三个车道，其数据吞吐量是单通道的 3 倍。

表 2-1　酷睿 i7 980X 技术参数表

基本参数		CPU 缓存	
类型	台式机	一级缓存	L1 = 6 × 64 KB
CPU 系列	Core i7	二级缓存	L2 = 6 × 256 KB
CPU 频率		三级缓存	L3 = 12 MB
主频	3330 MHz	CPU 接口类型	
智能加速(睿频)	3600 MHz	接口标准	LGA 1366
外频	133 MHz	针脚数目	1366 针
倍频	25 倍	其他参数	
总线类型	QPI 总线	指令集	SSE 4.1/4.2
总线速度	6.4 GT/s	内存控制器	三通道 DDR3-1066 内存
CPU 内核		支持最大内存	24 GB
核心数量	六核心	集成显卡	否
线程数	十二线程	超线程技术	支持
制作工艺	32 nm	虚拟化技术	Intel VT
核心类型	Gulftown	64 位处理器	是
CPU 架构	Westmere	Turbo Boost 技术	支持
热设计功耗(TDP)	130 W	SpeedStep 技术	支持
内核电压	0.8～1.375 V	可信执行技术	不支持
晶体管数量	11.7 亿	热监测技术	不支持
核心(Die)面积	248 mm^2	最高温度	67.9℃

2. Phenom II X6 1090T

Phenom Ⅱ X6 1090T 目前是 AMD 的一款高档次台式机处理器，其外观如图 2-6 所示，技术参数见表 2-2。有的技术参数 AMD 和 Intel 的叫法虽不一样，但其本质完全一样，比如 Intel 的智能加速(睿频)和 AMD 的最高动态频率的含义基本相同。CPU 主频 3200 MHz 是外频 200 MHz 的 16 倍。最高动态频率 3600 MHz 是外频 200 MHz 的 18 倍。总线速度为 4000 MT/s，那么总线时钟频率 2000 MHz 是外频 200 MHz 的 10 倍。内存控制器虽然同时支持 DDR2-800 和 DDR3-1333，但实际上主板只会选择支持其中的一种内存标准，不是 DDR2 就是

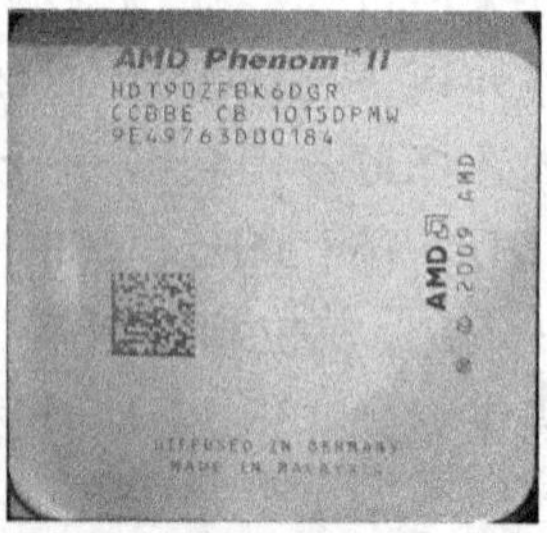

图 2-6　Phenom Ⅱ X6 1090T CPU

DDR3，因为它们的物理接口和电气标准不同，如果两个都做到主板上，势必增加成本和占用空间。该 CPU 集成的是 DDR2 内存控制器，所以 800/4 = 200 MHz，而 1333/8 = 166 MHz。该 CPU 采用 AMD 64 技术，同时支持 32 位和 64 位计算，每个核心的一级缓存是 128 KB (64 KB 指令+64 KB 数据)，每个核心有 512 KB 二级缓存，6 个核心共享 6 MB 三级缓存。该 CPU 采用超传输总线技术，传输速度高达 4000 MT/s，全双工传输。一个 16 位 I/O 超传输总线的最大 I/O 带宽为 16.0 GB/s(2 × 4000 MT/s × (16 bits/T ÷ 8 bits/Byte)。双通道内存控制器的数据宽度为 128 位，双通道 DDR2-800 内存带宽为 12.8 GB/s，即 800 MT/s × (128 bits/T ÷ 8bits/Byte)，双通道 DDR3-1333 内存带宽为 21 GB/s，即 1333 MT/s × (128 bits/T ÷ 8 bits/Byte)，故双通道内存带宽最大为 21 GB/s。因此该处理器到系统的总带宽(超传输总线带宽加内存带宽)最高为 37 GB/s。

表 2-2　Phenom Ⅱ X6 1090T 技术参数表

基本参数		CPU 缓存	
类型	台式机	一级缓存	L1 = 6 × 128 KB
CPU 系列	羿龙 Ⅱ X6	二级缓存	L2 = 6 × 512 KB
CPU 频率		三级缓存	L3 = 6 MB
主频	3200 MHz	CPU 接口类型	
最高动态频率	3600 MHz	接口标准	Socket AM3
外频	200 MHz	针脚数目	938 针
倍频	16 倍	其他参数	
总线类型	HT 3.0 总线	指令集	MMX(+), 3DNow!(+), SSE(1, 2, 3, 4A)，x86-64
总线速度	4000 MT/s	内存控制器	双通道 DDR3-1333 双通道 DDR2-800
CPU 内核		支持 32 位和 64 位	是
核心数量	六核心	Turbo Core 技术	支持
制作工艺	45 nm	HyperTransport 总线技术	支持
核心类型	Thuban	超线程技术	无
CPU 架构	K10.5	AMD-V 虚拟化技术	支持
热设计功耗(TDP)	125 W	地址线	48 位
内核电压	(1.125～1.40)V	最高温度	62℃

2.5　CPU 和风扇的安装与拆装

CPU 在计算机系统中的地位和作用就如同人的大脑，要想物尽其用，正确的安装、保养、维护是很重要的。

2.5.1 装拆电子部件一般注意事项

为了人和计算机各部件的安全，在安装和拆装过程中，务必注意如下事项：

(1) 认真阅读说明书。在使用和操作任何电子部件之前，仔细阅读说明书是一种非常好的习惯。

(2) 操作前清除静电。人体本身可能带有静电，尤其在冬天穿了多层不同质地的衣物时，可能因摩擦而产生大量的静电。而静电往往是各敏感部件如 CPU、芯片组的“头号杀手”。有条件的话，应戴上防静电手环。若无防静电手环，在操作之前应先洗手，然后擦干双手，或碰触金属物以消除静电。

(3) 严禁带电操作。各部件的安装和拆卸都必须断电操作，严禁在通电的情况下拔插部件。ATX 电源关闭时，待机电路还在工作，交流电路和待机电路并未真正切断，所以最安全的做法是拔掉电源线。

(4) 电源接通与断开之间要有 30 s 以上的时间间隔。计算机电源在接通或断开的瞬间有可能产生较大的尖峰电压和冲击电流。计算机内部存在电容和电感等储能元件，如果频繁地开关计算机电源，很容易造成各部件内元件受高电压、高电流冲击而被击穿，所以一定要严格注意电源开关的时间间隔。关闭电源后再重新接通电源的最小时间间隔应该在 30 s 以上。

2.5.2 安装 CPU 前的准备工作

CPU、主板以及扩展卡都是由许多精密复杂的集成电路元件等构成的，而这些元件很容易因静电而导致损坏，因此，在动手安装之前，先务必做好以下各项准备工作：

(1) 拔掉计算机的电源线。

(2) 消除静电。除了可以使用防静电手环之外，也可触摸一个有接地线的金属物品，像电源外壳等。

(3) 拿取主板、中央处理器(CPU)或内存条时，尽量不要触碰上面的芯片或管脚。

(4) 移除任何一个集成电路元件后，应将该元件放置在绝缘垫上以隔离静电，或者直接放回该元件的绝缘包装袋中保存。

(5) 主板在未安装之前，先放置在防静电垫或防静电袋内。

(6) 在开启电源前，确定供电电源电压值符合计算机电压标称值。

(7) 在开启电源前请确定所有硬件设备的排线及电源线都已正确地连接。

(8) 勿让螺丝接触到主板上的线路或零件，避免造成主板损坏或故障。

(9) 确定在主板上或电脑机箱内没有遗留螺丝或金属制品。

(10) 勿将电脑主机放置在不平稳处。

2.5.3 安装 CPU

安装 CPU 的一般步骤如下：

(1) 找到主板上的 CPU 插座。在安装 CPU 之前，先将主板上的 CPU 插座面向自己，并确认插座的固定扳手位于自己的左手边，如图 2-7 所示。

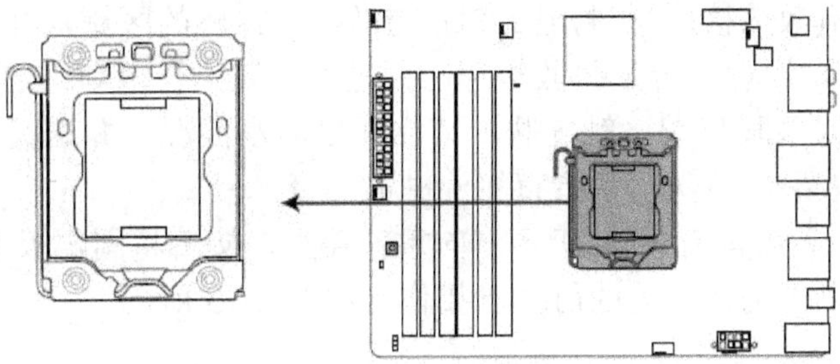

图 2-7　CPU 插座在主板中的位置

(2) 拇指压下(A)固定扳手并将其稍向左侧推(B)，这样可使扳手脱离固定扣并松开 CPU 辅助安装盒，如图 2-8 所示。注意：CPU 安装盒上的保护盖用以保护插座上的触点，因此 CPU 未安装之前，不能拆除保护盖。

(3) 依箭头 C 方向拉起固定扳手约至 135°，如图 2-9 所示。

(4) 将 CPU 安装盒的上盖按箭头 D 方向掀起约至 100°，如图 2-9 所示。

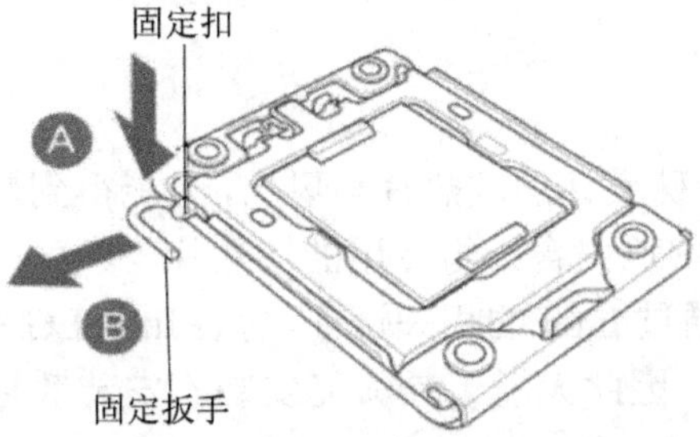

图 2-8　扳手脱离 CPU 插座固定扣

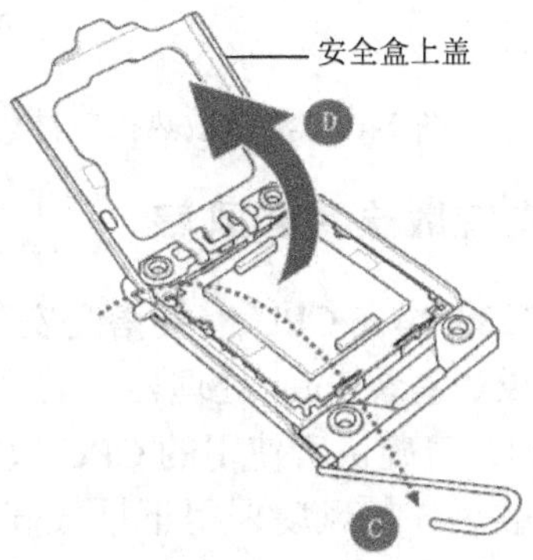

图 2-9　拉开扳手和安装盒上盖

(5) 将保护盖从 CPU 插座中移去，如图 2-10 所示。

(6) 确认 CPU 的金色三角形标志位于左下角，然后将 CPU 垂直向下安装到主板的插座上，如图 2-11 所示，并确认 CPU 的左上方的缺口与插座上对应的校准点(凸起)是相吻合的。注意：CPU 只能以单一方向正确地安装到主板的插座上。切记请勿用力地将 CPU 以错误的方向安装到插座上，这么做可能导致 CPU 与插座上的触点损坏。

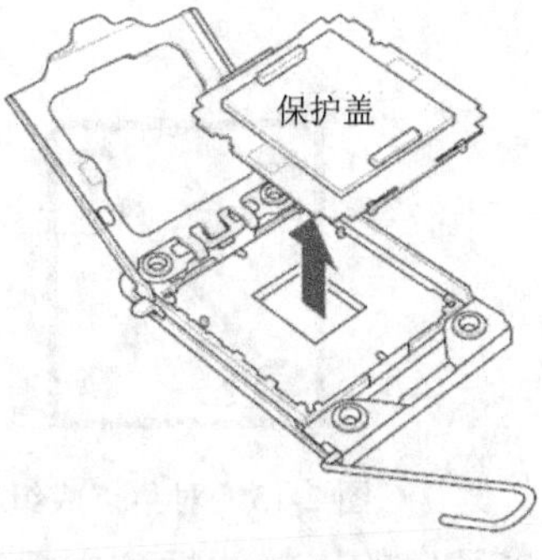

图 2-10　移出 CPU 插座保护盖

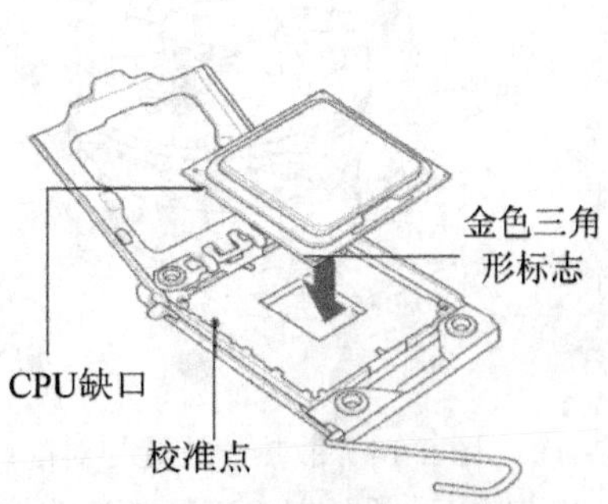

图 2-11　CPU 插座缺口防呆校准

(7) 挤出散热膏(散热接口材料)至 CPU 与散热片接触的区域，并将其涂抹为一均匀薄层，如图 2-12 所示。注意：若某些散热片已预先涂上散热膏，则跳过此步骤；散热接口材料具有毒性，如果误入眼睛或接触皮肤，请立即以清水冲洗，并送医院救治；为避免散热膏污染和确保散热效果，请勿用手指直接涂抹散热膏。

(8) 将安装盒的上盖按箭头 A 所示方向重新盖上，接着将固定扳手按箭头 B 所示方向推回并扣于固定扣上，确认上盖的前端已扣住，如图 2-13 所示。

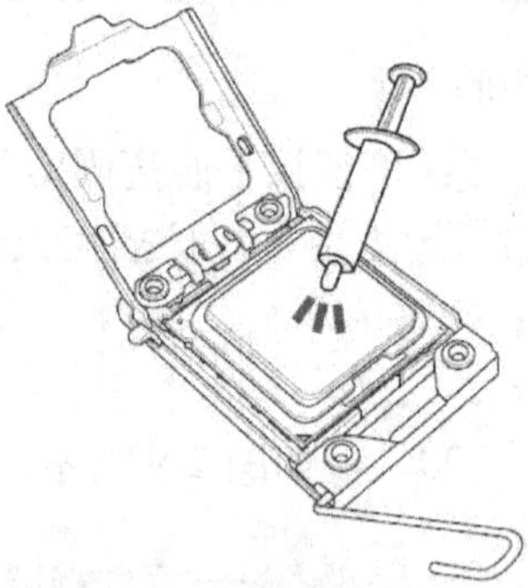

图 2-12　涂抹散热接口材料

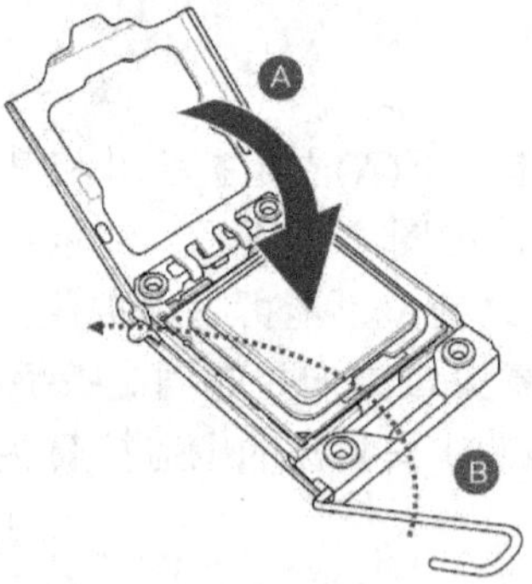

图 2-13　重新盖上盖

2.5.4　安装散热片和风扇

Intel LGA 1366 CPU 需要搭配安装经过特殊设计的散热片与风扇，方能得到最佳的散热效果。如果是盒装 Intel 处理器，其产品包装中已内含一组专用的散热片与风扇；如购买的是散装 CPU，请确认所使用的 CPU 散热片已通过 Intel 的相关认证。盒装 Intel LGA1366 CPU 包装中的散热片与风扇采用下推式固定扣具，因此无需工具就能安装。安装散热片和风扇的一般步骤如下：

(1) 将散热片放置在已安装好的 CPU 上方，并确认主板上的四个孔位与散热片的四个扣具位置相吻合，如图 2-14 所示。

(2) 将二组扣具按对角点向下压，如图 2-15 所示，使散热片和风扇能正确地扣合在主板上。固定散热片与风扇的位置应让 CPU 风扇连接线离风扇连接端口最近。

图 2-14　散热片放置与对准

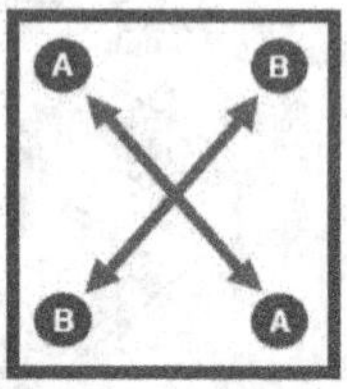

图 2-15　对角点成组

(3) 当风扇、散热片以及支撑机构安装完毕后，将风扇的连接线插到主板的风扇插座(CPU_FAN)上，如图 2-16 所示。

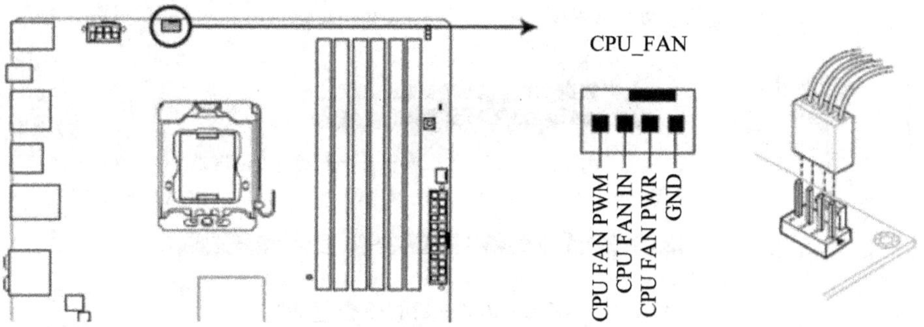

图 2-16 插风扇连接线

2.5.5 拆除散热片和风扇

拆除散热片和风扇的一般步骤如下：

(1) 先将主板上连接 CPU 风扇的连接线从主板上拔除。

(2) 将每个扣具上的旋钮以逆时针方向旋转，松开散热片固定扣具，如图 2-17 所示。

(3) 依照顺序将扣具扳离主板上的散热片插孔，采用对角点方式卸除，如图 2-18 所示，即先卸除 A，再卸除 B，或是先卸除 B，再卸除 A。

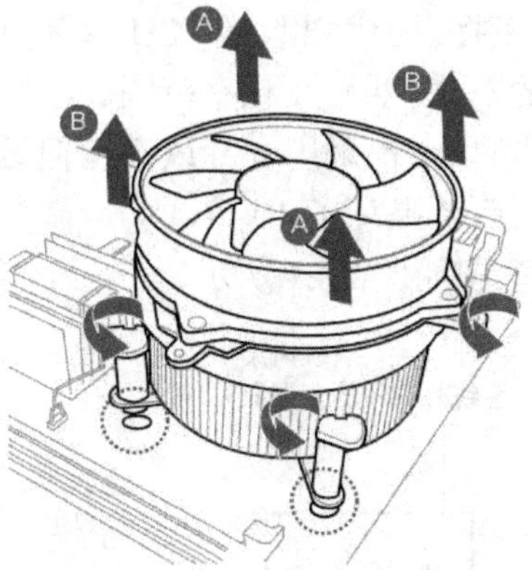

图 2-17 松扣具

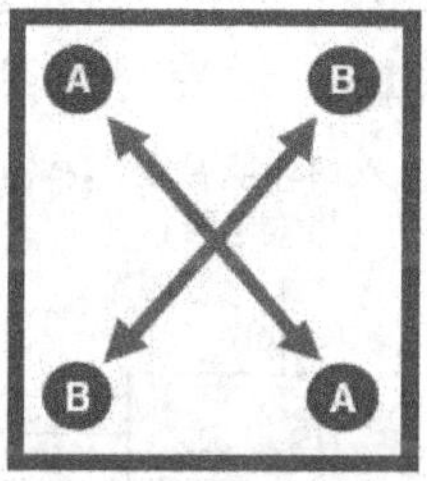

图 2-18 对角点卸除

(4) 小心地将散热片与风扇从主板上抽离。

2.6 CPU 的保养和维护

CPU 的保养和维护应遵循以下原则：

(1) 散热系统良好。要取得良好的散热效果，必须对其工作系统有一个初步的了解。下面介绍最新的 LGA 1366 封装的酷睿 i7 980X 热传导系统和温度测控系统。图 2-19 所示为 LGA 1366 封装的酷睿 i7 980X 内部封装结构。需注意的是，该封装并不包括主板和 CPU 安装插座。该封装各组件如图 2-19 所示。

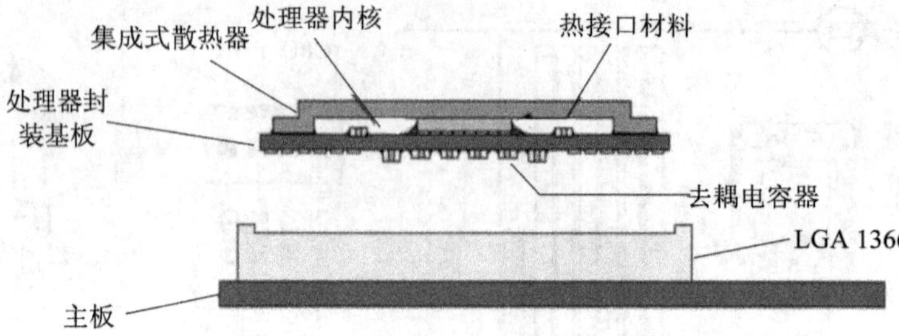

图 2-19　LGA 1366 封装的酷睿 i7 980X

LGA 1366 封装的酷睿 i7 980X 测温装置的位置如图 2-20 所示。

图 2-20　LGA 1366 封装的酷睿 i7 980X 测温装置的位置

只有效果良好的风扇才能保证 CPU 性能的正常发挥。要优先购买 CPU 原装风扇或通过认证的风扇，一般在风扇的外包装上会标明它适用的 CPU 型号及频率范围。

LGA 1366 封装的酷睿 i7 980X 和 LGA 775 封装的 P4 都采用 4 针风扇，但这两种风扇的技术规范有差异。比如 PWM 的调制频率，前者比后者提高了 10 倍。

LGA 1366 封装的酷睿 i7 980X 风扇转速控制示意图如图 2-21 所示。

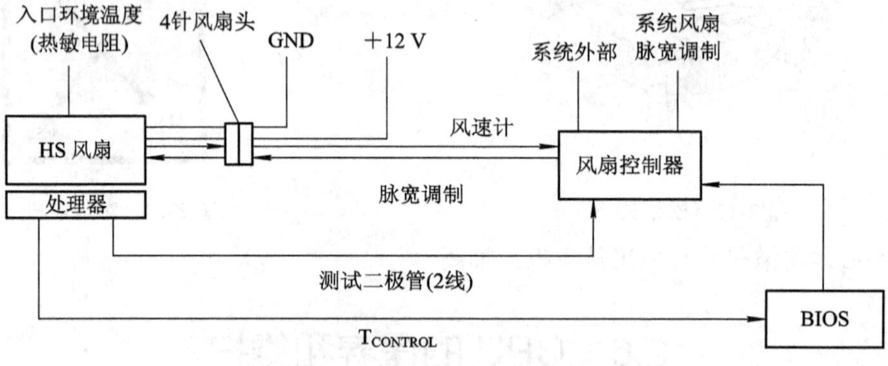

图 2-21　风扇控制原理图

LGA 1366 封装的酷睿 i7 980X 风扇连接器如图 2-22 所示，它将风扇连接到主板。其中，SENSE 为风扇转速测量信号，每转产生两个脉冲；CONTROL 为风扇控制器送出的脉宽调制信号，用以控制风扇的转速。注意，如果 4 针风扇连接到 3 针接口，则风扇转速由测试其入口环境温度的热敏电阻控制。

酷睿 i7 980X 系列散热风扇电源及信号规范如表 2-3 所示。

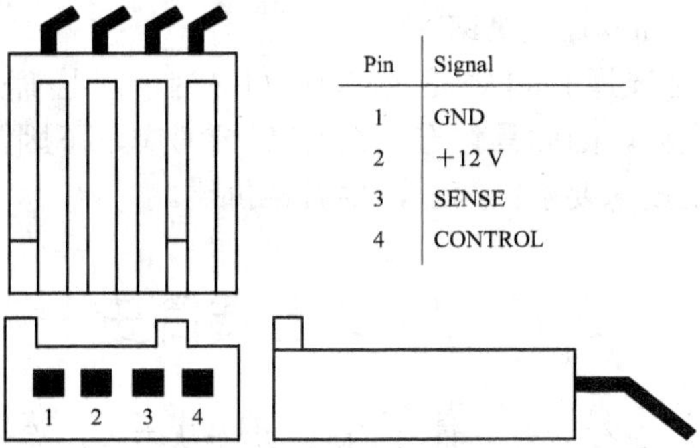

图 2-22 4针风扇连接器

表 2-3 酷睿 i7 980X 系列散热风扇电源及信号规范

参　数	最小	典型值	最大	单　位	备注
+12V 风扇电源	10.8	12	13.2	V	—
风扇尖峰电流	—	—	3	A	
风扇平均电流	—	—	2	A	—
风扇转速传感器检测频率		2		脉冲数/转	①
风扇接受的调制脉冲	21	25	28	kHz	②, ③

注： ① 该信号经一电阻上拉至+5 V；② 集电极开路型，脉宽调制；③ 风扇有一电阻上拉至最大 5.25 V。

(2) 电源供应正常，且有较好的散热环境，防止出现 CPU 与风扇的共振。优质大功率电源和体积大、内部空间宽敞的机箱将为 CPU 的运行提供良好的基础。现在的风扇转速可达 4000～7200 转/分钟，容易发生 CPU 与散热风扇的“共振”，导致 CPU 的内核(Die)被逐渐磨损，引起 CPU 与 CPU 插座的接触不良。因此，应选择正规厂家生产的散热风扇，正确安装扣具，防止共振。

(3) 安装正确。认真阅读说明书或从网上查阅资料，确保安装正确。接触 CPU 之前，应先消除手上静电，避免人为损坏。安装 CPU 散热风扇时，按压扣具的力量要适当，力量太大会将 CPU 的内核压毁。

(4) 温度异常报警保护正常。确保监测 CPU 温度变化的准确性。只要 CPU 超过了预设的温度范围(一般设为 70℃)，主板会立即报警、重启或关机。

(5) 做好日常观察和除尘。在平时的操作使用过程中，要关注电脑部件的运行状况，如果出现异常情况要及时关闭电源，请电脑技术员来检查原因及维修。要及时除尘，以免造成短路，烧毁 CPU。

案例 2-1 不同电压标准导致仪器设备损坏。

几年前，一台资企业在大陆办厂制造计算机，有些设备是从台湾运过来的，设备的工作电压是 110 V。一天，来了一位台湾的技术工程师，他想当然地连接上打印机，可一接通电源，打印机就冒烟了；同样的情况也出现在其他一些外资企业，由于不看说明书，不按流程操作，不但没解决问题，反而还扩大了问题，操作者不但十分尴尬，而且交不了差。针对以上情况思考一下，在将来的工作中，如何避免以上现象的发生。

案例 2-2 CPU 选择 Intel 还是 AMD？

购买 CPU 时，到底是选择 Intel 还是 AMD？回答这个问题确实不是一件容易的事情，因为二者谁也没有绝对优势。因此具体选什么 CPU 要考虑以下因素：第一，要考虑具体应用；第二，要看能否满足技术要求；第三，要看性价比。

2.7* Intel 发展简史

只有对 CPU 的发展历史有一个全面的了解，才能从中找出发展规律，把握计算机技术的发展趋势，更好地了解其技术内涵。下面对 Intel 从 8086 处理器到 Pentium 4、Intel Xeon(至强)处理器做一个简要的介绍。要了解更多的技术细节，可进入 Intel 网站的下列链接：http://www.intel.com/intel/intelis/museum/。

1. Intel 8086 和 8088 处理器和段地址(1978 年)

IA-32 体系结构家族中最早推出的是 16 位微处理器 8086 和 8088。8086 有 16 位寄存器和 16 位的外部数据总线，可进行 20 位的地址定位，具有 1 MB 寻址空间。8088 类似于 8086，不过 8088 只有 8 位的外部数据总线。8086/8088 引入了段地址的概念，通过分段，16 位段寄存器内含一个存储器段指针，每个段可达 64 KB。一次使用四个段寄存器，8086/8088 处理器能够定位 256 KB，且不用在段之间进行切换。20 位的地址能够由一个段地址寄存器和附加的 16 位指针构成，提供一个 1 MB 地址空间。图 2-23 所示为 Intel 和 AMD 生产的 DIP(Dual In-line Package)封装的 8086。

图 2-23 Intel 和 AMD 的 8086

2. Intel 286 处理器(1982 年)

图 2-24 所示为 PLCC 和 PGA 封装的 286 的 CPU。Intel 286 处理器在 IA-32 体系结构中引入了保护模式。保护模式使用段寄存器的内容作为选择器或指针进入到描述符表。描述符表提供 24 位地址，具有 16 MB 的物理存储空间。Intel 286 处理器支持建立在段交换技术和一些保护机制上的虚拟存储管理(Virtual Memory Management)。这些机制包括：

(1) 段界限检查(Segment Limit Checking)。

(2) 只读、只运行段选项(Read-only and Execute-only Segment Options)。

(3) 四级特权(Four Privilege Levels)。

图 2-24 PLCC 和 PGA 封装的 286 的 CPU

3. Intel 386 处理器(1985 年)

在 IA-32 体系家族中，Intel 386 处理器是第一个 32 位处理器，它提供了 32 位寄存器和 32 位地址、数据总线。32 位 Intel 386 寄存器低 16 位仍保留了早期 CPU16 位寄存器的特性，以便向后兼容。它也提供一种 Virtual-8086 模式，8086/8088 的程序在这种模式下运行将比在原 8086/8088 处理器下运行得更快、更有效。图 2-25 是 PGA 封装的浮点运算单元 387。图 2-26 是 PGA 和 PQFP 封装的 386 CPU。

Intel 386 处理器的特点如下：

(1) 32 位地址总线支持高达 4 GB 的物理存储空间。

(2) 具有分段存储模式和线性存储模式。

(3) 内存分页，为虚拟存储管理提供固定 4 KB 的页面。

(4) 支持并行处理。

图 2-25　PGA 封装的 387

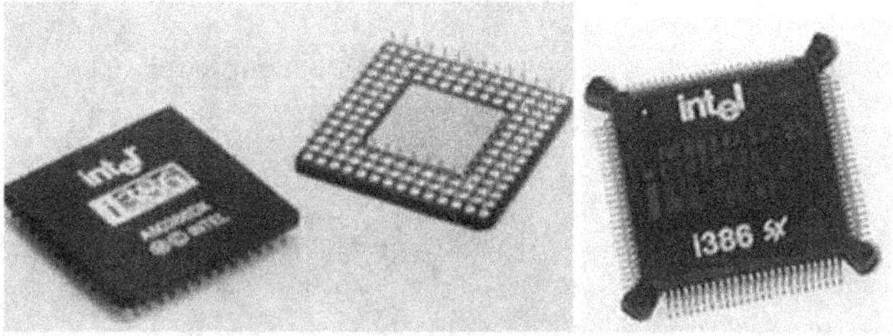

图 2-26　PGA 封装的 386DX 和 PQFP 封装的 386SX

4. Intel 486 处理器(1989 年)

Intel 486 处理器增加了并行执行能力，主要是将 Intel 386 处理器的指令译码和执行单元扩充为 5 个流水线进程。5 条指令的不同执行阶段可同时运行。图 2-27 所示为 PGA 封装的 Intel 486DX2-66 和 AMD 486DX-40。此外，处理器增加的功能有：

(1) 内建了一个 8 KB 的 L1 Cache。

(2) 内建了一个 x87FPU。

(3) 增加了电源节能和系统管理能力。

图 2-27　Intel 486DX2-66 和 AMD 486DX-40

5. Intel Pentium 处理器(1993 年)

Intel Pentium 处理器被称为超标量(Superscalar)微处理器，增加了第二条执行流水线，这两条流水线被称做 U 线和 V 线，两线一起能在每个时钟周期执行两条指令。该处理器内建有 16 KB 的 L1 Cache，其中 8 KB 为程序代码，8 KB 为数据。数据 Cache 采用更有效的回写(Write Back)技术，而 Intel 486 采用的是写透(Write-Through)技术。该处理器的内建分支表的分支预测技术能在循环结构中增加系统性能。图 2-28 所示为 PGA 封装的 Intel Pentium 和 AMD K5。另外，该处理器还具有如下特点：

(1) 128 和 256 位内部数据通道增加了内部数据的传输速度。

(2) 外部数据总线增加到 64 位。

(3) 支持多处理器系统。

(4) 支持无缝(glueless)双处理机模式。

Pentium 处理器的后续成员增加了 Intel MMX 技术(the Pentium Processor with MMX Technology)。Intel MMX 技术采用 SIMD(Single-Instruction, Multiple Data)运行模式，对寄存器中打包的整型数据进行并行计算。

图 2-28　Intel Pentium 和 AMD K5

6. P6 处理器家族(1995—1999 年)

P6 处理器家族建立在超标量微体系架构(Superscalar Microarchitecture)的基础上。超标量微体系架构设置了一种新的性能标准。其设计目标之一是：使用相同的 0.6 μm、四层、金属双极 CMOS 制(作流)程技术。P6 处理器的性能显著地超出了 Pentium 处理器的性能。P6 处理器家族成员包括：

(1) Intel Pentium Pro 处理器。

(2) Intel Pentium Ⅱ处理器。

(3) Intel Pentium Ⅱ Xeon(至强)处理器。

(4) Intel Celeron(赛扬)处理器。

(5) Intel Pentium Ⅲ处理器。

(6) Intel Pentium Ⅲ Xeon(至强)处理器。

Intel Pentium Pro 处理器是 3 路超标量(Three-way Superscalar)微处理器，采用并行处理技术。图 2-29 所示为 PGA 封装的 Intel Pentium Pro。平均起来的话，在每个时钟周期，Intel Pentium Pro 处理器能完成三条指令的解码、分配、执行工作。Intel Pentium Pro 处理器采用了动态执行(Dynamic Execution)技术——微数据流分析(Microdata Flow Analysis)、乱序执行(Out-of-order Execution)、高级分支预测(Superior Branch Prediction)和推测执行(Speculative Execution)。除了有 Pentium L1 Cache 外，Intel Pentium Pro 还内建有 256 KB 的 L2 Cache。

图 2-29　PGA 封装的 Intel Pentium Pro 正面和反面

实际上，Pentium Ⅱ处理器就相当于 Intel MMX 技术加上 P6 处理器加上新的封装技术与几个硬件功能的加强。PⅡ处理器采用单边接触卡匣接口(Single Edge Contact Cartridge，SECC)封装技术，如图 2-30 所示。该处理器的 L1 Cache 中的程序代码和数据各增加到 16 KB，L2 Cache 有 256 KB、512 KB、1 MB 等不同规格。其 1/2 时钟速度的后端总线(BackSide Bus，BSB)把处理器和 L2 Cache 连接在一起。空闲时，该处理器支持多种节能方式，如自动暂停(Auto Halt)，停止时钟(Stop-Grant)、睡眠(Sleep)，深度睡眠(Deep Sleep)。

图 2-30　以单边接触卡匣接口封装的 Intel Pentium Ⅱ正反面

Pentium Ⅱ Xeon(至强)处理器结合了前几代 Intel 处理器的特点。英特尔(至强)处理器(多处理器，可同时协调工作，多用于服务器)为企业提供了多种选择：可将服务器纵向扩充至特性丰富的 4 路、8 路甚至更高配置；或通过部署强大的 4 路服务器集群来进行横向扩展。英特尔将这种灵活性称为“适时扩展”，即根据企业具体需求进行纵向扩充或横向扩展。L2 的 2 MB 以全速运行于后端总线。图 2-31 所示为 Pentium Ⅱ Xeon(至强)处理器，用于服务器与高级工作站。

图 2-31　Pentium Ⅱ Xeon(至强)处理器

Intel Celeron(赛扬)处理器家族使用 IA-32 架构着眼于个人电脑(PC)市场。其 L2 Cache 为 128 KB。早期 Celeron 处理器多为 PPGA(Plastic Pin Grid Array)封装，针对较低价格市场。图 2-32 所示为 2.8 GHz FC-PGA2 封装的 Celeron 处理器，其具体规格为 Celeron 2.8 GHz/128K Cache/400 MHz FSB/Socket 478。

Intel Pentium Ⅲ处理器将流式单指令多数据扩展指令集(Streaming SIMD Extensions，SSE)应用于 IA-32 体系结构。SSE 扩充 SIMD 执行模式，提供了一组新的 128 位寄存器，能够对封装的单精度浮点数进行 SIMD 操作。图 2-33 所示为 FC-PGA2 封装的 Intel Pentium Ⅲ 1000/256/133 处理器。

图 2-32　Celeron 2.8 GHz 处理器

图 2-33　1 GHz Pentium Ⅲ处理器

Pentium Ⅲ Xeon 处理器增加了一个全速、内建的高级传输高速缓存(Advanced Transfer Cache)，扩大了 IA-32 级处理器的性能水平，其外形与 Intel Pentium Ⅱ Xeon 处理器相同。

7. Pentium 4(2000 年)和 Pentium 4(Hyper-Threading)(2003 年)

强大的Pentium 4处理器建立在NetBurst微体系架构(NetBurst Microarchitecture)的基础上，图 2-34 所示为 FC-PGA2 封装的 Pentium 4 处理器。

图 2-34　Pentium 4 处理器

该处理器包含以下特性：

(1) 支持流式单指令多数据扩展(Streaming SIMD Extensions)指令集 SSE2(详见 Intel 网站技术文档 Basic Architecture V1.pdf 第二章第 3 节)。

(2) 支持流式单指令多数据扩展(Streaming SIMD Extensions)指令集 SSE3。

(3) 英特尔将超线程(HT)技术运用到了采用 800 MHz 系统总线、主频速度从 2.4 GHz 到 3.60 GHz 的 Pentium 4 处理器的多款台式电脑中。超线程技术使台式电脑可以并行执行两组线程(软件程序的一部分)，因此可以更加高效地运行软件和进行多任务处理。

基于英特尔 NetBurst 微体系结构之上，采用英特尔 0.13 μm、90 nm 制造工艺精制而成的 Pentium 4 处理器提供了显著的性能优势，可满足家庭计算、商用解决方案以及所有的处理需求。Pentium 4 处理器的品种较多，它可能具有同样的主频但有不同的技术性能。如果某一主频上存在不同技术性能的 Pentium 4 处理器，就在主频之后加一字母来区分。

8. Intel Xeon(至强)处理器(2001—2003 年)

Intel Xeon(至强)处理器建立在 NetBurst 微体系架构(NetBurst Microarchitecture)之上，作为同一个家庭成员，IA-32 的 Xeon 处理器主要用于多处理器服务器和高性能的工作站。英特尔(至强)处理器 MP 系列是专为中间层服务器执行关键业务功能(如协作、应用服务、企业资源规划和业务智能)而精心设计的。它采用超线程(HT)技术、集成的三级缓存架构和英特尔 NetBurst 微体系架构，为当今的服务器平台提供了优异的多功能性以及出色的性能、价值和可靠性。

至强处理器的技术特点包括：

(1) 采用超线程技术。

(2) 集成的 4 MB、2 MB 或 1 MB 三级高速缓存和强大的英特尔 NetBurst 微体系架构相结合，能够消除目前尚未消除的瓶颈。

9. Intel Pentium M 处理器(2003 年)

Pentium M 处理器是一种高性能、低功耗移动设备处理器，其性能比 Intel 早期的移动设备处理器提高很多，该处理器具有如下特点：

(1) 支持动态执行 Intel 体系结构。

(2) 具有高性能、低功耗的内核，采用 Intel 先进的 0.13 μm 铜线内连制程技术。

(3) 内建 32 kB L1 Cache 用于指令，32 kB 回写式(Write-Back)Cache 用于数据。

(4) 内建 1 MB 高级传输高速缓存(Advanced Transfer Cache Architecture)L2。

(5) 支持先进分支预测和数据预提逻辑。

(6) 支持 MMX 技术、流式 SIMD 指令(Streaming SIMD Instructions)、SSE2 指令集。

(7) 具有 400 MHz 源同步处理器系统总线。

(8) 具有增强型 Intel SpeedStep 的高级电源管理技术。

10. Inter 处理器典型技术指标比较

前面已描述了不同阶段的 Intel 处理器的技术性能指标，表 2-4 列出了处理器不同时期的典型技术指标。

表 2-4　Intel 处理器不同时期的典型技术指标比较

Intel 处理器	首推年份	最初时钟频率/MHz	晶体管数×10^3	寄存器尺寸/位	外部数据总线/位	最大外部地址空间	内建 Cache
8086	1978	8	29	16GP	16	1 MB	
Intel 286	1982	12.5	134	16GP	16	16 MB	
Intel 386DX	1985	20	275	32GP	32	4 GB	
Intel 486DX	1989	25	1200	32GP 80FPU	32	4 GB	L1:8 KB
Pentium	1993	60	3100	32GP 80FPU	64	4 GB	L1:16 KB
Pentium Pro	1995	200	5500	32GP 80FPU	64	64 GB	L1:16 KB L2:256 KB 或 512 KB
Pentium II	1997	266	7000	32GP 80FPU 64MMX	64	64 GB	L1:32 KB L2:256 KB 或 512 KB
Pentium III	1999	500	8200	32GP 80FPU 64MMX 128XMM	64	64 GB	L1:32 KB L2:512 KB
Pentium III Pentium III Xeon	1999	700	28 000	32GP 80FPU 64MMX 128XMM	64	64 GB	L1:32 KB L2:256 KB

注：寄存器和外部数据总线以位为单位。在所有处理器中，32 位通用寄存器(GP)都能作为 8 位和 16 位数据寄存器。内部数据通道通常是外部数据通道的 2～4 倍宽。

11. 常用技术术语

(1) Intel SpeedStep Technology 技术。该技术能够在移动式电脑上定制高性能计算。当连接到 AC 电源时，移动式电脑能够运行最为复杂的商业和互联网应用，同时速度可以达到台式机系统的水平。当采用电池供电时，处理器频率将自动降低(通过改变总线速率)，同时能耗也相应降低，从而在保持高性能的同时延长电池寿命。手动设置能够在采用电池时将频率调整到最高。

(2) Advanced Dynamic Execution(高级动态执行)。高级动态执行是 Pentium 4 处理器所采用的英特尔 NetBurst 微体系结构的重要组成部分。其增强的分支预测算法加快了处理器的工作流程，并且有助于实现更深的流水线。深层乱序推测执行使处理器能够同时查看 126 条指令，并处理流水线中多达 48 次的载入和 24 次的存储。4 KB 分支目标缓冲区可以存储更详细的分支历史信息，从而使分支预测错误率降低了 33%(与 P6 微体系结构相比)。

(3) Level 1 Execution Trace Cache(一级执行跟踪高速缓存)。它是 Pentium 4 处理器所采用的英特尔 NetBurst 微体系结构的一部分。除 8 KB 的数据高速缓存外，Pentium 4 处理器还带有一个执行跟踪高速缓存，能够按照程序执行的顺序存储 12 KB 解码微指令。它通过消除主要执行循环中的解码器来提高性能，同时能够更有效地利用高速缓存的存储空间，因为被分离的指令不会再进行存储。从而，大量指令被传输到处理器的执行单元，进而降低了从错误支路预测中恢复所需的整体时间。

(4) Level 2 Advance Transfer Cache (二级高级传输高速缓存)。256 KB 二级高级传输高速缓存(ATC)在二级高速缓存和处理器内核间提供了一个拥有更高数据吞吐率的通道。采用 0.13 μm 制程技术的 Pentium 4 处理器提供 512 KB 二级高级传输缓存。采用 0.18 μm 制程技术的 Pentium 4 处理器提供有 256 KB 二级高级传输高速缓存。ATC 的特性包括无阻塞、全速、模上(内建)二级高速缓存、8 路数据集关联、到二级高速缓存的 512 位或 256 位数据总线以及每时钟周期高速缓存输入输出数据。

(5) Package(封装)。封装即元件、集成单元或混合电路的外壳。它可提供密封或非密封保护，并决定其外形。同时，通过封装引脚可提供与外部设备的一级互连。

(6) Streaming SIMD Extensions(SIMD 流技术扩展，SSE)。互联网 SIMD 流技术扩展是一些能够减少运行一个特殊程序所需整体指令数量的指令。通过这些指令能够提高性能，并能够加快许多应用的运行。这些应用包括视频、话音、图像、照片处理、加密、财务、工程和科学应用。NetBurst 微体系架构新添加了 144 条 SSE 指令，称为 SSE2。

(7) System Bus(系统总线)。它将处理器和主内存连接在一起，负责在两个组件间传输数据和指令。Pentium 4 处理器支持英特尔最高性能的台式机系统总线，其处理器数据输入/输出速率每秒可达 6.4 GB(800 MHz × 64 bit/8 bit)。这通过一个物理信号方案(将 200 MHz 系统总线的数据传输速率提高 4 倍，即 800 MHz FSB)来实现。

(8) Rapid Execution Engine(快速执行引擎)。它是 Pentium 4 处理器所采用的英特尔 NetBurst 微体系结构的一部分。它意味着在处理器主频中采用两组两倍速算术逻辑单元(ALU)，从而使得基本整数指令如加、减、逻辑“与”以及逻辑“或”能够在半个时钟周期内完成。例如，在 1.50 GHz Pentium 4 处理器上的快速执行引擎能够以 3 GHz 速度运行。

(9) ClockCycle(时钟周期)。处理器执行指令的速度称为时钟周期或时钟速率。时钟速率以吉赫磁(GHz)为单位，1 GHz 相当于每秒执行 100 亿个周期。时钟速率越快，CPU 每秒能够执行的指令就越多。

(10) P6 Micro-Architecture(P6 微体系架构)。它是 Pentium Ⅲ 处理器和赛扬处理器的内部芯片体系结构。其特性包括：多支路预测(能够预测程序如何通过多支路执行，从而加快处理器的工作流)、数据流分析(通过分析指令间数据的关联性来创建一个经过记录的最佳指令进程)和推测执行(能够推测执行指令，并根据该最佳进程确保处理器的超标量执行单元保持工作，从而提高整体性能)。

(11) Micro-Architecture(微体系架构)。处理器微体系架构指的是指令集、寄存器和常驻内存数据结构。它对编程人员开放，随着体系架构逐代发展而得到维护和增强。处理器微体系架构指安装在芯片上的处理器体系架构。在处理器家族中(如英特尔 IA-32 处理器)，微体系架构随着处理器逐代的演进而发生着显著变化，并持续保持一致的开放式处理器体系结构。英特尔 IA-32 体系结构构建于 x86 指令集和寄存器之上。它随着 IA-32 处理器的发展逐步得到增强和扩展，同时也能够后向兼容，运行较早 IA-32 处理器上的代码。

(12) 英特尔 MMX 技术。英特尔 MMX 技术设计用于加快多媒体和通信应用的运行速度。该技术加入了新的指令和数据类型，使应用达到更高水平的性能。它充分利用了许多多媒体和通信算法中固有的并行计算能力，同时还完全兼容现有的操作系统和应用。

(13) Hiper Pipelined Technology(超级流水线技术)。超级流水线技术是 Pentium 4 处理器所采用的英特尔 NetBurst 微体系架构的重要组成部分。超级流水线技术将 Pentium Ⅲ处理器的 P6 微体系架构的流水线深层增加了一倍，从而增强了分支预测的能力，并将流水线恢复到 20 级。更深的流水线使处理器能够更快地排队和执行指令，从而提高了性能、频率和可扩充能力。

(14) SIMD 流技术扩展 2。SIMD 流技术扩展 2 由 144 条新指令组成，其中包括 SIMD 双精度浮点、SIMD 128 位整数及全新缓存和内存管理指令。SIMD 流技术扩展 2 提高了运行性能，加速了视频、语音、加密、图像处理、目前需求最大的 Internet 计算能力和非线程工作站应用。

(15) SIMD 流技术扩展 3。SIMD 流技术扩展 3 由 13 条新指令构成，包括 5 条复杂算法估值指令、2 条为提升性能而改进的 load/store 指令、4 条用以提高估值速度的水平估值指令和 2 条改进超线程指令。

(16) 800 MHz/533 MHz/400 MHz 英特尔 NetBurst 微处理架构系统总线。高的系统总线传输速度使信息从处理器到系统的其他部分的传输速度加快，提升吞吐量，还可为用户提供利用高的系统内存带宽的灵活性。

(17) 先进的浮点/多媒体单元。一个 128 位浮点端口和另一个数据端口保证了稳定且逼真的 3D 画面和图像。

(18) PGA 封装。PGA 是英语 Pin Grid Array 的简写，即针脚栅格阵列封装技术。采用此封装的处理器具有插入插座的针脚。为了提高热传导性，PGA 在处理器上端使用了镀镍铜质散热片。处理器底部的针脚是锯齿形排列的。此外，安装处理器的插座进行了“防呆”设计，针脚的安排方式使得处理器只能以一种方式插入插座。PGA 封装用于有 603 针的英特尔至强处理器，参见图 2-35。

图 2-35　PGA 封装的 603 针的英特尔至强处理器正、反面

(19) PPGA 封装。PPGA 是英文“Plastic Pin Grid Array”的简写，中文名为“塑料针脚栅格阵列”。为了提高热传导性，PPGA 在处理器的顶部使用了镀镍铜质散热器。处理器底部的针脚是锯齿形排列的。此外，针脚的安排方式使得处理器只能以一种方式插入插座。PPGA 封装用于早期的有 370 针的英特尔赛扬处理器，参见图 2-36。

图 2-36　PPGA 封装的 370 针的英特尔赛扬处理器正、反面

(20) FC-PGA 封装。FC-PGA 是“Flip Chip Pin Grid Array”的英语简写，即“反转芯片针脚栅格阵列”，这种封装中有针脚插入插座。采用该封装的芯片被反转，以至片模或构成计算机芯片的处理器部分被暴露在芯片的上部。通过将片模暴露出来，使热量解决方案可直接作用到片模上，这样就能实现更有效的芯片冷却。为了通过隔绝电源信号和接地信号来提高封装的性能，FC-PGA 处理器在处理器的底部的电容放置区域(处理器中心)安有离散电容和电阻。芯片底部的针脚是锯齿形排列的。此外，针脚的安排方式使得处理器只能以一种方式插入插座。FC-PGA 封装用于奔腾 III 和英特尔赛扬处理器，共有 370 针，参见图 2-37。

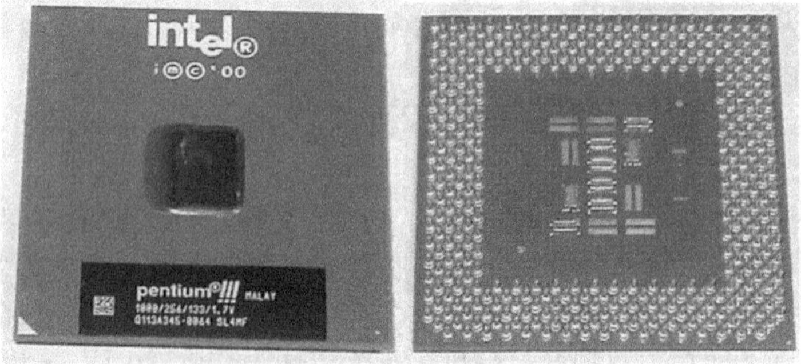

图 2-37　FC-PGA 封装的奔腾 III 和英特尔赛扬处理器正、反面

2.8* AMD 发展简史

Intel、AMD、VIA(威盛，原为 Cyrix)和 Transmeta(全美达)等多家处理器制造厂商中，Intel 一直处于主导地位，而 AMD 能够生存下来，甚至在某些时候、某些技术相比 Intel 还有些优势，这本身就是一种成功。

从市场看，AMD 32/64 位兼容处理器的推出相当成功，也确实给 Intel 造成了较大压力。

1. AMD 的发展过程

AMD 是一家主要生产个人电脑处理器的厂商，是 Intel 的主要竞争对手，迄今已售出超过 1.5 亿颗个人电脑处理器。其发展过程如下：

(1) 依据与 Intel 授权协议克隆阶段(1976—1986 年)。AMD 依据和 Intel 签署的专利相互授权协议以及延续并扩大他们原先的专利相互授权协议，生产了 8088、8086 和 80286。

(2) Amx86 系列(1986—1995 年)。1986 年 AMD 推出 29300 系列 32 位芯片。1991 年 3 月年 AMD 推出 AM 386 微处理器系列，成功打破了 Intel 对市场的垄断。1991 年 10 月 AMD 售出它的第 100 万个 AM 386。1993 年 4 月 AMD 推出 AM 486 微处理器系列的第一批产品。1995 年推出 AM 5x85，1993 年 AMD 宣布 AMD K5 项目开发计划。

(3) K5 系列(1995 年)。AMD 推出 AMD K5(SSA5/5k86)。

(4) K6 系列(1997—2001 年)。AMD 推出 AMD K6(NX686/Little Foot 1997)处理器。该系列包括 AMD K6-2(Chompers/CXT)、AMD K6-2-P(Mobile K6-2)、K6 Ⅲ(Sharptooth)、K6Ⅲ-P，AMD K6-2+，AMD K6-Ⅲ+。

(5) K7 系列(1999 年开始)。从 1999 年开始，ADM 推出了 Athlon 速龙(Slot A)(Pluto/Argon/Orion/Thunderbird)(1999 年)、Athlon 速龙(Socket A)(Thunderbird)(2000 年)、Duron 钻龙(Spitfire/Morgan/Appaloosa/Applebred)(2000 年)、Athlon MP 速龙双处理器(Palomino/Thoroughbred/Thorton)(2001 年)，Athlon XP 速龙 XP(Palomino/Thoroughbred (A/B)/Barton/Thorton)(2001 年)，Mobile Athlon XP(Mobile Palomino)(2002 年)、Mobile Duron (Camaro/Mobile Morgan)(2002 年)，Sempron 闪龙(Thorton) (2004 年)。

(6) K8 系列(2003 年开始)。从 2003 年开始，AMD 推出了 Opteron(Sledge Hammer)(2003 年)皓龙处理器。该系列包括 Athlon 64 FX(Sledge Hammer)(2003 年)、速龙 64 FX 处理器、Athlon 64(Claw Hammer/Newcastle)(2003 年)速龙 64 处理器、Mobile Athlon 64(Newcastle)(2004 年)移动式速龙 64 处理器、Athlon XP-M(Dublin)(2004 年)速龙处理器、Sempron (Paris)(2004 年)闪龙处理器。

2. AMD 专有技术简介

(1) HyperTransport 超传输技术(HyperTransport Technology。HyperTransport 是一种高速的、低延时的点对点连接，它可以将计算机、服务器、嵌入式系统、网络和通信设备中集成电路之间的通信速度提高到现有技术的 48 倍(最高总带宽为 6.4 GB/s，相当于 33 MHz PCI 总线峰值带宽的 48 倍)。HyperTransport 技术有助于降低系统中的总线数量，从而可以减少系统瓶颈，让速度更快的微处理器可以在高端多处理器系统中更加有效地使用系统内存。(资料来源：ADVANCED MICRO DEVICES, INC. #25012A HyperTransport Technology I/O

Link July 20, 2001)

HyperTransport 技术的设计目的是：提供比现有技术高得多的带宽；降低响应延时和引脚个数；在保持与传统的 PC 总线的兼容性的同时，拓展到新的 SNA(系统网络架构)总线；对操作系统完全透明，对外部驱动器几乎没有任何影响。

HyperTransport 技术由 AMD 发明，并在开发过程中获得了众多业界合作伙伴的大力支持。该技术目前由 HyperTransport 技术联盟管理，并由该联盟颁发使用许可。HyperTransport 技术联盟是一个位于得克萨斯州的非营利性组织。

(2) 内置的 DDR DRAM 内存控制器。随着处理器的微架构功能的不断发展，系统架构为处理器内核提供足够的低延时内存带宽的能力已经成为最主要的瓶颈之一。AMD 速龙 64 处理器和 AMD Opteron 处理器通过在处理器中集成一个 DDR 内存控制器，消除了这个瓶颈。这从根本上改变了基于 x86 架构的处理器访问主存的方式。通过以处理器的核心频率运行，内置的内存控制器可以大幅度提升处理器和内存之间的带宽，并可以最大限度地降低延时。性能提升的效果在 AMD Opteron 多处理环境中表现得尤为明显，因为每个附加的处理器都拥有自己的内存控制器，因而可以提升整体的内存带宽。

内置的 DDR DRAM 内存控制器的功能包括：可用的内存带宽会随着处理器数量的增加而增加；内置的 128 位宽 DDR DRAM 内存控制器在每个处理器中可支持多达 8 个寄存器型 DDR DIMM；每个处理器的可用内存带宽最高可达 5.3 GB/s(使用 PC2700 内存)。

(3) AMD 的 Cool’n’Quiet 技术。AMD Athlon 64 处理器都采用 AMD 的 Cool’n’Quiet 技术。这种技术可以监测系统的用电情况，一旦发觉系统无需全速运行，便会自动调低系统的功耗，确保系统散发更少热能及噪音。

(4) AMD EVP(Enhanced Virus Protection，增强病毒防护机制)。面向即将推出的 Windows XP SP2 的“增强病毒防护机制”专门用于防止某些病毒的扩散，如 MSBlaster 和 Slammer；从而大幅度降低相似病毒所带来的成本损失和停机时间，并能够有效抵御个人电脑病毒，加强对计算机和个人信息的保护。

AMD EVP(增强病毒防护技术)仅限于保护用户的 Windows 操作系统。用户必须安装 Microsoft Windows XP Service Pack 2 或在第一次购买系统时，系统能够保护其应用及相关文件，否则内存缓冲区病毒将可能破坏文件。微软产品公司及微软建议用户安装并经常对杀毒软件升级，以保证系统的正常。

(5) AMD PowerNow!技术。AMD PowerNow!技术是一个创新解决方案，在用户最需要的时候，可提供更长的电池使用时间。AMD PowerNow!技术可动态地调整运行电压。通过按需提供性能，电池寿命得到了延长，散热更低，使笔记本电脑运行更静、移动计算时间更长。

(6) AMD 64。AMD 64 是 AMD 公司推出的 64 位平台，它扩展了行业标准 x86 指令集体系结构并定义了一种新的计算类型。AMD 64 平台是第一个为了实现与现有 x86 解决方案和世界一流 64 位性能之间的完全兼容而设计的产品。用于服务器和工作站的 AMD Opteron 皓龙处理器是建立这一新的计算类型的第一个里程碑。其后还将推出 AMD 速龙 64 处理器，它将实现 AMD 64 平台在台式电脑和移动个人计算机中的广泛使用。AMD 64 取代了“Hammer”和“x86-64”，现称“AMD 64 平台”或“AMD 64 ISA”等名称。

(7) AMD 64 指令集体系结构。AMD 64 ISA 是 AMD 公司的一项创新，它扩充了业内最受支持的指令集 x86，也是为实现 64 位计算同时又保持与极大量 x86 基础设施和行业经验之间兼容而设计的产品。AMD 公司的 64 位战略可使处理器创新的最新成果实现与已安装 32 位应用程序和操作系统之间的平滑协同，同时又能建立 64 位功能的系统。这就使得本行业能在所有技术前沿上不断开发和发展具备 x86 兼容性的软件，同时又能实现 64 位技术的诸多优点。

(8) 90 nm 绝缘硅(SOI Silicon On Insulator)。90 nm 绝缘硅(SOI)制程可以提高性能，降低晶体管功耗，因而可应用到新型双内核 CPU。这使 AMD 能够更好地提供双内核处理器，满足 AMD 在性能方面的宏伟目标。

小 结

通过本章的学习，应基本掌握 CPU 的技术指标和特点、CPU 的选择和安装原则；通过了解 CPU 的发展历史，应对 CPU 的技术发展趋势有一个较为全面的了解。总之，CPU 的发展日新月异，平时多浏览一下 Intel、AMD 等技术网站就能更好把握 CPU 的发展趋势。

思考与练习题

1. CPU 外频、主频、QPI 是什么意思？

2. 根据 CPU 的发展历程，指出不同时期 CPU 的技术特点，总结 CPU 工作电压、地址线宽度、数据线宽度、L1 Cache 的变化趋势。

3. 选购 CPU 时，应考虑哪些技术指标？

4. 从互联网上查找资料，分析 AMD、Intel 公司最新 CPU 的技术特点。你认为哪些重要技术影响了 CPU 在市场上的表现？

第3章 主　板

主板是计算机的重要部件之一，有了主板才使得计算机各组件间有了联系，各种设备才能彼此沟通。主板是整个微机内部结构的基础，不管是CPU、内存、显卡还是硬盘、键盘、声卡、网卡等，均插在主板上，靠主板来协调工作，若主板不好，则它们的性能就不能充分发挥出来。所以要组装一台性能好又稳定的计算机，选好主板是关键。本章主要介绍主板的分类、功能、组成、技术指标与选购以及主板其他硬件。

3.1 主板的分类

主机板(简称主板，Main Board)又称母板(Mother Board)或系统板(System Board)。某款主板的外形如图3-1所示。主板是整个微机内部结构的基础，因此主板的选购是一个技术分析和技术决策的过程。

图3-1　技嘉主板GA-890GA-UD3H

主板的分类方式很多，可按支持CPU类型、芯片组的厂家分类，也可按不同的外部接口等进行分类。常见的PC主板的分类方式有以下几种。

1. 按照结构划分

主板结构就是根据主板上各元器件的布局排列方式、尺寸、形状、电源规格等制定出的通用标准，所有主板厂商都必须遵循。主板按结构划分主要分为以下几类：

(1) AT主板：包含AT和Baby-AT，是多年以前的主板结构，应用于IBM PC/AT机上，因此得名，使用AT电源。目前此类主板已被淘汰。

(2) ATX主板：是一种由Intel公司在1995年公布的PC机主板结构规范，目前大多数主板都采用这种结构，包含ATX、Micro ATX、LPX、NLX、Flex ATX、EATX、WATX等结构。其中，ATX(304.80 mm × 243.84 mm)、Micro ATX (243.84 mm × 243.84 mm)较常见；LPX、NLX、Flex ATX则是ATX的变种，多见于国外的品牌机，国内尚不多见；EATX和

WATX 则多用于服务器/工作站主板。ATX 主板的扩展插槽较多，PCI 插槽数量为 4～6 个，大多数主板都采用此结构；Micro ATX 又称 Mini ATX，是 ATX 结构的简化版，就是常说的“小板”，其扩展插槽较少，PCI 插槽数量为 3 个或 3 个以下，多用于品牌机，并配备小型机箱。

(3) BTX(Balanced Technology Extended)主板：是新一代主板结构，由 Intel 在 2003 年推出其 V1.0、2004 年推出其 V1.0a、2005 年推出其 V1.0b 接口规范。

2. 按照芯片组划分

主板芯片组由北桥(North Bridge)芯片和南桥(South Bridge)芯片组成。一般来说，芯片组的名称都是以北桥芯片的名称来命名的，这一方面是因为北桥芯片在主板芯片组中起主导作用，另一方面是南桥的技术更新比北桥慢，同一个南桥可以和不同的北桥匹配。例如，Intel P965 芯片组的北桥芯片是 82P965，Q965 芯片组的北桥芯片是 82Q965 等。北桥芯片负责主板与 CPU 的联系并控制内存、AGP、PCI 数据在北桥内部传输，它决定主机支持 CPU 的类型和主频、系统的前端总线频率、内存的类型等。

计算机主板按照芯片组的不同，可以分为以下几类：

(1) Intel 芯片组。例如：高性能台式机芯片组，包括 Intel X58、X48、X38、975X、955X；高速芯片组，Intel H55、H57、Q57、Q45、Q43、P55、P45、P43、G45、G43、G41、G35、Q35、Q33、P35、P31、G33、G31、Q965、Q963、G965、P965、946PL、945G、946GZ、945P、945PL、945GT。

(2) AMD 芯片组。例如：AMD 890FX、890GX、880G、870 等 8 系列芯片组；AMD 790GX、AMD 785G、AMD 780V、AMD 780G、AMD 760G、AMD 740G 等 7 系列芯片组。

(3) NVIDIA 芯片组。例如：nForce 980a SLI、nForce 780a SLI、nForce 750a SLI、nForce 740a SLI、nForce 730a、nForce 720a、nForce 720D 等面向 AMD 解决方案的芯片组；nForce 790i Ultra SLI、nForce 790i SLI、nForce 780i SLI、nForce 750i SLI、nForce 740i SLI、nForce 730i 等面向 Intel 解决方案的芯片组。

(4) VIA 芯片组。例如：VIA K8T900、VIAK8N800A、VIA K8N800、VIA PN800、VIA CN400。

(5) SIS 芯片组。例如：SiS M761GX、SiS M760GX、SiS M760、SiS 648MX、SiS M661MX、SiS M661FX。

3. 按主板上使用的 CPU 划分

按主板上使用的 CPU 类型划分，主板可分为：

(1) Intel 平台，支持 Intel 公司的 CPU。

(2) AMD 平台，支持 AMD 公司的 CPU。

4. 按照是否集成显卡划分

按照是否集成显卡划分，主板可分为集成主板和非集成主板。

3.2 主板的功能

实际上，主板就是一块多层的印制电路板，上面安装有各式各样的电子元器件并布满电子线路。当微机工作时，通过输入设备输入数据，数据从南桥到北桥，然后北桥与 CPU 沟通，由 CPU 完成大量的数据运算，再经由主板上的北桥、南桥芯片输出到各个设备，最后输出设备影响我们的感官。

从芯片组 810 开始，Intel 放弃了以往南桥和北桥的概念，用图形内存控制器(Graphics Memory Controller Hub，GMCH)或内存控制器(Memory Controller Hub，MCH)取代了以往的北桥芯片，用输入/输出控制中心(I/O Controller Hub，ICH)取代了南桥芯片。目前图形处理和内存控制器(北桥)已有机融合至 CPU 内部，主板只有输入/输出控制中心(单芯片)，因此主板采用单芯片架构。Intel H57 单芯片平台的功能框图如图 3-2 所示。

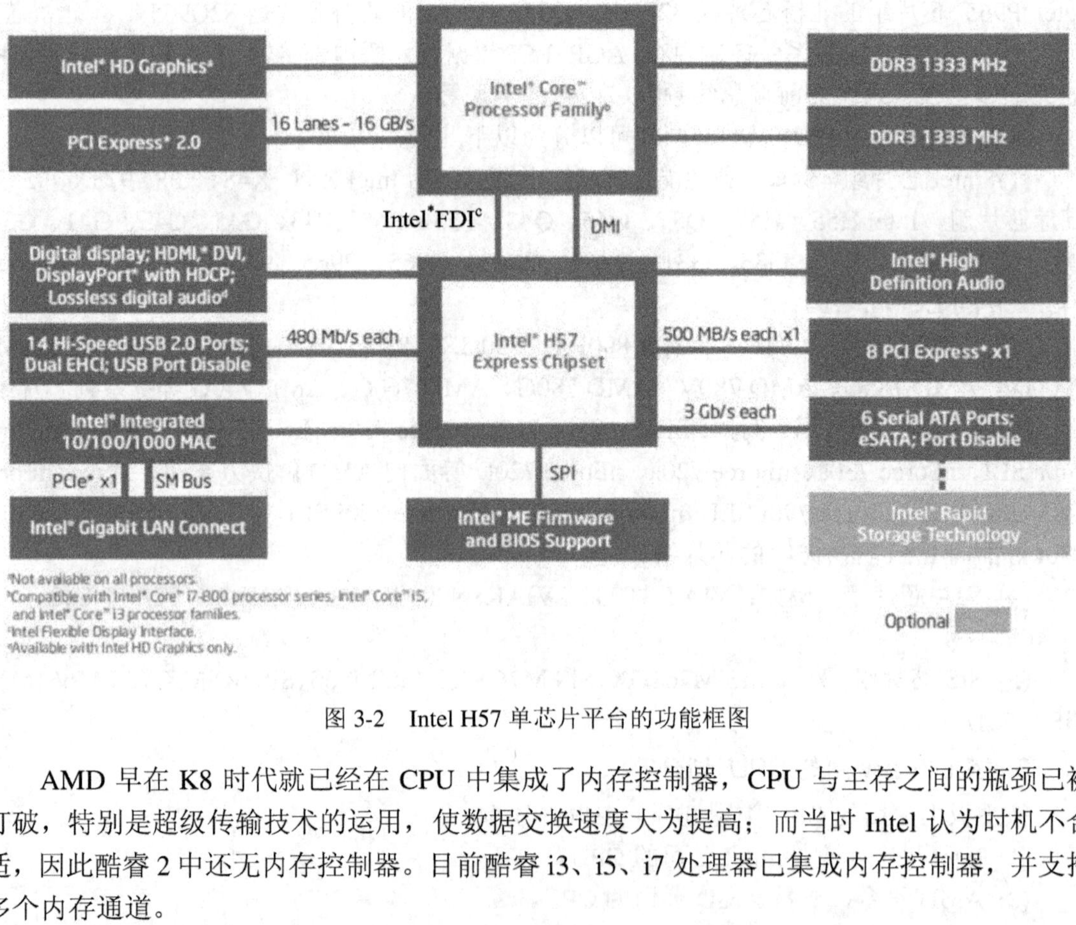

图 3-2　Intel H57 单芯片平台的功能框图

AMD 早在 K8 时代就已经在 CPU 中集成了内存控制器，CPU 与主存之间的瓶颈已被打破，特别是超级传输技术的运用，使数据交换速度大为提高；而当时 Intel 认为时机不合适，因此酷睿 2 中还无内存控制器。目前酷睿 i3、i5、i7 处理器已集成内存控制器，并支持多个内存通道。

芯片组(Chipset)是主板的核心组成部分，按照在主板上的排列位置的不同，通常分为北桥芯片和南桥芯片。北桥芯片通常离 CPU 和内存很近，运行速度快，芯片上通常装有散热片和风扇，主要在主存、图形处理方面与 CPU 交换数据。而南桥芯片主要同 USB、LAN、PATA、SATA、音频控制器、键盘控制器、实时时钟控制器、高级电源管理等 I/O 外围设备打交道，速度通常较慢，一般没有散热片，而且升级速度也没北桥快。GA-890GPA-UD3H 主板 AMD890GX 芯片组的功能框图如图 3-3 所示。GA-890GPA-UD3H 主板配置图如图 3-4 所示。

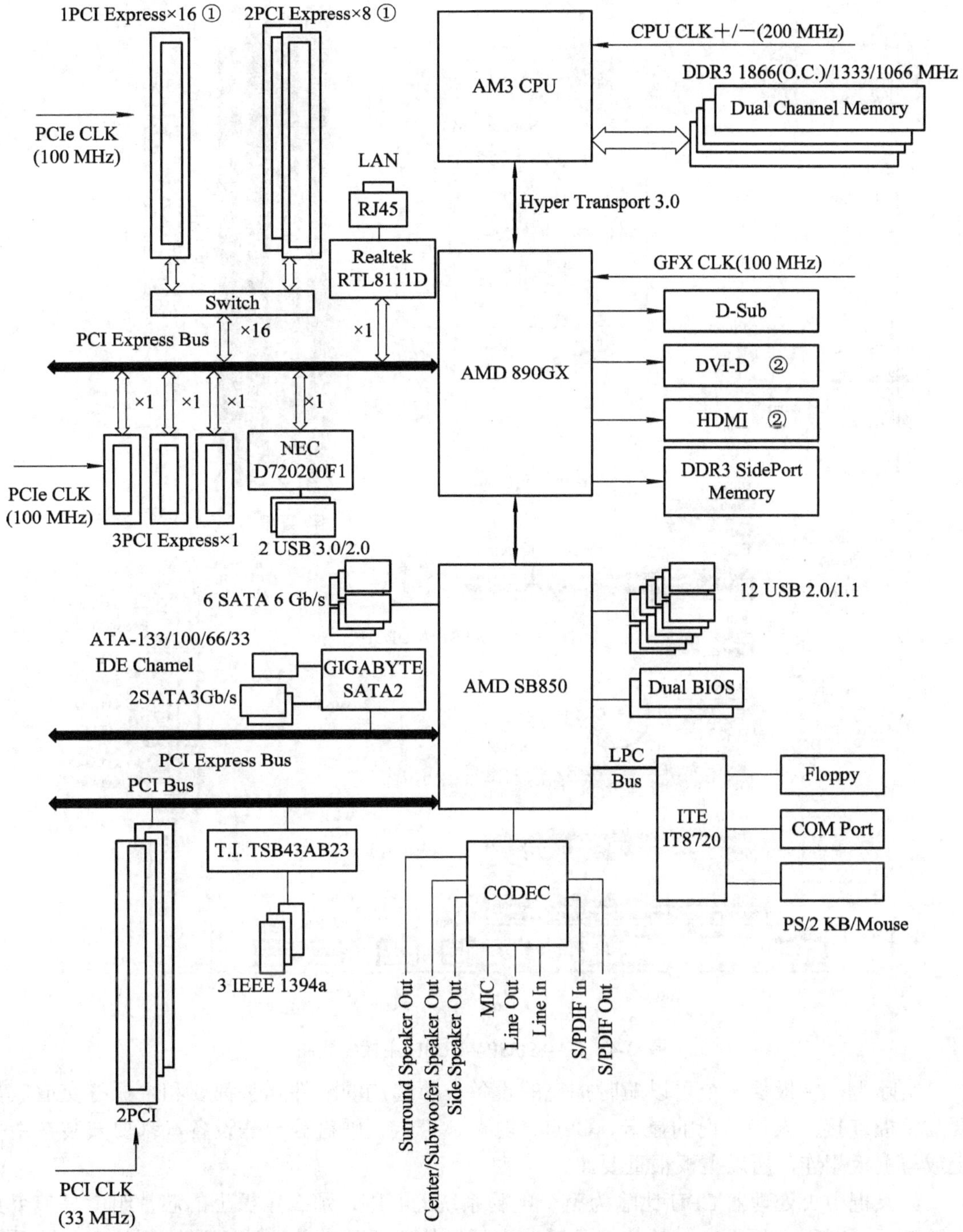

① 为发挥显卡的最大性能，安装一张显卡时务必安装至PCIE×16插槽。由于PCIE×8插槽与PCIE×16插槽共享频宽，当PCIE×8安装显卡时，PCIE×16插槽最高以×8频宽运行。

② DVI-D及HDMI输出仅能择一使用。

图 3-3　主板 AMD890GX 芯片组的功能框图

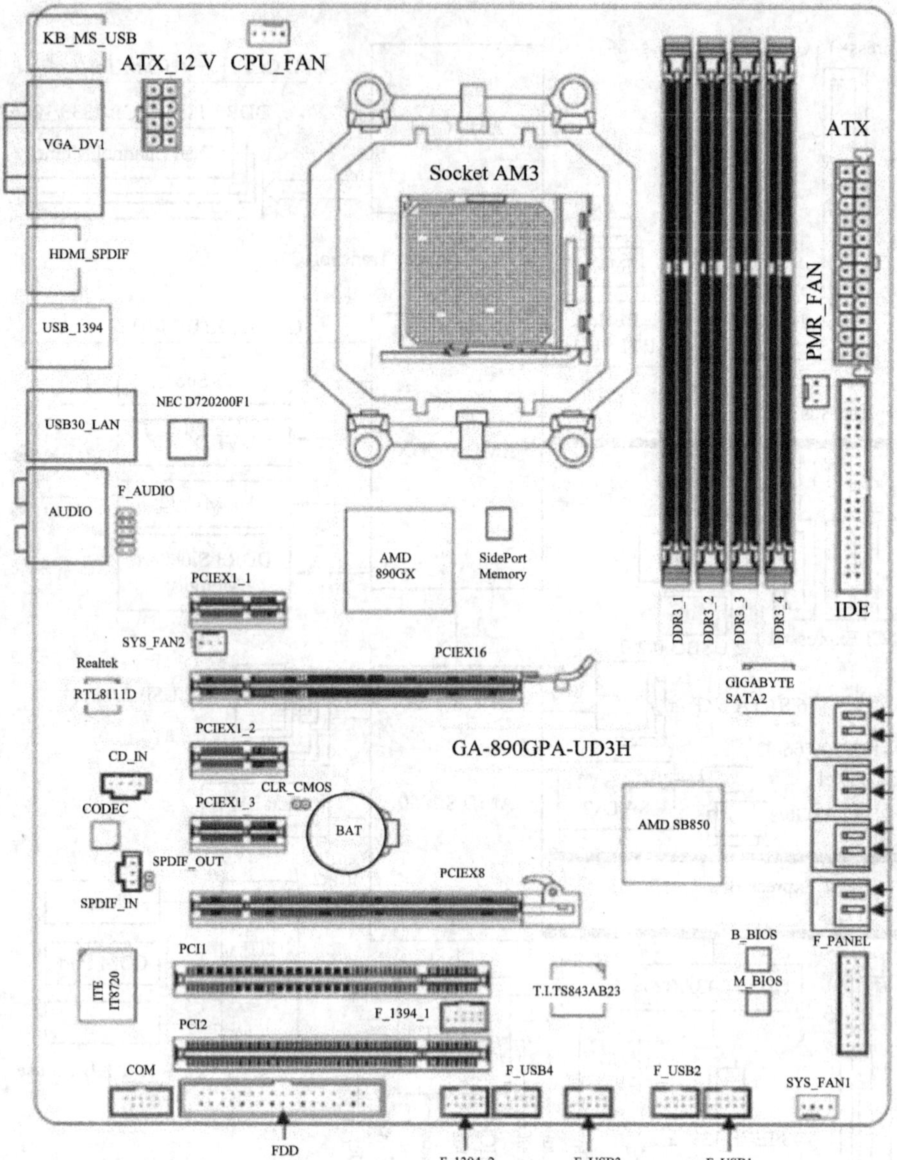

图 3-4　GA-890GPA-UD3H 主板配置图

实际上，主板像一个可以随时扩充的设备，所选购的配件几乎都要和主板打交道，都要与主板连接。人们常说的显卡、CPU、内存、声卡、硬盘等一些设备，都要安装在主板上或与主板相连，所以主板很重要。

如果把中央处理器 CPU 比喻为整个电脑系统的心脏，那么主板上的芯片组就是整个身体的躯干。对于主板而言，芯片组几乎决定了这块主板的功能，进而影响到整个电脑系统性能的发挥，所以说芯片组是主板的灵魂。

微机的稳定性与主板的设计和工艺有极大的关系。

PCB(Printed Circuit Board，印制电路板/印刷电路板)是组成各种板卡的基础。图 3-5 所示是已经印好文字面的空主板。PCB 线路板除了用来固定各种电子元器件之外，还提供了电子元器件的相互电连接。

PCB 是所有电脑板卡不可缺少的，它由几层树脂材料黏合在一起而成，内部采用铜箔走线(导线)。在多层印制电路板中，中间层分别连接地线与电源，所以可将各层分成信号层(Signal)、电源层(Power)、接地层(Ground)。

如果 PCB 上的零部件需要不同的电源，则这类 PCB 会有两层以上的电源层与接地层。如常见的 4 层 PCB(现在一般主板基本上都是 4 层 PCB)，最上和最下的两层是信号层，中间两层是接地层和电源层。将接地层和电源层放在中间，便于对信号线进行修正。而有些线路板可达到 6～10 层乃至更多，这是因为信号线必须相距足够远的距离，以防止电磁干扰。六层板可能有三个或四个信号层、一个接地层以及一个或两个电源层，以提供足够的电能。

此外，如果要将两块 PCB 相互连接，一般都会用到俗称“金手指”的边缘接头(Edge Connector)。实际上，金手指是裸露的铜垫(有的已镀金)，如图 3-6 所示。事实上，这些铜垫是 PCB 布线的一部分。通常电脑板、卡之间连接时，将其中一块 PCB 上的金手指插进另一块 PCB 上合适的插槽(座)中。在微机中，像显卡、声卡或是其他类似的扩展卡，都是靠“金手指”与主机板上的插槽(座)连接的。

图 3-5 已印好文字面的空主板

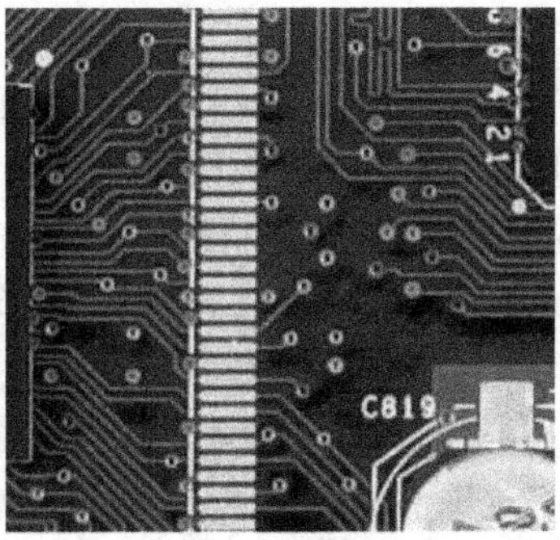

图 3-6 金手指

PCB 呈绿色或棕色，是阻焊漆(Solder Mask)的颜色。阻焊漆是绝缘的防护层，可以保护铜线，也可以防止零件被焊接到不正确的地方。在阻焊层上还会印刷一层丝网印刷面(Silk Screen)，通常叫“文字面”。通常在这上面会印上文字与符号(大多是白色的)，以标示出各零部件在板子上的位置、各跳线的连接说明等。

3.3 主板的组成

主板上通常有 CPU 插座、内存插座、ISA 插槽(比较老的主板有)、PCI 插槽、AGP 插槽、EIDE(硬盘、光驱)接口、电源接口、软盘驱动器接口、DIP 开关和芯片组。主板上一般印有接口、跳线的简明标识(俗称“文字面”)，可标示出 BIOS 芯片、串行口、并行口、PS/2 接口、USB 接口、SATA、1394、CPU 风扇电源接口、跳线、主板与机箱面板的按钮和指示灯接口等的位置和方向(即“1”脚所在位置)。

主板上的零部件看似种类繁多，其实可以进行简单的归类，主要可分成芯片类(芯片组、BIOS EEPROM、受控频率振荡电路、CMOS SRAM、电压调整芯片等)、RLC 类(排阻、电感、电解电容、贴片电容)、插座类(CPU 插座、内存插座、BIOS 插座等)、扩展槽类(AGP、PCI、PCIE)、接口类(电源接口、硬盘接口、USB 接口、1394 接口、并口、串口)、晶体振荡器类(32.768 kHz、14.318 MHz、25 MHz)、排针跳线类(机箱面板)、纽扣电池等 8 类。

3.3.1 芯片组

芯片组(Chipset)是构成主板电路的核心。从某种意义上讲，它决定了主板的级别和档次。芯片组是“南桥”和“北桥”的统称，一般将以前复杂的电路和元件最大限度地集成在几颗芯片内。图 3-7 为支持酷睿™ i7 处理器的 X58 高速芯片组，其中 ICH10 为输入/输出控制中心(早期叫南桥)。

英特尔高速芯片组可通过英特尔 QuickPath 互连(英特尔 QPI)，以 6.4 GT/s 和 4.8 GT/s 的速度支持 45 nm 英特尔酷睿 i7 处理器家族。此外，此芯片组可提供 2 个 × 16 或 4 个 × 8 PCI Express 2.0 显卡支持，并支持 ICH10 和 ICH10R 输入/输出控制中心(南桥)芯片。

图 3-7 支持酷睿™ i7 处理器的 X58 高速芯片组

主板芯片组几乎决定了主板的全部功能：CPU 的类型、主板的系统总线频率、内存类型、ECC 纠错、容量和性能等。显卡规格是由芯片组中的 GMCH(Graphics Memory Controller Hub，图形内存控制器)或 MCH(Memory Controller Hub)(以前叫北桥)芯片决定的；芯片组的 ICH10(R)(I/O Controller Hub，输入/输出控制中心)(以前叫南桥)决定扩展槽的种类与数量、外部接口的类型和数量(如 USB2.0、IEEE1394、SATA)等。有些芯片组集成了 3D 加速显示(集成显示芯片)、英特尔高清晰度音频等功能，因此还决定着计算机系统的显示性能和音频播放性能等。有些南桥芯片中集成有 KBC(键盘控制器)、RTC(实时时钟)、网卡等。GA-890GPA-UD3H 主板的南北桥及板载显存如图 3-8 所示。

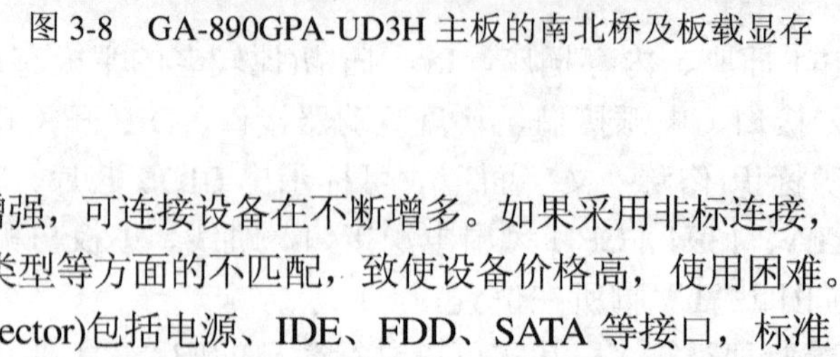

图 3-8 GA-890GPA-UD3H 主板的南北桥及板载显存

3.3.2 主板接口

随着 PC 功能的增强，可连接设备在不断增多。如果采用非标连接，必然造成信息在速度、时序、数据格式以及类型等方面的不匹配，致使设备价格高，使用困难。因此出现了各种接口标准，主板接口(Connector)包括电源、IDE、FDD、SATA 等接口，标准 PC 的外部接口通常包括串口、并口、PS/2 接口、USB 接口、1394 接口、网络接口、音频接口和 VGA 接口等。

1. 电源接口

AT 电源：由 P8 和 P9 两组接口组成，每个接口分别有六个针脚，支持+5.0 V、+12 V、−5 V、−12 V 电压，不支持+3.3 V 电压。图 3-9 所示为 AT 电源插头与 AT 电源插头插入插座的正确连接方式。

图 3-9　AT 电源插头插入插座的正确连接方式

主机板、键盘和所有接口卡都由电源接口供电。传统的 AT 主板使用 AT 电源。

图 3-9 中，由于 AT 电源没有防“呆”措施，容易出错，必须保证 P8、P9 黑色部分靠在一起，不能错位，否则会造成电源短路。

ATX 主板使用 ATX 电源，如图 3-10 所示，有防“呆”措施，方向反了插不进去。

早期的 ATX 主电源接口只有 20 个(2 × 10)针脚，如图 3-10 上部区域所示。现在的扩展 ATX 主电源接口有 24 个(2 × 12)针脚，如图 3-10 下部区域所示。ATX 电源接口信号如表 3-1 所示。

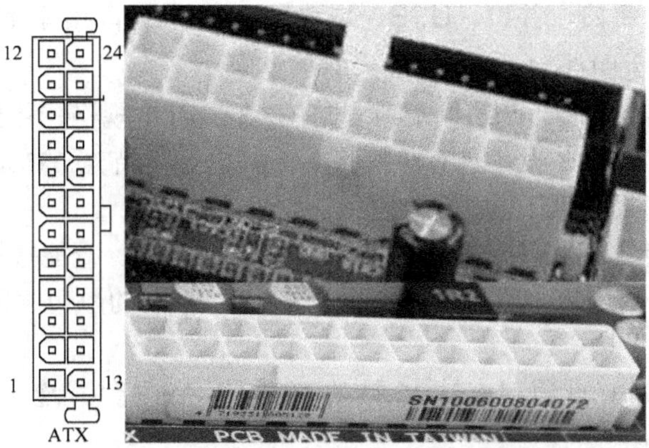

图 3-10　ATX 20 针和 ATX 24 针电源接口

表 3-1　ATX 电源接口信号

接脚	定　义	接脚	定　义
1	3.3 V	13	3.3 V
2	3.3 V	14	−12 V
3	接地	15	接地
4	+5 V	16	PS_ON(Soft On/Off)
5	接地	17	接地
6	+5 V	18	接地
7	接地	19	接地
8	Power Good	20	−5V
9	5 VSB(Stand-By + 5 V)	21	+5V
10	+12 V	22	+5V
11	+12 V(仅供 2 × 12 针电源接头使用)	23	+5V(仅供 2 × 12 针电源接头使用)
12	3.3 V(仅供 2 × 12 针电源接头使用)	24	接地脚(仅供 2 × 12 针电源接头使用)

与 AT 电源不同，ATX 电源除了在线路上作了一些改进(能输出+3.3V)之外，其中最重要的区别是，关机时 ATX 电源本身并没有彻底断电，有一个比较小的维持电流，称为待机(Stand-By)电流。通过此功能，用户就可实现软关机，而且还可以实现网络化的电源管理。由于交流回路没有断开，拆装机器时，一定要先拔下电源插头。

ATX 电源有如下特性：

(1) 电源控制 STAND-By，可通过软件开、关机，也可直接通过 Windows 操作系统实现网络的电源管理，对网络计算机进行远程唤醒操作。

(2) 传统电源只提供 5 V、12 V、−5 V、−12 V 的电压，但 ATX 电源为了适应更多、更新的 CPU 及 PCI 总线技术，提供了 3.3 V 直流输出，减少了电源能量消耗。

(3) 具有 +5 VSB 脚，只要 ATX 电源一上电，+5 VSB 脚便可输出高质量的 +5 V 电压。待机(Stand-By)工作电源为电脑唤醒操作等提供工作电源。

(4) 增加 PS-ON 电脑主板控制 ATX 电源开关的控制端，当 PS-ON 为低电压且小于 1 V 时，ATX 电源被激活，输出 +5 V、+12 V、−12 V、−5 V 等电压；当 PS-ON 大于 4.5 V 时，停止对电源供电(除 +5 VSB 外)。

2. 键盘、鼠标、串口、并口、USB、以太网、1394、音频等外部接口

主板的外部接口见图 3-11。图中：

a: USB 2.0/1.1 连接端口。此连接端口支持 USB 2.0/1.1 规格，用于连接 USB 键盘/鼠标、USB 打印机、U 盘等。USB 设备具有热插拔、无需电源等特点。USB 1.1 标准只有 12 Mb/s 的传输率，USB 2.0 则有 480 Mb/s 的传输率。

b: 键盘和鼠标接口。此连接端口连接 PS/2 键盘或鼠标。既能接鼠标又能接键盘的接口一半是绿色，另一半是紫色。通常键盘或鼠标接口以不同的颜色来区分，绿色接口为鼠标接口，而紫色的为键盘接口。

c: VGA(D-Sub)接口。此接口支持 15 针的 VGA(D-Sub)接头，连接支持具有 VGA(D-Sub)接头的显示器。

d: DVI-D 接口。此接口支持 DVI-D 规格并且可支持最高至 2560 × 1600 的分辨率(实际所支持的分辨率会依据所使用的显示器而有所不同)，不支持转接为 D-Sub 的功能。DVI-D 及 HDMI 输出仅能择一使用。

e: S/PDIF 光纤输出接口。此接口提供数字音频输出至具有光纤传输功能的音频系统。

f: HDMI 接口。HDMI (High-Definition Multimedia Interface)提供全数字化视频/声音传输接口，可以传播未经压缩的音频信号及视频信号，并兼容 HDCP 规格。可连接具有 HDMI 功能的影音设备至此接口。HDMI 技术最高可支持 1920 × 1200 的分辨率，实际所支持的分辨率会依据所使用的显示器而不同。DVI-D 及 HDMI 输出仅能择一使用。

g: IEEE 1394a 连接端口。此连接端口支持 IEEE 1394a 规格，具有高速、高频宽及热插拔等

图 3-11　主板的外部接口

功能。可连接 IEEE 1394a 设备至此连接端口。IEEE 1394 又称做“Fire Wire”即“火线”。早在 1985 年，苹果公司就已经开始研究“火线”技术。IEEE 1394 的数据传输速率相当快，有时被称为“高速串行总线”。IEEE 1394 有不同名字，在 PC 领域将它称为 IEEE 1394，在 Mac 机(即苹果机)上称为 Fire Wire，在电子消费品领域则更多地将它称为 i-LINK。采用 IEEE 1394 接口的设备越来越多，很多 DV(数码摄像机)、外置扫描仪、外置 CD-RW 等都配备了 1394 接口。

h: 网络接口，也称为“RJ-45 接口”。此接口是超高速以太网(Gigabit Ethernet)接口，提供连线至互联网，传输速率最高可达 1 Gb/s。

i: USB 3.0/2.0 连接端口。此连接端口支持 USB 3.0 规格，并兼容 USB 2.0/1.1 规格。可连接 USB 设备至此连接端口，例如 USB 键盘/鼠标、USB 打印机、U 盘等。

j～o：音频接头端口。主板提供 6 个音频接头，其中的麦克风输入、音频输入及前置音频输出是标准的音频接口，提供基本的二声道音频功能。当驱动四声道、六声道及八声道音频功能时，其他 3 个音频接头才起作用。

J：中央及重低音输出(橘色)。此插孔在 5.1/7.1 声道音频输出模式中可提供中央及重低音声道输出。

K：后喇叭输出(黑色)。此插孔在 7.1 声道音频输出模式中可提供后置环绕声道输出。

l：侧喇叭输出(灰色)。此插孔在 4/5.1/7.1 声道音频输出模式中可提供中置环绕声道输出声音。

m：音频输入(蓝色)。此插孔预设为音频输入孔。外接光驱、随身听及其他音频输入设备可以接至此插孔。

n：音频输出(绿色)。此插孔预设为音频输出孔。在使用耳机或 2 声道音频输出时，可以接至此插孔来输出声音。在 4/5.1/7.1 声道音频输出模式中，此插孔可提供前置主声道音频输出。

o：麦克风(粉红色)。此插孔为麦克风连接孔。麦克风必须接至此插孔。

3. (E)IDE、FDD 等内部接口

IDE、FDD 与 COM 接口如图 3-12 所示。通常排线会以不同颜色来标示出第一针脚位置，如图 3-13 所示。

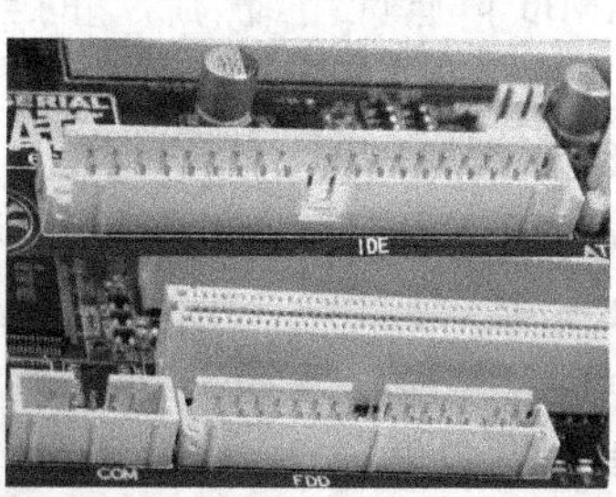

图 3-12 IDE、FDD 与 COM 接口

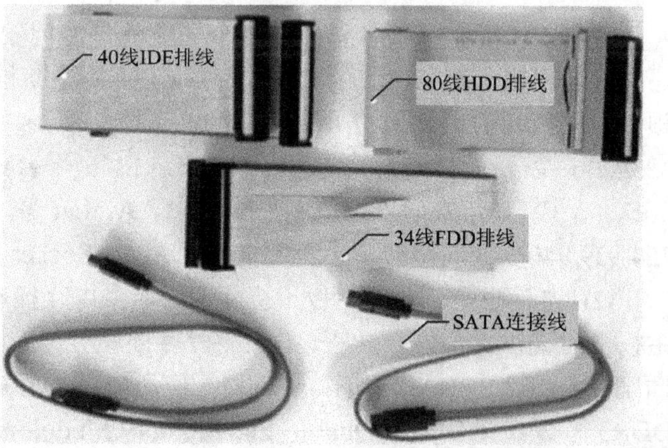

图 3-13 硬盘、软驱与 SATA 连接线

(1) IDE(Integrated Device Electronics) 40 针接口。通过 IDE 排线，此接口最多可连接两个 IDE 设备(例如硬盘或光驱等)。连接前请确认接口上防呆缺口的位置。如果连接了两个 IDE 设备，则需设置两个设备的主从关系(Master/Slave)。

(2) FDD(软驱) 34 针接口。此接口用来连接软驱。可连接的软驱类型有 360 KB、720 KB、1.2 MB、1.44 MB 及 2.88 MB。连接软驱前请先确认插座及排线第一针脚的位置。

(3) COM 串行 9 针端口。通过串行端口扩展挡板可以接出一组串行端口。

(4) SATA 接口。SATA 即 Serial ATA，中文意思就是串行 ATA，由 Intel 首先在 IDF2000(英特尔开发者论坛)提出。Intel 认为用户对硬盘接口的带宽要求越来越高，传统的并行 ATA 接口类型虽然还有一定的发展余地，但并行 ATA 所支持的最高数据传输率不可能无限制地提高，这就需要有一种新的技术取代并行 ATA 接口，因此，Serial ATA 终于在 2001 年被确定了技术标准。而且 Serial ATA 同时得到了 Dell、IBM、希捷、迈拓等公司的强力支持。主板上 SATA 接口如图 3-14 所示，SATA 接口针脚信号如表 3-2 所示。

图 3-14　SATA 接口

表 3-2　SATA 接口针脚信号

针脚	1	2	3	4	5	6	7
定义	地	TXP	TXN	地	RXN	RXP	地

SATA 接口可分为不同的规格。

- SATA3_0/1/2/3/4/5(SATA 6Gb/s 接口，由 AMD SB850 控制)。这些 SATA 接口支持 SATA 6Gb/s 规格，并可兼容 SATA 3Gb/s 及 SATA 1.5Gb/s 规格。一个 SATA 接口只能连接一个 SATA 设备。通过 AMD SB850 控制器可以构建 RAID 0、RAID 1、RAID 5、RAID 10 及 JBOD 磁盘阵列。
- GSATA2_6/7 (SATA 3Gb/s 接口，由 GIGABYTE SATA2 芯片控制)。这些 SATA 接口支持 SATA 3Gb/s 规格，并可兼容 SATA 1.5Gb/s 规格。

4. CPU、内存、BIOS 插座(Socket)

(1) CPU 插座。顾名思义，这个插座就是专门安装 CPU 的。其颜色一般为白色，旁边还有一个用来固定 CPU 的拉杆。随着 CPU 的不断推陈出新，CPU 的接口发展到现在类型颇多：从最初的 Socket 7 到现在 Intel 支持的赛扬、Pentium 4 系列的 Socket 370、Socket 423/478，以及最新推出的 Socket B(LGA1366 平台)接口；AMD 阵营应用最为广泛的当推 Socket A 接口(Socket 462)，支持 Duron 、Athlon 等，随着 Athlon 64 处理器的发布，Socket 754/939/940/938 新型接口也不断面世。AMD Socket AM3(938 脚)插座如图 3-15 所示。

(2) 内存插座。一般主板上提供 2～4 个内存插座，随着双通道内存技术的应用，现在主板上能提供 4 个内存插座。主流的内存插座分为三种：DDR SDRAM 插座、DDR2 SDRAM 插座和 DDR3 SDRAM 插座。这三种插座所支持内存的工作电压及性能参数不同，互不兼容。DDR3 为 240 脚 DIMM(Dual In-line Memory Module，双面引脚内存模组)，工作电压为 1.5 V；DDR2 为 240 脚 DIMM，工作电压为 1.8 V；而 DDR 为 184 脚 DIMM，工作电压为 2.5 V。DDR3 内存插座如图 3-16 所示。

图 3-15　Socket AM3(938 脚)插座

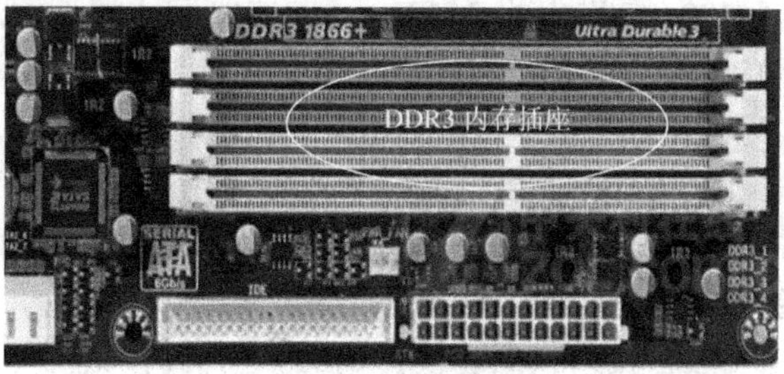

图 3-16　主板上的 DDR3 内存插座

(3) BIOS 插座。此类插座用来安装具有 BIOS(Basic-Input-&-Output-System，基本输入/输出系统)程序的可编程存储芯片，如 OTPROM、EPROM、EEPROM。BIOS 插座如图 3-17 所示。

图 3-17　安装 BIOS 用的 PLCC 和 DIP 插座(Socket)

5. PCI、PCIE 扩展槽(SLOT)

图 3-18 所示是一块具有 PCI、PCIE(PCI Express)扩展槽的主板。该主板有 2 个 PCI 插槽和 5 个 PCIE 插槽。5 个 PCIE 插槽分别是：1 个 PCI Express × 16 插槽，支持 × 16 运行规格(PCIEX16)；1 个 PCI Express × 8 插槽，支持 × 8 运行规格(PCIEX8)；3 个 PCI Express x1 插槽。所有 PCI Express 插槽均支持 PCI Express 2.0。

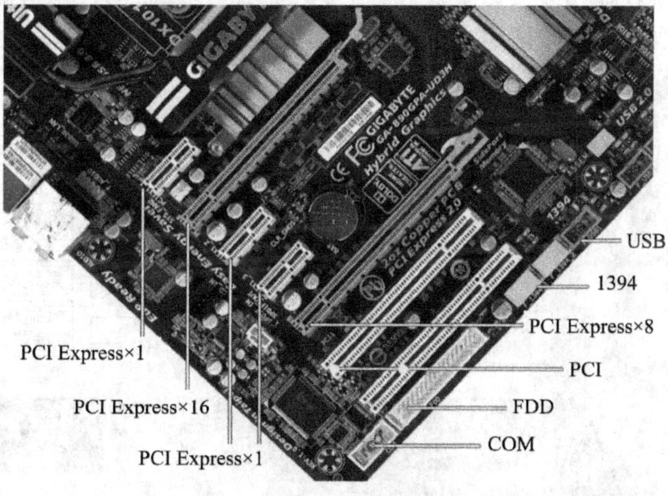

图 3-18　具有 AGP、PCI、PCIE CPU 扩展槽的主板

PCI(Peripheral Component Interconnect:外部设备互连)总线：属于局部总线，由 PCI 集团推出的总线结构。PCI 插槽是白色的。它是常用的主板插槽，很多声卡、网卡和 SCSI 卡都采用此接口。

2004 年推出的 PCI Express 接口已经成为主流，用以解决显卡与系统数据的传输瓶颈，而 ISA、PCI 接口的显卡已经基本被淘汰。目前市场上的显卡接口一般是 AGP 和 PCI Express 这两种。

PCI Express(以下简称 PCI E)采用点对点串行连接，每个设备都有自己的专用连接，不需要向整个总线请求带宽，而且可以把数据传输率提高到一个很高的速度，达到 PCI 所不能提供的高带宽。

PCIE 接口根据总线位宽的不同而有所差异，包括 X1、X4、X8 以及 X16，而 X2 模式将用于内部接口而非插槽模式。PCIE 规格从 1 条通道连接到 32 条通道连接，有非常强的伸缩性，可满足不同系统设备对数据传输带宽不同的需求。目前来看，PCIE X1 和 PCIE X16 已成为 PCIE 的主流规格。

PCIE 2.0 和 1.1 的区别：PCIE 2.0 向下完全兼容 PCIE 1.1，速率将从 PCIE 1.1 的 2.5 GT/s 提升至 2.0 的 5 GT/s(Giga Transfers per second)。

2.5 GHz 的 PCIE 2 频率，可产生每通道每个方向(每秒 500 MB)上 5.0 Gb/s 的速率。当操作于 X16 模式时，接口每个方向上的最高同时理论带宽速率为 8 Gb/s。

1.25 GHz 的 PCIE 1.1 频率，可产生每通道每个方向(每秒 250 MB)上 2.5 Gb/s 的速率。当操作于 X16 模式时，接口每个方向上的最高同时理论带宽速率为 4 Gb/s。

6. 跳线帽(Jumper)与机箱面板相连的排针接口

“跳线帽”的外观如图 3-19 的中下部所示。它罩在主板、声卡、硬盘等设备上的小金属棍(排针)上，以便接通或切断线路连接。跳线的作用是调整设备上不同电信号的通断关系，并以此调节设备的工作状态，如确定主板电压、驱动器的主从关系、清除 CMOS 等。当跳线帽同时套上两根针的时候，就表明将这两根针连通了，如果套上一根或没有套上，就说明是断开的。调整跳线非常重要，如果错了，轻则死机，严重的甚至可能烧毁设备。所以在调整跳线时一定要仔细阅读说明书，核对跳线名称、编号和通断关系。

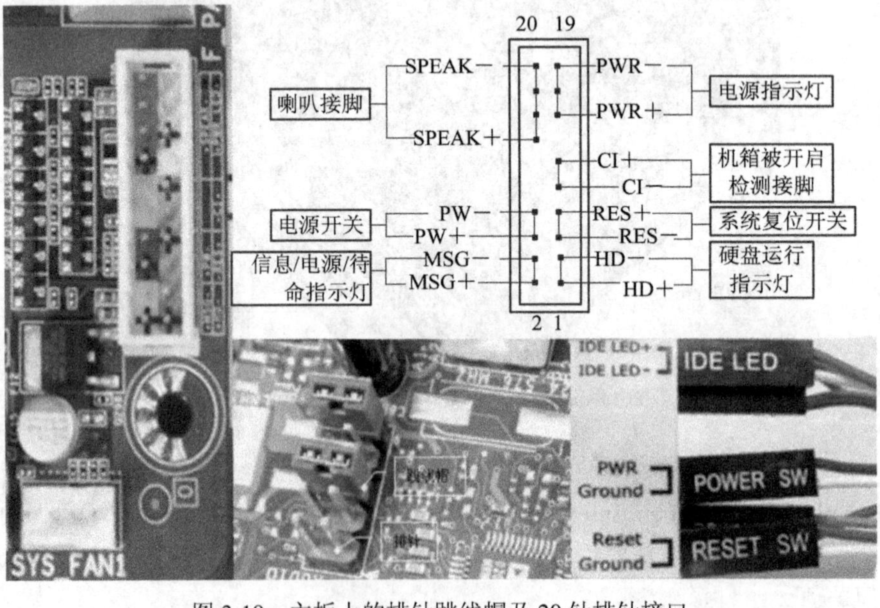

图 3-19 主板上的排针跳线帽及 20 针排针接口

机箱面板、按键一般有硬盘的运行指示灯(IDE-LED)、机箱喇叭(Speaker)、系统复位按钮(Reset)、电源开关按钮(PWR Switch)、电源指示灯(Power LED)等。这些指示灯及按钮必须连接到主机板上才能正常工作。由于以前并无机箱面板按键接口的标准规格，因此使用者常常在连接这些接口时遇到困难。可以将这些凌乱但是不可或缺的接口整合在一个 20 pin 的接口上，让连接机箱面板按键接口不再是安装主机板时的头疼问题。图 3-19 所示即为机箱面板按键接口。

图中：

● MSG/PWR(信息/电源/待命指示灯)：连接至机箱前方面板的电源指示灯。当系统正在运行时，指示灯为持续点亮；系统进入待命(S1)模式时，指示灯呈现闪烁；系统进入休眠模式(S3/S4)及关机(S5)时，指示灯熄灭。

● PW(电源开关)：连接至电脑机箱前方面板的主电源开关键。可在 BIOS 程序中设置此按键的关机方式。

● SPEAK(喇叭接脚)：连接至电脑机箱前方面板的喇叭。系统会以不同的嘀声来反映目前的开机状况。通常正常开机时，会有一嘀声；若开机发生异常时，则会有不同长短的嘀声。

● HD(硬盘运行指示灯)：连接至电脑机箱前方面板的硬盘运行指示灯。当硬盘有存取运行时指示灯会亮。

● RES(系统复位开关)：连接至电脑机箱前方面板的复位开关(Reset)键。在系统死机而无法正常重新开机时，可以按下复位开关键来重新启动系统。

● CI(电脑机箱被开启检测接脚)：连接至电脑机箱的机箱被开启检测开关/感应器，以检测机箱是否曾被开启。若要使用此功能，需搭配具有此设计的电脑机箱。

电脑机箱的前方控制面板设计会因不同机箱而有所不同，主要包括电源开关、系统复位开关、电源指示灯、硬盘运行指示灯、喇叭等，请依机箱上的信号线连接。

3.3.3 BIOS 芯片

BIOS(Basic Input/Output System，基本输入/输出系统)是计算机硬件和软件的一个可编程接口。从代码(程序)的角度看，它是一组固化到计算机内主板上一个 ROM 芯片上的程序，它保存着计算机最重要的基本输入/输出的硬件配置信息、开机上电自检程序和系统启动自举程序。从硬件的角度看，它是一种固化有程序代码的存储芯片，可能是 ROM、OTPROM(One Time Program ROM)、EPROM、EEPROM 中的任一种。图 3-20 为不同型号的 BIOS 芯片。

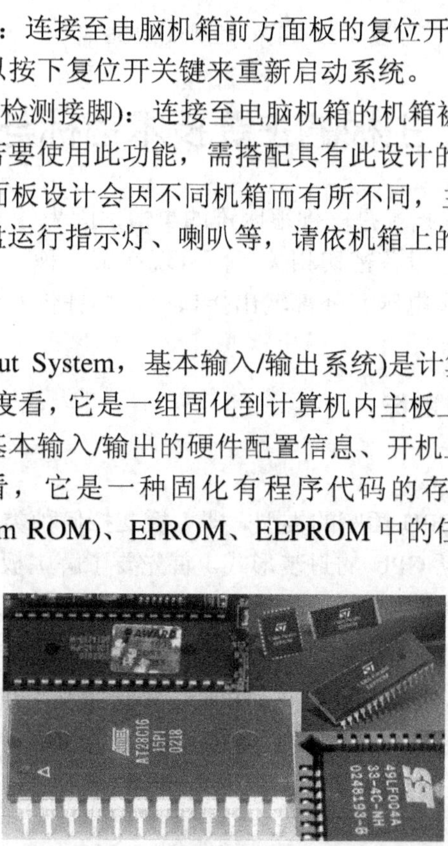

图 3-20 不同型号的 BIOS 芯片

BIOS 中文名称就是“基本输入/输出系统”，它的全称应该是 ROM-BIOS，意思是只读存储器基本输入/输出系统。BIOS 程序是操作系统与主板上硬件的一个可编程接口，它的功能是确保同一操作系统用于具有不同硬件(芯片组等)的主板。

主板上安装的 PLCC 和 DIP 封装的 BIOS 存储芯片 EEPROM 如图 3-21 所示。主板可提供主/从双 BIOS，如图 3-21 的上部所示。

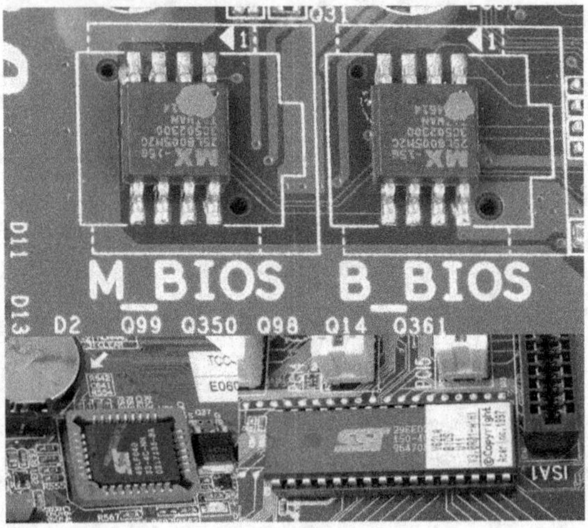

图 3-21　主板主/从双 BIOS 备份

3.4　主板的主要技术指标与选购

要单独给出主板的技术指标是一件很困难的事情，因为任何性能的发挥都与 CPU、内存、芯片组、硬盘、显卡等设备密切相关。而且现在某一种芯片组的主板即决定了支持内存的类型、工作频率、工作电压、外部输出接口等，要评价其性能指标，必须与其他部件结合起来。

3.4.1　主板的主要技术指标

1. 接口类型

接口类型是指主板的 CPU 插座的类型，即主板支持何种类型的 CPU。不同型号的主板支持不同类型的 CPU，包括 CPU 的封装形式。首先要了解主板适用何种平台。平台分 Intel 平台和 AMD 平台，即主板是支持 Intel 的 CPU 还是 AMD 的 CPU。

2. 主控芯片组

主控芯片组(Chipset)是构成主板电路的核心。一定意义上讲，它决定了主板的级别和档次。一定时期的芯片组决定了系统的基本配置、支持的 CPU、内存的型号、外频等，也决定了系统的基本性能。

3. 外频

外频是系统总线(一般指北桥芯片与处理器之间)的工作频率。

主频就是CPU的(内部)时钟频率，英文全称是CPU Clock Speed，简单地说就是CPU的工作频率，是CPU内核电路的实际运行频率。一般来说，一个时钟周期完成的指令数是固定的，理论上讲，CPU的主频越高，它的速度就越快，即单位时间内完成的指令就越多。由于各种CPU的内部结构不尽相同，所以并不能完全用主频概括CPU的性能。在486DX2 CPU之前，CPU的主频与外频相等或者说低于外频。从486DX2开始，CPU主频一般高于外频，基本上所有的CPU主频都等于“外频×倍频系数”。

CPU超频的实质是通过提高外频或者倍频的手段来提高CPU主频，从而提升整个系统的性能。

4. 地址总线宽度

地址总线宽度决定了CPU可以访问的物理地址空间，简单地说就是CPU到底能够使用多大容量的内存。若地址线为32根，则最大的地址访问空间为4 G。

5. 支持内存的种类

不同型号的主板支持不同类型的内存及内存大小，如SDRAM、DDR、DDR2、DDR3等。目前内存控制器已集成于CPU内部，一定程度上说是由CPU决定内存的(其实还是由主板决定的)。

6. 外部接口

随着主板的个性化越来越强，支持外部设备的接口形式也不尽相同，如有的支持USB、SATA、IEEE 1394等。

3.4.2 主板的选购

主板性能的好坏直接关系到计算机整机的性能，因此在选购主板时，需要全面地了解主板的相关信息。

1. 依据自身的需要

选择主板的一个重要因素就是根据自己的需要来进行选择。现在，同样类型的主板其附加功能各不一样，如有些主板集成了声卡，有些集成了显卡，有些集成了网卡等，某些一体化的主板则集成了上述所有的功能。因此，除了在价格上面有很大差别外，也会对今后的升级等造成影响。如采用了内置显示功能的主板一般都没有单独的AGP插槽，以后需要升级显卡的话，就只有选择PCI的显卡了。但是，一般来说，购买集成了某项功能的主板比单独购买没有集成这项功能的主板加上相应的插卡要便宜，而且碰上兼容性等问题的可能性要小一些。因此，如果确定自己不需要升级而且内置的功能可以满足自己的需要，则可以选择这些集成主板。

其实计算机的发展速度是很快的，考虑升级的意义不大。

2. 品牌

主板是将高科技和工艺融为一体的集成产品，因此在选购时，首先应考虑“品牌”。实力雄厚的厂商具有较强的研制能力和良好的售后服务。购买主板时，厂商的制造工艺水准确实很重要，应尽量选择正规大厂的。正规大厂一般都通过了主要的品质、环保、节能、安全认证，使用的零部件均用料上乘、设计合理，采用优质元件装配，其超频和稳定性能都很不错，但价格也相对较高。

3. 产品工艺

检测主板制造工艺水准可以从以下几个方面查看：

(1) 主板做工。看其做工是否精细，各个焊点结合处是否工整，走线是否简洁清晰。

(2) 主板元件。查看所用的元件包括各种插槽接口是否采用了高质量的元件，主板拿在手中有没有一定的重量。

(3) 器件布局。查看其器件布局是否合理，是否有利于安装其他配件和散热，其设计是否符合未来升级安装的需要。

(4) 看相关认证。查看主板是否通过了主要的品质认证，如 ISO、FCC 等。

(5) 看包装配件。查看主板产品包装和相关配件(各种连接线、驱动盘、保修卡等)是否齐全。

4. 主板结构

注意一下所选的主板是 AT、ATX、BTX 结构还是 Mini ATX、Flex ATX 结构。目前，ATX 技术已经成熟，一般来说选择 ATX 结构的主板在搭配机箱时会更加方便，不过 BTX 将会逐步取代 ATX 技术。

5. 芯片组

芯片组是 CPU 工作的基础，在购买时一定要注意所购买的主板是否适合你的 CPU。这就是说根据你使用的 CPU 来决定所选择的主板类型。

目前，世界上具有生产芯片组能力的厂家有 Intel、VIA、Sis、AMD、ATI 等。其中，ATI 已经与 AMD 合并，因为大部分主板都是基于 Intel 和 AMD 两家处理器来设计的。因此，用户应考虑选购当前流行的芯片组，以便于再选购其他部件。

6. 主板特色技术

主板的特色技术是不少人选购它的重要原因，也是厂商的主要卖点。目前市面上的主板设计各有特色，如支持一键还原、智能恢复等，要想买到全功能的产品实属不易，所以应按照你的需要选择最为适合的产品。

7. 产品售后服务

为获得好的售后服务，购买主板时应选有实力的大厂商的产品。大厂一般开通了简体中文站点，在主页上都有相应的主板 BIOS 及驱动程序升级等内容。通过这些服务，用户可以自行解决新类型 CPU 的识别及一些硬件兼容的问题。一般来说，大的主板厂商都能提供一年到三年保修、保换售后服务，而一些杂牌产品则无升级服务和任何售后承诺，一旦出了问题，后果将不堪设想。因此，购买主板时切记要重视品牌。

案例 3-1 降外频解决电脑蓝屏问题。

一机房正常工作 4 年后，陆续出现多台电脑蓝屏等运行不稳定问题，严重影响到机房的正常使用。为了提高系统的稳定性，决定降频使用。查产品说明书得知外频只有 133 MHz、100 MHz 两种，后决定外频采用 100 MHz，电脑系统工作稳定，电脑蓝屏问题解决。

原因分析：电脑前 4 年工作稳定，说明电脑硬件时序正确，随着使用时间的增加，时序电路部分电容、电阻部分老化，频率电路波形上升沿和下降沿出现前移或后延，造成时序不准，不能正确读取和写入数据，电脑出现蓝屏；降低工作频率后，周期增长，可以在一定程度上解决时序不准问题。

案例 3-2 电脑蓝屏问题分析。

在计算机工作过程中，可能会出现蓝屏或宕机。对于使用者来说，蓝屏将造成工作中断，所做的工作由于没有及时保存，将前功尽弃；对于计算机程序员来说，这只是一次非屏蔽中断的例行处理：程序或数据在交换过程中出错，计算机脱离了正常的程序，或者计算机的系统资源不够，超出了计算机预设的正常处理范围，以致计算机系统在规定时间内未收到正常的标识信息，产生非屏蔽中断，在最小系统字符模式下输出非屏蔽中断信息。以上就是蓝屏的本质。发生蓝屏现象的最常见的原因可以有以下几种：

(1) 内存条性能不稳定、不匹配，或者同一内存控制器下，使用不同品牌或不同批号的内存条，造成程序或数据交换错误，脱离正常程序。

(2) 系统多任务运行时，系统资源不够，未能在预定的时间内完成预定的工作，不能正常返回标志信息。

(3) 新增硬件或软件与已有系统冲突。

(4) 不正当的操作、病毒或其他原因引起系统工作不正常。

3.5* 主板其他硬件

3.5.1 CMOS 芯片和电池

CMOS (Complementary Metal Oxide Semiconductor，互补金属氧化物半导体)是一种集成电路芯片制造工艺。其实，我们通常讲的计算机里的 CMOS，实质就是 CMOS SRAM (Complementary Metal Oxide Semiconductor Static Random Access Memory)，也就是用 CMOS 工艺制造的静态随机存储器。为什么我们需要用 CMOS 工艺制造的静态随机存储器？主要是因为 CMOS SRAM 的最大特点就是功耗低。时钟(年、月、日、分、秒等)信息和 BIOS 设置的参数都保存在 CMOS SRAM 中。早期主板上的时钟(32.768 kHz)产生电路、CMOS SRAM 全部的工作电流通常不能超过 30 μA；就目前来说，其工作电流更小。南桥芯片(ICH)内就含有 CMOS SRAM。据 Intel 官方资料称其平均工作电流只有 3 μA。如果电池的容量为 170 mAh(假定可用容量)，平均工作电流为 3 μA 的话，电池的寿命至少是：

170 000 μAh / 3 μA = 56 666 h = 6.4 年，这就是为什么主板上的一颗纽扣电池能够用好几年的原因。

主板的电池供电给时钟(32.768 kHz)产生电路和 CMOS SRAM，系统关机时，既能保证时钟信息准确，也不会使 BIOS 设置的信息丢失。

CMOS SRAM 本身只是一组存储器，只有数据保存功能，而对 CMOS 中各项参数的设定要通过专门的程序。早期的 CMOS 设置程序驻留在软盘上的(如 IBM 的 PC/AT 机型)，使用很不方便。现在多数厂家将 CMOS 设置程序保存到了 BIOS 芯片中，在开机时通过特定的按键就可进入 CMOS 设置程序，可方便地对系统进行设置，因此 CMOS 设置又叫做 BIOS 设置。早期的 CMOS 是一块单独的芯片 MC146818A(DIP 封装)，共有 64 个字节存放系统信息。386 以后的微机一般将 MC146818A 芯片集成到其他的 IC 芯片中(如 82C206，PQFP 封装)，586 主板上更是将 CMOS 与系统实时时钟和后备电池集成到一块叫做 Dallas DS12887A 的芯片中。随着微机的发展和可设置参数的增多，现在的 CMOS RAM 一般都有 128 字节至 256 字节的容量。为保持兼容性，各厂商的 CMOS SRAM 的前 64 字节内容的设置统一与 MC146818A 的 CMOS SRAM 格式一致，而扩展出来的部分则存入自己的特殊设置。

不过，现在的主板 CMOS SRAM 都已集成到南桥芯片中。南桥芯片中都会有一个 256 字节的 CMOS SRAM 芯片，用来存储 BIOS 的设置信息和时钟信息。VIA VT82C686A 中内置有 DS12885 型实时时钟外带扩展的 256 字节 CMOS SRAM，以及日/月时钟。Intel ICH 中集成有一个与摩托罗拉 MC146818A 相兼容的实时时钟以及 256 字节 SRAM。RTC(Real Time Clock)系统即使在系统断电时，仍保持时钟/日期信息并存储系统数据。RTC 时钟以 32.768 kHz 的晶振频率为基准，用一个单独的锂电池供电。图 3-22 所示为主板上的纽扣电池，它可保证在系统不通电的情况下仍能将 SRAM 中的数据保存 6 年。当 RTC 的工作电压为(3.0～3.3)V 时，时钟的精度高；低于 3.0 V 时，时钟的精度将降低。

图 3-22　主板上的纽扣电池

放电可以清除 CMOS 里存储的参数。主板上有跳线帽(Clear CMOS)，可用来清除 CMOS 参数。也可通过 debug 命令直接操作 I/O 端口，改写 CMOS SRAM 的内容，从而破坏其 CMOS SRAM 校验和(Checksum)。计算机每次开机时都会计算 CMOS SRAM 内容的校验和，并与以前保存在 CMOS SRAM 中的校验和字节进行比较，当它们不同时，计算机就认为电池电压低，配置信息已丢失，需重新进行 CMOS SRAM 设置。利用以上特性可清除密码，但要注意的是：保存时间的字节不进行累加和运算，对低地址字节的改写不能破坏其校验和，故改写时间内容无效。大家应该清楚的是：CMOS SRAM(128 字节或 256 字节)的内容是通过 I/O 端口 70h 和 71h 进行操作的，首先 debug 命令输出要进行操作的字节地址到 70h，再通过对 71h 写数据来完成对 70h 字节里保存的地址的写操作。当然也可通过 debug 命令 I 对 CMOS SRAM 内容进行读操作，操作方法同写操作。

RTC (Standard) RAM 中 00h～0Dh 内容如表 3-3 所示，而 0Eh～7Fh 的 114 个字节为用户自定义 RAM。

表 3-3　RTC 中 00h～0Dh 常规内容

Index	00h	01h	02h	03h	04h	05h	06h
Name	Seconds	Seconds Alarm	Minutes	Minutes Alarm	Hours	Hours Alarm	Day of Week
Index	07h	08h	09h	0Ah	0Bh	0Ch	0Dh
Name	Day of Month	Month	Year	Register A	Register B	Register C	Register D

在设置 CMOS 的操作中，可能将 CMOS 设置的密码遗忘，这时可以用 Debug 命令将 CMOS 保存的密码破坏，恢复为初始值。debug 命令如下：

```
debug
--O 70 21
--O 71 23
--Q
```

然而，不管计算机的集成度有多高，CMOS SRAM 的工作原理都是一样的。为了加深对 CMOS SRAM 的认识，下面介绍一下 RTC(Real Time Clock)的典型电路。

1. DS12887A 简介

DS12887A 的实时时钟(RTC)加 RAM 设计用于直接替代 DS1287A。DS12887A 与 DS1287A 在外形、装配以及功能上均相同，只是 DS12887A 带有额外的 64 字节通用 RAM。对于这些增加的 RAM 空间的访问，取决于访问周期中寻址阶段 AD6 上的逻辑状态。$\overline{\text{RCLR}}$ 引脚用来清除(置为逻辑 1)所有的 114 字节普通用途 RAM，但不会影响到与实时时钟有关的 RAM。为了清除 RAM，必须在没有提供 VCC 的后备电池模式下，强制 $\overline{\text{RCLR}}$ 为输入逻辑 0(−0.3 V～+0.8 V)。$\overline{\text{RCLR}}$ 的功能设计用于通过人工手段(手动接地或通过开关接地)而非通过外部缓冲器来驱动 DS12887A。该器件的引脚定义见表 3-4。详细情况可参考 DS12887 数据手册。图 3-23 为 DS12887A 引脚图。

表 3-4　DS12887A 引脚信号图

针脚	信　号	说　明
AD0～AD7	Multiplexed Address/Data Bus	地址/数据总线分时复用
N.C.	No Connect	无连接
MOT	Bus Type Selection	Motorola 或 Intel 总线时序
$\overline{\text{CS}}$	RTC Chip-Select Input	片选信号
AS	Address Strobe	地址选通信号，AD0～AD7 上为地址信号
R/$\overline{\text{W}}$	Read/Write Input	读/写输入
DS	Data Strobe	读/写输入数据
$\overline{\text{RESET}}$	Reset Input	注
$\overline{\text{IRQ}}$	Interrupt Request Output	中断请求输出
SQW	Square-Wave Output	方波输出(可编程)
VCC	+5 V Main Supply	+5 V 电源
$\overline{\text{RCLR}}$	RAM Clear	清除 RAM
GND	Ground	地

注：$\overline{\text{RESET}}$ 对时钟、日历、RAM 没有任何影响。对上电建立电压的系统而言，需维持 $\overline{\text{RESET}}$ 的低电平一段时间，确保电压稳定后才使系统开始工作。维持 $\overline{\text{RESET}}$ 为低电平的时间长短取决其应用系统。

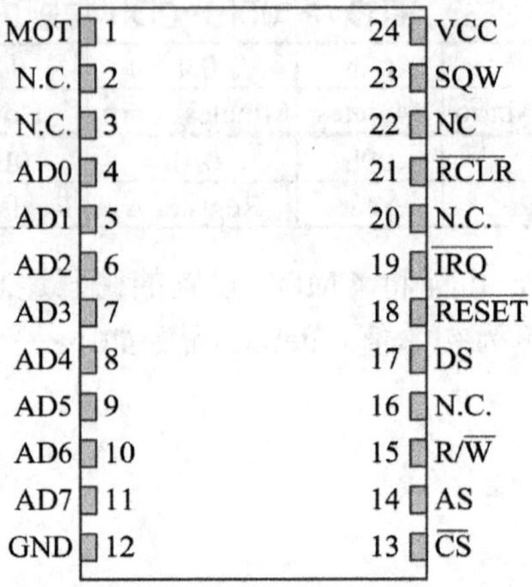

图 3-23　DS12887A 引脚图

DS12887A 的主要特性如下：

(1) 直接替代 IBM AT 计算机的时钟/日历。

(2) 引脚与 MC146818B 和 DS1287A 兼容。

(3) 在没有电源的情况下，可以在 10 年工作中保持完全非易失。

(4) 内含锂电池、石英晶体和支持电路的完备子系统。

(5) 计算秒、分、时、星期、日、月、年信息。

(6) 用二进制或 BCD 表示时间、日历和闹钟信息。

(7) 有配合 AM、PM 的 12 小时模式或 24 小时模式。

(8) 有夏令时选择。

(9) 可选择 Motorola 或 Intel 总线时序。

(10) 总线分时复用可提高引脚利用率。

(11) 软件接口类似 128 个 RAM 地址。

(12) 具有 14 字节时钟与控制寄存器。

(13) 具有 114 字节通用 RAM。

(14) 具有可编程方波输出。

(15) 具有总线兼容的中断信号(IRQ)。

(16) 三路中断可分别通过软件屏蔽与检测。

(17) 日历闹钟可设置为每秒一次至每天一次。

(18) 周期中断可设置在 122～500 ms。

(19) 时钟刷新结束。

2. ICH2 RTC 外部电路分析

ICH2 RTC 要求一个外部的 32.768 kHz 晶体振荡器连接到 ICH2 的 RTCX1 和 RTCX2 脚。图 3-24 所示是组成 RTC 振荡器的外部电路及供电、CMOS 清除电路。

V3SB 的电压为 3.3 V，由电源供应器的 +5 V Standby 经电压变换电路得到 V3SB。D1、D2 两个二极管将电池和电源 V3SB 隔离开来，确保只有一组工作。只要交流电路一接通，开关电源就会提供 +5 V Standby，V3SB 就会给 RTC 电路供电，D1 反偏截止；交流电路断开时，电池经 D1、R3 给 RTC 电路供电。C4 的作用可消除电源的短时扰动，能瞬间提供较大电流，提高驱动负载的能力。

JP6 排针 1、2 连接时，RTC CMOS SRAM 内资料正常保存；排针 2、3 连接时，RTCRST# 为低电平，RTC CMOS SRAM 复位，CMOS SRAM 内资料被清除。

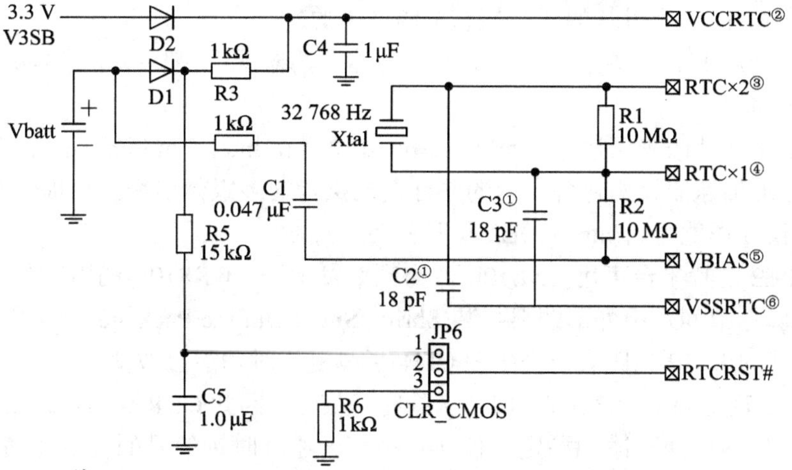

注：
① 晶体振荡器的电容负载C_{LOAD} = 12.5 pF时，C2和C3应该是18pF，但具体的电容大小必须由晶体制造商的推荐值确定。
② VCCRTC：南桥芯片RTC电源。
③ RTCX2：晶体振荡器输入端2，连接32.768 kHz晶体振荡器。
④ RTCX1：晶体振荡器输入端1，连接32.768 kHz晶体振荡器。
⑤ VBIAS：RTC偏置电压，此脚提供一个参考电压。
⑥ VSSRTC：地。

图 3-24 ICH2 RTC 振荡器的外部电路及供电、CMOS 清除电路

3.5.2 系统频率电路与时钟电路

主板上的晶体振荡器一般有 2 到 3 颗，其晶振频率分别是 32.768 kHz、14.318 MHz 和 24 MHz，前两颗是一定有的。

32.768 kHz 晶振呈圆桶状，如图 3-25 所示。它的尺寸很小，可以在石英表(钟)中找到。主板上的时间获得就靠它。

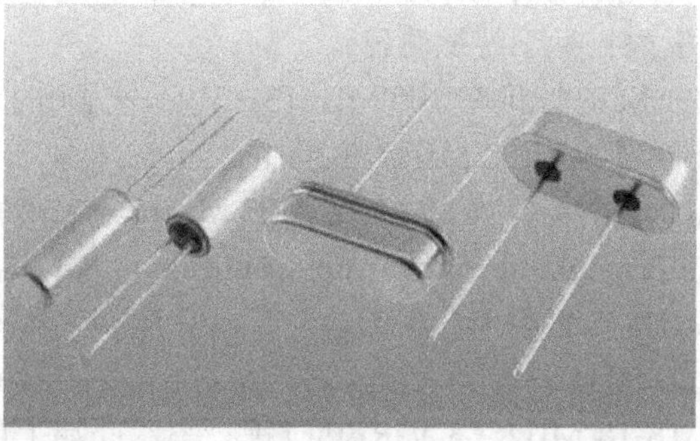

图 3-25 32.768 kHz 晶体振荡器(左侧)和 14.318 MHz 半高型晶体振荡器(右侧)外形

14.318 MHz 晶振一般有半高型或全高型，产生一个时基信号。受控振荡电路根据时基信号提供多种频率信号，其中包括主板上的 66/83/100/133/166/200 MHz 外频，以及 PCI 等的工作频率。

24 MHz 信号是软驱接口电路的时钟信号，没有它，软驱就不能工作。24 MHz 信号有时是由 14.318 MHz 作为时基的受控振荡电路产生的。

随着网卡、声卡等设备集成到主板上，晶体振荡器或受控振荡电路提供的频率也会越来越多。

Intel 810E2 芯片改善了用于 Intel Celeron 处理器和 Intel Pentium Ⅲ 第一代集成图像芯片的性能，图形加速器架构包含专门的并行方式执行的多媒体引擎，可提供高性能的 3D、2D 和动画补偿处理能力。Intel 810E2 取消了 ISA 总线。

Intel 810E2 芯片平台可用 CK810E 作为频率发生器。CK810E 的引脚与 CK810 兼容，其封装是 56 脚的窄间距小外形塑料封装(Shrink Small Outline Package，SSOP)。

CK810E 与 CK810 相比有一个(REFCLK)引脚复位时功能已改变。

CK810E 要输出幅度为 3.3 V 和 2.5 V 的时钟信号，因此 CK810E 需要 3.3 V 和 2.5 V 工作电源。电源应尽可能干净和稳定，任何噪声都会通过时钟信号的传输通路影响系统的正常工作。

CK810E 提供的频率见表 3-5。

表 3-5　CK810E 产生的时钟频率

数　量	频　率	频率名称或用途
3	66/100/133 MHz	Processor Clocks
9	100 MHz	SDRAM Clocks
8	33 MHz	PCI Clocks
2	16.67/33 MHz	APIC Clocks
2	48 MHz	48 MHz Clocks
2	66 MHz	3V66 MHz Clocks
1	14.318 18 MHz	REF Clock

CK810E 的特性如下：

(1) 可提供 3 路处理器时钟频率 66/100/133 MHz，(2.5 V)分别用于 Processor、GMCH、In-Target Probe (ITP，主板内目标系统探测器)。

(2) 可提供 9 路 SDRAM 时钟频率 100 MHz (3.3 V)，分别用于 SDRAM[0:7]、DClk)。

(3) 可提供 8 路 PCI 时钟频率(33 MHz) (3.3 V)。

(4) 可提供 2 路 APIC 时钟频率 16.67 MHz 或 33 MHz，与 2.5 V 的处理器时钟频率同步。APIC 的全称为 Advanced Programmable Interrupt Controller，即高级可编程中断控制器。

(5) 可提供 2 路 48 MHz 时钟频率(3.3 V)。

(6) 可提供 2 路 3V 66 MHz 时钟频率(3.3 V)。

(7) 可提供 1 路 14.318 18 MHz(3.3 V)REF 时钟频率，此端上电时可作输入使用，输入状态可确定 APIC 时钟频率。

(8) 66/100/133 MHz 处理器外频依据上电时的状态确定(Sel0、Sel1、REF)。

(9) 外部 14.318 18 MHz 晶体振荡器为基准频率。

(10) I^2C 可关断未使用的时钟频率。

Intel 810E2 芯片平台采用了 CK810E 频率发生器的时钟频率架构，如图 3-26 所示。

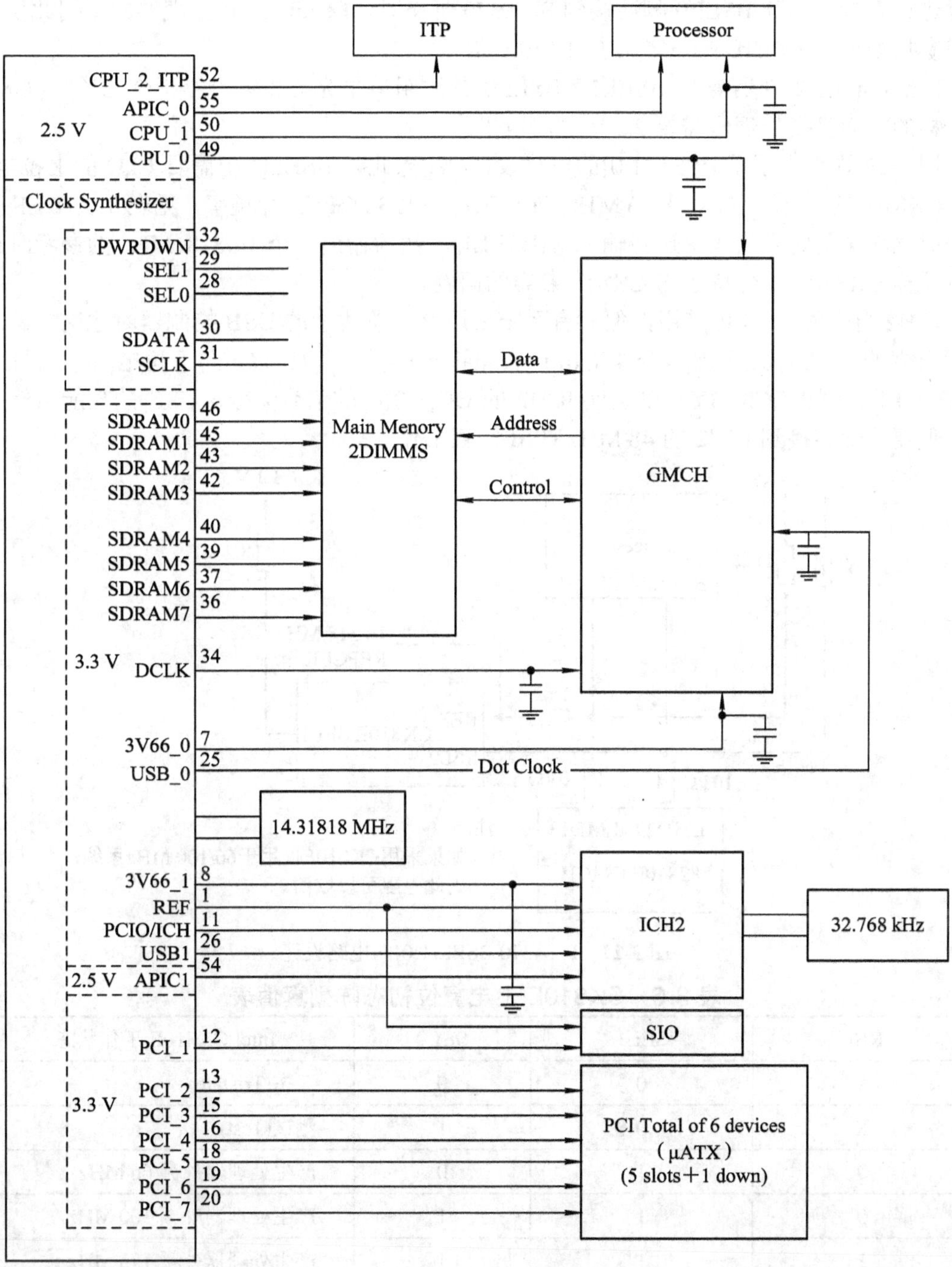

图 3-26 810E2 时钟频率架构

其中 ITP (In-Target Probe)为主板内目标系统探测器，用于制作样板时测试；GMCH(Graphics Memory Controller Hub，图形内存控制器集线器)俗称北桥；ICH(I/O Controller Hub，输入/输出控制中心)俗称南桥；SIO(Super I/O)一般含有键盘、鼠标、软驱控制器，串口和并口等。

Pentium Ⅲ 处理器选择外频为 100 MHz 或 133 MHz，通过 BSEL1 脚对 CK810E 频率发生器进行设置。当其 BSEL0 脚连接到 PGA370 脚座时，Pentium Ⅲ 处理器并不用此信号，只有赛扬处理器(CPUID = 0665)使用 BSEL0 信号。

Pentium Ⅲ 处理器需要 BSEL1、BSEL0 的逻辑电平为 3.3 V，这和 CK810E、GMCH 是一样的；而赛扬处理器需要 2.5 V 逻辑电平。

图 3-27 详细表示了 BSEL[1:0]的电路设计，注意此时 BSEL[1:0]需要 1 kΩ 的上拉电阻。

CK810E 已经设计成支持 66 MHz、100 MHz、133 MHz 三种频率，见表 3-6。REF 脚在上电时已被重新定义为频率选择输入端(BSEL1)，然后输出一个 14.318 MHz 的参考时钟频率。这样 CK810E 就保持了与 CK810 兼容的问题。

ICH2 自带的 USB 可禁用，但只有系统采用 PCI 总线型的 USB 控制器时才这样做。要禁用自带的 USB，须确保差分线对(differential pairs)都有 15 kΩ 的下拉电阻，而且要将 OC[3:0]#上拉到 VCC3SBY，以确保 ICH2 的 OC[3:0]# 的信号无效。USB 的功能虽然被禁止，但要确保连接到 ICH2 的 48 MHz USB 一直工作。

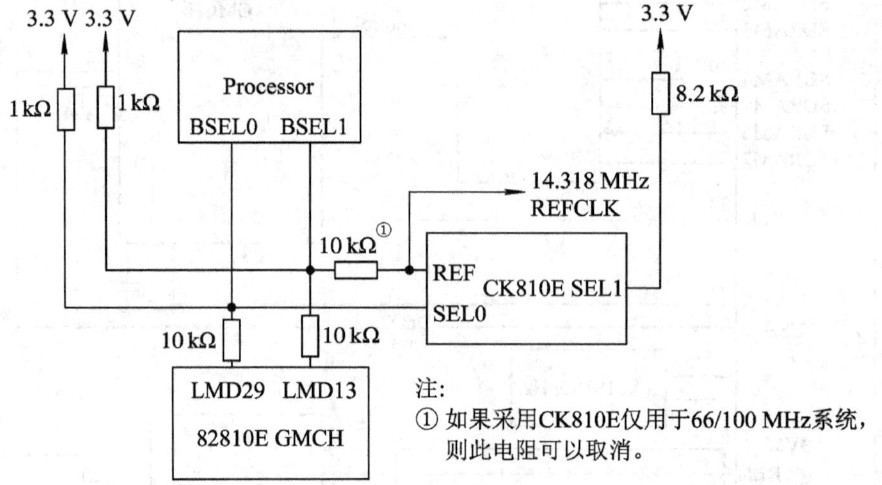

图 3-27 PGA370 BSEL[1:0]的电路设计

表 3-6 CK810E 上电复位初态阵列真值表

REF	SEL1	SEL0	Intel CK810E 工作状态
X	0	0	三态(Tristate)
X	0	1	测试(Test)
0	1	0	产生处理器外频 66 MHz
0	1	1	产生处理器外频 100 MHz
1	1	1	产生处理器外频 133 MHz
1	1	0	保留(Reserved)

3.5.3 分立元件类

1. 电容

电容是在两层导电物质之间填充一层绝缘物质所构成的，具有储存一定电荷的能力。电容只能通过交流电而不能通过直流电，因此常用于整流(把交流电变成直流电)和滤波(把残余的交流电短路掉)。

电容常见的标记方式是直接标记，其常用的单位有 pF、μF 两种。如 470 μF 电解电容，如图 3-28 所示，很容易辨认。但一些小容量的电容或贴片电容采用了数字标示法，即在三位数码中，从左至右，第一、二位数表示电容标称值的第一、二位有效数字，第三位数为倍率(即在前两位数后加 0 的个数)，单位为 pF。例如 343 表示 34 × 1000 pF。

图 3-28 主板上的电容、电感

电容有许多种类，常见的有铝电解电容、钽电容和独石电容等。

铝电解电容是最常见的电容，一般尺寸较大且有极性，它的特点是容量大、价格低，但容易受温度影响并且准确度不高。随着使用时间的增长，铝电容会逐渐失效。铝电容被应用于低频滤波，起到稳定电压的作用。

钽电容全称是钽电解电容，它也属于电解电容的一种，适合在高温下工作，特点是寿命长、耐高温、准确度高，不过，其容量较小，价格也比铝电容贵。

独石电容无极性，容量也很小，一般可耐很高的温度和电压，常用于高频滤波。独石电容看起来有点像贴片电阻，但贴片电容上没有代表容量大小的数字。

2. 电感

在主板上，可看见铜线缠绕的线圈(见图 3-28)，这个线圈叫电感。电感主要分为磁心电感和空心电感两种。前者电感量大，常用在滤波电路；后者电感量较小，常用于高频电路。好的电感线圈，如果是采用单线绕制，铜线应该粗大，间隔均匀；如果采用多股铜线绕制，每股线之间要相隔均匀，而且在圆周上分布也尽量均匀。应该注意两个电感线圈切忌放在一起，因为这样很容易产生互感，使板卡的电磁兼容性能大大降低。

3. 电阻

电阻的种类比较多，按照材料大概可以分为碳膜电阻和金属膜电阻等。

碳膜电阻器是结晶碳沉积在陶瓷骨架上制成的，它的外层通常涂上绿漆。碳膜电阻电压稳定性好，价格低廉，可在70℃的温度下长期工作。

金属膜电阻器的电阻膜是通过真空镀膜等方法制成的，由于电阻膜采用的是金属材料，因而耐热性能好，能在+125℃的温度下长期工作。金属膜电阻器的性能比碳膜电阻器更好，适宜工作的频率范围很宽，体积小，噪声低，阻值精度极高，温度系数很低。因此很适用于性能要求很高的通信设备、电子仪器等的电路中。

按封装形式分，电阻通常分为传统单电阻、有公共端的A型排阻(如图3-29所示)、独立型B型排阻、贴片电阻(也有A型、B型等其他特殊连接形式)。这些电阻的内部结构是一样的。

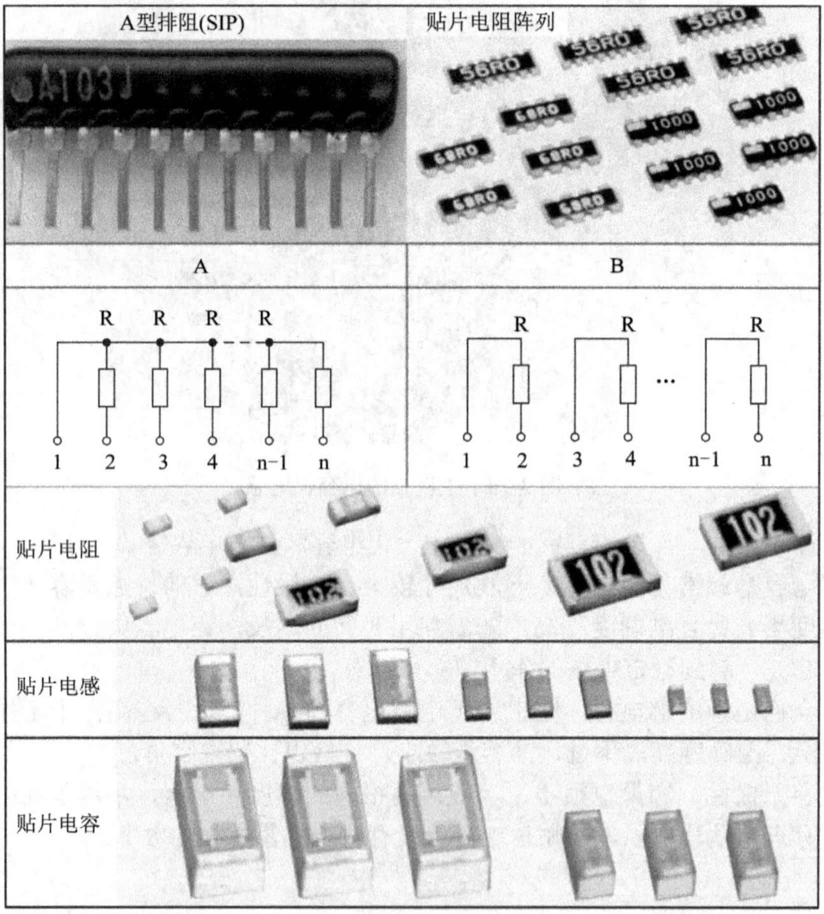

图3-29 主板上的排阻、贴片电阻、贴片电容、贴片电感的形状

贴片电阻易于安装，更换方便，体积小。贴片元件没有传统元件那样的引脚，所以高频特性相对较好，采用它可减少电磁干扰和辐射。

图3-29中A103J排阻是单列直插式封装(SIP)。其中，A表示有公共端的电阻阵列；103表示电阻的阻值，在三位数码中，从左至右第一、二位数表示电阻标称值的第一、二位有

效数字，第三位数为倍率(即在前两位数后加 0 的个数)，单位为 Ω，103 = 10 × 1000 = 10 kΩ；J 表示允许偏差为±5%。

有的电阻上有 3 位有效数字，如 1001 表示 100 × 10 = 1 kΩ；有的是直接标出阻值，注意区分。

6R2J 表示该电阻标称值为 6.2 欧姆(Ω)，J 表示允许偏差为 ±5%；

3k6k 表示电阻值为 3.6 千欧(kΩ)，末尾的 k 表示允许偏差为 10%；

1M5 则表示电阻值为 1.5 兆欧(MΩ)，允许偏差为 ±20%。

4. 晶体管

板卡中使用的晶体管主要有二极管、三极管和场效应管等。

二极管具有单向导电性，即电流只可以从正极流向负极。利用这个特性，可以将二极管用于整流(将交流电变成直流电)或简单的降压处理。二极管还有一个重要的参数：反向击穿电压。如果在二极管的负极输入一个比反向击穿电压更高的电压，二极管就会被击穿，变成一个和电阻差不多的元件，失去了单向导电性。二极管有硅管、锗管之分。锗管的正向压降一般为(0.1～0.3) V，而硅管一般为(0.6～0.7) V 之间。二极管和三极管如图 3-30 所示。

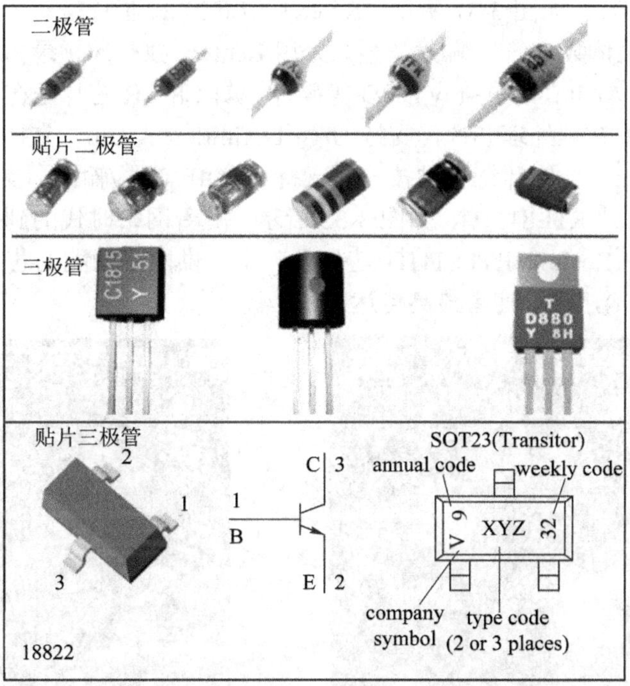

图 3-30 主板上常见的二极管、三极管的外形

三极管也是常见的元器件之一，其主要参数有反向耐压 BV_{ceo}、工作频率 f_t、穿透电流 I_{ceo}、功耗 P_{cm} 等。三极管主要起放大和开关作用，具体表现为截止、放大和饱和导通三种工作状态。

截止状态：当加在三极管发射结的电压小于 PN 结的导通电压时，基极电流为零，集电极电流和发射极电流也为零，三极管失去了电流放大作用，集电极和发射极之间相当于开关的断开状态，我们称三极管处于截止状态。

放大状态：当加在三极管发射结的电压大于PN结的导通电压并处于某一恰当值时，三极管的发射结正向偏置，集电结反向偏置，这时基极电流对集电极电流起着控制作用，使三极管具有电流放大作用，其电流放大倍数$\beta = \Delta I_c/\Delta I_b$，这时三极管处于放大状态。

饱和导通状态：当加在三极管发射结的电压大于PN结的导通电压且基极电流增大到一定程度时，集电极电流不再随着基极电流的增大而增大，而是处于某一定值附近不怎么变化，这时三极管失去电流放大作用，集电极与发射极之间的电压很小，集电极和发射极之间相当于开关的导通状态。三极管的这种状态我们称为饱和导通状态。

5. 集成电路块(IC)

集成电路是采用一种特殊工艺，将晶体管、电阻、电容等元件集成在硅基片上而形成的具有一定功能的器件。CPU、芯片组、图形芯片、内存芯片、三端稳压块等都是集成电路。集成电路根据不同的功能和用途分为模拟和数字两类。数字集成电路包括通用逻辑电路、微处理器等；而模拟集成电路包括运算放大器、模/数转换器、数/模转换器等。集成电路的质量不仅与设计技术的高低有关，而且与制造厂家的工艺水平有关。

主板上集成有各种芯片。

(1) 音频处理芯片，如图3-31所示。Realtek ALC892R芯片是一个高性能、多通道、高保真的CODEC多媒体数字信号编/解码器，采用Realtek独有的预录内容无损保护技术，允许全速率播放DVD Audio、Blue-ray DVD等碟片。ALC892R芯片是在ALC889基础上，为主板厂家定制的一颗音频处理芯片，支持High Definition Audio，支持2/4/5.1/7.1声道，支持Dolby Home Theater杜比环绕音频技术，支持S/PDIF输入/输出，支持CD音频输入。

(2) 网络控制芯片RTL8111D，如图3-32所示。随着网络时代的到来，网卡成为主板不可缺少的部件之一。Realtek RTL8111D芯片是一个提供网络功能的芯片，用于超高速以太网络(Gigabit Ethernet)，传输速率最高可达1 Gb/s。

图3-31　主板上的音频处理芯片

图3-32　网络控制芯片RTL8111D

(3) 通用总线服务端控制芯片D720200F1，如图3-33所示。NEC的D720200F1是第三代通用总线(Universal Series Bus Specification 3.0)服务端控制芯片。USB 3.0的最高传输速率高达4.8 Gb/s，比传统的USB 2.0的传输速率快10倍。

(4) 超级I/O控制芯片iTE IT8720芯片，如图3-34所示，这颗芯片采用128针QFP封装，用以支持一个软驱操作。

图 3-33 通用总线服务端控制芯片 D720200F1

图 3-34 主板上的超级 I/O 控制芯片 iTE IT8720

6. 1394 芯片

主板集成了德州仪器生产的TSB43AB23芯片，如图3-35所示，最多支持3个IEEE 1394a连接端口(1个在后方面板，2个需经由排线从主板内的IEEE 1394a插座接出)。

图 3-35 主板集成的1394芯片 TSB43AB23

小 结

本章主要介绍主板的结构、功能和分类，重点讲解了主板的各组成部件和不同技术水平的芯片组的技术特点。为了更好地帮助读者理解各部件的功能和作用，本章还分析了几种简单的外围电路，介绍了主板的常用技术指标和选购原则。

思考与练习题

1. 主板有哪些主要的分类方法？
2. 主板由哪些部件构成？BIOS 有什么作用？
3. CMOS 有什么作用？如何清除 CMOS 的内容？

4. 芯片组与 CPU 的关系是什么？

5. 什么叫 USB？什么叫 SATA？

6. 一般情况下，主板上有哪几类晶体振荡器？

7. 从互联网上查找代表目前最高水平的主板型号及其支持的 CPU、内存和外部接口类型。

8. 用 debug 命令读取 CMOS 的内容。

9. 对 ATX 进行拆装时，为什么要把电源插头拔下？

10. 观察一块主板，记录其主要部件的名称。

11. 安装主板、CPU、风扇、内存条、硬盘、软驱。

第 4 章 内 存

内存又称主存储器，主要用于存取计算机的程序和数据。在计算机中，一般用半导体存储器作为主存储器(见图 4-1)，存放当前正在运行的程序和数据。确切地说，主存储器是动态随机存储器(Dynamic Random-Access Memory，DRAM)，俗称内存条。内存直接影响到计算机系统的稳定性和整机性能。

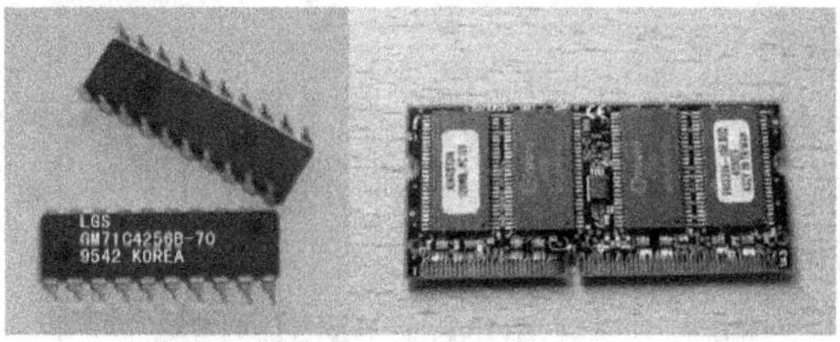

图 4-1 早期的 DIP 封装的 DRAM 和笔记本内存条(144 线 SO DIMM)

4.1 存储器概述

DRAM 只能将数据保持很短的时间，为了保持数据，DRAM 必须每隔一定时间(毫秒级)刷新(refresh)一次。如果存储单元没有被刷新，数据就会丢失。当然，在主板上还使用了其他种类的半导体存储器，如静态随机存储器(SRAM)，通常又称为高速缓冲存储器(Cache)。随着计算机技术的发展，高速缓存已集成到 CPU 中。硬盘、磁盘、磁带、光盘作为外存储器或辅助存储器(见图 4-2)，存放了当前不运行的大量程序和数据。

图 4-2 HP Surestore Dat 818 自动加载磁带机及硬盘、光盘

RAM 一般分为 DRAM、SRAM 两大类。RAM 需要加电来保存数据，一旦失电，数据将消失，所以又叫易失性存储器。

半导体存储器可随机访问任一单元，通过地址总线来确定所访问的存储器单元。DRAM 通常由行地址和列地址确定；SRAM 由线性地址直接确定；辅助存储器一般为串行访问存储器，每一存储单元存放在不同的物理位置上，访问指定信息时需要找到信息所存储的物理位置，读/写时需要按顺序一位一位地进行。

串行存储器又可分为顺序存取存储器和直接存取存储器。例如：磁带上的信息以顺序的方式存储在磁带上，读/写时要待磁带移到合适的位置后才能顺序地读/写，需要耗费很多的时间，这称为顺序存取存储器；而磁盘存储器对信息的存取包括两个操作：① 磁头直接移到信息所在区域(磁道)，② 从磁道的合适位置开始顺序读/写，所以磁盘就是串行直接存取存储器。

4.1.1 半导体存储器的分类

半导体存储器分为非易失性存储器和易失性存储器(RAM)两种。非易失性存储器内存储的信息不会因停电而改变；易失性存储器(RAM)存储的信息可随时改写，停电后存储器内保存的信息将丢失。EEPROM 和 FLASH 是一个特例，从改写特性看，它们是 RAM，从存储特性看，它们是 ROM，它们仍属非易失性存储器。

随机存储器在计算机运行时可随时读出和写入信息，所以又称为可读写存储器。如果电源断电，其内部信息立即丢失。随机存取存储器用来存放现场输入数据、计算机采集的信息、运算结果和要输出的数据等。

RAM 按照其基本存储电路的结构和特性，分为静态 RAM(SRAM)和动态 RAM(DRAM)两大类。内存的种类很多，有不同的分类方法，常见的分类如下。

1. 内存按组成结构分类

按照插座结构分类，内存可分为 SIMM、DIMM 两类。

按内存模组外观分类，内存可分为 30 线、72 线、80 线、100 线、144 线、168 线、184 线、200 线、240 线和卡式、插座式等类。

按芯片类别分类，内存可分为 FPM、EDO、SDRAM、RAMBUS、DDR、DDR2、DDR3 等类。

按综合性能分类，内存可分为普通(无任何特殊功能)、带校验(自动检错)、带纠错(自动纠错)等三种。

各种规格内存芯片如表 4-1 所示。

表 4-1 各种规格的内存芯片汇总表

外形	类型	容量/B	主要功能	适用范围
30 线	FPM	256 K、1 M、4 M、16 M	普通、检错	286、386、486 计算机
72 线	FPM、EDO	1 M、2 M、4 M、8 M、16 M、32 M、64 M、128 M	普通、检错、纠错	486、586 计算机
80 线	Flash Memory	2 M、4 M、8 M、16 M	普通	路由器
100 线	EDO、SDRAM	4 M、8 M、16 M、32 M	普通	激光打印机、路由器
168 线	FPM 、EDO 、SDRAM	8 M、16 M、32 M、64 M、128 M、256 M、512 M	普通、纠错、Registered	568 以上机型
184 线	DDR SDRAM	128 M、256 M、512 M	检错、纠错、Registered	P4、AMD
200 线	EDO、SDRAM	32 M、64 M、128 M、256 M	检错、纠错	SUN 工作站
240 线	DDR2	256 M、512M、1 G	检错、纠错、Registered	P4
240 线	DDR3	1 G、2 G、4 G	检错、纠错、Registered	82G41 及英特尔酷睿 2 双核和四核处理器开始
卡式、插座式	EDO、Flash	1 M、2 M、4 M、8 M、16 M、32 M	检错、纠错	286 规格以上

2. 内存按存储器特性分类

内存按存储器特性分类：

- 内存
  - 非易失性存储器
    - ROM
    - PROM
    - EPROM
    - EEPROM(Flash EPROM)
  - 易失性存储器(RAM)
    - DRAM
    - SRAM(含CMOS SRAM)

1) 非易失性存储器(Non-Volatile Memory，NVM)

掩膜 ROM(Read Only Memory)：由生产厂家用最后一道掩膜工艺来写入信息，用户不能再作更改。掩膜 ROM 集成度高，制造成本低，适合用于定型产品的大批量生产。

可编程 ROM(PROM)：芯片在出厂前未写入信息，用户使用时可根据要求自行写入信息(即编程)(见图 4-3)。编程是在专用编程器上实现的，一旦编程后，芯片的内容不能再作更改。

紫外线可擦除可编程存储器(Erasable Programmable Read-Only Memory，EPROM)：可用编程器进行编程，也可用紫外线擦除其内容，如图 4-4 所示。当需要修改存储内容时，先移除芯片窗口上的遮盖物，将芯片放在专用的擦除器中，用紫外线照射芯片窗口使其 MOS 电路复位，则原存信息被擦除，然后重新编程，这样可反复使用。EPROM 常见于一些早期的主板和显卡上。EPROM 芯片的内容要专用的设备才能擦除，因而它就不怕 CIH 病毒，写入数据时，需要专用的编程器。EPROM 虽较 EEPROM 价低，但升级不方便，这就是现在的主板为什么都采用 EEPROM 的原因。

图 4-3　可编程 ROM

图 4-4　紫外线可擦除可编程 EPROM

电可擦除可编程存储器(Electrically Erasable Programmable Read-Only Memory，EEPROM 或 E^2PROM)：现在主板的 BIOS 都采用这种芯片(又称 FLASH)，如图 4-5 所示。EEPROM 最大的特点是擦写方便，只要使用专用的读写程序就可以随时对其进行更新，也就是现在常说的 BIOS 升级。现在，新产品的出货速度很快，难免有不完善的地方，BIOS 升级在所难免。尽管 EEPROM 价格贵一些，但 BIOS 仍普遍使用它。EEPROM 也有致命的缺点，如遇到像 CIH 类病毒的攻击，病毒就会对其内容进行更改，造成主板瘫痪；或者升级过程中遭遇停电，同样会导致主板不能正常开机。所以当前主板普遍采用双 BIOS。

图 4-5　FLASH 和 EEPROM

2) 易失性存储器(Volatile Memory，VM)

随机存取存储器(Random Access Memory，RAM)又叫易失性存储器。ROM 中的信息只能被读出，而不能被操作者修改或删除，故一般用于存放固定的程序，如监控程序等。RAM 就是平常所说的内存，可与外部存储器交换信息和作堆栈用，主要用来存放各种现场的输入、输出数据及中间计算结果等。它的存储单元可以读出，也可以写入或改写。RAM 由双稳态电路或电容存储信息，所以只能暂存程序和数据，一旦关闭电源或发生断电，其中的数据就会丢失。

现在的 RAM 多为 MOS 型半导体电路，它分为静态和动态两种。

动态 RAM(DRAM)是靠 MOS 电路中的栅极电容来存储(记忆)信息的。由于电容上的电荷会泄漏，需要定时给予补充(刷新(refresh))，所以动态 RAM 需要刷新电路。动态 RAM 比静态 RAM 集成度高，功耗低，位单位成本低，适于作大容量存储器。所以主存通常采用动态 RAM。另外，动态 RAM 可用于显卡、声卡、硬盘等设备，充当设备的高速缓存或保存程序与数据。

静态 RAM(SRAM) 是靠双稳态触发单元电路来存储(记忆)信息的。静态 RAM 通常作为主存的高速缓存存储器(Cache)使用。

CMOS SRAM 通常叫做 CMOS，实际上是用 CMOS 工艺制造的一种低功耗静态随机存储器。它存储系统参数、时间信息等。纽扣电池提供 CMOS SRAM 和时钟电路的工作电源。CMOS SRAM、时钟电路的整个工作电流控制在几十微安以内，通常一颗纽扣电池可工作好几年。由于需要特殊工艺制造静态随机存储器，以保持较低的功耗，因此人们习惯于称它为 CMOS。与一般的 SRAM 相比，CMOS SRAM 的存取速度较低。

金属-氧化物-半导体(Metal-Oxide-Semiconductor)结构的场效应管简称MOS场效应管，有 P 型 MOS 管和 N 型 MOS 管之分。由 MOS 管构成的集成电路称为 MOS 集成电路，而由 PMOS 管和 NMOS 管共同构成的互补型 MOS 集成电路即为 CMOS-IC(Complementary MOS Integrated Circuit)。

4.1.2　半导体存储器的性能参数

内存的容量通常以单位 KB、MB 或 GB(注意：B 表示字节 Byte，b 表示位 bit)表示。

位/比特(bit)：这是内存中最小的单位，二进制数序列中的一个 0 或一个 1 就是一比特(bit)。

字节(B，Byte)：是计算机中最常用、最基本的存储器单位。一个字节等于 8 个比特，即 1 Byte = 8 bit。

千字节(KB、Kilo Byte)：电脑的内存容量都很大，一般都是以千字节作单位来表示的，1 KB = 1024 Bytes。

兆字节(MB，Mega Byte)：从 20 世纪 90 年代开始微机的硬盘和内存等一般都是以兆字节(MB)为单位来表示。1 MB = 1024 KB。

吉字节(GB，Giga Byte)：目前市场流行的微机的硬盘已经达到几百吉字节。1 GB = 1024 MB。

太字节(TB，Tera Byte)：1 TB = 1024 GB。

(1) 内存条的工作电压。早期的FPM内存和EDO内存条均使用5 V电压，现在有使用3.3 V的。SDRAM使用3.3 V电压。DDR内存使用2.5 V电压，采用接口标准SSTL_2 I/O。DDR2内存的工作电压为1.8 V，采用接口标准SSTL_18 I/O。DDR3内存的工作电压为1.5 V，采用接口标准SSTL_15 I/O。DDR4内存的工作电压为1.2 V以下。随着工作电压的降低，相同数据传输量的功耗将明显下降。

(2) 内存条容量。计算机系统中，内存的容量等于插在主板内存插槽上所有内存条容量的总和。内存容量的上限一般由CPU、主板芯片组和内存插槽决定。特别是内存多通道技术的出现，支持几个通道，就必须选用几根内存条，这样才能发挥多通道技术的作用。目前绝大部分芯片组可以支持2 GB或以上的内存，主流的芯片组可以支持4 GB或以上的内存。目前内存控制器已集成至CPU，因此，支持的内存条容量将由CPU和主板共同决定。32位操作系统最多只支持4 GB内存。

(3) 内存条的接口类型与引脚。内存条的接口类型是根据其金手指数量来划分的。金手指是内存条与内存条插槽之间的连接接口。早期的内存是30脚或72脚。对于台式机而言，DDR采用184脚接口，而DDR2和DDR3均采用240脚接口，而且其工作电压和接口均不兼容。DDR、DDR2和DDR3的缺口位置如图4-6所示。

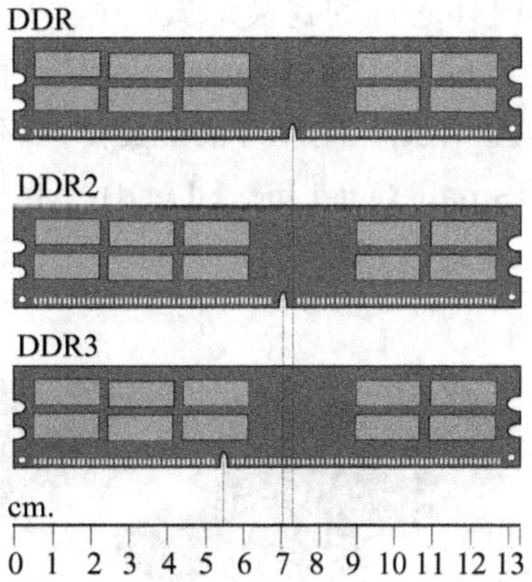

图4-6 DDR、DDR2和DDR3的不同缺口位置

(4) 内存条等效主频。内存存取数据的时间，即存储器进行一次完整的存取操作所需要的时间，单位为纳秒。内存上标有−5、−6、等字样，表示存取时间，−5表示50 ns，−6表示60 ns，时间越小，速度越快。尽管内存的制造流程在不断改进，但作为单个的DRAM，存取速度提高并不大。

CPU的速度在不断提高，CPU与内存之间的数据交换存在瓶颈。目前主要采用了DDR1、DDR2、DDR3等预提取技术或并行提取技术，可在内存内核频率(100 MHz、133 MHz、166 MHz、200 MHz)变化不大的情况下，实现内存条I/O与CPU接口速度的大幅提升。例如DDR3-1600，数据传输率达1600 MT/s，内存条I/O与CPU接口之间主频达800 MHz。定义这个频率作为内存主频显然不合适，容易混淆。作为一般用户，只要知道内存条等效主频这个概念就行了，因此可以把DDR3-1600(1600 MT/s，每周期传输两次数据)之800 MHz定义为内存等效主频。单根内存条数据线为64位，8个字节宽，那么DDR3-1600单根内存条的数据带宽 = 1600 × 8 = 12 800(MB/s) = 12.8(GB/s)。

(5) CL−tRCD−tRP参数。CL是CAS Latencies time的缩写，表示列地址选通延时；tRCD是RAS to CAS Delay的缩写，表示行地址选通延时；tRP是Row Precharge time的缩写，表示行预充电时间。

内存条的等效主频越来越高，但内存读取时列地址、行地址选通延时并没有多少变化。以列地址为例，DDR设置的CL值通常较小，一般为2、2.5、3；而DDR2设置的CL值通常较大，一般为4、5、6；而DDR3设置的CL值更大，一般为9、10、11；显然这是因为

DDR3 内存数据传输时钟频率较高的缘故。DDR3-1600K 之 CL−tRCD−tRP 分别为 11、11、11，下面验证其参数的可行性。查 SDRAM(EBJ21UE8BFU0-GN-F)之 CL 值为 13.125 ns，DDR3-1600 之等效主频为 800 MHz，周期为 1.25 ns，即 CL = 11 × 1.25 ns = 13.75 ns，即 CL 设定值为 13.75 ns，大于其实际值 13.125 ns，符合要求。

(6) 内存的奇偶校验。为校验内存存取过程中是否准确无误，每 8 位配备 1 位作为奇偶校验，以配合主板上的奇偶校验电路对存取的数据进行准确性校验，这需要在内存条上额外加装一块存储芯片。

现在一般不带校验位：一方面是为了降低成本；另一方面，即使知道发生错误也于事无补。内存的稳定性主要靠制造过程和系统参数的正确设置来保证。

(7) 内存芯片的封装形式。

DIP(Dual In-Line Package)：双列直插式封装。

ZIP(Zig-zag In-Line Package)：单列直插式封装。

SOJ(Small Out-Line J-Lead)：是一种普通的 DRAM 封装形式，它采用 J 形的管脚排列在芯片的两边(见图 4-7)。

图 4-7 SOJ 封装、TSOP 封装和 FBGA 封装

TSOP(Thin Small Out-Line Package)：也是 DRAM 的一种封装形式，但它的封装厚度只有 SOJ 的 1/3。TSOP DRAM 被广泛运用于 SODIMM 和 IC 卡式内存。

FBGA：与 TSOP 封装形式不同，FBGA 封装提供了更好的电气性能与散热性，无管脚，这为 DDR2 和 DDR3 内存的稳定工作与未来工作频率的提高提供了良好的保障。DDR2 和 DDR3 内存均采用 FBGA 封装形式。

4.1.3 内存的选购

内存直接关系到计算机整机的稳定性和其他性能，因此，在选购内存时，必须清楚内存的各项参数和技术指标，下面介绍如何选购内存。

(1) 内存速度。选用 DDR3-1600 还是 DDR3-1333，要先看内存控制器是在 CPU 上还是在北桥芯片上，然后确定支持的内存条类型，看其是否支持多通道技术，确保其数据带宽相匹配。

(2) 内存容量。目前，主流计算机的内存一般为 1 GB、2 GB 和 4 GB。对于一般用户，1 GB 和 2 GB 的内存基本满足需求；对于游戏爱好者和图形设计者应配置 2 GB 和 4 GB 内存。32 位操作系统支持不超过 4 GB 的内存。

(3) 内存条的数量。内存条的数量由系统支持的通道数决定。支持 3 通道至少需要配 3

根内存条才能发挥作用。单条内存容量由内存总容量除以通道数，然后取整。

(4) 品牌的选择。内存条是由内存颗粒和其他相关电路组成的，而内存颗粒的性能在一定程度上决定了内存性能的好坏。常见的内存颗粒厂商有三星(SAMSUNG，韩国)、美光(Micron，美国)、英飞凌(Infineon，德国)、Hynix(韩国)、南亚(Nanya，中国台湾)、尔必达(ELPIDA，日本)、茂矽(Mosel Vitelic，中国台湾)、力晶(Powerchip，中国台湾)、华邦(Winbond，中国台湾)、冲电气(Oki，日本)等企业。

较有名的内存条生产商有金士顿(Kingston)、金邦(GEIL)、宇瞻(Apacer)、三星(SAMSUNG)、威刚(ADATA)、胜创(KingMax)、金泰克、南亚易胜等。但应注意，即使同一个生产商，也可能采用不同品牌的内存颗粒来生产内存条。

4.2 内存条的安装与拆卸

在开始安装内存条前，需注意以下事项：

(1) 请确认所使用的内存条规格是在主板的支持范围内，建议使用相同容量、厂牌、速度、颗粒的内存条。

(2) 在安装内存条之前，务必将电源断开，以免造成毁损。

(3) 在手接触零部件(内存条)之前，应清除静电或佩带静电环。

(4) 内存条采用防呆设计，若插入的方向错误，内存条就无法安装，此时应更改插入方向。

4.2.1 内存条的安装

安装内存条后，BIOS 会自动检测内存的规格及其容量。当使用双(多)通道内存技术时，内存前端总线的带宽会增加为单通道时的两(通道数)倍。对于配置 4 个 DDR3 内存条插槽并支持双通道内存技术(Dual Channel Technology)的主板，4 个 DDR3 内存条插槽分为两组通道(Channel)，每通道包含两个插槽，如果要安装两个或四个 DDR3 内存条，应使用相同的内存条(即相同容量、厂牌、速度、颗粒)。注意查看说明书，确保插入不同的通道，才能发挥双通道内存技术的最佳性能。如果只安装一支 DDR3 内存条，则无法启动双通道内存技术。

安装内存条前，再次确认电源是断开的，以避免造成内存损坏。DDR3 与 DDR2 之间并不兼容且均不兼容于 DDR，安装前确认是否为所需型号内存条。下面以安装 DDR3 内存条为例进行介绍。

DDR3 内存条上有一个凹位，只能以一个方向安装至内存条插槽内。

步骤一，确定好内存条的方向后，扳开内存条插槽两侧的卡扣，如图 4-8 所示，将内存条放入插槽，双手按在内存条上边两侧，以垂直向下平均施力的方式，将内存条向下压入插槽。

步骤二，内存条若正确地压入插槽内，会发出一声清脆的响声，两旁的卡扣便会自动向内卡住内存条，如图 4-9 圆环处所示。

图 4-8 内存条垂直压入插槽

图 4-9 两旁卡扣自动卡住内存条

4.2.2 内存条的拆卸

在拆卸内存条之前，需注意以下事项：

(1) 在拆卸内存条之前，务必将电源断开，以免造成毁损。

(2) 在手接触零部件(内存条)之前，应清除静电或佩带静电环。

内存条的拆卸非常简单，将内存插槽两侧的扣卡同时向外打开，内存条便会自动弹起，将内存条取出即可。

4.3 存储系统的层次结构

衡量存储器的一个重要指标就是速度。一般来讲，速度高的存储器，每位的价格也高，因此容量不能太大。早期计算机的容量很小，程序与数据从辅存调入主存是程序员自己安排的，程序员必须花很大的精力和时间把大程序预先分成块，确定好这些程序在辅存中的位置和装入主存的地址，而且要预先安排好程序运行时各块如何和何时调入和调出。

操作系统的形成和发展使得程序员有可能摆脱主、辅之间地址的人工定位。通过软、硬件的结合，把主存和辅存统一成一个整体，形成了一个存储层次。从存储整体看，其速度接近于主存的速度，其容量接近于辅存的容量。这种系统不断发展和完善，就逐步形成了现在广泛使用的虚拟存储系统。在该系统中，应用程序员可用机器指令地址对整个程序统一编址，如同程序员具有对应这个地址码的全部虚存空间一样。该空间可以比主存实际空间大得多，以至可以容得下整个程序。

主—辅存层次满足了存储器的大容量和低成本的需求。

在速度方面，计算机的主存和 CPU 一直保持了大约一个数量级的差距。为了弥补这个差距，在主存和CPU之间设置了高速缓冲存储器(Cache)，构成了高速缓冲—主存层次。Cache—主存之间的地址映像和调度采用了主—辅存层次的技术，不同的是因其速度要求高，不是由软、硬件结合，而是由硬件来实现的。从 CPU 的角度看，Cache—主存层次的速度接近于 Cache，容量与每位价格则接近于主存。因此解决了速度与成本之间的矛盾。

现在大多数计算机同时采用上述这两种存储层次，构成了 Cache—主存—辅存三级存储层次(见图 4-10)。

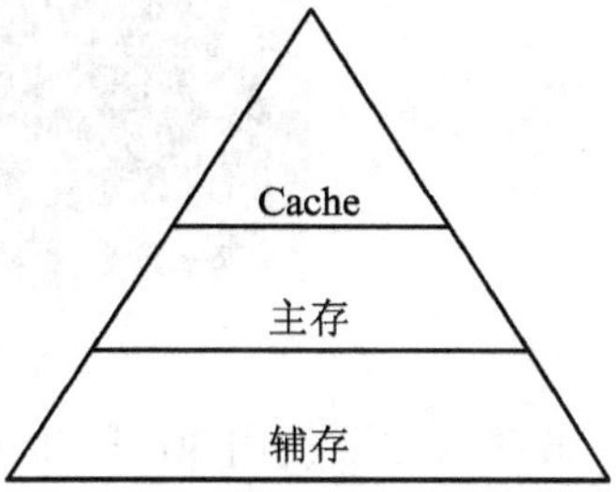

图 4-10　三层次存储系统

案例 4-1　增加内存导致电脑运行不稳定。

小李的计算机内存只有 512 MB，一直想升级至 1 GB，于是从电脑配件市场购买了一条同接口标准的 512 MB 内存条。小李原本期望电脑的性能有一个大的改善，可安装完后，却出现电脑运行不稳定现象。

原因分析：内存条与 CPU 交换大量的数据，速度很快，内存条的接口标准虽然相同，但不同厂家、甚至不同批次的内存条，其阻抗特性和 CL-tRCD-tRP 等参数可能不完全一致，这时只要时序出现一点点偏差，就会造成数据读取或写入错误，脱离正常的程序，导致蓝屏或宕机。

解决办法：内存条扩容最好选用同型号、同品牌、相同厂家、相同批号的内存颗粒的内存条，或者直接购买 1 GB 内存条安装，原内存舍弃不用。

案例 4-2　内存接触不良造成电脑不启动。

计算机运行一直正常，最近经常出现电脑不能正常启动，有找不到内存的报警声，插入 debug 侦错卡显示 C1 不动。

原因分析：计算机运行一直正常，最近经常出现电脑不能正常启动，说明各部件正常，不存在硬件故障，但内存条未通过自检，故存在内存接触不良的问题。

解决办法：内存条通过金手指与主板插槽触点接触，形成连接通路，问题只可能出现在金手指和内存插槽这两个地方。测试方法：第一，重插内存条；第二，插入其他内存槽；第三，用橡皮擦清洁内存条金手指。

4.4　内存技术

主存在计算机系统中处于十分重要的地位，与计算机系统的性能密切相关。尽管对单一存储单元写入和读出的性能改善不大，但通过适当的内存组织架构，采用预提取技术或并行处理技术，使得内存条(内存模组)的整体性能有了很大的提高，基本上跟上了 CPU 的发展步伐，确保了内存条(内存模组)接口与 CPU 之间的有效带宽。

如果只要选择和安装内存条，前面的知识内容基本够了；如果想具有一定的分析和解决问题的能力，可以自主学习如下内容。

4.4.1　内存模组技术

早期的内存直接插在主板上的插座(socket)上，这些内存采用 DIP(Dual In-line Package)封装，容量只有 64 KB、256 KB 等(见图 4-11)。

图 4-11　DIP DRAM 及安装脚座

386 时代主要使用 30 线 SIMM (Single In-line Memory Module)，即单边接触内存模组，有 256 KB、1 MB、4 MB、8 MB 等多种容量。每根 30 线 SIMM 内存条有 8 位(1 个字节)数据位。由于 386/486 CPU 的外部数据线是 32 位，所以这类内存条必须同时插 4 条(见图 4-12)。

图 4-12　30 线 SIMM

486 时代主要使用 72 线 SIMM，容量有 4 MB、8 MB、16 MB 等，每根 72 线 SIMM 内存条有 32 位(4 个字节)数据位(见图 4-13)。由于 486 CPU 的外部数据线是 32 位，所以 72 线 SIMM 只插 1 条就行了，586 CPU 的外部数据线是 64 位，所以 72 线 SIMM 必须插 2 条。现在 SIMM 内存已经很少见。

图 4-13　72 线 SIMM

586 时代主要使用 168 线 DIMM(见图 4-14)，而 168 线内存条的容量大多为 16 MB、32 MB、64 MB、128 MB 等，一般为 EDO 类型。每根 168 线 DIMM 内存条有 64 位(8 个字节)数据位，所以 586 CPU 的 168 线 DIMM 内存只插 1 条就行。

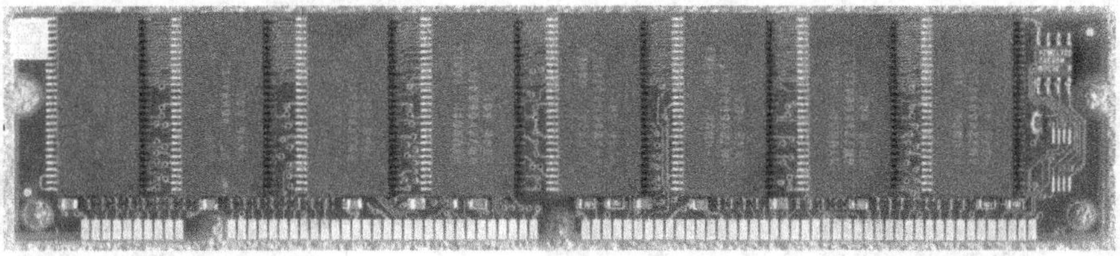

图 4-14　168 线 DIMM

随着 CPU 前端总线频率(FSB)的进一步提高，内存的速度成为系统性能进一步提高的瓶颈，随后就出现了 SDRAM、DDR、RDRAM、DDR2、DDR3 等技术。

DDR SDRAM 是一种继 SDRAM 后出现的内存技术。DDR(见图 4-15)英文原意为"Double Data Rate"，顾名思义，相对 SDRAM 而言，其具有两倍的数据传输率。以前使用的 SDRAM 都是"单倍数据传输模式"，即在一个外部时钟周期中，只在时钟方波上升沿时进行一次操作(读或写)，而 DDR 在一个外部时钟(I/O 缓冲输出)周期的方波上升沿、下降沿(双沿系统)时各进行一次操作。所以，在相同的数据传输外部时钟频率下，DDR 一个周期可以完成 SDRAM 两个周期才能完成的任务，可以简单理解为：数据传输外部时钟频率为 100 MHz 的 DDR 的数据传输率相当于 200 MHz SDR 的数据传输率。

图 4-15　184 线 DIMM DDR500

为保持 DDR 内存较高的数据传输率，降低功耗，DDR 采用了电压为 2.5 V 的 SSTL2 信号标准。尽管 DDR 的内存条依然保留原有的尺寸(5.25 英寸)，但插脚的数目已从 168 线增加到 184 线，且内存条的凹位也移到了新的位置，所以根本无法把这些 DIMM 的 DDR SDRAM 插到 168 线的 SDRAM 插槽中。DDR 内存采用 184 线结构，不向后兼容 SDRAM，而要求专为 DDR 设计的主板。

DDR2(Double Data Rate 2) SDRAM 是由 JEDEC(电子设备工程联合委员会)推出的内存技术标准，它与上一代 DDR 内存技术标准最大的区别是：虽然都采用了在数据传输外部时钟的上升沿、下降沿进行数据传输，但 DDR2(见图 4-16)内存却拥有两倍于上一代 DDR 内存的预读取能力(即 4 bit 数据预读取)。因为 DDR 和 DDR2 都在数据传输外部时钟的上升沿、下降沿进行数据传输，可以简单理解为：DDR 内存数据传输外部时钟频率和内存系统频率相同，DDR2 内存数据传输外部时钟频率是内存系统频率的 2 倍。

DDR3 SDRAM(Double Data Rate 3)是一种高带宽存储技术接口，它仍属于 SDRAM 技术范畴，只是 DRAM 的一种接口规范。其存储数据的 DRAM 阵列与其他型号的 DRAM 没有什么两样，只是工作电压更低，预提取位数更多，同其他 DRAM 具有类似的性能。

以上介绍的是台式微机上的内存模组。其实内存条的应用非常广泛，还用于笔记本电脑、路由器、打印机、服务器等其他设备中，种类很多，如图 4-17 所示。

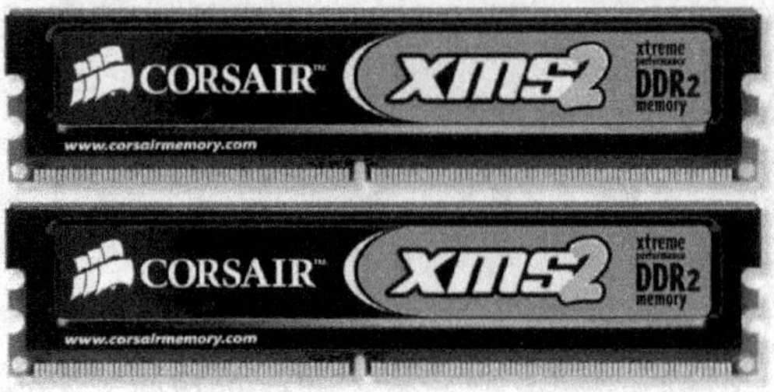

图 4-16 240 线 DIMM DDR2 内存

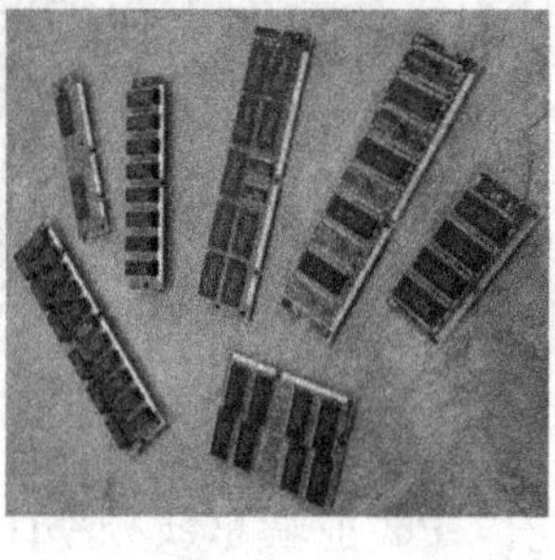

图 4-17 不同形态的内存条

4.4.2 快速动态随机存储技术

前面提到单一存储单元写入和读出的性能提升并不大，为了跟上了 CPU 速度提升的发展步伐，研究人员想了不少办法，如采用预提取技术或并行处理技术，基本上确保了内存接口与 CPU 接口之间的有效带宽。

人们采用了 FPM DRAM(Fast Page Mode DRAM)、扩展数据输出动态随机存储器(Extended Data Out DRAM，EDO DRAM)、同步动态随机存储器 SDRAM(Synchronized Dynamic RAM)、双数据率同步动态随机存储器 DDR(Double Data Rate SDRAM)、DDR2 以及 DDR3 等技术，不断满足 CPU 速度提升的需要。

1. FPM DRAM(快速页模式 DRAM)

FPM DRAM 是一种比较老的 DRAM，与早期的页面模式内存技术相比，它的优势是在访问同一行(页)的数据时速度比较快，一般为 30 线或 72 线内存。若 CPU 所需访问数据的地址在同一行内，在送出行地址后，就可以连续送出列地址，而不必再输出行地址。一般来讲，程序或数据在内存中排列的地址是连续的，那么输出行地址后连续输出列地址，可得到所需数据。这和以前 DRAM 存取方式(必须送出行地址、列地址才可读写数据)相比要先进一些。

2. EDO DRAM(也叫 Hyper Page Mode)

EDO(Extended Data Out)DRAM 的读取方式取消了扩展数据输出内存与传输内存两个存储周期之间的时间间隔，在把数据发送给 CPU 的同时去访问下一个页面，从而提高了工作效率(约比传统的 DRAM 快 15%～30%)。EDO 内存一般为 72 线(SIMM)，也有 168 线(DIMM)的。

3. SDRAM

SDRAM(Synchronous DRAM)是动态随机存储器的一种。早期 DRAM 的读、写等控制信号没有与系统时钟频率同步，而 SDRAM 可以与 CPU 系统时钟同步工作。SDRAM 的输入/输出信号同步于系统时钟频率，工作(如突发(burst)模式)时能简化和规范系统设计、提高数据传输性能。

4. DDR SDRAM

DDR SDRAM (Double Data Rate SDRAM)从理论上讲，可把 DRAM 的速度提升一倍，它在数据传输外部时钟的上升沿、下降沿存取数据，是 SDRAM 速度的 2 倍。虽说 DDR 建立在 SDRAM 的基础上，但在速度和容量上有所提高。它使用了更多、更先进的同步电路。

DDR 使用了 Delay-Locked Loop (DLL，延时锁定回路)来提供一个数据选通信号(DQS Data Strobe Signal)，当数据有效时，存储控制器可用这个数据选通信号精确定位数据。DDR 允许在数据传输外部时钟脉冲的上升沿和下降沿存取数据，不需提高数据传输外部时钟频率就能提高数据传输速度，因此其速度是标准 SDRAM 的两倍。

DDR SDRAM 按其传输速率可分为 DDR 200、DDR 266、DDR 333 以及 DDR 400，其对应的数据传输外部时钟频率(与内存系统频率相同)分别为 100 MHz、133 MHz、166 MHz 和 200 MHz，对应的内存传输带宽分别为 1.6 GB/s(200 MT/s × 64 bits/8 bits/Byte)、2.12 GB/s、2.66GB/s 和 3.2GB/s。MT/s 即每秒传输兆次，1 MT/s 即每秒传输 10^6 次。DDR 266 和 PC 2100 其实是一回事，只是表述方法不同罢了。DDR 266 指该内存的数据传输率为 266 MT/s(实际数据传输外部时钟频率为 133 MHz，等效于 266 MHz 的 SDRAM)，而 PC 2100 则是指其内存传输带宽为 2100 MB/s。

在内存架构上，传统 SDRAM 属于 ×8 组式，即内存核心中的 I/O 寄存器有 8 位数据 I/O，但对于× 8 组的 DDR SDRAM 而言，内存核心中的 I/O 寄存器却是 16 位，即在数据传输外部时钟信号上升沿输出 8 位数据，在下降沿输出 8 位数据，一个时钟周期总共可传输 16 位数据。

为了保持较高的数据传输率和较低的功耗，DDR 采用电压为 2.5 V 的 SSTL2 信号标准。

5. DDR 2

DDR2 是在 DDR 的基础之上发展起来的。由于 DDR 架构的局限性，DDR 数据传输率达到 400 MT/s(内存系统频率 200 MHz)后，单个内存颗粒的速度提升很难，所以很快就推出了 DDR2。DDR2 作为 DDR 继任者，在总体上仍保留了 DDR 的大部分特性，相对 DDR 设计变动不大，主要进行了以下几点改进：

(1) 改进针脚设计。DDR2 是在 DDR 的基础之上改进的，其外观、尺寸与目前的 DDR 内存几乎一样，但为了保持较高的数据传输率，适合电信号的要求，DDR2 对针脚进行了重新定义，采用了双向数据控制针脚，针脚数也由 DDR 的 184 线变为 240 线(DDR2 针脚数量有 200 线、220 线、240 线三种，其中 240 线的 DDR2 用于桌面 PC 系列)。

(2) 更低的工作电压。DDR2 内存采用 0.09 μm 的制作工艺，内存单颗容量可以达到 1～2 Gb，而随后采用更先进的 0.065 μm 制作工艺的 DDR2 内存的容量可以达到 4 Gb。DDR2 内存改进了芯片核心，把工作电压降到 1.8 V，这预示着 DDR2 内存的功耗和发热量都有所降低。

(3) 更小的封装。DDR2 采用先进的 CSP(FBGA)无铅封装技术，这是比 TSOP2 更为贴近芯片尺寸的封装方法，其晶圆上已做好封装布线，可靠性有所提高。DDR2 有两种封装形式，如果数据位宽度是 4 bit/8 bit，则采用 64-ball 的 FBGA 封装；如果数据位宽度是 16 bit，则采用 84-ball 的 FBGA 封装。

(4) 采用了 4 bit Prefect 架构。DDR2 在 DDR 的基础上采用了 4 位数据预取功能(现在 DRAM 内部都采用了 4bank 的结构)。内存颗粒内部单元称为 Cell，它是由一组 Memory Cell Array 构成的，也就是内存单元阵列。内存所指频率分成三种，一种是 DRAM 系统(核心)频率，一种是数据传输外部时钟频率，还有一种是数据传输率。

(5) 终端电阻。DDR 内存对工作环境要求高，如果先前发出的信号不能被电路终端完全吸收，就会在电路上形成反射现象，从而影响后面的信号并造成运算出错。因此，支持 DDR 的主板都是采用终端电阻来解决这个问题的。

每根数据线至少需要一个终端电阻，这意味着每块DDR主板需要大量的终端电阻，这样不仅增加了主板的生产成本，而且不同的内存模组对终端电阻的要求不可能完全一样，这就是所谓的“内存兼容性问题”。

DDR2中加入了ODT(On Die Terminator，片内终端器)功能，即将终端电阻设计在芯片内，如图4-18所示。DRAM模组工作时把终端电阻器关掉；不工作的DRAM模组则接通终端电阻，起到减少信号反射的作用。ODT的功能由北桥芯片(现在已集成至CPU内部)控制，在开机时设置EMRS(Extended Mode Registers Set，DDR2中终端电阻的通断可通过EMRS设置)。ODT的作用对象包括DQS、RDQS、DQ等。这样可产生更干净的高品质信号，使内存稳定工作于更高的时钟频率。

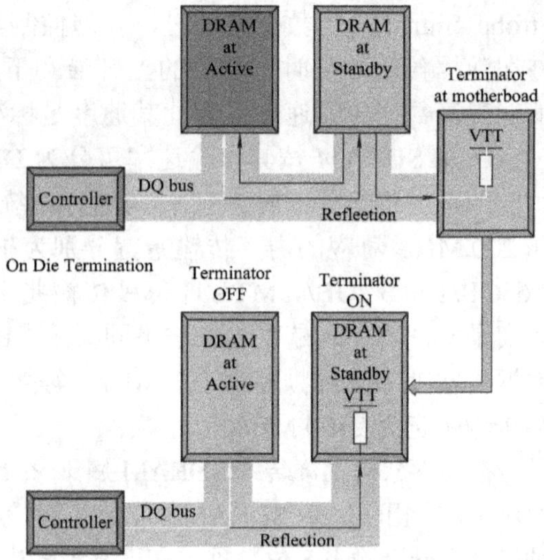

图4-18 终端电阻器的作用

终端电阻设计在内存芯片上可简化主板设计，降低主板成本，而且终端电阻可和内存颗粒的“特性”相符，从而减少内存与主板的兼容问题。

6. SDRAM、DDR、DDR2、DDR3时钟频率比较

SDRAM是同步DRAM，数据传输率同系统频率。SDRAM的DRAM系统频率、数据传输外部时钟频率以及数据传输率都一样。以PC-133 SDRAM为例，它的系统(核心)频率、数据传输外部时钟频率、数据传输率分别是133 MHz、133 MHz、133 Mb/s(对1位而言)。

DDR SDRAM中，系统(核心)频率和数据传输外部时钟频率是一样的，而数据传输率是数据传输外部时钟频率的两倍。DDR(Double Data Rate)内存可在每个时钟周期的上升沿和下降沿传输数据，一个时钟周期可传输2 bit数据，因此DDR的数据传输率是数据传输外部时钟频率的两倍。以DDR 266 SDRAM为例，它的系统时钟(核心)频率、数据传输外部时钟频率、数据传输率分别是133 MHz、133 MHz、266 Mb/s。

目前JEDEC标准中的DDR SDRAM的最高标准是DDR400，它的系统(核心)频率、数据传输外部时钟频率、数据传输率分别是200 MHz、200 MHz、400 Mb/s。

在DDR2 SDRAM中，系统(核心)频率和数据传输外部时钟频率不一样，因为DDR2采用了4 bit Prefetch技术。Prefetch为“数据预取”技术，它是端口数据传输率和内存Cell之间数据读/写之间的倍率，如DDR为2bit Prefetch，因此DDR的数据传输率是核心工作频率的两倍。DDR2采用了4 bit Prefetch架构，它的数据传输率是系统时钟(核心)频率的四倍。实际上数据先输入到I/O缓冲寄存器，再从I/O寄存器输出。DDR2 400的系统时钟(核心)频率、数据传输外部时钟频率、数据传输率分别是100 MHz、200 MHz、400 Mb/s。要注意的是，DDR2 400和DDR 200的核心频率是一样的，但DDR2 400的数据传输率是DDR 200的2倍。DDR3采用了8 bit Prefetch架构，它的数据传输率是系统时钟(核心)频率的8倍。

表4-2所示为DDR3、DDR2与DDR的对比。DDR3、DDR2、DDR和SDRAM各频率间的关系见图4-19。

表 4-2 DDR3、DDR2 与 DDR 的对比

项 目	DDR SDRAM	DDR2 SDRAM	DDR3 SDRAM
系统(核心)频率/MHz	100/133/166/200	100/133/166/200	100/133/166/200
数据传输外部频率/MHz	100/133/166/200	200/266/333/400	400/533/667/800
数据传输率/ Mb/s	200/266/333/400	400/533/667/800	800/1066/1333/1600
工作电压/V	2.5±0.2	1.8 ± 0.1	1.5 ± 0.075
接口标准	SSTL_2	SSTL_18	SSTL_15
针脚数	184	200、220、240(主流标准)	204(SO-DIMM) 240(主流标准)
BANK 数量	4	4 或 8	8
预提位数/bit	2	4	8
突发长度	2/4/8	4/8	4 (burst chop)/8
封装技术	TSOP Ⅱ	FBGA	FBGA
新增特性	—	COD、ODT、POSTED CAS	ZQ pin /Reset pin

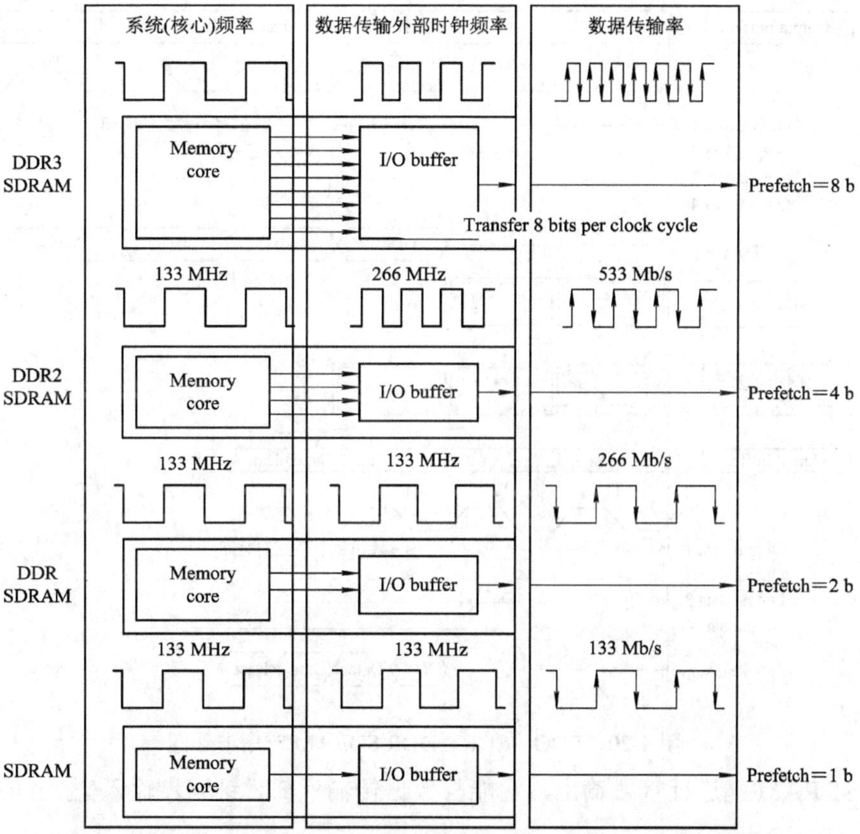

图 4-19 SDRAM、DDR、DDR2、DDR3 各种频率间的关系

DDR3、DDR2、DDR、SDRAM 的频率关系见表 4-3，图 4-20 所示为 EDO、SDR、DDR SDRAM 时序波形图。

表 4-3 DDR3、DDR2、DDR、SDRAM 的频率比较

参　数	DDR3	DDR2	DDR	SDRAM
预提位宽(Prefetch bit width)/bit	8	4	2	1
系统时钟(Internal bus's operating frequency)/MHz	133	133	133	133
数据传输外部时钟(External clock frequency)/MHz	533	266	133	133
数据传输率(Data bus's transfer speed)/MHz	1066	533	266	133

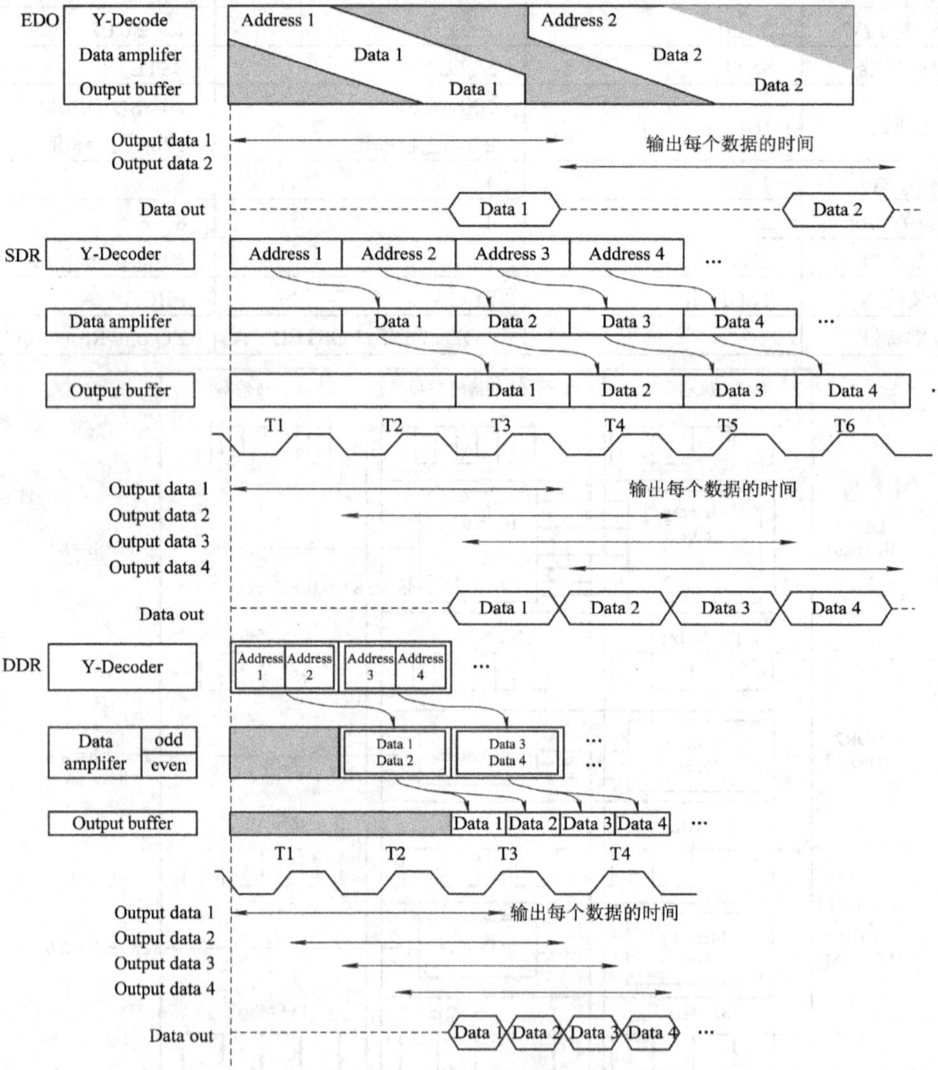

图 4-20　EDO、SDR、DDR SDRAM 时序波形图

DDR SDRAM 能进行管线输出，它能与数据传输外部时钟同步输入/输出一组固定长度的数据。

在管线架构下，从列地址输入到数据输入/输出被分成几个基本的处理块，处理块之间并行工作以提升数据传输能力。

预取操作就是预先提取和锁定存储单元阵列(DRAM)，将要输出的数据送到 I/O 缓冲器

中，当 I/O 缓冲器的处理速度比存储单元阵列快的时候，在相同的预取操作时钟周期里，DDR SDRAM 能够传输更多的数据量，同时要确保传输安全可靠。

目前预取操作主要有三种：2 bit 预取、4 bit 预取和 8 bit 预取。DDR SDRAM 采用 2 bit 预取，DDR2 SDRAM 采用 4 bit 预取，DDR3 SDRAM 采用 8 bit 预取。

4.4.3　访问时间

高速 DRAM 的访问时间可分成两种：随机访问时间(Random Access Time，RAT)和突发访问时间(Burst Access Time，BAT)，不同存储器的典型访问时间见表 4-4。

表 4-4　不同存储器的典型访问时间

存储器种类	Random Access Time/ns	Burst Access Time/ns
FPM DRAM	50	35
EDO DRAM	50	20
SDRAM	50	8

随机访问时间：访问与上次不同的行地址和列地址定位的存储单元所需的时间。

突发访问时间：访问相同的行地址和不同列地址定位的存储单元所需的时间。

下面比较一下 EDO DRAM、SDR SDRAM 和 DDR SDRAM 读周期的访问时间。

图 4-21 为 EDO DRAM、SDR SDRAM 和 DDR SDRAM 突发读周期的时序波形图，突发长度(Burst Length，BL)为 8。

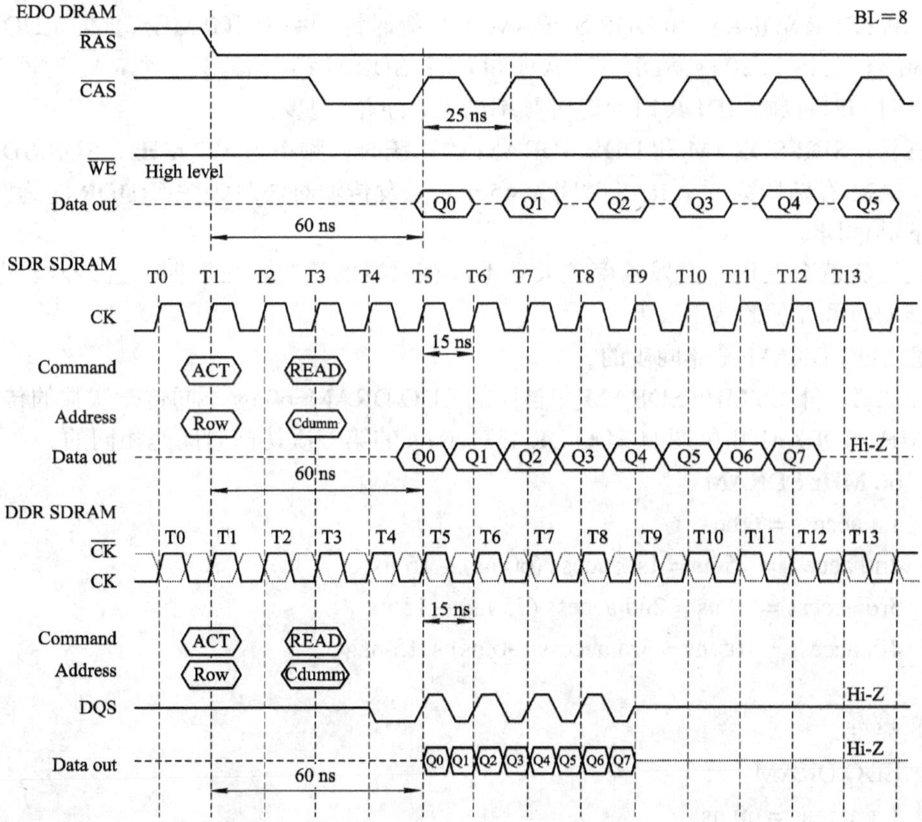

图 4-21　EDO DRAM、SDR SDRAM 和 DDR SDRAM 突发读周期的时序波形图

表 4-5 为 Elpida 公司不同速度存储器的访问时间比较。

表 4-5　EDO DRAM、SDR SDRAM 和 DDR SDRAM 突发访问时间表

Access time	EDO DRAM −60 ns	SDR SDRAM 66 MHz (15 ns)	DDR SDRAM 66 MHz (15 ns)	EDO DRAM −50 ns	SDR SDRAM 100 MHz (10 ns)	DDR SDRAM 100 MHz (10 ns)	SDR SDRAM 133 MHz (7.5 ns)	DDR SDRAM 133 MHz (7.5 ns)
1st access	60 ns			50 ns			45 ns	
2nd access	85 ns	75 ns	67.5 ns	70 ns	60 ns	55 ns	52.5 ns	48.75 ns
3rd access	110 ns	90 ns	75 ns	90 ns	70 ns	60 ns	60 ns	52.5 ns
4th access	135 ns	105 ns	82.5 ns	110 ns	80 ns	65 ns	67.5 ns	56.25 ns
5th access	160 ns	120 ns	90 ns	130 ns	90 ns	70 ns	75 ns	60 ns
6th access	185 ns	135 ns	97.5 ns	150 ns	100 ns	75 ns	82.5 ns	63.75 ns
7th access	210 ns	150 ns	105 ns	170 ns	110 ns	80 ns	90 ns	67.5 ns
8th access	235 ns	165 ns	112.5 ns	190 ns	120 ns	85 ns	97.5 ns	71.25 ns

第一种：SDR SDRAM 和 DDR SDRAM 的系统时钟频率为 66 MHz，EDO 的 $\overline{RAS}$ 时间为 60 ns，所有存储器第一个 $\overline{RAS}$ 时间为 60 ns，近似相等，这是因为所有 DRAM 存储器的内部结构几乎是一样的。

第二种：SDR SDRAM 和 DDR SDRAM 的系统时钟频率为 100 MHz，此时 EDO 的 $\overline{RAS}$ 时间为 50 ns，$\overline{CAS}$ 为 20 ns；SDR SDRAM 和 DDR SDRAM 存储器第一个 $\overline{RAS}$ 时间为 50 ns，突发传输时与时钟频率(DDR 时为时钟频率的上、下沿)同步。

第三种：SDR SDRAM 和 DDR SDRAM 的系统时钟频率为 133 MHz，SDR SDRAM 和 DDR SDRAM 存储器第一个 $\overline{RAS}$ 时间为 45 ns，突发传输时与时钟频率(DDR 时为时钟频率的上、下沿)同步。

通过比较就会发现：突发长度越大，不同存储器的第二、三、四、五、六、七、八个输出数据的时间差就越大。

注意 EDO DRAM 是非同步的。

下面比较一下 66 MHz SDRAM 和早期的 EDO DRAM−60 ns 不同传输次数的传输时间。

66 MHz SDRAM 和早期的 EDO DRAM−60 ns 的第一次访问时间是相同的。

66 MHz SDRAM

1st access = 60 ns

2nd access = 75 ns = 1st access (60 ns) + 15 ns

3rd access = 90 ns = 2nd access (75 ns) + 15 ns

4th access = 105 ns = 3rd access (90 ns) + 15 ns

…

依此类推。

EDO DRAM

1st access = 60 ns

2nd access = 85 ns = 1st access (60 ns) + 25 ns

3rd access = 110 ns = 2nd access (85 ns) + 25 ns

4th access = 135 ns = 3rd access (110 ns) + 25 ns

…

依此类推。

比较以上的 SDRAM 和 EDO DRAM 可知：

SDRAM 和 EDO DRAM 的第一次访问时间是相同的；第二次 SDRAM 比 EDO DRAM 快 10 ns；第三次 SDRAM 比 EDO DRAM 快 20 ns；第四次 SDRAM 比 EDO DRAM 快 30 ns……随着突发位数的增加，相对 EDO DRAM 而言，SDRAM 的速度就越快。

Elpida 存储器代码的意义如下：

E D D xxxxxxxx - xx - x

第一位 E 代表 Elpida Memory；

第二位代表型号。其中：B 表示内存条(Module)；C 表示内存芯片(Bare chip)；D 表示单片电路。

第三位代表产品系列。其中：D 表示 DDR SDRAM 或 DDR SDRAM Module；E 表示 DDR2 或 DDR2 Module；K 表示 DDR Mobile RAM；M 表示 Mobile；R 表示 RDRAM 或 RIMM；S 表示 SDRAM 或 SDRAM Module。

Elpida 公司存储器产品编号如图 4-22 所示。

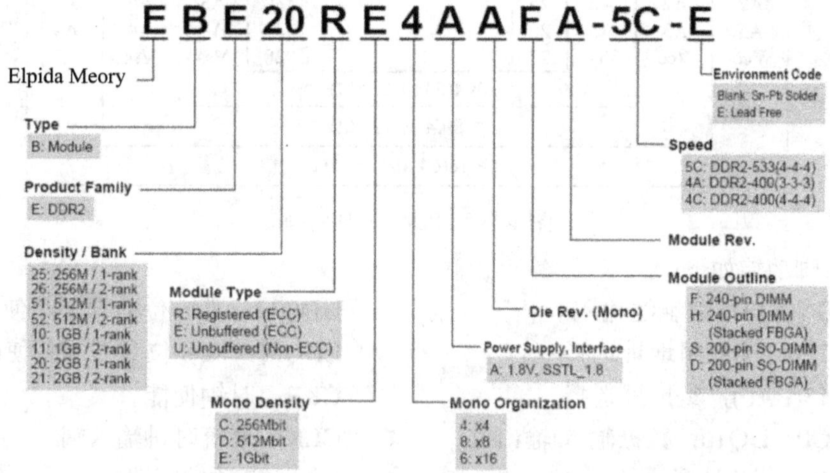

图 4-22　Elpida 公司存储器产品编号

不同厂家的产品编号不一样，可从各厂家的网站找到其编号的意义。各厂家网址是：

http://www.elpida.com/en/

http://www.kingston.com/china/company/about.asp

http://product.samsung.com/

4.4.4　动态随机存储器介绍

Elpida 存储器公司是日电(NEC)和日立(HITACHI)共同创办的一家合资公司。下面以其生产的 μPD45128163 芯片为例，介绍动态随机存储器的技术性能指标，它的芯片引脚如图

4-23 所示。

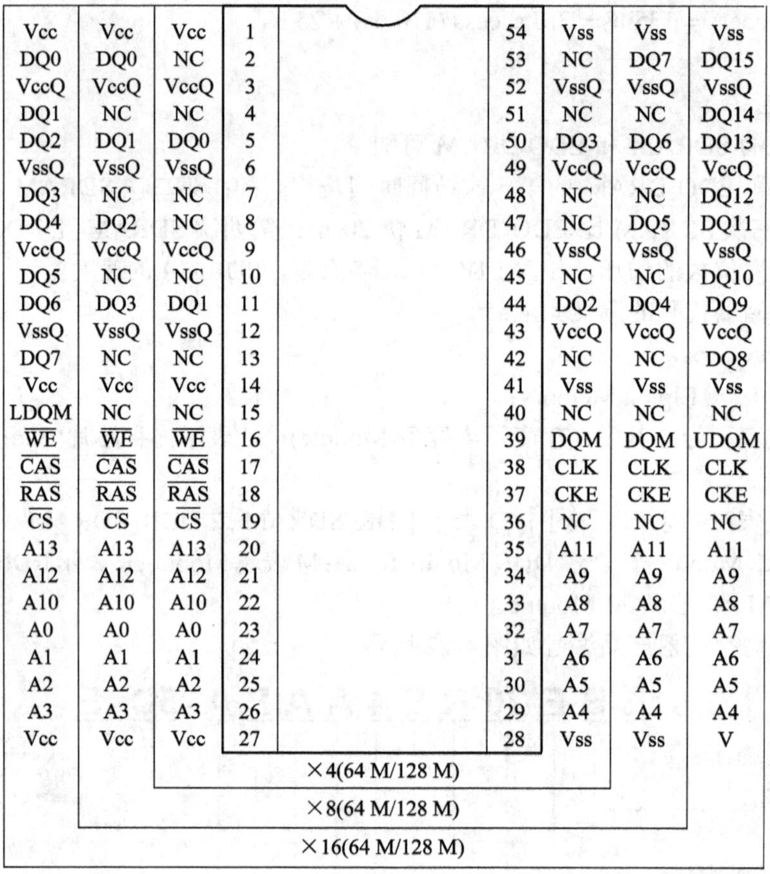

图 4-23 μPD45 系列引脚图

芯片引脚功能如下：

A0～A13：地址线输入

A12(BA1)：组地址选择

A13(BA0)：组地址选择

DQ0～DQ15：数据输入/输出位

$\overline{CS}$：芯片选择

$\overline{RAS}$：行地址选通

$\overline{CAS}$：列地址选通

$\overline{WE}$：写使能端

NC：没有连接

UDQM：高 8 位数据屏蔽使能位

LDQM：低 8 位数据屏蔽使能位

CKE：时钟使能

CLK：系统时钟输入端

Vcc：电源供应端

Vss：地

VccQ：数据接口电源供应端

VssQ：数据接口电源地

地址线(A0～Ax)输入，不同的 x 代表了不同的芯片容量。

<行地址>：ACT 命令输入时行地址由(A0～Ax)决定。

<列地址>：read 或 write 输入时列地址由(A0～Ax)决定。

<组地址(BA)>：电平的不同状态决定哪一组被选定。

<预充电模式选择(AP)>：当预充电命令输入或读写命令输入时，AP 脚的不同功能取决

于 AP 的输入电平。

① 当预充电命令输入或读写命令输入时：

AP 功能：AP 输入电平为 H，对所有组预充电；AP 输入电平为 L，只对开始选择的组预充电。

② 当读/写命令输入时：

AP 功能：AP 输入电平为 H，则突发式读存取后，自动预充电；AP 输入电平为 L，预充电命令输入后才开始。

1．芯片功能

μPD45128163 功能框图如图 4-24 所示。从功能框图可看出：A0～A11：定位 4 K 行地址(字线)；A0～A8：定位 512 列(数据线)；16 根 I/O 线；4 个组。

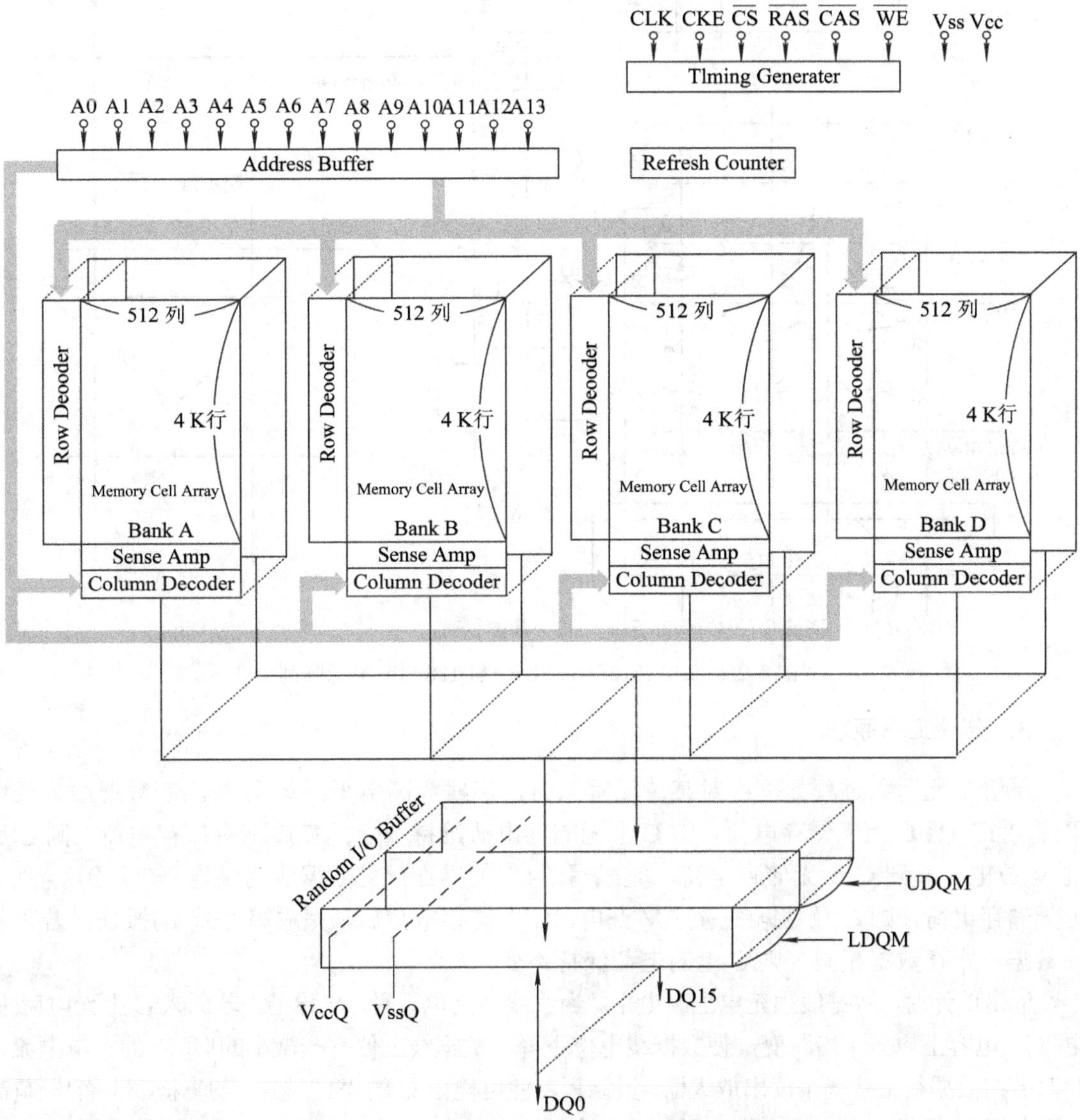

图 4-24 PD45128163 SDRAM 128 Mb 功能框图

2. 芯片容量

由 BA 指定存储器组 Bank A、Bank B、Bank C、Bank D；I/O 数据线有 16 位。

μPD45128163 芯片按存储器单元阵列架构设计，每一个存储器单元电路由一个晶体管和一个电容组成 DRAM，一般用途的 DRAM 都是如此。μPD45128163(×16 位架构)共有 128 Mb 的容量，由 4 组构成，每组是由 4096 条字线和 512 条数据线构成的阵列，共有 16 位 I/O 数据线。

$$芯片容量 = 2^{12} \times 2^{9} \times 16 \times 4 = 2^{21} \times 2^{4} \times 2^{2} = 2^{27}(b) = 2^{7}(Mb) = 128(Mb)$$

μPD45128163 SDRAM 128 Mb 单元阵列如图 4-25 所示。

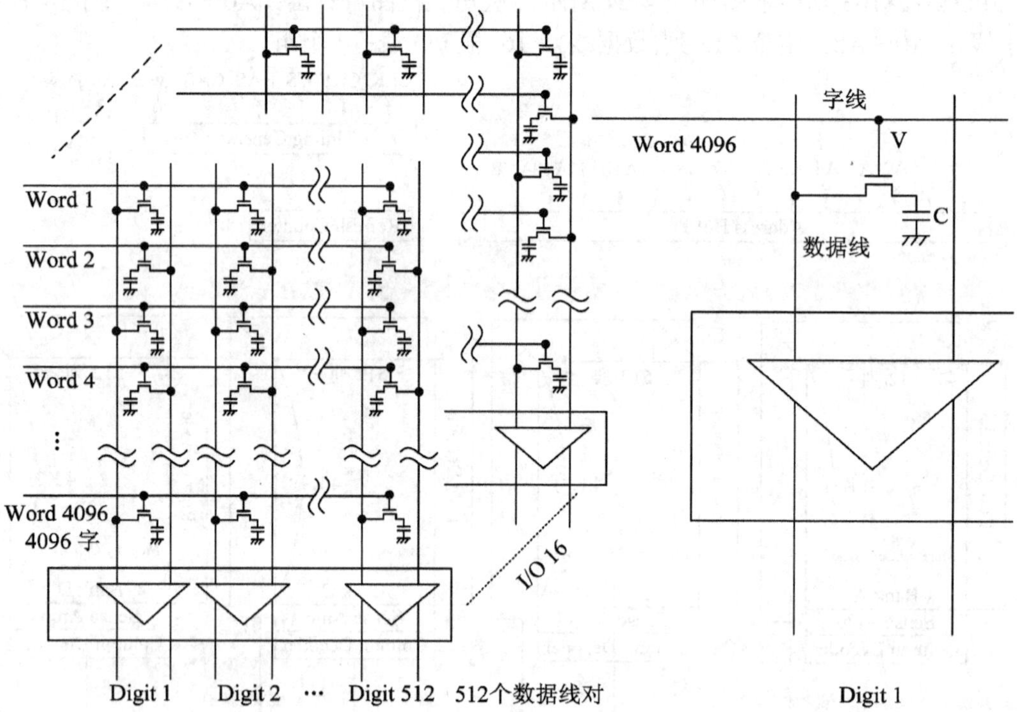

图 4-25 μPD45128163 SDRAM 128 Mb 单元阵列

3. 存储工作原理

单管单元写入过程如下：对某单元写入时，字线为高电平，V 导通。若数据线为低电平(写“1”)且 C 上无储存电荷，则 C 上无储存电荷维持不变；若 C 上有储存电荷，则 C 通过 V 放电，直到 C 上无储存电荷，完成写“1”的操作。若数据线为高电平(写“0”)且 C 上无储存电荷，则 C 经数据线通过 V 充电，C 上储存电荷后，完成写“0”的操作；若写入的数据与原存数据相同，则 C 上的电荷保持不变。

读出单元时，数据线预充电至高电平。当字线为高电平时，V 导通，若原来 C 上无电荷(低电平)，电容上电压不能跳变，使数据线电位下降，数据线上便有一微小的向 C 的充电电流，此时若在数据线上接一个读出放大器(检流计)，便可检出 C 的“1”态；若原来 C 上有电荷(高电平)，则数据线上无电位变化，无充电电流，放大器无输出，表示 C 上存储的是“0”。

4．地址译码

动态随机存储器采用了地址复用的方法。译码和确定一个地址的过程是：ACT 命令发出时，组和行地址信号立即同时送出，相应的字线被选中；当发送“读”或“写”的命令时，组和列地址信号同时送出，相应的数据线被选中，地址译码完成。

SDRAM 能够连续、快速地存取数据，能与 133 MHz 的系统时钟同步，工作电压为 3.3 V。

5．与时钟同步操作

读周期时序如图 4-26 所示，写周期时序如图 4-27 所示。读周期时序与系统时钟同步，每个时钟周期的上升沿锁定每一个控制信号。图中：

CL($\overline{CAS}$ Latency)：列地址选通延时。

BL(Burst Length)：突发式存取数据的长度，可编程设置。

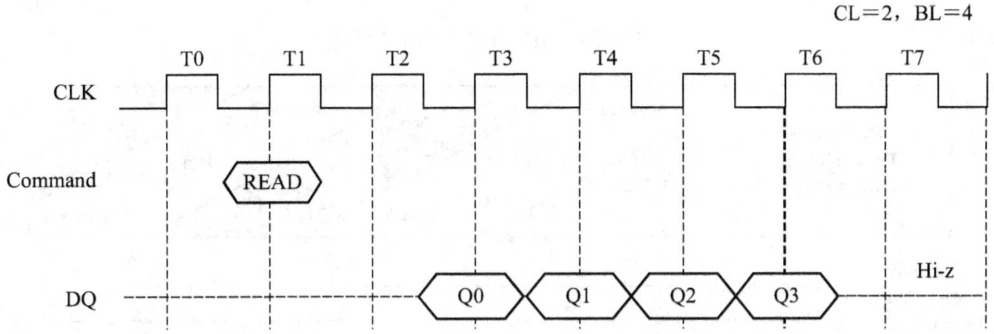

图 4-26 读周期时序

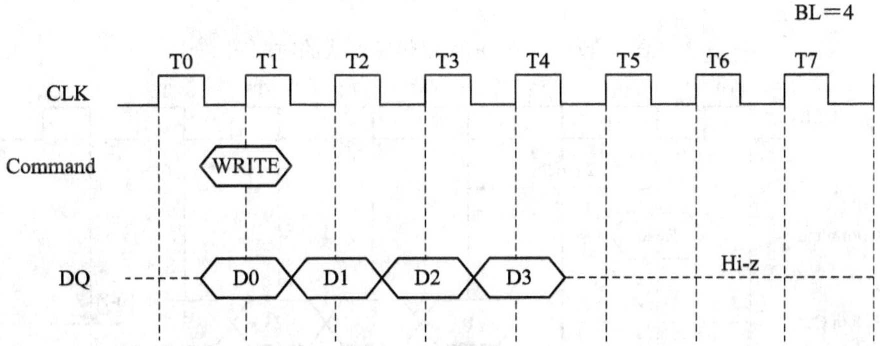

图 4-27 写周期时序

6．SDRAM 管线(突发)式传输

SDRAM 管线式时序如图 4-28 所示。在 SDRAM 的管线式传输中，数据输出过程分成三个工作模块(列地址译码、数据放大、输出缓存)，可并行(相当于流水线)工作。一般 DRAM 芯片传输方式的时序如图 4-29 所示。SDRAM 芯片管线式传输时，不同列地址选通延时值读周期时序如图 4-30 所示。

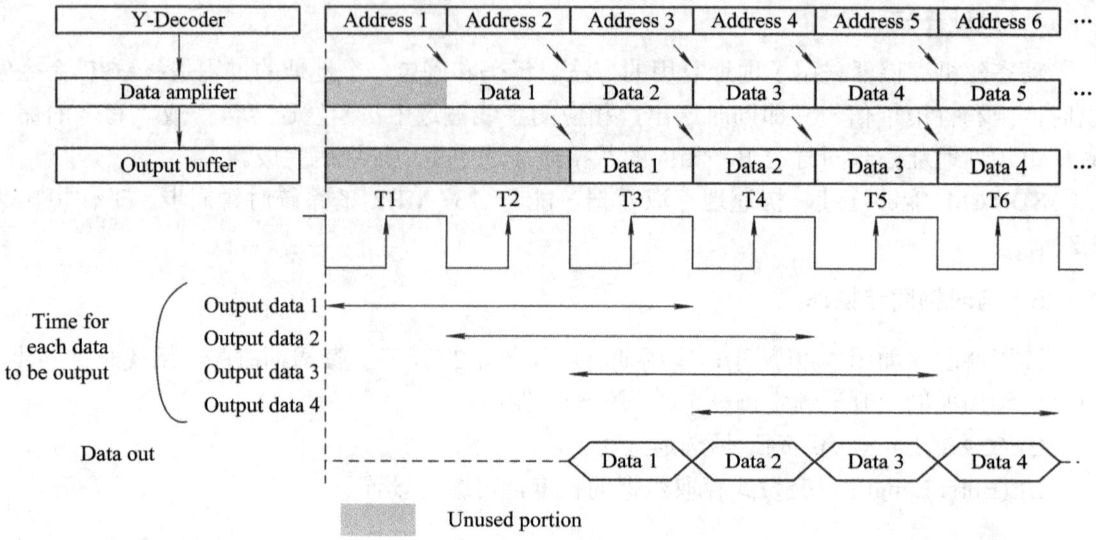

图 4-28 SDRAM 管线式时序图

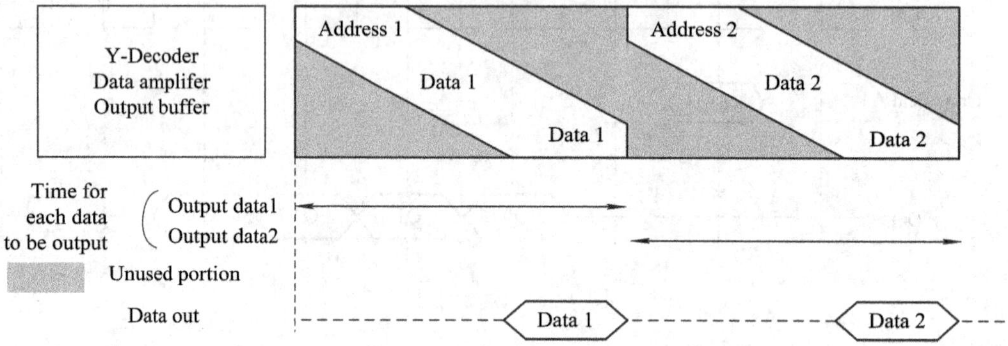

图 4-29 一般 DRAM 传输方式的时序图

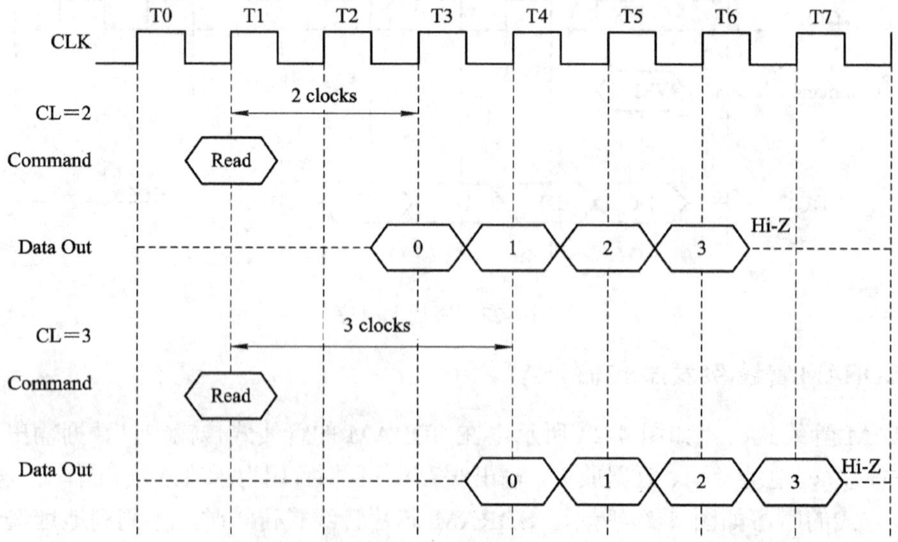

图 4-30 SDRAM 不同 CL 值读周期时序图

4.5 高速缓冲技术

对大量的典型程序运行情况的分析结果表明：在一个较短的时间间隔内，地址往往集中在存储器逻辑地址空间的很小范围内。产生以上结果的主要原因是：① 程序地址的分布本来是连续的；② 循环程序段、子程序段一般要多次重复运行。因此，对程序地址的访问自然地具有相对集中的倾向。这种对局部范围的存储器地址频繁访问，而对此范围以外的地址则访问较少的现象叫做程序访问的局部性。

根据局部性原理，可在主存和CPU之间设置一个速度高、容量相对较小、用于存放当前正在执行的程序和数据的存储器。当程序运行时，只需直接访问高速存储器，不必从主存储器中取指令和数据，这种存储器叫做高速缓冲存储器(Cache)。

Cache 存储器速度介于 CPU 和主存之间，它的工作速度数倍于主存。高速缓冲存储器有 Cache L1 和 Cache L2，有的甚至有 Cache L3，其全部功能由硬件实现。就计算机主板而言，Cache 特指静态随机存储器；从广义的角度来看，Cache 的概念是相对的。譬如硬盘上的动态随机存储器(DRAM)可看做是主板上主存和硬盘盘片之间的高速缓存。

高速缓存的概念不只电脑才有，其实人们早已应用。学生为什么都随身带着笔呢？大家想像一下，如果某位同学不带笔，写东西的时候才想起要到寝室去拿；用完了，又送回寝室，这样能行吗？是不是太慢了？学生课本的存放地最能说明问题，本学期用书在书包里，近两学期的书在寝室里，早几年的书在家里。这就形成了某阶段某项工作相对集中的倾向。电工总是随身带着电工刀，也是同样的道理。至于一个电工怎么由小时候的背书包到长大后背电工工具袋，这类似于计算机中选用一定的替换算法(只有当前最常用的数据和程序保留在高速缓冲区)产生的结果。日常生活中的例子与计算机中 Cache 唯一不同的是计算机有“副本”的概念。

4.6 内存技术发展趋势

双通道通过两个 64 bit 内存控制器来获得 128 bit 内存总线所达到的带宽。其优点是可利用较低速的内存达到相同的带宽；缺点是需要两个内存控制器且它们能彼此协调工作。AMD 率先在 CPU 内集成了内存控制器和双通道技术，利用了 DDR 内存价格优势，达到单通道 DDR2 内存的速度，具有良好的性价比。Intel 急起直追，在 CPU 内集成了内存控制器和三通道技术。

DDR3 的内存速度是传统 SDRAM 的 8 倍、DDR 的 4 倍、DDR2 的 2 倍。DDR3 包含一些新的特性如复位功能引脚。DDR4 目前正在研发中，用于图像显存的 GDDR4 已出现。

无论是动态随机存储器还是静态随机存储器，作为存储单元个体来说，速度已近极限，主要是通过不同组织结构，运用预提取技术或并行处理技术，提高内存条 I/O 端口与 CPU 之间的带宽。

小　结

本章主要介绍了内存条的技术特点、分类、技术参数、选购、安装与拆卸，分析了存储系统的层次结构。其中延伸阅读内容介绍了存储器技术的发展过程、技术特点，分析了不同存储器的硬件结构、存储原理和读写周期的时序图。

思考与练习题

1. 主板上的存储器主要有哪几种？
2. 动态随机存储器和静态随机存储器各有什么特点？在电脑里各起什么作用？
3. 关掉电脑系统的 L1 Cache 或 L2 Cache，观察系统的开机过程，记录观察结果并分析 Cache 提升系统速度的原理。
4. 分析 DRAM 存储器的读写过程。

第 5 章　微机辅助存储设备

微机的辅助存储设备主要有硬盘、光盘驱动器、移动存储盘等。

5.1　硬　盘

5.1.1　硬盘的物理结构

硬盘是一种主要的电脑存储媒介，其内部由一个或者多个铝制或者玻璃制的碟片组成。这些碟片外覆盖有铁磁性材料，如图 5-1 所示。绝大多数硬盘都是固定硬盘，被永久性地密封固定在硬盘驱动器中。不过，现在可移动硬盘越来越普及，种类也越来越多。

图 5-1　硬盘内部结构

1. 磁头

磁头是硬盘中最昂贵的部件，也是硬盘技术中最重要和最关键的一环。传统的磁头是读、写合一的电磁感应式磁头，但是硬盘的读、写却是两种截然不同的操作，为此，这种二合一磁头在设计时必须同时兼顾读、写两种特性，从而造成了硬盘设计上的局限。而 MR 磁头(Magnetoresistive heads)，即磁阻磁头采用的是分离式的磁头结构：写入磁头仍采用传统的磁感应磁头(MR 磁头不能进行写操作)，读取磁头则采用新型的 MR 磁头，即所谓的感应写、磁阻读。这样，在设计时就可以针对两者的不同特性分别进行优化，以得到最好的读/写性能。另外，MR 磁头是通过阻值变化而不是电流变化去感应信号幅度的，因而对信号变化相当敏感，读取数据的准确性也相应提高。而且由于读取的信号幅度与磁道宽度无关，故磁道可以做得很窄，从而使盘片密度达到 200 MB/in^2(使用传统的磁头只能达到 20 MB/in^2)，这也是 MR 磁头被广泛应用的最主要原因。目前，MR 磁头已得到广泛应用，而采用多层结构和磁阻效应更好的材料制作的 GMR 磁头(Giant Magnetoresistive heads)也逐渐普及。

2. 磁道

当磁盘旋转时，磁头在磁盘表面划出的圆形轨迹就叫做磁道。这些磁道用肉眼是根本看不到的，因为它们仅是盘面上以特殊方式磁化了的一些磁化区，磁盘上的信息便是沿着这样的轨道存放的。相邻磁道之间并不是紧挨着的，这是因为磁化单元相隔太近时磁性会相互产生影响，同时也为磁头的读写带来困难。一张 1.44 MB 的 3.5 英寸软盘，一面有 80 个磁道；而硬盘上的磁道密度则远远大于此值，通常一面有成千上万个磁道。

3. 扇区

磁盘上的每个磁道被等分为若干个弧段，这些弧段便是磁盘的扇区，每个扇区可以存放 512 个字节的信息。磁盘驱动器在向磁盘读取和写入数据时，要以扇区为单位。1.44 MB 的 3.5 英寸的软盘，每个磁道分为 18 个扇区。

4. 柱面

硬盘通常由重叠的一组盘片构成，每个盘面都被划分为数目相等的磁道，并从外缘的“0”开始编号，具有相同编号的磁道形成一个圆柱，称之为磁盘的柱面。磁盘的柱面数与一个盘面上的磁道数是相等的。由于每个盘面都有自己的磁头，因此，盘面数等于总的磁头数。所谓硬盘的 CHS，即 Cylinder(柱面)、Head(磁头)、Sector(扇区)，只要知道了硬盘的 CHS 的数目，即可确定硬盘的容量，即

$$硬盘的容量 = 柱面数 \times 磁头数 \times 扇区数 \times 512\ \text{B}$$

5.1.2 硬盘的逻辑结构

1. 硬盘参数

人们常说的硬盘参数是 CHS(Cylinder/Head/Sector)参数。那么为什么要使用这些参数？它们的意义是什么？它们的取值范围是什么？

很久以前，硬盘的容量还非常小的时候，人们采用与软盘类似的结构生产硬盘。也就是硬盘盘片的每一条磁道都具有相同的扇区数。由此产生了所谓的 3D 参数(Disk Geometry)，即磁头数(Heads)、柱面数(Cylinders)、扇区数(Sectors)，以及相应的寻址方式。

其中：

磁头数(Heads)表示硬盘总共有几个磁头，也就是有几面盘片，最大为 255(用 8 个二进制位存储)；

柱面数(Cylinders)表示硬盘每一面盘片上有几条磁道，最大为 1023(用 10 个二进制位存储)；

扇区数(Sectors)表示每一条磁道上有几个扇区，最大为 63(用 6 个二进制位存储)。

每个扇区一般是 512 个字节，理论上讲这不是必需的，但好像没有取别的值的。

所以磁盘最大容量为

$$255 \times 1023 \times 63 \times 512/1\,048\,576 = 7.837\ \text{GB}(1\ \text{MB} = 1\,048\,576\ \text{Byte})$$

硬盘厂商常用的计算公式为

$$255 \times 1023 \times 63 \times 512/1\,000\,000 = 8.414\ \text{GB}(1\ \text{MB} = 1\,000\,000\ \text{Byte})$$

在 CHS 寻址方式中，磁头、柱面、扇区的取值范围分别为 0 到 Heads－1、0 到 Cylinders－1、1 到 Sectors(注意是从 1 开始的)。

2. 基本 Int 13H 调用简介

BIOS Int 13H 调用是 BIOS 提供的磁盘基本输入输出中断调用，它可以完成磁盘(包括硬盘和软盘)的复位、读/写、校验、定位、格式化等功能。它使用的就是 CHS 寻址方式，因此最大能访问 8 GB 左右的硬盘(本书中如不作特殊说明，均以 1 MB = 1 048 576 Byte 为单位)。

3. 现代硬盘结构简介

在老式硬盘中，由于每个磁道的扇区数相等，所以外道的记录密度要远低于内道，因此会浪费很多磁盘空间 (与软盘一样)。为了解决这一问题，进一步提高硬盘容量，人们改

用等密度结构生产硬盘。也就是说，外圈磁道的扇区比内圈磁道多。采用这种结构后，硬盘不再具有实际的 3D 参数，寻址方式也改为线性寻址，即以扇区为单位进行寻址。

为了与使用 3D 寻址的老软件(如使用 BIOS Int 13H 接口的软件)兼容，在硬盘控制器内部安装了一个地址翻译器，由它负责将老式 3D 参数翻译成新的线性参数。这也是为什么现在硬盘的 3D 参数可以有多种选择的原因(不同的工作模式对应不同的 3D 参数，如 LBA、LARGE、NORMAL)。

4. 扩展 Int 13H 简介

虽然现代硬盘都已经采用了线性寻址，但是由于基本 Int 13H 的制约，使用 BIOS Int 13H 接口的程序，如 DOS 等还只能访问 8 G 以内的硬盘空间。为了打破这一限制，Microsoft 等几家公司制定了扩展 Int 13H 标准(Extended Int 13H)，采用线性寻址方式存取硬盘，突破了 8 G 的限制，而且还加入了对可拆卸介质(如活动硬盘)的支持。

5.1.3　硬盘的基本参数

1. 容量

作为计算机系统的数据存储器，容量是硬盘最主要的参数。

硬盘的容量以兆字节(MB)或千兆字节(GB)为单位，1 GB = 1024 MB。但硬盘厂商在标称硬盘容量时通常取 1 G = 1000 MB，因此我们在 BIOS 中或在格式化硬盘时看到的容量会比厂家的标称值要小。

硬盘的容量指标还包括硬盘的单碟容量。所谓单碟容量，是指硬盘单片盘片的容量。单碟容量越大，单位成本越低，平均访问时间也越短。

对于用户而言，硬盘的容量就像内存一样，永远只会嫌少不会嫌多。Windows 操作系统带给我们的除了更为简便的操作外，还带来了文件大小与数量的日益膨胀，一些应用程序动辄就要吃掉上百兆的硬盘空间，而且还有不断增大的趋势。因此，在购买硬盘时适当的超前是明智的。近两年主流硬盘是 80 G，而 160 G 以上的大容量硬盘亦已开始逐渐普及。一般情况下硬盘容量越大，单位字节的价格就越便宜，但是超出主流容量的硬盘则可能例外。

2. 转速

转速(Rotationl Speed 或 Spindle speed)是硬盘内电机主轴的旋转速度，也就是硬盘盘片在一分钟内所能完成的最大转数。转速的快慢是标示硬盘档次的重要参数之一，它是决定硬盘内部传输率的关键因素之一，在很大程度上直接影响到硬盘的速度。硬盘的转速越快，硬盘寻找文件的速度也就越快，相对的硬盘的传输速度也就得到了提高。硬盘转速以每分钟多少转来表示，单位表示为 rpm，rpm 是 revolutions per minute 的缩写，即转/每分钟。RPM 值越大，内部传输率就越快，访问时间就越短，硬盘的整体性能也就越好。

硬盘的主轴马达带动盘片高速旋转，产生浮力，使磁头飘浮在盘片上方。要将所要存取资料的扇区带到磁头下方，转速越快，则等待时间也就越短。因此转速在很大程度上决定了硬盘的速度。

家用的普通硬盘的转速一般有 5400 rpm、7200 rpm 几种，高转速硬盘也是现在台式机用户的首选；而对于笔记本用户，则以 4200 rpm、5400 rpm 为主，虽然已经有公司发布了

7200 rpm 的笔记本硬盘，但在市场中还较为少见；服务器用户对硬盘性能要求最高，服务器中使用的 SCSI 硬盘转速基本都采用 10 000 rpm，甚至还有 15 000 rpm 的，性能要超出家用产品很多。较高的转速可缩短硬盘的平均寻道时间和实际读写时间，但随着硬盘转速的不断提高也带来了温度升高、电机主轴磨损加大、工作噪音增大等负面影响。笔记本硬盘转速低于台式机硬盘，一定程度上是受到这个因素的影响。笔记本内部空间狭小，笔记本硬盘的尺寸(2.5 寸)也被设计得比台式机硬盘(3.5 寸)小，转速提高造成的温度上升，对笔记本本身的散热性能提出了更高的要求，噪音变大，又必须采取必要的降噪措施，这些都对笔记本硬盘制造技术提出了更多的要求。同时转速的提高，而其他指标维持不变，则意味着电机的功耗将增大，单位时间内消耗的电能就越多，电池的工作时间缩短，这样笔记本的便携性就受到影响。所以笔记本硬盘一般都采用相对较低转速的 4200 rpm 硬盘。

转速是随着硬盘电机的提高而改变的，现在液态轴承马达(Fluid Dynamic Bearing Motors)已全面代替了传统的滚珠轴承马达。液态轴承马达通常应用于精密机械工业，它使用的是黏膜液油轴承，以油膜代替滚珠。这样可以避免金属面的直接摩擦，将噪声及温度减至最低；同时油膜可有效吸收震动，使抗震能力得到提高；更可减少磨损，提高寿命。

3. 平均访问时间

平均访问时间(Average Access Time)是指磁头从起始位置到达目标磁道位置，并且从目标磁道上找到要读写的数据扇区所需的时间。

平均访问时间体现了硬盘的读写速度，它包括了硬盘的寻道时间和等待时间，即：平均访问时间 = 平均寻道时间 + 平均等待时间。

硬盘的平均寻道时间(Average Seek Time)是指硬盘的磁头移动到盘面指定磁道所需的时间。这个时间当然越小越好，目前硬盘的平均寻道时间通常在 8 ms 到 12 ms 之间，而 SCSI 硬盘则应小于或等于 8 ms。

硬盘的等待时间又叫潜伏期(Latency)，是指磁头已处于要访问的磁道，等待所要访问的扇区旋转至磁头下方的时间。平均等待时间为盘片旋转一周所需时间的一半，一般应在 4 ms 以下。

4. 传输速率

传输速率(Data Transfer Rate)即硬盘的数据传输率，是指硬盘读写数据的速度，单位为兆字节每秒(MB/s)。硬盘数据传输率又包括了内部数据传输率和外部数据传输率。

内部传输率(Internal Transfer Rate) 也称为持续传输率(Sustained Transfer Rate)，它反映了硬盘缓冲区未用时的性能。内部传输率主要依赖于硬盘的旋转速度。

外部传输率(External Transfer Rate)也称为突发数据传输率(Burst Data Transfer Rate)或接口传输率，它标称的是系统总线与硬盘缓冲区之间的数据传输率。外部数据传输率与硬盘接口类型和硬盘缓存的大小有关。

目前 Fast ATA 接口硬盘的最大外部传输率为 16.6 MB/s，而 Ultra ATA 接口的硬盘传输率则达到 33.3 MB/s。

使用 SATA(Serial ATA)口的硬盘又叫串口硬盘，是未来 PC 机硬盘的趋势。2001 年，由 Intel、APT、Dell、IBM、希捷、迈拓这几大厂商组成的 Serial ATA 委员会正式确立了 Serial ATA 1.0 规范。2002 年，虽然串行 ATA 的相关设备还未正式上市，但 Serial ATA 委员会已抢先确立了 Serial ATA 2.0 规范。Serial ATA 采用串行连接方式，其总线使用嵌入式时钟信号，具备了更强的纠错能力，与以往相比其最大的区别在于能对传输指令(不仅仅是数据)进行检查，如果发现错误会自动矫正，这在很大程度上提高了数据传输的可靠性。串行接口还具有结构简单、支持热插拔的优点。

串口硬盘是一种完全不同于并行 ATA 的新型硬盘接口类型，由于采用串行方式传输数据而得名。相对于并行 ATA 来说，串行 ATA 具有非常多的优势。首先，Serial ATA 以连续串行的方式传送数据，一次只会传送 1 位数据，这样能减少 SATA 接口的针脚数目，使连接电缆数目变少，效率也会更高。实际上，Serial ATA 仅用四支针脚就能完成所有的工作，分别用于连接电缆、连接地线、发送数据和接收数据，同时这样的架构还能降低系统能耗和减小系统复杂度。其次，Serial ATA 的起点更高、发展潜力更大，Serial ATA 1.0 定义的数据传输率可达 150 MB/s，这比最快的并行 ATA(即 ATA/133)所能达到的 133 MB/s 的最高数据传输率还高，而 Serial ATA 2.0 的数据传输率将达到 300 MB/s，最终 SATA 将实现 600 MB/s 的最高数据传输率。

5. 缓存

与主板上的高速缓存(RAM Cache)一样，硬盘缓存的目的是为了解决系统前后级读写速度不匹配的问题，以提高硬盘的读写速度。目前，大多数 SATA 硬盘的缓存为 8 M，而 Seagate 的“酷鱼”系列则使用了 32 M Cache。

5.1.4　硬盘的数据保护

硬盘容量越做越大，我们在硬盘里存放的数据也越来越多。那么，这么大量的数据存放在这样一个铁盒子里究竟有多安全呢？虽然，目前大多数硬盘的无故障运行时间(MTBF)已达 300 000 小时以上，但这仍不够，一次故障便足以造成灾难性的后果。因为对于不少用户，特别是商业用户而言，数据才是 PC 系统中最昂贵的部分，他们需要的是能提前对故障进行预测。正是这种需求与信任危机，推动着各厂商努力寻求一种硬盘安全监测机制，于是，一系列的硬盘数据保护技术应运而生。

1. S.M.A.R.T.技术

S.M.A.R.T.技术的全称是“Self-Monitoring，Analysis and Reporting Technology”，即“自监测、分析及报告技术”。在 ATA-3 标准中，S.M.A.R.T.技术被正式确立。S.M.A.R.T.监测的对象包括磁头、磁盘、马达、电路等，由硬盘的监测电路和主机上的监测软件对被监测对象的运行情况与历史记录及预设的安全值进行分析、比较，当出现安全值范围以外的情况时，会自动向用户发出警告，而更先进的技术还可以提醒网络管理员的注意，自动降低硬盘的运行速度，把重要数据文件转存到其他安全扇区，甚至把文件备份到其他硬盘或存储设备。通过 S.M.A.R.T.技术，确实可以对硬盘潜在故障进行有效预测，提高数据的安全性。但我们也应该看到，S.M.A.R.T.技术并不是万能的，它只能对渐发性的故障进行监测，而对于一些突发性的故障，如盘片突然断裂等，它就无能为力了。因此不管怎样，备份仍然是必须的。

2. DFT 技术

DFT(Drive Fitness Test，驱动器健康检测)技术是 IBM 公司为其 PC 硬盘开发的数据保护技术，它通过使用 DFT 程序访问 IBM 硬盘里的 DFT 微代码对硬盘进行检测，可以让用户方便快捷地检测硬盘的运转状况。

据研究表明，在用户送回返修的硬盘中，大部分的硬盘本身是好的。DFT 能够减少这种情形的发生，为用户节省时间和精力，避免因误判造成数据丢失。它在硬盘上分割出一个单独的空间给 DFT 程序，即使在系统软件不能正常工作的情况下也能调用。

DFT 微代码可以自动对错误事件进行登记，并将登记数据保存到硬盘上的保留区域中。DFT 微代码还可以实时对硬盘进行物理分析，如通过读取伺服位置错误信号来计算出盘片交换、伺服稳定性、重复移动等参数，并给出图形供用户或技术人员参考。这是一个全新的观念，硬盘子系统的控制信号可以被用来分析硬盘本身的机械状况。

而 DFT 软件是一个独立的不依赖操作系统的软件，它可以在用户其他任何软件失效的情况下运行。

5.1.5* 硬盘相关概念

1. 硬盘接口

(1) ATA。ATA 全称“Advanced Technology Attachment”，是用传统的 40 pin 并口数据线连接主板与硬盘的，外部接口速度最大为 133 MB/s。因为并口线的抗干扰性太差，且排线占空间，不利计算机散热，故将逐渐被 SATA 所取代。

(2) IDE。IDE 的英文全称为“Integrated Drive Electronics”，即“电子集成驱动器”，俗称 PATA 并口。

(3) SATA。使用 SATA(Serial ATA)口的硬盘又叫串口硬盘，是未来 PC 机硬盘的趋势。2001 年，由 Intel、APT、Dell、IBM、希捷、迈拓这几大厂商组成的 Serial ATA 委员会正式确立了 Serial ATA 1.0 规范，2002 年，虽然串行 ATA 的相关设备还未正式上市，但 Serial ATA 委员会已抢先确立了 Serial ATA 2.0 规范。Serial ATA 采用串行连接方式，其总线使用嵌入式时钟信号，具备了更强的纠错能力，与以往相比其最大的区别在于能对传输指令(不仅仅是数据)进行检查，如果发现错误会自动矫正，这在很大程度上提高了数据传输的可靠性。串行接口还具有结构简单、支持热插拔的优点。

(4) SATA2。希捷在 SATA 的基础上加入 NCQ 本地命令阵列技术，提高了磁盘速率。

(5) SCSI。SCSI 全称为“Small Computer System Interface(小型机系统接口)”，历经多代的发展，从早期的 SCSI-Ⅱ到目前的 Ultra320 SCSI 以及 Fiber-Channel(光纤通道)，接头类型也有多种。SCSI 硬盘广为工作站级个人计算机以及服务器所使用，因为它的转速快，可达 15 000 r/min，且数据传输时占用的 CPU 运算资源较低，但是单价也比同样容量的 ATA 及 SATA 硬盘昂贵。

(6) SAS。SAS(Serial Attached SCSI)是新一代的 SCSI 技术，和 SATA 硬盘相同，都采取序列式技术以获得更高的传输速度，其传输速度可达到 3 Gb/s。此外，它也通过缩小连接线来改善系统内部的空间等。

由于 SAS 硬盘可以与 SATA 硬盘共享同样的背板，因此在同一个 SAS 存储系统中，可以用 SATA 硬盘来取代部分昂贵的 SCSI 硬盘，节省整体的存储成本。

2. 扩展分区

由于主分区表中只能分四个分区，无法满足需求，因此设计了一种扩展分区格式。基本上说，扩展分区的信息是以链表形式存放的，但也有一些特别的地方。首先，主分区表中要有一个基本扩展分区项，所有扩展分区都隶属于它，也就是说其他所有扩展分区的空间都必须包括在这个基本扩展分区中。对于 DOS/Windows 来说，扩展分区的类型为 0x05。除基本扩展分区以外的其他所有扩展分区则以链表的形式级联存放，后一个扩展分区的数据项记录在前一个扩展分区的分区表中，但两个扩展分区的空间并不重叠。

扩展分区类似于一个完整的硬盘，必须进一步分区才能使用，但每个扩展分区中只能存在一个其他分区，此分区在 DOS/Windows 环境中即为逻辑盘。因此每一个扩展分区的分区表(同样存储在扩展分区的第一个扇区中)中最多只能有两个分区数据项(包括下一个扩展分区的数据项)。

3. 缓存

(Cachc Mcmory)是硬盘控制器上的一块内存芯片，具有极快的存取速度，它是硬盘内部存储和外界接口之间的缓冲器。由于硬盘的内部数据传输速度和外界面传输速度不同，缓存在其中起到一个缓冲的作用。缓存的大小与速度是直接关系到硬盘的传输速度的重要因素，能够大幅度地提高硬盘整体性能。当硬盘存取零碎数据时需要不断地在硬盘与内存之间交换数据，如果有大缓存，则可以将那些零碎数据暂存在缓存中，减小外系统的负荷，也提高了数据的传输速度。

硬盘的缓存主要起三种作用。一是预读取。当硬盘受到 CPU 指令控制开始读取数据时，硬盘上的控制芯片会控制磁头把正在读取的簇的下一个或者几个簇中的数据读到缓存中(由于硬盘上数据存储时是比较连续的，所以读取命中率较高)，当需要读取下一个或者几个簇中的数据的时候，硬盘便可以直接把缓存中的数据传输到内存中就可以了，由于缓存的速度远远高于磁头读写的速度，所以能够达到明显改善性能的目的。二是对写入动作进行缓存。当硬盘接到写入数据的指令之后，并不会马上将数据写入到盘片上，而是先暂时存储在缓存里，然后发送一个“数据已写入”的信号给系统，这时系统就会认为数据已经写入，并继续执行下面的工作，而硬盘则在空闲(不进行读取或写入的时候)时再将缓存中的数据写入到盘片上。虽然这样对于写入数据的性能有一定提升，但也不可避免地带来了安全隐患——如果数据还在缓存里的时候突然掉电，那么这些数据就会丢失。对于这个问题，硬盘厂商们自然也有解决办法：掉电时，磁头会借助惯性将缓存中的数据写入零磁道以外的暂存区域，等到下次启动时再将这些数据写入目的地。第三个作用就是临时存储最近访问过的数据。有时候，某些数据是会经常需要访问的，硬盘内部的缓存会将读取比较频繁的一些数据存储在缓存中，再次读取时就可以直接从缓存中直接传输。

缓存容量的大小依不同品牌、不同型号的产品各不相同，早期的硬盘缓存基本都很小，只有几百千字节，已无法满足用户的需求。2 MB 和 8 MB 缓存被现今主流硬盘所采用，而在服务器或特殊应用领域中还有缓存容量更大的产品，甚至达到了 16 MB、64 MB 等。

大容量的缓存虽然可以在硬盘进行读写的工作状态下，让更多的数据存储在缓存中，以提高硬盘的访问速度，但并不意味着缓存越大就越好。缓存的应用存在一个算法的问题，即便缓存容量很大，而没有一个高效率的算法，那将导致应用中缓存数据的命中率偏低，无法有效发挥出大容量缓存的优势。算法是和缓存容量相辅相成的，大容量的缓存需要更为有效率的算法，否则性能会大打折扣，从技术角度上说，高容量缓存的算法是直接影响到硬盘性能发挥的重要因素。更大容量缓存是未来硬盘发展的必然趋势。

4. 内部数据传输率

内部数据传输率(Internal Transfer Rate)是指硬盘磁头与缓存之间的数据传输率，简单地说就是硬盘将数据从盘片上读取出来，然后存储在缓存内的速度。内部传输率可以明确表现出硬盘的读写速度，它的高低才是评价一个硬盘整体性能的决定性因素，是衡量硬盘性能的真正标准。有效地提高硬盘的内部传输率才能对磁盘子系统的性能有最直接、最明显的提升。目前各硬盘生产厂家努力提高硬盘的内部传输率，除了改进信号处理技术、提高转速以外，最主要的就是不断地提高单碟容量以提高线性密度。由于单碟容量越大的硬盘线性密度越高，磁头的寻道频率与移动距离可以相应地减少，从而减少了平均寻道时间，使得内部传输速率得到提高。虽然硬盘技术发展得很快，但内部数据传输率还是在一个比较低(相对)的层次上，内部数据传输率低已经成为硬盘性能的最大瓶颈。目前主流的家用级硬盘，内部数据传输率基本还停留在 70～90 MB/s 左右，而且在连续工作时，这个数据会降到更低。

数据传输率的单位一般采用 MB/s 或 Mbit/s，尤其在内部数据传输率官方数据中更多地采用 Mbit/s 为单位。此处有必要讲解一下两个单位之间的差异。

MB/s 的含义是兆字节每秒，Mbit/s 的含义是兆比特每秒，前者是指每秒传输的字节数量，后者是指每秒传输的比特位数。MB/s 中的 B 字母是 Byte 的含义，虽然与 Mbit/s 中的 bit 翻译一样，都是比特，也都是数据量度单位，但二者是完全不同的。Byte 是字节数，bit 是位数，在计算机中每八位为一字节，也就是 1 Byte = 8 bit，是 1∶8 的对应关系，因此 1 MB/s 等于 8 Mbit/s。所以在书写单位时一定要注意 B 字母的大小写，尤其有些人还把 Mbit/s 简写为 Mb/s，此时 B 字母的大小真可以称为失之毫厘，谬以千里。

上面这是一般情况下 MB/s 与 Mbit/s 的对应关系，但在硬盘的数据传输率上二者就不能用一般的 MB 和 Mbit 的换算关系(1 B = 8 bit)来进行换算。比如某款产品官方标称的内部数据传输率为 683 Mbit/s，此时不能简单地因为 683 除以 8 得到 85.375，就认为 85 MB/s 就是该硬盘的内部数据传输率。因为在 683 Mbit 中还包含有许多 bit(位)的辅助信息，不完全是硬盘传输的数据，简单地用 8 来换算，将无法得到真实的内部数据传输率数值。

5. 外部数据传输率

硬盘数据传输率的英文拼写为 Data Transfer Rate，简称 DTR。硬盘数据传输率表现出硬盘工作时的数据传输速度，是硬盘工作性能的具体表现，它并不是一成不变的，而是随着工作的具体情况变化的。在读取硬盘不同磁道、不同扇区的数据，数据存放的是否连续等因素都会影响到硬盘数据传输率。因为这个数据的不确定性，所以厂商在标示硬盘参数时，更多是采用外部数据传输率(External Transfer Rate)和内部数据传输率(Internal Transfer Rate)。

外部数据传输率(External Transfer Rate)一般也称为突发数据传输率或接口传输率，是指硬盘缓存和计算机系统之间的数据传输率，也就是计算机通过硬盘接口从缓存中将数据读出交给相应的控制器的速率。平常硬盘所采用的 ATA66、ATA100、ATA133 等接口，就是以硬盘的理论最大外部数据传输率来表示的。ATA100 中的 100 就代表着这块硬盘的外部数据传输率理论最大值是 100 MB/s，ATA133 则代表外部数据传输率理论最大值是 133 MB/s；而 SATA 接口的硬盘外部理论数据最大传输率可达 150 MB/s。这些只是硬盘理论上最大的外部数据传输率，在实际的日常工作中是无法达到这个数值的。

6. 平均寻道时间

平均寻道时间的英文拼写是 Average Seek Time，它是了解硬盘性能至关重要的参数之一。它是指硬盘在接收到系统指令后，磁头从开始移动到移动至数据所在的磁道所花费的时间的平均值，它在一定程度上体现了硬盘读取数据的能力，是影响硬盘内部数据传输率的重要参数，单位为毫秒(ms)。不同品牌、不同型号的产品其平均寻道时间也不一样，但这个时间越短，则产品越好。现今主流的硬盘产品的平均寻道时间都在 9 ms 左右。

平均寻道时间实际上是由转速、单碟容量等多个因素综合决定的一个参数。一般来说，硬盘的转速越高，其平均寻道时间就越短；单碟容量越大，其平均寻道时间就越短。当单碟片容量增大时，磁头的寻道动作和移动距离减少，从而使平均寻道时间减少，加快硬盘速度。当然出于市场定位以及噪音控制等方面的考虑，厂商也会人为地调整硬盘的平均寻道时间。在硬盘上数据是分磁道、分簇存储的，经常的读写操作后，往往数据并不是连续排列在同一磁道上，所以磁头在读取数据时往往需要在磁道之间反复移动，因此平均寻道时间在数据传输中起着十分重要的作用。在读写大量的小文件时，平均寻道时间也起着至关重要的作用。在读写大文件或连续存储的大量数据时，平均寻道时间的优势则得不到体现，此时单碟容量的大小、转速、缓存就是较为重要的因素。

7. 磁头数

硬盘磁头是硬盘读取数据的关键部件，它的主要作用就是将存储在硬盘盘片上的磁信息转化为电信号向外传输，而它的工作原理则是利用特殊材料的电阻值会随着磁场变化的原理来读写盘片上的数据，磁头的好坏在很大程度上决定着硬盘盘片的存储密度。目前比较常用的是 GMR(Giant Magneto Resistance)巨磁阻磁头。GMR 磁头使用了磁阻效应更好的材料和多层薄膜结构，这比以前的传统磁头和 MR(Magneto Resistance)磁阻磁头更为敏感，相对的磁场变化能引起大的电阻值变化，从而实现更高的存储密度。

磁头是硬盘中对盘片进行读写的工具，是硬盘中最精密的部位之一。磁头是用线圈缠绕在磁芯上制成的。硬盘在工作时，磁头通过感应旋转的盘片上磁场的变化来读取数据；通过改变盘片上的磁场来写入数据。为避免磁头和盘片的磨损，在工作状态时，磁头悬浮在高速转动的盘片上方，而不与盘片直接接触，只有在电源关闭之后，磁头才会自动回到盘片上的固定位置(称为着陆区，此处盘片并不存储数据，是盘片的起始位置)。

由于磁头工作的性质，对其磁感应敏感度和精密度的要求都非常高。早先的磁头采用铁磁性物质，在磁感应敏感度上不是很理想，因此早期的硬盘单碟容量都比较低，单碟容量大则碟片上磁道密度大，磁头感应程度不够，就无法准确读出数据。这就造成早期的硬盘容量都很有限。随着技术的发展，磁头在磁感应敏感度和精密度方面都有了长足的进步。

最初磁头是读、写功能一起的，这对磁头的制造工艺、技术都要求很高。而对于个人电脑来说，在与硬盘交换数据的过程中，读取数据远远快于写入数据，读、写操作二者的特性也完全不同，这也就导致产生读、写分离的磁头，二者分别工作、各不干扰。

8. 薄膜感应(TEI)磁头

在 1990 年至 1995 年间，硬盘采用 TFI 读/写技术。TFI 磁头实际上是绕线的磁芯。盘片在绕线的磁芯下通过时会在磁头上产生感应电压。TFI 读磁头之所以会达到它的能力极限，是因为在提高磁灵敏度的同时，它的写能力却减弱了。

9. 各向异性磁阻(AMR)磁头

20 世纪 90 年代中期，希捷公司推出了使用 AMR(Anisotropic Magneto Resistance)磁头的硬盘。AMR 磁头使用 TFI 磁头来完成写操作，但用薄条的磁性材料来作为读元件。在有磁场存在的情况下，薄条的电阻会随磁场而变化，进而产生很强的信号。硬盘译解由于磁场极性变化而引起的薄条电阻变化，提高了读灵敏度。AMR 磁头进一步提高了面密度，而且减少了元器件数量。由于 AMR 薄膜的电阻变化量有一定的限度，AMR 技术最大可以支持 3.3 GB/in^2 的记录密度，所以 AMR 磁头的灵敏度也存在极限。这导致了 GMR 磁头的研发。

10. GMR(Giant Magneto Resistance，巨磁阻)

GMR 磁头继承了 TFI 磁头和 AMR 磁头中采用的读/写技术，但它的读磁头对于磁盘上的磁性变化表现出更高的灵敏度。GMR 磁头是由 4 层导电材料和磁性材料薄膜构成的：一个传感层、一个非导电中介层、一个磁性的栓层和一个交换层。GMR 传感器的灵敏度比 AMR 磁头大 3 倍，所以能够提高盘片的密度和性能。

硬盘的磁头数取决于硬盘中的碟片数，盘片正反两面都存储着数据，所以一个盘片对应两个磁头才能正常工作。比如总容量 80 GB 的硬盘，采用单碟容量 80 GB 的盘片，那只有一张盘片，该盘片正反面都有数据，则对应两个磁头；而同样总容量 120 GB 的硬盘，采用二张盘片，则只有三个磁头，其中一张盘片的一面没有磁头。

11. 网络硬盘

网络硬盘将用户的文件存放在互联网上，方便用户“携带”他们的文件，方便用户与他的亲朋好友“分享”他们的文件。所有操作均在网站的页面上完成。文件类型不作限制。

12. 固态硬盘

固态硬盘(Solid State Disk、IDE FLASH DISK、Serial ATA Flash Disk)是由控制单元和存储单元(FLASH 芯片)组成的，简单地说就是用固态电子存储芯片阵列而制成的硬盘(目前最大容量为 1 TB)。固态硬盘的接口规范和定义、功能及使用方法与普通硬盘完全相同，在产品外形和尺寸上也完全与普通硬盘一致，包括 3.5 英寸、2.5 英寸、1.8 英寸等多种类型。由于固态硬盘没有普通硬盘的旋转介质，因而抗震性极佳，同时工作温度很宽，扩展温度的电子硬盘可工作在−45℃～+85℃，广泛应用于军事、车载、工控、视频监控、网络监控、网络终端、电力、医疗、航空、导航设备等领域。

案例 5-1 硬盘的日常维护。

(1) 保持电脑工作环境清洁。硬盘以带有超精过滤纸的呼吸孔与外界相通，它可以在普通无净化装置的室内环境中使用，若在灰尘严重的环境下，会被吸附到 PCBA 的表面、主轴电机的内部并堵塞呼吸过滤器，因此必须防尘。还有环境潮湿、电压不稳定都可能导致硬盘损坏。

(2) 养成正确关机的习惯。硬盘在工作时突然关闭电源，可能会导致磁头与盘片猛烈摩擦而损坏硬盘，还会使磁头不能正确复位而造成硬盘的划伤。关机时一定要注意面板上的硬盘指示灯是否还在闪烁，只有当硬盘指示灯停止闪烁、硬盘结束读写后方可关机。

(3) 正确移动硬盘，注意防震。移动硬盘时最好等待关机十几秒硬盘完全停转后再进行。在开机时硬盘高速转动，轻轻的震动都可能使碟片与读写头相互摩擦而产生磁片坏轨或读写头毁损。所以在开机的状态下，千万不要移动硬盘或机箱，最好等待关机十几秒硬盘完全停转后再移动主机或重新启动电源，可避免电源因瞬间突波对硬盘造成伤害。在硬盘的安装、拆卸过程中应多加小心，硬盘移动、运输时严禁磕碰，最好用泡沫或海绵包装保护一下，尽量减少震动。

注意：硬盘厂商所谓的“抗撞能力”或“防震系统”等，是指硬盘在未启动状态下的防震、抗撞能力，而非开机状态。

(4) 用户不能自行拆开硬盘盖。硬盘的制造和装配过程是在绝对无尘的环境下进行的，切记：一般计算机用户不能自行拆开硬盘盖，否则空气中的灰尘进入硬盘内，高速低飞的磁头组件旋转带动的灰尘或污物都可能使磁头或盘片损坏，导致数据丢失，即使仍可继续使用，硬盘寿命也会大大缩短，甚至会使整块硬盘报废。

(5) 注意防高温、防潮、防电磁干扰。硬盘的工作状况和使用寿命与温度有很大的关系，硬盘使用中温度以(20～25)℃为宜，温度过高或过低都会使晶体振荡器的时钟主频发生改变，还会造成硬盘电路元件失灵，磁介质也会因热胀效应而造成记录错误；温度过低，空气中的水分会被凝结在集成电路元件上，造成短路。

可用软件监控硬盘温度。DTemp 是一款监控硬盘温度的软件，它能够实时地向用户报告硬盘的工作温度，并允许用户定制一个温度的上限值，防止硬盘因温度过高而出现工作不稳定的状况。可以在天极下载频道下载到这个大小仅为 93.5 KB 的软件，解压软件后会发现在屏幕下方的任务栏中出现了一个驱动器状的小图标，图标上方伴随有一个不断变化的温度显示，这个温度就是硬盘当前的工作温度。双击该图标会出现一个设置界面，其中，“Check temperature every(1)minutes”一项为检测硬盘温度的周期，建议大家选择默认设置(一分钟一次)。“HDD critical temperature(40)℃”一项为设定硬盘的温度上限值。在这里需要根据用户使用硬盘的转速而定，如果是 5400 转的硬盘，建议设定为 40℃，7200 转的则可以设为 50℃。带有颜色选择的“Normal temperature color”和“Critical temperature color”两项为硬盘在正常温度和超出上限值时的不同状态显示，大家可以根据自己的喜好进行选择，只要醒目即可。可选项“Warning about critical temperature”是让用户选择当硬盘超出上限值时是否发出警告？毫无疑问，我们应该选择“是”。“Warning about SMART failure”一项是让用户选择当硬盘的“SMART”技术发现硬盘存在问题时是否发出警告，这一点对硬盘的安全性很重要，建议选择“是”。

湿度过高时，电子元件表面可能会吸附一层水膜，氧化、腐蚀电子线路，以致接触不良，甚至短路，还会使磁介质的磁力发生变化，造成数据的读写错误。湿度过低，容易积累大量的因机器转动而产生的静电荷，这些静电会烧坏 CMOS 电路，吸附灰尘而损坏磁头、划伤磁盘片。机房内的湿度以 45%～65%为宜。

另外，尽量不要使硬盘靠近强磁场，如音箱、喇叭等，以免硬盘所记录的数据因磁化而损坏。

(6) 要定期整理硬盘。定期整理硬盘可以提高速度，如果碎片积累过多不但访问效率下降，还可能损坏磁道。但不要经常整理硬盘，这样也会有损硬盘寿命。

(7) 注意预防病毒和特洛依木马程序。硬盘是计算机病毒攻击的重点目标，应注意利用最新的杀毒软件对病毒进行防范。要定期对硬盘进行杀毒，并注意对重要的数据进行保护和经常性的备份。建议平时不要随便运行来历不明的应用程序和打开邮件附件，运行前一定要先查病毒和木马。

(8) 正确拿硬盘的方法。在维护电脑时应以手抓住硬盘两侧，并避免与其背面的电路板直接接触，要轻拿轻放，不要磕碰或者与其他坚硬物体相撞；不能用手随便地触摸硬盘背面的电路板，因为手上可能会有静电，静电会伤害到硬盘上的电子元件，导致无法正常运行。切勿带电插拔。

(9) 让硬盘智能休息。让硬盘智能地进入“关闭”状态，对硬盘的工作温度和使用寿命都有很大的帮助。首先进入“我的电脑”，用鼠标左键双击“控制面板”，然后选择“电源管理”，将其中“关闭硬盘”一项的时间设置为 15 分钟，应用后退出即可。

(10) 轻易不要低格。不要轻易进行硬盘的低级格式化操作，避免对盘片性能带来不必要的影响。

(11) 避免频繁的高级格式化操作。它同样对盘片性能带来影响，在不重新分区的情况下，可采用加参数“Q”的快速格式化命令。

(12) 硬盘出现坏道时。硬盘中如出现坏道，即使是一个簇，都可能具有扩散的破坏性，在保修期内应尽快找商家和厂家更换或维修，已过保修期则尽可能减少格式化硬盘，减少坏簇的扩散。

(13) 善用磁盘工具。善用各类磁盘工具，如 Norton Utilities、Norton CleanSweep 等，定时清理自己的硬盘，可提高系统整体效能。

(14) 建立 RESCUE DISK。使用 Norton Utilities 工具软件将硬盘分区表、引导记录以及 CMOS 信息保存到软盘上，以防万一。

(15) 尽量不要使用硬盘压缩技术。当压缩卷文件逐渐增大时，硬盘的读写速度大大地减慢了。如果磁盘的容量够用，没有必要再使用硬盘压缩技术。

案例 5-2 硬盘故障维修技巧。

作为存储设备中的一员，硬盘起着极其重要的作用。但是由于硬盘属于磁介质，因此其寿命与稳定性不像内存等设备那样好，使用时难免会出现各种各样的问题。而且令情况更加复杂的是，由于硬盘牵涉系统底层的设置，因此往往不能在大家熟悉的 Windows 下解决问题，必须转到 DOS 下处理，这对于不少 DIY 新手而言就有些无所适从了，毕竟他们没有经历过 DOS 时代。

(1) 硬盘出现问题前的一般征兆。如果硬盘出现故障，那么最好尽早发现并及时采取正确的措施。如果等到病入膏肓时才行动，硬盘中宝贵的数据就难以幸免了。一般来说，硬盘出现故障前会有以下几种表现：

① 出现 S.M.A.R.T 故障提示。这是硬盘厂家本身内置在硬盘里的自动检测功能在起作用，出现这种提示说明您的硬盘有潜在的物理故障，很快就会出现不定期的不能正常运行的情况。

② 在 Windows 初始化时死机。这种情况较复杂，首先应该排除其他部件出问题的可能

性，比如内存质量不好、风扇停转导致系统过热，或者是病毒破坏等，最后如果确定是硬盘故障的话，再另行处理。

③ 能进入 Windows 系统，但是运行程序出错，同时运行磁盘扫描也不能通过，经常在扫描时缓慢停滞甚至死机。这种现象可能是硬盘的问题，也可能是 Windows 天长日久的软故障，如果排除了软件方面设置问题的可能性后，就可以肯定是硬盘有物理故障了。

④ 能进入 Windows，运行磁盘扫描程序直接发现错误甚至是坏道，那么 Windows 的检查程序会详细地报告情况。

⑤ 在 BIOS 里突然根本无法识别硬盘，或即使能识别，也无法用操作系统找到硬盘，这是最严重的故障。

此时首先应该确认硬盘的电源接口和数据线没有脱落，然后进入 BIOS，使用"HDD Auto Detect"来检测硬盘。如果 BIOS 能够正确识别硬盘的话，那么至少硬盘还有救治的希望；不然，仅凭我们手头的工具基本上是无能为力的。

用光盘或者软盘引导系统后，可以试着进入 C 盘符，如果此时提示找不到 C 盘的话，那么绝对应该是一件好事情。出现这种情况很可能是因为硬盘分区表信息遭到破坏，或者被某种病毒攻击。如果硬盘中的数据对你来说无所谓，那么可以先用 FDISK/MBR 命令来无条件清除分区表内容，然后用 FDISK 等分区软件重新分区格式化，一般这样就能解决问题；而如果还需要硬盘中的数据，那么步骤要麻烦一些。这时最好能拥有一个杀病毒软件或者随主板赠送的相关软件，然后可以参阅帮助文档，一般该软件会包含恢复硬盘分区表的命令，而且使用极其方便。

对于没有杀毒盘的用户来说，可以使用 NU 8.0 中的 NDD 修复，它将检查分区表中的错误。若发现错误，NDD 将会询问是否愿意修改，只要不断地回答 YES 即可修正错误，或者用备份过的分区表覆盖它也行。

如果用上述方法也不能解决的话，还可利用 FDISK 重新分区，但分区大小必须和原来的分区一样，这一点尤为重要，分区后不要进行高级格式化，而是用 NDD 进行修复。这样既能保证硬盘修复之后能启动，也能保证硬盘上的数据不丢失。

如果在 DOS 下能够转到 C 盘，而硬盘工作却不正常，那么就很可能是硬盘出现了坏道。一般来说，硬盘的坏道可以分为逻辑坏道与物理坏道。产生逻辑坏道时一般不会严重影响使用，所以很可能是物理坏道。

我们处理物理坏道的核心思想是将这些有坏道的簇单独分成一个分区，并隐藏起来避免其他程序调用，这样就可以不让坏道扩散，以免造成更大的损失。对于这一处理，我们主要使用 Partition Magic 6.0 这款 DOS 下的软件。

在 DOS 界面下进入 PQ 6.0 之后，我们先用 Operations 菜单下的 Check For Errors 命令来确定物理坏道的位置，因为 PQ 6.0 的这项功能非常出色，不像 Windows 下的 Scandisk 那样经常误诊。

PQ 6.0 的真正强大之处在于它能将所有藏有坏道的簇用特殊标记标定出来，而且你可以将这些坏簇全部选中，然后将它们划分到一个独立的新分区。这完全是图形化的操作，是非常方便的。随后，大家切记要把这个充满"罪恶"的分区隐藏起来，这样才能确保它不会被调用。这是通过使用 Advance 菜单下的 Hide Partition 命令来实现的。

拥有 PQ 6.0 之后，可以解决物理坏道问题，而且可以有效避免扩散问题。但是需要注意的是，无论如何，此时的硬盘已经处于“亚健康”状态，其中的数据还是非常危险的，因为究竟这块硬盘还能用多长时间很难说。

硬盘逻辑锁是一种很常见的恶作剧手段。中了逻辑锁之后，无论使用什么设备都不能正常引导系统，甚至是软盘、光驱、挂双硬盘都一样没有任何作用。

要解决逻辑锁的问题，就要知道问题的根源。其实在 DOS 系统启动时，它会搜索所有逻辑盘的顺序。首先要找的是主引导扇区的分区表信息，它位于硬盘的零磁头零柱面的第一个扇区的以 01BEH 地址开始的地方。当分区信息开始的地方为 80H 时表示是主引导分区，其他的为扩展分区。主引导分区被定义为逻辑盘 C 盘，然后查找扩展分区的逻辑盘，被定义为 D 盘，以此类推找到 E，F，G……逻辑锁就在此下手，修改了正常的主引导分区记录，将扩展分区的第一个逻辑盘指向主引导分区，DOS 在启动时查找到第一个逻辑盘后，查找下个逻辑盘时总是找到第一个逻辑盘，这样一来就形成了死循环。

对于这类问题，如果你不想要硬盘上的数据了，那么可以在 BIOS 中将所有 IDE 接口设为 NONE，然后用软盘启动系统，此时肯定可以启动，因为系统根本就没有硬盘。接着，我们就可以使用经典的硬盘管理软件 DM 了。由于 DM 可以不依赖于主板 BIOS 来识别硬盘，因此可以用 DM 进行分区格式化，这样就能完全解决问题，而且万无一失，简单方便，唯一的遗憾就是数据保不住了。

此外还有一种方法也是非常值得推荐的，它可以保住硬盘中的数据。首先准备一张启动盘，然后在一台正常的机器上，使用二进制编辑工具(UltraEdit 等)修改软盘上的 IO.SYS 文件(修改前记住将该文件的属性改为正常)，具体做法是在这个文件中搜索第一个“55aa”字符串，找到以后修改为任何其他数值即可。用这张修改过的系统软盘就可以顺利地带着被锁的硬盘启动了。不过这时由于该硬盘正常的分区表已经被破坏，所以无法用 FDISK 来删除和修改分区，但是此时可以用上面的关于分区表恢复的方法来处理。

5.2 光盘驱动器

光盘驱动器就是我们平常所说的光驱(CD-ROM)，即读取光盘信息的设备，是多媒体电脑不可缺少的硬件配置。光盘存储容量大，价格便宜，保存时间长，适宜保存大量的数据，如声音、图像、动画、视频信息、电影等多媒体信息。普通光盘有三种：CD-ROM、CD-R 和 CD-RW。CD-ROM 是只读光盘；CD-R 只能写入一次，以后不能再次改写；CD-RW 是可重复擦写光盘。现在又出现了更大容量的 DVD-ROM、DVD-R、DVD+R、DVD-RW、DVD+RW 等盘片。

衡量光驱的最基本指标是数据传输率(Data Transfer Rate)，即大家常说的倍速。单倍速(1×)光驱是指光驱的读取速率为 150 KB/s，双倍速(2×)光驱的读取速率为 300 KB/s。现在市面上的 CD-ROM 光驱一般都在 48×、50× 以上。高倍速换来了更大的数据传输速度，但却使得数据的准确性大为降低，而且造成光驱寿命缩短，增加了用户的投资。

5.2.1 光驱的结构

在深入了解光驱之前，我们先来看看它的外表。光驱的正面一般包含下列部件(见图 5-2)：

(1) 防尘门和 CD-ROM 托盘。

(2) 耳机插孔。

(3) 音量控制按钮。

(4) 播放键。注意，有些牌子的光驱是没有这个键的。

(5) 弹出键。按一下此键，光盘会自动弹出。

(6) 读盘指示灯。

(7) 手动退盘孔。当光盘由于某种原因不能退出时，我们可以用小硬棒插入此孔把光盘退出。注意，部分光驱无此功能。

再来看一下光驱的背面，它由以下几部分组成(见图 5-3)：

(1) 电源线插座。

(2) 主从跳线，光驱和硬盘一样也有主盘和副盘工作方式之分(请见硬盘中的介绍)，可根据需要通过此跳线开关设置。

(3) 数据线插座。目前绝大部分的光驱跟硬盘一样使用 IDE 数据线。

(4) 音频线插座。此插座通过音频线和声卡相连。

图 5-2　光盘驱动器的面板

图 5-3　光驱的背面接口

5.2.2　光驱的技术指标

只知道光驱的外表是不够的，我们还要了解它的“内心”，即光驱的性能。光驱有以下技术指标：

(1) 数据传输率(Data Transfer Rate)，即大家常说的倍速，它是衡量光驱性能的最基本指标。单倍速光驱就是指每秒可从光驱存取 150 KB 数据的光驱。现在的 24 或 32 倍速光驱每秒钟能读取 3600 KB 和 4800 KB 的数据。

(2) 平均寻道时间(Average Access Time)，是指激光头(光驱中用于读取数据的一个装置)从原来位置移到新位置并开始读取数据所花费的平均时间。显然，平均寻道时间越短，光驱的性能就越好。

(3) CPU 占用时间(CPU Loading)，是指光驱在维持一定的转速和数据传输率时所占用的 CPU 时间，它也是衡量光驱性能好坏的一个重要指标。CPU 占用时间越少，其整体性能就越好。

(4) 数据缓冲区(Buffer)，是光驱内部的存储区。它能减少读盘次数，提高数据传输率。现在大多数光驱的缓冲区为 128 KB 或 256 KB。以上指标是购买光驱时最需要考虑的因素。

5.2.3 光驱的工作原理

激光头是光驱的中心部件，光驱都是通过它来读取数据的。那激光头又是怎样完成这个任务的呢？原来光驱在读取信息时，激光头会向光盘发出激光束，当激光束照射到光盘的凹面或非凹面时，反射光束的强弱会不同，光驱就根据反射光束的强弱，把光盘上的信息还原成为数字信息，即“0”或“1”，再通过相应的控制系统，把数据传给电脑。

5.2.4 光驱的选购

进入电脑市场可能会眼花缭乱，不用担心，只要记住前面讲过的几个性能指标，就一定能买一个适合自己的高性能光驱。请考虑以下几点：

(1) 接口类型。光驱常见接口有 IDE、EIDE 和 SCSI 几种(详见硬盘的接口介绍)。如果没有特殊要求，选择价格便宜的 IDE 或 EIDE 接口光驱就可以了，因为 SCSI 接口的光驱还得配买一块相应的 SCSI 卡。

(2) 数据传输率的高低。光驱的数据传输率越高越好。

(3) 数据缓冲区的大小。缓冲区通常为 128 KB 或 256 KB，一般建议选择缓冲区不少于 128 KB 的光驱。

(4) 兼容性的好坏。由于产地不同，各种光驱的兼容性差别很大，有些光驱在读取一些质量不太好的光盘时很容易出错，这会带来很大的麻烦。所以，一定要选兼容性好的光驱。

(5) 价格。正所谓一分价钱一分货，价钱高的光驱其性能通常要好一点。SCSI 接口的光驱比 IDE 接口的要贵，因为 SCSI 接口的光驱比 IDE 接口的要快。

5.2.5 光驱的测速

安装好了光驱，还有一个问题，就是我们怎样才能知道买回来的光驱确有如说明书所写的功能？单从光驱的外表是看不出来的，只能用光驱测试软件来测试。目前大家用得最多的是一个叫 SCANCD 的软件。首先将一张装有程序数据的 CD-ROM 光盘放入光驱。注意，必须是程序数据盘，否则得不出结果。然后在 DOS 下运行 SCANCD，将得到的光驱传输速度除以 150(单倍速光驱的传输率)所得的值，就是光驱的倍数。还要注意的是，在使用 SCANCD 时不要运行光驱加速工具 SMARTCD，否则测出来的结果将会超过实际速度。

5.2.6 光驱的维护

光驱是电脑中使用最频繁的设备之一，为了减少光驱的故障，延长其使用寿命，平常使用时应该注意对光驱的维护保养，一般应注意下面几点：

(1) 不要让光驱受到撞击、震动，因为光驱的激光头是非常脆弱的。

(2) 要用专门的清洗盘定期清洗光驱。

(3) 必须注意防尘。

(4) 不用时，不要把光盘放在光驱中，以减少光驱的磨损。

5.2.7 内外置光驱比较

除内置光驱外，市面上还有一种外置光驱，它们在功能上没有什么差别，主要的区别在于外置光驱比内置光驱方便移动，而且外置光驱的价格比内置式贵很多。

5.3 移动存储盘

5.3.1 移动盘的特点

USB 移动存储器也叫闪存盘或 U 盘。闪存盘是一种采用 USB 接口的无需物理驱动器的微型高容量移动存储产品，它采用的存储介质为闪存(FLASH Memory)。闪存盘不需要额外的驱动器，它将驱动器及存储介质合二为一，只要接上电脑上的 USB 接口就可独立地读写数据。闪存盘体积很小，仅大拇指般大小，重量极轻，约为 20 克，特别适合随身携带。闪存盘中无任何机械式装置，抗震性能极强。另外，闪存盘还具有防潮防磁，耐高低温(−40℃～+70℃)等特性，安全可靠性很好。闪存盘只支持 USB 接口，它可直接插入电脑的 USB 接口或通过一个 USB 转接电缆(具有 A-Type Plug 和 A-Type Receptacle)与电脑连接。

图 5-4 U 盘

5.3.2 移动盘的主要用途

闪存盘主要有两方面的用途。第一，可用来在没有连网的电脑之间交流大于 1.44 MB 的文件，例如在单位与单位、单位与家庭以及个人与个人之间的电脑之间交换文件。有了闪存盘，在单位没有完成的工作可以带回家继续做；有了闪存盘，可以将大型的设计文件带到客户哪里；有了闪存盘，可将在单位从宽频网上下载的图片或 MP3 文件带回家中。第二，可用来在笔记本电脑上替换掉软驱。拎着笔记本电脑经常出差的商务人士都很头痛笔记本电脑的重量，而软驱在其中占了很大分量。用闪存盘就可随时随地与客户交换文件数据，从此和软驱说再见。从而使商务之旅轻松愉快，移动办公效率倍增。

U 盘接口的版本如下：

第一代：USB 1.0/1.1，最大传输速率为 12 Mb/s，1996 年推出。

第二代：USB 2.0，最大传输速率高达 480 Mb/s。USB 1.0/1.1 与 USB 2.0 的接口是相互兼容的。

第三代：USB 3.0，理论上的最大传输速率为 5 Gb/s，向下兼容 USB 1.0/1.1/2.0。

5.3.3* USB 接口介绍

随着计算机硬件的飞速发展，外围设备日益增多，键盘、鼠标、调制解调器、打印机、扫描仪早已为人所共知，数码相机、MP3 随身听接踵而至，这么多的设备，如何接入个人计算机？USB就是基于这个目的产生的。USB是一个使计算机周边设备连接标准化、单一化的接口，其规格是由Intel、NEC、Compaq、DEC、IBM、Microsoft、Northern Telecom联合制定的。

USB1.1标准接口的传输速率为12 Mb/s，但是一个USB设备最多只能得到6 Mb/s的传输频宽。因此若要外接光驱，至多能接六倍速光驱，无法再高。而若要即时播放MPEG-1的VCD影片，至少要1.5 Mb/s的传输频宽，这点USB办得到，但是要完成数据量大四倍的MPEG-2的DVD影片播放，USB可能就很吃力了，若再加上AC-3音频数据，USB设备就很难实现即时播放了。

一个USB接口理论上可以支持127个装置，但是目前还无法达到这个数字。其实，对于一台计算机，所接的周边外设很少有超过10个的，因此这个数字是足够我们使用的。

USB还有一个显著优点就是支持热插拔，也就是说在开机的情况下，可以安全地连接或断开USB设备，达到真正的即插即用。

不过，并非所有的Windows系统都支持USB。目前，Windows系统中有许多不同的版本，在这些版本中，只有Windows 98以上版本的系统对USB的支持较好，而其他的Windows版本并不能完全支持USB。例如Windows 95的零售版是不支持USB的，只有后来与PC捆绑销售的Windows 95版本才支持USB。

目前USB设备已被广泛应用，比较普遍的是USB 2.0接口，它的传输速度为480 Mb/s。举个例子，当用USB 1.1的扫描仪扫一张大小为40 MB的图片时，需要4分钟之久。这样的速度，让用户觉得非常不方便，如果有好几张图片要扫的话，就要有很好的耐心来等待了。而如果用USB 2.0的扫描仪就完全不同了，扫一张40 MB的图片只需0.1 s左右的时间，效率大大提高。

而且，USB 2.0可以使用原来USB定义中同样规格的电缆，接头的规格也完全相同，在高速的前提下一样保持了USB 1.1的优秀特色，并且USB 2.0的设备不会和USB 1.X设备在共同使用的时候发生任何冲突。

USB 2.0兼容USB 1.1，也就是说USB 1.1设备可以和USB 2.0设备通用，但是这时USB 2.0设备只能工作在全速状态下(12 Mb/s)。USB 2.0有高速、全速和低速三种工作速度，高速是480 Mb/s，全速是12 Mb/s，低速是1.5 Mb/s。其中全速和低速是为兼容USB 1.1而设计的，因此选购USB产品时不能只听商家宣传USB 2.0，还要搞清楚是高速、全速还是低速设备。USB总线是一种单向总线，主控制器在PC机上，USB设备不能主动与PC机通信。为解决USB设备互通信问题，有关厂商又开发了USB OTG标准，允许嵌入式系统通过USB接口互相通信，从而甩掉PC机。

小　　结

本章主要阐述了现今流行的辅助存储设备的工作原理及安装使用方法。具体介绍了硬盘驱动器和光盘驱动器的工作原理、技术指标、安装使用及日常维护保养，还介绍了移动存储盘的特点及用途。

思考与练习题

1. 硬盘的主要技术指标有哪些？
2. 使用硬盘的主要注意事项有哪些？
3. 阐述光盘驱动器的工作原理。
4. 光盘驱动器的维护注意事项有哪些？

第 6 章 显示系统设备

显示系统设备包括显示卡和显示器。显示器是将计算机的输出信息以图形的形式实时展示出来的设备。显示卡的用途是将计算机系统所需要的显示信息进行转换并驱动显示器，向显示器提供行扫描信号，控制显示器的正确显示。显示卡是连接显示器和个人电脑主板的重要元件，是“人机对话”的重要设备。

6.1 显 示 卡

显示卡(简称显卡)作为电脑主机里的一个重要组成部分，承担输出显示图形的任务。显卡又称显示器适配卡。现在的显卡都是 3D 图形加速卡，它是连接主机与显示器的接口卡。其作用是将主机的输出信息转换成字符、图形和颜色等信息，传送到显示器上显示。显卡插在主板的 ISA、PCI、AGP 扩展插槽中，其中 ISA 显卡现已基本淘汰。现在也有一些主板是集成显卡的。AGP 显卡如图 6-1 所示。

图 6-1　AGP 显卡

1. 显卡的组成

每一块显卡基本上都由显示主芯片、显示缓存(简称显存)、“BIOS”、数字/模拟转换器(RAMDAC)、显卡的接口以及卡上的电容、电阻等组成。多功能显卡还配备了视频输出以及输入功能，以满足特殊需要。随着技术的发展，目前大多数显卡都将 RAMDAC 集成到了主芯片上。

我们先来了解一下显卡的简单工作原理。首先，由 CPU 送来的数据会通过 AGP 或 PCI-E 总线，进入显卡的图形芯片(即我们常说的 GPU 或 VPU)进行处理。当芯片处理完数据后，相关数据会被传送到显存里暂时存储。然后数字图像数据会被送入 RAMDAC(Random Access Memory Digital Analog Converter)，即随机存储数字/模拟转换器，转换成计算机显示需要的模拟信号。最后 RAMDAC 输出模拟信号到显示器，显示出我们所看到的图像。在该过程中，图形芯片对数据处理的快慢以及显存的数据传输带宽都会对显卡性能有明显影响。

(1) 显示芯片(Graphic Processing Unit，GPU，即图形处理芯片)。GPU 是显卡的“心脏”，也就相当于 CPU 在电脑中的作用，它决定了显卡的档次和大部分性能，同时也是 2D 显卡和 3D 显卡的区别依据。2D 显示芯片在处理 3D 图像和特效时主要依赖 CPU 的处理能力，称为“软加速”，3D 显示芯片将三维图像和特效处理功能集成在显示芯片内，也即所谓的“硬件加速”。

(2) 显示缓存。与主板上的内存功能一样，显存也用于存放数据，只不过它存放的是显示芯片处理后的数据。显存越大，显卡支持的最大分辨率越大，3D 应用时的贴图精度就越高。带 3D 加速功能的显卡要求用更多的显存来存放 Z-Buffer 数据或材质数据等。显存可以分为同步和非同步显存。显存的种类主要有 SDRAM、SGRAM、DDR SDRAM 等。显存的处理速度通常用纳秒数来表示，这个数字越小说明显存的速度越快。

(3) BIOS(VGA BIOS)。BIOS 主要用于存放显示芯片与驱动程序之间的控制程序，另外还存有显卡的型号、规格、生产厂家及出厂时间等信息。打开计算机时，通过显示 BIOS 内的一段控制程序，将这些信息反馈到屏幕上。早期显示 BIOS 是固化在 ROM 中的，不可以修改，而现在的多数显卡则采用了大容量的 EPROM，即所谓的“快闪 BIOS”(FLASH BIOS)，可以通过专用的程序进行改写或升级。别小看这一功能，很多显卡就是通过不断推出升级的驱动程序来修改原程序中的错误、适应新的规范以提升显卡性能的。

(4) RAMDAC。它的作用是将显存中的数字信号转换为显示器能够显示出来的模拟信号。RAMDAC 的转换速率以 MHz 表示，它决定了刷新频率的高低(与显示器的“带宽”意义近似)。其工作速度越高，频带越宽，高分辨率时的画面质量就越好。该数值决定了在足够的显存下，显卡最高支持的分辨率和刷新率。如果要在 1024 × 768 的分辨率下达到 85 Hz 的刷新率，RAMDAC 的速率至少是 1024 × 768 × 85 × 1.344(折算系数) ≈ 90 MHz。

(5) VGA 接口。电脑所处理的信息最终都要输出到显示器上，显卡的 VGA 接口就是电脑与显示器之间的桥梁，它负责向显示器输出相应的图像信号。VGA 接口通常是 15 针 CRT 显示器接口。不过有些显卡加上了用于接液晶显示器 LCD 的输出接口、用于接电视的视频输出接口及 S 端子输出接口等。

(6) 总线接口。显卡需要与主板进行数据交换才能正常工作，所以就必须有与之对应的总线接口。常见的有 AGP 接口和 PCI 接口两种。

PCI 接口以 1/2 或 1/3 的系统总线频率工作，如果要在处理图像数据的同时处理其他数据，那么流经 PCI 总线的全部数据就必须分别地进行处理，这样势必存在数据滞留现象，在数据量大时，PCI 总线就显得很紧张。

AGP 接口是为了解决这个问题而设计的，它是一种专用的显示接口，具有独占总线的特点，只有图像数据才能通过 AGP 端口。AGP 技术又分为 AGP 8x、AGP 4x、AGP 2x 和 AGP 1x 等不同的标准。另外 AGP 使用了更高的总线频率，这样极大地提高了数据传输率。AGP 4x 的最大理论数据传输率将达到 1056 MB/s。区分 AGP 接口和 PCI 接口很容易，前者的引线上下宽度错开，俗称“金手指”，后者的引线上下一样齐。

2. 显卡的技术规格

(1) 最大分辨率：代表了显卡在显示器上所能描绘点的数量，一般以横向点、纵向点来表示。标准 VGA 显卡的最大分辨率为 640 × 480。

(2) 颜色数：显卡在当前分辨率下能在屏幕显示的色彩数量，一般以多少色或多少 bit 色表示。标准 VGA 显卡为 256 色或 8 bit 色，Super VGA 为 32 bit 色。

(3) 刷新率：影像在显示器上更新的速度，即影像每秒在屏幕内出现的帧数。刷新率越高，屏幕上图像的闪烁感越小，图像越稳定。

3. 显存

(1) 类型。目前显卡上被广泛使用的显存是 DDR2、DDR3 和 DDR4。SDRAM 可以与 CPU 同步工作，无等待周期，可减少数据传输延迟。DDR SDRAM 的 DDR 是 Double Data Rate 的缩写，它是现有的 SDRAM 内存的一种进化。在设计和操作上，DDR SDRAM 与 SDRAM 很相似，唯一不同的是 DDR SDRAM 在时钟周期的上升沿和下降沿都能传输数据，而 SDRAM 则只可在上升沿传输数据，所以 DDR 的带宽是 SDRAM 的两倍，而 DDR2 是 DDR 的两倍。如果 SDRAM 内存的频率是 133 MHz，则 DDR SDRAM 内存的频率是 266 MHz，理论上有着 SDRAM 双倍的性能。

(2) 速度。显存的速度一般以 ns 为单位。常见的有 6 ns、5.5 ns、5 ns、4 ns 甚至 2.8 ns 的显存，其对应的额定工作频率分别是 166 MHz、182 MHz、200 MHz、250 MHz、357 MHz。额定工作频率的计算方法是非常简单的，显存速度的倒数就是显存的额定工作频率。当然，对于一些质量较好的显存来说，显存的实际最大工作频率是有一定的余量的。例如曾经备受广大用户青睐的三星 6 ns SDRAM 就可以超频到 190 MHz 以上，5.5 ns SDRAM 可以超频到 205 MHz。时至今日，显存超频风仍然不减。在测试一块显卡性能好坏的时候，超频能力也是很重要的一项。不过，我们并不提倡纯粹为了高速而牺牲稳定性的做法，寻找性能和稳定性的最佳平衡点，才是真正所需要的。

(3) 实际运行频率和等效工作频率。显存的额定工作频率等于显存速度的倒数，例如用在 GeForce3 上的 3.3 ns DDR 显存，算出的额定工作频率有 303 MHz。但是我们经常看到运行频率 333 MHz、400 MHz 甚至 460 MHz 的显存，这又是怎么回事呢？实际上这些频率是等效工作频率。DDR 显存因为能在时钟的上升沿和下降沿传送数据，因此，在相同的时钟频率和数据位宽度的情况下其带宽是普通 SDRAM 的两倍。换句话说，在显存速度相同的情况下，DDR 显存的实际工作频率是普通 SDRAM 显存的 2 倍。同样，DDR 显存达到的带宽也是普通 SDRAM 显存的 2 倍。例如，5 ns 的 SDRAM 显存的工作频率为 200 MHz，而 5 ns 的 DDR 显存的等效工作频率就是 400 MHz。

(4) 数据位宽度和显存带宽的计算方法。数据位宽度指的是在一个时钟周期之内能传送的 bit 数，它是决定显存带宽的重要因素，与显卡性能息息相关。当显存种类相同并且工作频率相同时，数据位宽度越大，它的性能就越高。显存带宽的计算方法是：运行频率 × 数据位宽度/8，之所以要除以 8，是因为每 8 个 bit(比特)等于一个 Byte(字节)。以 GeForce3 显卡为例，其显存系统带宽 = 230 MHz × 2(因为使用了 DDR 显存，所以乘以 2) × 128/8 = 7.36 GB。数据位宽度是显存也是显卡的一个很重要的参数。在显卡工作过程中，Z 缓冲器、帧缓冲器和纹理缓冲器都会大幅占用显存带宽资源。带宽是 3D 芯片与本地存储器传输的数据量标准，这时候显存的容量并不重要，也不会影响到带宽，相同显存带宽的显卡采用 64 MB 和 128 MB 显存在性能上区别不大。因为这时候系统的瓶颈在显存带宽上，当碰到大量像素渲染工作时，显存带宽不足会造成数据传输堵塞，导致显示芯片等待而影响到速度。目前显存主要分为 64 位和 128 位，在相同的工作频率下，64 位显存的带宽只有 128 位显存的一半。这也就是为什么 Geforce 2 MX200(64 位 SDR)的性能远远不如 Geforce 2 MX400(128 位 SDR)的原因了。一些显卡厂商对 64 位显存避而不谈，采用不告知政策，所以大家在购买显卡时一定要问清楚这一问题。

(5) 生产商。目前显存颗粒的制造商主要以日本、韩国和中国台湾的为主。日本的如 TOSHIBA(东芝)、HITACHI(日立)，韩国的主要是三星和现代，中国台湾的代表是 Winbond、EliteMT、EtronTech(钰创)等。目前市场上的显卡主要使用了三星、现代、钰创、ESMT 等几个品牌的显存。应该说这几个正规大厂生产的显存，其性能和质量都是有保证的，无论是稳定性还是超频性能都是相当不错的。

4. 显示芯片发展

众所周知，电脑的发展已超过了世界上任意一产品的发展，而电脑中发展最快的当属显卡的发展，连 CPU 的发展都不及于它。有能力生产显卡芯片的公司主要有 NVIDIA、ATI、3DFX、S3、MATROX、SIS、TRIDENT 等几家公司。而经过了显卡市场这几年激烈的竞争之后，不少原先的老牌，如 S3、3Dfx 等公司都倒下去了，Matrox、Trident 等公司也是日见衰落，只有 nVIDIA 公司可以说是春风得意，牢牢把握住了全球 60%以上的 PC 图形芯片市场。目前唯一还能够在显卡领域与 nVidia 公司相抗衡的也只有 ATI 一家了。

图形芯片的发展历程，大致上可以分为十代。

第一代图形芯片的代表 S3 Virge 系列和 Matrox Mystique 系列充斥了整个市场。但是，这两个系列的产品性能都不能令人满意，在配备了高端处理器的电脑中，有时软件加速的效果甚至比硬件加速的效果还要好，所以当时的图形加速卡被戏称为“图形减速卡”。

第二代图形芯片的代表是 3DFX Voodoo 和 nVidia Riva128。从第二代起，图形芯片才进入了高速发展的黄金时期，这个领域的发展速度是电脑界权威的摩尔定律的三倍——每六个月产品更新换代一次，性能提高一倍。当默默无闻的 3DFX 推出划时代的图形加速卡——Voodoo 之后，图形芯片的性能不能令人满意的现象才得到彻底改变。但是 Voodoo 早期的天价，为它和 3DFX 带来许多麻烦。Voodoo 拥有 4500 万个像素每秒的填充率，100 万个多边形每秒的生成能力，支持双线过滤，板载 4 MB 显示内存，这一切价值 300 美元。而且 Voodoo 还是一块纯 3D 加速卡，也就是说它必须和普通的 2D 显示卡配合使用，使得消费者花了 300 美元之后还要再掏钱购买一块 2D 显示卡。但是对于使用低像素填充率、没有过滤功能、2D 和 3D 应用都共享可怜的 1 MB 显存的低端显示卡的游戏玩家来说，Voodoo 的出现无疑是个福音。nVidia 的 Riva128 由于推出时间晚、速度快但是图像质量差这两因素，实际上并没有对 Voodoo 构成什么威胁。

第三代图形芯片的代表是 3DFX Voodoo 2、nVidia TNT、Matrox G200、S3 Savage 3D。

时至今日，使用前三代图形芯片的显卡产品已经很难在市场上找到了。

第四代图形芯片的代表是 3DFX Voodoo 3、nVidia TNT2、Matrox G400、S3 Savage 4。经过两次换代后，3DFX 在图形加速市场上所占的比重下降了，影响也大不如前；而 nVidia 却凭借自身的努力和 TNT 系列产品的巨大成功登上了“图形加速芯片之王”的宝座。其他厂商虽然也在不断地努力，但是由于产品的推出时间、性能或兼容性等问题，尚无法撼动

nVidia 和 3DFX 的地位。

第五代图形芯片的代表是 Voodoo 5 5000、GeForce 256、G450、Savage 2000+等，这个时候的图形芯片的加工工艺已经基本进入 0.18 μm 时代。

第六代图形芯片的代表是 GeForce 2 系列、Voodoo 5 6000、RADEON 系列、SiS 315、Blade T64 等。

第七代图形芯片的代表是 GeForce 3、钛系列、Radeon 7500、Radeon 8500、G550 等，这些显卡在市场已经不多见了。

第八、九、十代图形芯片有 GeForce 4、FX 系列 Radeon 9000～9800，还有最新推出的 X800、NV30 等，这些也就是我们现在经常见到的显卡。

5. Direct X 技术

在各类显卡广告中，经常会声明对 Direct X 的支持。例如 Radeon 9200 完全支持 Direct 9.0。Direct X 是微软公司开发的一套 API(应用编程接口)，包括 Direct DRAW、Direct 3D、Direct SOUND 等，利用这些 API 编程可以直接控制显卡、声卡等硬件，利用硬件的一些特性，使多媒体回放速度更快，效果更好。由于这是一种软件标准，大多数显卡可以通过升级驱动程序完成对它的支持。

6. 独立显卡和集成显卡的区分

集成显卡将显示芯片、显存及其相关电路都做在主板上，与主板融为一体。集成显卡的显示芯片有单独的，但现在大部分都集成在主板的北桥芯片中。一些主板集成的显卡也在主板上单独安装了显存，但其容量较小，集成显卡的显示效果与处理性能相对较弱，不能对显卡进行硬件升级，但可以通过 CMOS 调节频率或刷入新 BIOS 文件实现软件升级，来挖掘显示芯片的潜能。集成显卡的优点是功耗低、发热量小，部分集成显卡的性能已经可以媲美入门级的独立显卡，所以不用花费额外的资金购买显卡。

独立显卡将显示芯片、显存及其相关电路单独做在一块电路板上，它需占用主板的扩展插槽(ISA、PCI、AGP 或 PCI-E)。独立显卡单独安装有显存，一般不占用系统内存，在技术上也较集成显卡先进得多，比集成显卡能够得到更好的显示效果和性能，容易进行显卡的硬件升级。其缺点是系统功耗有所加大，发热量也较大，需额外花费购买显卡的资金。

7. 显卡驱动无法载入的解决方法

显卡在 Windows 2003 操作系统下能够正常工作，而在 Windows 2008 系统下不能正常工作，可能的原因是驱动只适合 Windows 2003 系统而不适合 Windows 2008 系统，最直接的方法就是从网上寻找并下载与 Windows 2008 系统相对应的显卡驱动程序，然后将下载得到的驱动程序正确安装到 Windows 2008 系统中。如果指定显卡的驱动程序没有 Windows 2008 版本或找不到适合 Windows 2008 系统的显卡驱动程序，就采用最新版本的显卡驱动程序，以便有效避免系统与显卡驱动程序不兼容的事情发生。

如果此时还不能排除 ATI 控制面板程序无法载入的错误提示，那很有可能是我们在将 Windows 2008 操作系统安装好之后，没有启用显卡自身的硬件加速功能。以下说明一下开启该功能的操作步骤。

在 Windows 2008 系统桌面上，用鼠标右击桌面的空白区域，单击弹出菜单的“属性”选项，打开系统的显示属性窗口；单击该窗口的“设置”标签，再在对应的标签页面中单击“高级”按钮，进入到高级显示属性设置界面；单击该设置界面中的“疑难解答”选项卡，并在其后出现的选项设置页面中，将“硬件加速”设置为“完全”，同时选择“启用写入合并”选项，并单击“确定”按钮，再将计算机系统重新启动一下，这样就能将显卡驱动无法载入的故障顺利排除了。如果还不能解决的话，就必须送专业的维修点维修。

6.2 显 示 器

显示器通常也被称为监视器或屏幕。显示器品质的高低，将直接影响计算机的使用效果。

6.2.1 显示器分类

1. CRT 显示器

CRT 显示器(见图 6-2)曾经是应用最广泛的显示器。按照不同的标准，CRT 显示器可划分为不同的类型。

图 6-2　CRT 显示器

(1) 按大小分类。从十几年前的 12 英寸黑白显示器到现在的 19 英寸、21 英寸大屏彩显，CRT 经历了由小到大的过程。显像管的尺寸一般指的是显像管对角线的尺寸，是指显像管的大小，不是它的显示面积，但对于用户来说，关心的还是可视面积，就是我们所能够看到的显像管的实际大小尺寸，单位都是指英寸。一般来说，15 英寸显示器的可视面积为 13.8 英寸，17 英寸显示器的可视面积为 16 英寸，19 英寸显示器的可视面积为 18 英寸。

(2) 按调控方式分类。CRT 显示器的调控方式从早期的模拟调节到数字调节，再到 OSD 调节，走过了一条极其漫长的道路。

模拟调节是在显示器外部设置一排调节按钮，用来手动调节亮度、对比度等一些技术参数。此调节所能达到的功效有限，不具备视频模式功能。另外，因模拟器件较多，出现故障的概率较大，而且可调节的内容极少，所以模拟调节目前已销声匿迹。

数字调节是在显示器内部加入专用微处理器，操作更精确，能够记忆显示模式，而且其使用的多是微触式按钮，寿命长，故障率低，这种调节方式曾红极一时。

严格来说，OSD 调节应算是数控方式的一种。它能以量化的方式将调节结果直观地反映到屏幕上。现在市场上的主流产品大多采用此调节方式。同样是 OSD 调节，有的产品采用单键飞梭，如美格的全系列产品，也有采用静电感应按键来实现调节，如 LG 的 795FT。

(3) 按显像管分类。显像管是显示器生产技术变化最大的环节之一，同时也是衡量一款显示器档次高低的重要标准。按照表面平坦度的不同，显像管可分为球面管、平面直角管、柱面管、纯平管。

2. LCD

液晶显示器(Liquid Crystal Display，LCD)为平面超薄的显示设备，如图 6-3 所示。液晶显示器功耗很低。

图 6-3　LCD 显示器

LCD 对于许多用户而言可能是一个并不算新鲜的名词了，不过这种技术存在的历史可能远远超过了我们的想像。早在 19 世纪末，奥地利植物学家就发现了液晶，即液态的晶体，也就是说一种物质同时具备了液体的流动性和类似晶体的某种排列特性。在电场的作用下，液晶分子的排列会产生变化，从而影响到它的光学性质，这种现象叫做电光效应。利用液晶的电光效应，英国科学家在 20 世纪制造了第一块液晶显示器，即 LCD。今天的液晶显示器中广泛采用的是定线状液晶，如果我们微观地去看它，会发现它很像棉花棒。与传统的 CRT 显示器相比，LCD 不但体积小、厚度薄、重量轻、耗能少，而且工作电压低且无辐射、无闪烁并能直接与 CMOS 集成电路匹配。由于优点众多，LCD 从 1998 年开始进入台式机应用领域。

1) LCD 的分类

液晶显示器是一种采用液晶材料的显示器。液晶是介于固态和液态间的有机化合物。将其加热会变成透明液态，冷却后会变成结晶的混浊固态。在电场作用下，液晶分子会发生排列上的变化，从而使通过它的光线发生变化，这种光线的变化通过偏光片的作用可以表现为明暗的变化。这样，人们通过对电场的控制最终控制了光线的明暗变化，从而达到显示图像的目的。

根据液晶分子的排布方式，常见的液晶显示器分为窄视角的 TN-LCD、STN-LCD、DSTN-LCD 和宽视角的 IPS、VA、FFS 等。

(1) TN-LCD、STN-LCD 和 DSTN-LCD 三种显示器的显示原理相同，只是液晶分子的扭曲角度不同而已。

TN：扭曲向列型(Twisted Nematic)，液晶分子的扭曲角度为 90°。

STN：超扭曲向列型(Super TN)液晶分子的扭转角度为 180°～270°，如此而达到更优越的显示效果(因对比度加大)。

DSTN：双层超扭曲向列型(Double Layer STN)。其性能又比 STN 更优异些，显示画质更为细腻。

(2) 宽视角模式多用于液晶电视。以 IPS 为例，它是日立公司于 2001 推出的面板技术，也被称为“Super TFT”。从技术角度看，传统 LCD 的液晶分子一般都在垂直—平行状态间切换，MVA 和 PVA 将之改良为垂直—双向倾斜的切换方式，而 IPS 技术与上述技术最大的差异就在于，不管在何种状态下液晶分子始终都与屏幕平行，只是在加电/常规状态下分子的旋转方向有所不同。注意，MVA、PVA 液晶分子的旋转属于空间旋转(Z 轴)，而 IPS 液晶分子的旋转则属于平面内的旋转(X-Y 轴)。为了配合这种结构，IPS 要求对电极进行改良，将电极做到了同侧，形成平面电场。这样的设计带来的问题是双重的，一方面使可视角度问题得到了解决，另一方面由于边际电场效应导致液晶光效低(光线透过率)，所以 IPS 也有响应时间较慢的缺点。

从液晶面板的驱动方式来分，目前最常见的是 TFT(Thin Film Transistor)型驱动。它通过有源开关的方式来实现对各个像素的独立精确控制，因此相比之前的无源驱动(俗称伪彩)可以实现更精细的显示效果。

因此，目前大多数的液晶显示器、液晶电视及部分手机均采用 TFT 驱动。液晶显示器多用窄视角的 TN 模式，液晶电视多用宽视角的 IPS 等模式。它们通称为 TFT-LCD。

TFT-LCD 主要由荧光管(或者 LED Light Bar)、导光板、偏光板、滤光板、玻璃基板、配向膜、液晶材料、薄模式晶体管等构成。首先，液晶显示器必须先利用背光源投射出光源，这些光源会先经过一个偏光板然后再经过液晶。这时液晶分子的排列方式就会改变光线的偏振角度，然后这些光线还必须经过前方的彩色的滤光膜与另一块偏光板。因此我们只要改变加在液晶上的电压值就可以控制最后出现的光线强度与色彩，这样就能在液晶面板上变化出有不同色调的颜色组合了。

2) LCD 的特点

(1) 机身薄，节省空间。与比较笨重的 CRT 显示器相比，液晶显示器只占前者不足 1/3 的空间。

(2) 省电，不产生高温。液晶显示器属于低耗电产品，可以做到完全不发热(主要耗电和发热部分存在于背光灯管或 LED)，而 CRT 显示器因显像技术不可避免地会产生高温。

(3) 低辐射，益健康。液晶显示器的辐射远低于 CRT 显示器，这对于整天在电脑前工作的人来说是一个福音。

(4) 画面柔和不伤眼。不同于 CRT 技术，液晶显示器画面不会闪烁，可以减少对眼睛的伤害，使眼睛不容易疲劳。

(5) 绿色环保，能源消耗较低。

3) 分辨率与显示器的大小

LCD 广泛应用于工业控制中，尤其是一些机器的人机界面、复杂控制设备的面板、医疗器械的显示等。常用于工业控制及仪器仪表中的 LCD 的分辨率为 320×240、640×480、800×600、1024×768 及以上，常用的大小有 3.9 英寸、4.0 英寸、5.0 英寸、5.5 英寸、5.6 英寸、5.7 英寸、6.0 英寸、6.5 英寸、7.3 英寸、7.5 英寸、10.0 英寸、10.4 英寸、12.3 英寸、

15 英寸、17 英寸、20 英寸，甚至现在的 50 英寸等。颜色有黑白、伪彩、512 色、16 位色、24 位色等。

一些用户往往把分辨率和点距混为一谈，其实，这是两个截然不同的概念。分辨率通常用水平像素点与垂直像素点的乘积来表示，像素数越多，其分辨率就越高。因此，分辨率通常是以像素数来计量的，如：640 × 480 的分辨率(640 为水平像素数，480 为垂直像素数)，其总像素数为 307 200。

由于在图形环境中，高分辨率能有效地收缩屏幕图像，因此，在屏幕尺寸不变的情况下，其分辨率不能超过它的最大合理限度，否则就失去了意义。

LCD 的尺寸是指液晶面板的对角线尺寸，以英寸为单位(1 英寸 = 2.54 cm)，现在主流的有 15 英寸、17 英寸、19 英寸、21.5 英寸、22.1 英寸、23 英寸、24 英寸等。

14 英寸 LCD 的最大分辨率为 1024 × 768，15 英寸的为 1280 × 1024，17 英寸和 21 英寸的为 1600 × 1280。

4) 技术参数

(1) 可视面积。液晶显示器所标示的尺寸就是实际可以使用的屏幕范围。例如，一个 15.1 英寸的液晶显示器约等于 17 英寸 CRT 屏幕的可视范围。

(2) 点距。举例来说，一般 14 英寸 LCD 的可视面积为 285.7 mm × 214.3 mm，它的最大分辨率为 1024 × 768，那么点距就等于：可视宽度/水平像素(或者可视高度/垂直像素)，即 285.7/1024 = 0.279 mm(或者是 214.3/768 = 0.279 mm)。

(3) 色彩度。自然界的任何一种色彩都是由红、绿、蓝三种基本色组成的。LCD 是由 1024 × 768 个像素点组成显像的，每个独立像素的色彩是由红、绿、蓝(R、G、B)三种基本色来控制的。大部分厂商生产出来的液晶显示器，每个基本色(R、G、B)达到 6 位，即 64 种表现度，那么每个独立的像素就有 64 × 64 × 64 = 262 144 种色彩。也有不少厂商使用了所谓的 FRC(Frame Rate Control)技术，以仿真的方式表现出全彩的画面，也就是每个基本色(R、G、B)能达到 8 位，即 256 种表现度，那么每个独立的像素就有高达 256 × 256 × 256 = 16 777 216 种色彩了。

(4) 对比度(对比值)。对比值是指最大亮度值(全白)除以最小亮度值(全黑)的比值。LCD 制造时选用的控制集成电路、滤光片和定向膜等配件，与面板的对比度有关。对一般用户而言，对比度能够达到 350∶1 就足够了，但在专业领域这样的对比度还不能满足用户的需求。相对 CRT 显示器轻易达到 500∶1 甚至更高的对比度而言，只有高档液晶显示器才能达到如此程度。

不过随着近些年技术的不断发展，如华硕、三星、LG 等一线品牌的 LCD 对比度普遍都在 800∶1 以上，部分高端产品则能够达到 1000∶1，甚至更高。

(5) 亮度。液晶显示器的最大亮度通常由冷阴极射线管(背光源)来决定，亮度值一般都在 200～250 cd/m^2 间。技术上可以达到高亮度，并不代表亮度值越高越好，因为太高亮度的显示器有可能使观看者眼睛受伤。LCD 是一种介于固态与液态之间的物质，本身是不能发光的，需要借助额外的光源才行。因此，灯管数目关系着液晶显示器的亮度。最早的液晶显示器只有上下两个灯管，发展到现在，普及型的最少也是四灯，高端的是六灯。四灯管设计分为三种摆放形式：一种是四个边各有一个灯管，其缺点是中间会出现黑影，解决的方法就是由上到下四个灯管平行排列的方式，第三种形式是“U”型的摆放形式。六灯管设计实际使用的是三根灯管，厂商将三根灯管都弯成“U”型，然后平行放置，以达到六根灯管的效果。

(6) 信号响应时间。响应时间指的是液晶显示器对于输入信号的反应速度，也就是液晶由暗转亮或由亮转暗的反应时间，通常以毫秒为单位。此值当然是越小越好。如果响应时间太长，就有可能使液晶显示器在显示动态图像时，有尾影拖曳的感觉。一般的液晶显示器的响应时间在(2～5) ms 之间。

(7) 可视角度。液晶显示器的可视角度左右对称，而上下则不一定对称。一般来说，上下角度要小于或等于左右角度。举个例子，当背光源的入射光通过偏光板、液晶及定向膜后，输出光便具备了特定的方向特性，也就是说，大多数从屏幕射出的光具备了垂直方向。假如从一个非常斜的角度观看一个全白的画面，我们可能会看到黑色或是色彩失真。如果可视角度为左右 80°，表示在始于屏幕法线 80° 的位置区间内可以清晰地看见屏幕图像。但是，由于人的视力范围不同，如果没有站在最佳的可视角度内，所看到的颜色和亮度将会有误差。现在有些厂商就开发出各种广视角技术，试图改善液晶显示器的视角特性，如 IPS(In Plane Switching)、MVA(Multidomain Vertical Alignment)、TN+FILM。这些技术都能把液晶显示器的可视角度增加到 160°，甚至更多。

3. LED 显示器

LED 就是发光二极管(Light Emitting Diode)的英文缩写。LED 显示屏(LED panel)简称 LED，是一种通过控制半导体发光二极管的显示方式，显示文字、图形、图像、动画、行情、视频、录像信号等各种信息的显示屏幕。

扩大市场需求及应用是 LED 的技术进步的最大推动力。最初，LED 只是作为微型指示灯，在计算机、音响和录像机等高档设备中应用。随着大规模集成电路和计算机技术的不断进步，LED 显示器正在迅速崛起，近年来逐渐扩展到证券行情股票机、数码相机、PDA 以及手机领域。

LED 显示器集微电子技术、计算机技术、信息处理于一体，以其色彩鲜艳、动态范围广、亮度高、寿命长、工作稳定可靠等优点，成为最具优势的新一代显示媒体。目前，LED 显示器已广泛应用于大型广场、商业广告、体育场馆、信息传播、新闻发布、证券交易等领域，可以满足不同环境的需要。

1) LED 显示器结构及分类

通过发光二极管芯片的适当连接(包括串联和并联)和适当的光学结构，可构成发光显示器的发光段或发光点，由这些发光段或发光点可以组成数码管、符号管、米字管、矩阵管、电平显示器管等。通常把数码管、符号管、米字管共称为笔画显示器，而把笔画显示器和矩阵管统称为字符显示器。

2) LED 显示器结构

基本的半导体数码管是由七个条状发光二极管排列而成的，可实现 0～9 的显示。其具体结构有反射罩式、条形七段式及单片集成式等。

(1) 反射罩式数码管一般用白色塑料做成带反射腔的七段式外壳，将单个发光二极管贴在与反射罩的七个反射腔互相对位的印制电路板上，每个反射腔底部的中心位置就是发光二极管。在装反射罩前，用压焊方法在发光二极管和印制电路上相应金属条之间连好直径为 30 μm 的硅铝丝或金属引线，在反射罩内滴入环氧树脂，再把带有发光二极管的印制电路板与反射罩对位黏合，然后固化。

反射罩式数码管的封装方式有空封和实封两种。实封方式采用含有散射剂和染料的环氧树脂，较多地用于一位或双位器件。空封方式是指在上方盖上滤波片和匀光膜，并且为提高器件的可靠性，必须在芯片和底板上涂以透明绝缘胶，这可进一步提高光效率。这种方式一般用于四位以上的数字显示(或符号显示)。

(2) 条形七段式数码管属于混合封装形式。它是把做好管芯的磷化镓或磷化镓圆片，划成内含一只或数只 LED 的发光条，然后把同样的七条黏在日字形“可伐”框上，用压焊工艺连好内引线，再用环氧树脂包封起来。

(3) 单片集成式多位数字显示器是在发光材料基片上(大圆片)，利用集成电路工艺制作出大量七段数字显示图形，通过划片把合格芯片选出，对位贴在印制电路板上，用压焊工艺引出引线，再在上面盖上“鱼眼透镜”外壳。它们适用于小型数字仪表中。

(4) 符号管、米字管的制作方式与数码管类似。

(5) 矩阵管(发光二极管点阵)也可采用类似于单片集成式多位数字显示器的工艺方法制作。

3) LED 显示器分类

(1) 按字高分：笔画显示器字高最小有 1 mm(单片集成式多位数字显示器字高一般为 2 mm～3 mm)。其他类型的笔画显示器最高可达 12.7 mm(0.5 英寸)，甚至达数百毫米。

(2) 按颜色分有红、橙、黄、绿等数种。

(3) 按结构分，有反射罩式、单条七段式及单片集成式。

(4) 从各发光段电极连接方式分有共阳极和共阴极两种。

4) LED 显示器的参数

由于 LED 显示器是以 LED 为基础的，所以它的光、电特性及极限参数的意义大部分与发光二极管的相同。但由于 LED 显示器内含多个发光二极管，所以需有如下特殊参数：

(1) 发光强度比。由于数码管各段在同样的驱动电压下其正向电流不相同，所以各段发光强度不同。所有段的发光强度值中最大值与最小值之比为发光强度比。比值可以在 1.5 到 2.3 间，最大不能超过 2.5。

(2) 脉冲正向电流。若笔画显示器每段典型正向直流工作电流为 I_F，则脉冲正向电流可以远大于 I_F。脉冲占空比越小，脉冲正向电流就可以越大。

4. 等离子显示器

PDP(Plasma Display Panel，等离子显示器)是采用了近几年来高速发展的等离子平面屏幕技术的新一代显示设备。

1) 成像原理

等离子显示技术的成像原理是在显示屏上排列上千个密封的小低压气体室，通过电流激发使其发出肉眼看不见的紫外光，然后紫外光撞击后面玻璃上的红、绿、蓝 3 色荧光体，发出肉眼能看到的可见光，以此成像。

2) 等离子显示器的优越性

等离子显示器厚度薄、分辨率高、占用空间少且可作为家中的壁挂电视使用，代表了未来电脑显示器的发展趋势。

3) 等离子显示器的特点

(1) 高亮度、高对比度。等离子显示器具有高亮度和高对比度，对比度达到 500：1，完全能满足眼睛的需求，亮度也很高，所以其色彩还原性非常好。

(2) 纯平面图像无扭曲。等离子显示器的 RGB 发光栅格在平面中呈均匀分布，这样就使得图像边缘也不会发生扭曲。而在纯平 CRT 显示器中，由于在边缘的扫描速度不均匀，所以很难控制图像不失真。

(3) 超薄设计、超宽视角。由于等离子技术显示原理的关系，使其整机厚度大大低于传统的 CRT 显示器，与 LCD 相比也相差不大，而且能够多位置安放。用户可根据个人喜好，将等离子显示器挂在墙上或摆在桌上，大大节省了空间。

(4) 具有齐全的输入接口。为配合接驳各种信号源，等离子显示器具备了 DVD 分量接口、标准 VGA/SVGA 接口、S 端子、HDTV 分量接口(Y、Pr、Pb)等，可接收电视、VCD、DVD、HDTV 和电脑等各种信号。

(5) 环保无辐射。等离子显示器一般在结构设计上采用了良好的电磁屏蔽措施，其屏幕前置环境也能起到电磁屏蔽和防止红外辐射的作用，对眼睛几乎没有伤害，具有良好的环境特性。

(6) 与 CRT 和 LCD 的对比。

等离子显示器比传统的 CRT 显示器具有更高的技术优势，主要表现在以下几方面：

◆ 等离子显示器的体积小、重量轻、无辐射。

◆ 由于等离子各个发射单元的结构完全相同，因此不会出现显像管常见的图像的集合变形。

◆等离子屏幕亮度非常均匀，没有亮区和暗区；而传统显像管的屏幕中心总是比四周亮度要高一些。

◆ 等离子不会受磁场的影响，具有更好的环境适应能力。

◆ 等离子屏幕不存在聚集的问题，因此不会产生显像管的色彩漂移现象。

◆ 表面平直使大屏幕边角处的失真和颜色纯度变化得到彻底改善，高亮度、大视角、全彩色和高对比度，使等离子显示器的图像更加清晰，色彩更加鲜艳，效果更加理想，令传统 CRT 显示器叹为观止。

等离子显示器比传统的 LCD 显示器具有更高的技术优势，主要表现在以下几方面：

◆ 等离子显示亮度高，因此可在明亮的环境之下欣赏大幅画面的影像。

◆ 色彩还原性好，灰度丰富，能够提供格外亮丽、均匀平滑的画面。

◆ 对迅速变化的画面响应速度快。

6.2.2 显示器电路

传统 CRT 显示器主要由如下电路组成：

(1) 视频放大电路。视频放大电路可以分为预视放级和视放输出级两部分。预视放级从信号接口中接收显卡送来的 R、G、B 三基色视频信号，并对之进行放大，以便驱动视放输出级。视放输出级是功率放大级，它把预视放级送来的视频信号功率放大，驱动显像管阴极，调制阴极发射电子束的强弱，当电子束轰击荧光屏后，就完成了电—光转换的功能，配合扫描就可显示图像。通常这部分电路还具备对比度控制、行场消隐、白平衡调节等功能。

(2) 场扫描电路。该电路包括场振荡和场输出两部分。场振荡电路在同步信号的同步下，形成场频锯齿波，锯齿波再由场输出电路放大后加至场偏转线圈，形成扫描电流。

场幅和场中心调节的功能也是在场扫描电路中实现的，此外该电路还输出场频锯齿波到枕形校正电路，以校正水平枕形失真。

(3) 行扫描电路。该电路包括行振荡、行输出、高压电路、枕形校正电路等几部分。

行振荡电路在行同步信号的作用下，输出周期矩形脉冲，该矩形脉冲驱动行输出电路，使之在行偏转线圈中产生扫描电流。

高压电路对行扫描逆程期间产生的幅值很高的回扫脉冲进行变压、整流滤波后得到多路电压输出，其中 GI 为显像管栅极电压，SCREEN 为加速级电压，FOCUS 为聚焦极电压，H/V 为阳极高压。

行中心、行幅调整功能的实现也包括在行扫描电路中。

(4) 开关电源。开关电源一般都为变压器藕合式，有多路电压输出。

(5) 模式识别与控制电路。该电路的作用是根据显卡送来的行场同步信号的特征判别当前是哪一种显示模式，并依此对行扫描和场扫描电路进行控制，以消除模式转换对电路工作状态造成的影响，如改变行振荡、场振荡电路的自由振荡频率，调整行幅、场幅，改变行输出级的工作电压等。

案例 6-1 显示器故障的快速判断方法。

电脑显示器的故障分为软故障和硬故障。当我们的显示器不能正常显示时，我们应该先简单地分析一下，故障出在哪里，是软件设置问题还是显示器的内部电路坏了，然后再确定是否需要送修，这样可以少跑一些冤枉路。

显示器的故障主要有如下几类：

(1) 黑屏。

打开电脑后，如果过了几分钟后还没有出现图像，这时应该首先看看显示器面板上的电源指示灯是否亮。如果不亮，再检查显示器的电源插头是否接好了。如果电源线插接良好(要保证电源插座有电，可以换一个插孔试一下)，并且电源开关是开着的，但显示器指示灯不亮，这说明显示器内部电路有故障，这时应该送专门的维修部门修理。

如果显示器的电源指示灯亮，这时应该重新启动电脑，并注意主机的指示灯是否闪亮，主机里是否有“嘀”的一声。如果有，说明电脑已经正常启动。这时应检查显示器与主机的信号线连接是否正常，和主机相连的 15 针 D 形插头是否松动，插头内的针是否有断、歪、短等情况。如果连接正常(有条件的话换一台显示器试一下，或换一台主机试一下，是哪里的故障马上就看出来了，因为其中还有显卡的故障)，说明显示器内部有故障，应送修。

目前显示器都是节能型的，会根据主机送来的行场同步信号自动工作在相应的状态和模式，面板上的指示灯同时指示出相应的状态。通常为橙色闪烁－关机或睡眠，橙色－挂起，黄色－等待，绿色－正常显示。

当显示器黑屏，经过细心检查确定不是主机的毛病时，最好不要连续或长时间地给显示器加电，以免故障扩大。

(2) 花屏。

花屏通常是由于显示器不支持主机送来的显示模式(往往是高于显示器的显示模式)而引起的屏幕图像混乱，无法看清楚屏幕上的图像和文字。如果是具有模式自动识别的显示器，有可能是黑屏状态，但这时面板下方的指示灯为绿色。这时可以重新启动电脑进入安全模式，把显示模式改为 640 × 480 后，再次启动电脑即可恢复。如果这种方法不行，可以在安全模式下把显卡驱动程序删除，然后在正常模式下重新安装显卡驱动程序即可。也有个别因显卡损坏造成花屏的，但这种情况几率很小。

(3) 缺色。

比较明显的是缺红色或黄色(或蓝色)，也有可能是颜色混乱，但图像细节清晰。这时看显示器时间稍微长一点，眼睛就很不舒服，有刺痛感。这时可以在关机后，检查一下显示器和主机的连接插头，看里面的针是否有断的(并不是全缺，而是有，但只露出了一半)，松的、歪的(偏折在一边或与其他针连在一起)。(注意：显示器和主机通常使用的是 15 针 D 形插头，一般只用到 11 针，会空着 5、9、11、12 号针，我们不必感到奇怪，不要人为地用大头针把缺针补齐)。再检查显卡是否松动。如果这些都没有问题而依然缺色，显示器便可以送修了。

当整个屏幕出现红色或绿色或蓝色时，一定是显示器内部电路坏了。

(4) 色块。

如果显示器屏上有不规则的色块，这时应该检查显示器周围是否有磁性物体，如收音机、手机、CD 机、磁性螺丝刀、音箱等。还要注意显示器与空调、冰箱、洗衣机、电视机等家用电器不要靠得太近。

如果显示器被磁化了，可以使用显示器的手动消磁功能(Degauss)消磁。如果显示器没有手动消磁，可以把显示器关机 30 分钟或更长时间，再开机。重复上述过程二到三次即可。

小　　结

本章较详细地说明了显卡的主要类型、性能指标、部件构成、安装与日常维护；同时，还详细地介绍了显示器的基本工作原理、种类、主要性能指标以及日常维护。

思考与练习题

1. 显卡如何分类？
2. 显卡由哪些部件构成？几个主要部件的作用分别是什么？
3. 怎样进行显卡的安装？
4. 常见的 CRT 显示器和 LCD 的工作原理是怎样的？
5. 显示器如何分类？
6. 如何维护显示器？

第7章 其他外部设备

7.1 声　卡

7.1.1 声卡概述

声卡(Sound Card)也叫音频卡(或声效卡)，是多媒体电脑中用来处理声音的接口卡。声卡可以把来自话筒、收/录音机、激光唱机等设备的语音、音乐等变成数字信号，交给电脑处理，并以文件形式存盘，还可以把数字信号还原为真实的声音输出。声卡尾部的接口从机箱后侧伸出，上面有连接麦克风、音箱、游戏杆和MIDI设备的接口。

声卡是计算机进行声音处理的适配器。它有三个基本功能：一是音乐合成发音功能；二是混音器(Mixer)功能和数字声音效果处理器功能；三是模拟声音信号的输入和输出功能。声卡工作时应有相应的软件支持，包括驱动程序、混频程序和CD播放程序等。

7.1.2 工作原理和主要功能

声卡从话筒中获取声音模拟信号，通过模/数转换器(ADC)，经采样将声波信号转换成数字信号，存储到计算机中。重放时，这些数字信号送到数/模转换器(DAC)，以同样的采样速度还原为模拟波形信号，放大后送到扬声器发声。这一技术称为脉冲编码调制技术(PCM)。

在人类发明声卡之前，PC只能发出一种声音——嘟嘟声。虽然计算机能改变这种声音的出现频率和持续时间，但它不能更改音量大小，也不能创建其他的声音。

起初，这种声音主要用作信号或警告。后来，开发人员利用不同音高和长度的嘟嘟声，为最早的PC游戏制作音乐。例如在Crossfire Designs的配乐中，有一些就是这种声音。然而，这种音乐很不真实。

幸运的是，计算机的声音功能在20世纪80年代取得了重大的进展。当时，一些制造商引入了专门用来控制声音的附加卡。现在，带有声卡的计算机的声音功能远远超出了“嘟嘟”声的范畴。它能发出游戏的三维音频，实现DVD的环绕声回放，而且还能捕获和记录外部声源发出的声音。

声卡的主要功能包括：

(1) 可录制数字声音文件。通过声卡及相应的驱动程序，可采集来自话筒、收录机等音源的信号，这些信号被数字化并被压缩后存放在计算机系统的内存或硬盘中。

(2) 将硬盘或激光盘压缩的数字化声音文件还原成高质量的声音信号，放大后通过扬声器放出。

(3) 对数字化的声音文件进行加工，以达到某一特定的音频效果。

(4) 控制音源的音量，对各种音源进行组合，实现混响器的功能。

(5) 利用语言合成技术，通过声卡朗读文本信息，如读英语单词和句子、演奏音乐等。

(6) 具有初步的音频识别功能，可让操作者用口令指挥计算机工作。

(7) 提供 MIDI 功能，使计算机可以控制多台具有 MIDI 接口的电子乐器。另外，在驱动程序的作用下，声卡可以将以 MIDI 格式存放的文件输出到相应的电子乐器中，使电子乐器受声卡的指挥，发出相应的声音。

7.1.3 声卡的类型

声卡发展至今，主要分为板卡式、集成式和外置式三种类型，可适应不同用户的需求。三种类型的产品各有优缺点。

板卡式产品是现今市场上的中坚力量，产品涵盖低、中、高各档次，售价从几十元至上千元不等。早期的板卡式产品多为 ISA 接口，由于此接口总线带宽较低、功能单一、占用系统资源过多，目前已被淘汰；PCI 则取代了 ISA 接口成为目前的主流，它拥有更好的性能及兼容性，支持即插即用，安装和使用都很方便，如图 7-1 所示。

图 7-1 PCI 声卡

集成式声卡只会影响电脑的音质，对系统性能并没有什么影响。大多数用户对声卡的要求都满足于能用就行，更愿将资金投入到能增强系统性能的部分。虽然板卡式产品的兼容性、易用性及性能都能满足市场需求，但集成声卡具有不占用 PCI 接口、成本更为低廉、兼容性更好等优势，能够满足普通用户的绝大多数音频需求，自然就受到市场青睐。而且集成声卡的技术也在不断进步，PCI 声卡具有的多声道、低 CPU 占有率等优势也相继出现在集成声卡上，因此集成声卡也占据了声卡市场的大半壁江山。

外置式声卡是创新公司独家推出的一个新兴事物，它通过 USB 接口与 PC 连接，具有使用方便、便于移动等优势。但这类产品主要应用于特殊环境，如连接笔记本，实现更好的音质等。目前市场上的外置声卡并不多，常见的有创新的 Extigy、Digital Music 两款，以及 MAYA EX、MAYA 5.1 USB 等。

三种类型的声卡中，集成式产品价格低廉，技术日趋成熟，占据了较大的市场份额。随着技术的进步，这类产品在中低端市场还拥有非常大的前景；PCI 声卡将继续成为中高端声卡领域的中坚力量，毕竟独立板卡在设计布线等方面具有优势，更适于音质的发挥；而外置式声卡的优势与成本对于家用 PC 来说并不明显，仍是一个填补空缺的边缘产品。

7.1.4 声卡的发展

世界上第一块声卡——声霸卡，是由新加坡创新公司董事长沈望傅先生发明的。这块声卡在当时引起了一场轰动。有的人认为，这是一个很好的开端，因为 PC 终于可以“说话”了，并联想到将来多媒体 PC 的模样。但另有一些人却认为，这只是一场闹剧(因为当时的声卡根本不能够发出很真实的声音)。但是，10 年过后，正如前者所预料的，多媒体 PC 成了现今的标准，每个人都能利用自己的PC来听CD，玩有声游戏，通过IP等网络电话来交谈，几乎每一样事情都和PC音频发生关系。现在看起来，PC如果没有了声卡，也就没有了多媒体世界。

就在人们对PC音频满怀疑虑的时候，第一块“真正”的声卡出现了，它就是著名的Soundblaster 16，这块卡之所以名为16，是因为它拥有16位的复音数(是指在回放MIDI时由声卡模拟出所能同时模拟发声的乐器数目)，该声卡能较为完美地合成音频效果，具有划时代的意义。

第二次重大变革是Soundblaster 64 Gold，这是第一块让人发出惊叹的声卡，采用了EMU8000音频芯片的SB 64 Gold，无论是其价格还是性能都让人大吃一惊。EMU8000芯片破天荒地支持64位复音数(32个是硬件执行，另外32个由Creative开发的软件生成)，具有镀金的接线端子，120 dB的动态范围，96 dB的信噪比，其音质比那时的一些国产CD机还要好。当然，现在看来，该声卡的缺点还是明显的。一是使用了ISA总线，限制了PC音频系统的发挥，只能实现虚拟的3D音频技术，而且在播放中，由于使用了低带宽的ISA总线，因此在信噪比和保真度方面还有一定的问题；另外就是必须采用板载的“声存”(用来存放音色库的内存)，而且这些声卡的内存异常昂贵。尽管如此，Soundblaster 64 Gold能回放出很悦耳的合成音乐，一度令许多电脑MIDI发烧友为之兴奋。

在这两个发展阶段里，Creative成了“红花”，其他的声卡产品相比起它来就像是“绿叶”。当然，在其他的声卡中也出了几个精品，像Esslogic的ESS688F、Topstar的Als007等，它们都以极为低廉的价格提供了与Soundblaster 16相近的性能。当年很多兼容机装的都是这两种声卡。在声卡的发展历史上，有代表性的作品几乎都是Creative(创新)公司的产品，由此我们也看出该公司在这方面的领导作用。

对3D音效的渴求促使了第三次声卡大变革，Soundblaster 64 Gold率先支持了模拟3D音效，但同时由于ISA总线带宽太窄，限制了声卡的再度发展，因此PCI声卡是注定要诞生的。第一只PCI声卡是S3的Sonics Vibes，它拥有一个32位复音的波表生成器，支持Microsoft DirectSound和DirectMusic加速，并且附带了SRS 3D音效和Infinipatch downloadable音色库下载标准。同时，它也带来了与DOS环境的极不兼容(那时还有相当一部分人使用DOS操作系统)，音频回放时的爆音，回放MIDI时的噪音和相对拙劣的回放效果，使得PCI声卡产品成为了一种让人们产生争议的产品。

但在Soundblaster推出了另一个划时代的巨作Soundblaster Live！之后(在此之前发布的PCI 64、128等声卡是收购了Ensoniq公司后采用它们开发的芯片制作的)，人们对PCI声卡的优越性也深信不疑了。

由于采用了PCI总线结构，声卡与系统的连接有了更大的带宽，一些在ISA声卡上没有能力实现的效果都可以实现了。

在这里，我们要留意，PC音频更新的周期没有CPU和显卡那么快，它只是一个循序渐进的过程，很长一段时间才会出现和研发它的改进或替代产品。所以说，投资一个好的PC音频系统是非常值得的，起码不会迅速地被淘汰。

当今PC音频的进一步发展变化将主要体现在以下4个方面：ISA声卡向PCI声卡过渡；更为逼真的回放效果；高质量的3D音效；转向USB音频设备。

案例 7-1　声卡常见故障的排查。

- 电脑声卡常见故障一：声卡无声。出现这种故障常见的原因有：

(1) 驱动程序默认输出为“静音”。单击屏幕右下角的声音小图标(小喇叭)，出现音量调节滑块，下方有“静音”选项，单击前边的复选框，清除框内的对号，即可正常发音。

(2) 声卡与其他插卡有冲突。解决办法是调整 PnP 卡所使用的系统资源，使各卡互不干扰。有时，打开“设备管理”，虽然未见黄色的惊叹号(冲突标志)，但声卡就是不发声，其实也存在冲突，只是系统没有检查出来。

(3) 安装了 Direct X 后声卡不能发声了。说明此声卡与 Direct X 兼容性不好，需要更新驱动程序。

(4) 一个声道无声。检查声卡到音箱的音频线是否有断线。

- 电脑声卡常见故障二：声卡发出的噪音过大。出现这种故障常见的原因有：

(1) 插卡不正。由于机箱制造精度不够高、声卡外挡板制造或安装不良导致声卡不能与主板扩展槽紧密结合，目视可见声卡上“金手指”与扩展槽簧片有错位。这种现象在 ISA 卡或 PCI 卡上都有，属于常见故障，一般可用钳子校正。

(2) 有源音箱输入接在声卡的 Speaker 输出端。对于有源音箱，应接在声卡的 Line out 端，它输出的信号没有经过声卡上的功放，噪声要小得多。有的声卡上只有一个输出端，是 Line out 还是 Speaker 要靠卡上的跳线决定，厂家的默认方式常是 Speaker，所以要拔下声卡调整跳线。

(3) Windows 自带的驱动程序不好。在安装声卡驱动程序时，要选择“厂家提供的驱动程序”而不要选“Windows 默认的驱动程序”。如果用“添加新硬件”的方式安装，要选择“从磁盘安装”而不要从列表框中选择。如果已经安装了 Windows 自带的驱动程序，可选“控制面板→系统→设备管理→声音、视频和游戏控制器”，点中各分设备，选“属性→驱动程序→更改驱动程序→从磁盘安装”，再插入声卡附带的磁盘或光盘，装入厂家提供的驱动程序。

- 电脑声卡常见故障三：声卡无法“即插即用”。解决办法是：

(1) 尽量使用新驱动程序或替代程序。有一块声卡，在 Windows 98 下用原驱动盘安装驱动程序怎么也装不上，只好用 Creative SB16 驱动程序代替，一切正常。后来升级到 Windows Me，又不正常了，再换用 Windows 2000(完整版)自带的声卡驱动程序才正常。

(2) 最头痛的问题莫过于在 Windows 9X 下能检测到即插即用设备，但自动安装的驱动程序并不能使用，而且每次删掉重装时都会重复这个问题，并且不能用“添加新硬件”的方法解决。这里可以采用这样一种方法：进入 Windows\inf 目录，把关于声卡的*.inf 文件统统删掉，再重新启动后用手动安装。当然，修改注册表也能达到同样的目的。

(3) 不支持 PnP 声卡的安装(也适用于不能用上述 PnP 方式安装的 PnP 声卡)。解决的办法是：进入“控制面板→添加新硬件→下一步”，当提示“需要 Windows 搜索新硬件吗？”时，选择“否”，而后从列表中选取“声音、视频和游戏控制器”，用驱动盘或直接选择声卡类型进行安装。

- 电脑声卡常见故障四：播放 CD 无声。出现的故障现象和解决办法是：

(1) 完全无声。用 Windows 98 的“CD 播放器”放 CD 无声，但“CD 播放器”又工作正常，这说明是光驱的音频线没有接好。使用一条 4 芯音频线连接 CD-ROM 的模拟音频输出和声卡上的 CD-in 即可，此线在购买 CD-ROM 时会附带。

(2) 只有一个声道出声。光驱输出口一般为左右两线信号，中间两线为地线。由于音频信号线的 4 条线颜色一般不同，可以从线的颜色上找到一一对应的接口。若声卡上只有一个接口或每个接口与音频线都不匹配，则只好改动音频线的接线顺序，通常只把其中 2 条线对换即可。

● 电脑声卡常见故障五：PCI 声卡出现爆音。出现故障的原因和解决办法是：

一般是因为 PCI 声卡采用了 Bus Master 技术，当对挂在 PCI 总线上的硬盘进行读/写或移动鼠标时放大了背景噪声。

解决办法：关掉 PCI 声卡的 Bus Master 功能，换成 AGP 显卡，将 PCI 声卡换到插槽上。

● 电脑声卡常见故障六：无法正常录音。解决办法是：

首先检查麦克风是否错插到其他插孔中了。其次，双击小喇叭，选择菜单上的“属性→录音”，看看各项设置是否正确。接下来在“控制面板→多媒体→设备”中调整“混合器设备”和“线路输入设备”，把它们设为“使用”状态。如果“多媒体→音频”中的“录音”选项是灰色的，可以试试“添加新硬件→系统设备”中的“添加 ISA Plug and Play bus”，索性把声卡随卡工具软件安装后重新启动。

● 电脑声卡常见故障七：无法播放 Wav 音乐、Midi 音乐。

不能播放 Wav 音乐的现象比较罕见，常常是由于“多媒体→设备”下的“音频设备”不止一个，只需禁用一个即可。无法播放 MIDI 文件则可能有以下 3 种可能：

(1) 早期的 ISA 声卡可能是由于 16 位模式与 32 位模式不兼容而造成 MIDI 播放的不正常，通过安装软件波表的方式应该可以解决。

(2) 如今流行的 PCI 声卡大多采用波表合成技术，如果 MIDI 部分不能放音，则很可能因为没有加载适当的波表音色库。

(3) Windows 音量控制中的 MIDI 通道被设置成了静音模式。

● 电脑声卡常见故障八：PCI 声卡在 Windows 98 下使用不正常。

有些用户反映，在声卡驱动程序安装过程中一切正常，也没有出现设备冲突，但在 Windows 98 下面就是无法出声或是出现其他故障。这种现象通常出现在 PCI 声卡上，请检查一下 PCI 声卡在 PCI 插槽上的位置。有些人出于散热的考虑，喜欢把声卡插在远离 AGP 插槽、靠近 ISA 插槽的那几条 PCI 插槽上。问题往往就出现在这里，因为 Windows 98 有一个 Bug：有时只能正确识别插在 PCI-1 和 PCI-2 两个槽的声卡。而在 ATX 主板上紧靠 AGP 的两条 PCI 才是 PCI-1 和 PCI-2(在一些 ATX 主板上恰恰相反，紧靠 ISA 的是 PCI-1)，所以如果没有把 PCI 声卡安装在正确的插槽上，就会产生问题。

7.2 音　箱

多媒体计算机音箱俗称电脑音箱，是一种音响与 PC(Personal Computer，个人计算机)相结合的产品，因此它既有一般音响的功能，又有一些与 PC 相关的作用。综合起来，电脑音箱主要有两大功能：发声和防磁。

电脑音箱首先是一个音响设备，具有音响设备的基本功能——把音频信号转换为声音信号(即发声)。目前，家用电脑音箱大多是用来玩游戏和听歌曲的。但是，作为一个音箱，它的应用领域不仅仅局限于电脑方面。电脑音箱也可以作为家用电器的一个音响设备，被连接到许多家用电器上，如电视机、录像机、DVD 机、卡拉 OK 机、随身听、CD 机等。不过，由于电脑并不是专门用来听音乐的，电脑音箱与专业音箱还是有些不一样的特点：一般电脑音箱价格相对低廉，是为了减少整套电脑的成本；从音质、音色等音响效果来看，大部分电脑音箱属于中低档，这是与其价格相对应的。

电脑音箱作为计算机的一个部分，具有与普通音箱不同的功能，就是防磁。因此，它们被称为磁屏蔽(Magnetically Shielded)音箱，通常又叫防磁音箱。因为电脑显示器是最容易受到磁场的干扰和磁化的设备，而一般电脑音箱都会放置在显示器的旁边，所以要求电脑音箱能够屏蔽喇叭向外辐射的磁场，保护电脑中的其他设备不受干扰和磁化。判别方法是：普通音箱靠近电脑显示器时，显示屏会受到干扰而变色，而电脑音箱则不会。如果一定要使用普通音箱连接电脑，使用时必须将其放置在距离电脑显示器半米以外的地方，否则将对显示器造成永久性磁化，会严重影响显示效果。

7.2.1 音箱的种类

电脑音箱的价格从几十元到几千元不等，品牌和样式数不胜数，种类繁多，分类方法也多种多样。一般可以按照如下几种方法分类：按有无功放分类，可以分成无源音箱、有源音箱和有源/无源两用音箱；按声道数量分类，可以分成单声道音箱、双声道立体声音箱和多声道 3D 环绕音箱；按信号种类和连接方式分类，可以分成模拟(SPK、Line Out)音箱、Digital Out 数字音箱和 USB 数字音箱。

另外，实际使用的电脑音箱不会仅仅是简单的某种分类，而是几种分类的综合，比如有源双声道立体声模拟音箱。

1. 按有无功放分类——无源、有源和有源/无源两用音箱

(1) 无源音箱。无源音箱简单讲就是一个装有喇叭的小箱子，内部无功率放大器。一般从外观上看，无源音箱上没有任何开关和旋钮，只有一根音频线而无电源线。

无源音箱只能接入有功放芯片的声卡，该声卡上一定会有一个 SPK(Speaker)端口。因此，配置无源音箱时，请注意声卡上是否有 SPK(Speaker)端口。

(2) 有源音箱。有源音箱一般内部装有功率放大器和变压器，能够实现音频信号的功率放大，把声卡输出的小信号放大成驱动大喇叭的大信号。从外观看，有源音箱面板上一般有电源开关、音量旋钮和左右声道平衡旋钮等，尾部有音频线和电源线。

有源音箱既可以接无功放芯片的声卡，也可以接有功放芯片的声卡。接无功放芯片的声卡时，有源音箱上的功放器相当于一级功放；而接有功放芯片的声卡时，有源音箱上的功放器相当于二级功放。但是，不论声卡上有无功放芯片，有源音箱必须连接声卡上的 Line Out 端口。

(3) 有源/无源两用音箱。有源/无源两用音箱就是在有源音箱上增加一个切换开关。一般状态是有源音箱，当切换到无源时，就屏蔽功放电路的功能而变成一个无源音箱。外观上，此种音箱与有源音箱相似，只是多了一个切换开关。

2. 按声道数量分类——单声道、双声道立体声和多声道3D环绕音箱

(1) 单声道音箱。单声道音箱目前已被淘汰，它与单声道声卡配套使用，只有一个喇叭。

(2) 双声道立体声音箱。双声道立体声音箱与双声道立体声声卡配套，曾经在很长一段时期是主流配件，目前还有很多用户在使用。这种音箱一般有左右两个音箱，分别连接左右两个声道，使听者感觉声音有方向性，因此称为立体声音箱。

图7-2　4.1声道有源音箱

(3) 多声道3D环绕音箱。多声道3D环绕音箱需要与多声道声卡配套使用，目前正在成为主流配件，常见的有2.1音箱、4.1音箱(见图7-2)、5.1音箱等。下面我们以使用得最多的2.1音箱为例讲解。

2.1声道3D环绕音箱由一个低音音箱和两个中高音音箱组成。由于低音音箱较大，一般称为主音箱或低音炮，而中高音音箱较小，并且像卫星一样用线连接在主音箱周围，因此有的人将2.1声道3D环绕音箱称为2.1卫星音箱，简称2.1音箱，如图7-3所示。

图7-3　2.1音箱

为什么要将低音和中高音分开处理呢？众所周知，人耳能听见的声音频率范围是20 Hz～20 000 Hz。如果每个音箱都想还原人耳所能听见的整个频率范围的声音，是一件很困难的事情，因此将整个频率范围的声音分成低音和中高音两个部分，经过分频器分离后分别输出，即低频的低音输出到低音音箱，中高频的中高音输出到经过特殊设计的中高音音箱。另外，由于人耳对于300 Hz以下的低音的方向感觉迟钝，因此，低音音箱可以简化为一个，中高音音箱分成左右两个，就能很好地表现声音的方向。并且，由于中高音音箱不需要还原低频声音，制作时就可以大大地缩小音箱体积，所以就构成了一大(低音音箱)两小(中高音音箱)的2.1声道3D环绕音箱。

2.1声道3D环绕音箱(在声音系统中，3D表示三维声场)发出的声音，严格地讲，只是经过“处理”的双声道3D系统产生的模拟三维环绕立体声，因此并不是真正的三维环绕立体声。但是，作为一种电脑音箱，它还是能够达到理想的性能和价格之间的协调统一的。在电脑音箱3D处理技术中，最重要的是SRS(Sound Retrieval System声音修正系统)技术和Space(空间)均衡器技术。

SRS技术利用仿声学原理，根据人耳对空间方向声音函数的反应不同，对双声道立体声中的反射、折射等信号分离提取后，再对这部分信号进行处理，让其达到一个空间方向上的变换效果。这样处理后，原来从一个方向来的立体声信号，就让人感觉是从四面八方传来一般，给人以置身于3D声场中的感觉，实际上这是一种错觉。SRS技术的绝妙之处是，只使用两只音箱，而无需杜比编码(DolbyPro-Logic，杜比定向逻辑)技术，就可以产生出仿3D环绕立体声效果，让听者有如在音乐厅听音乐的感觉。目前，一般中高档音箱大多采用了SRS技术。当然，要实现该技术还需要声卡也具有该功能。

Space 均衡器技术也巧妙运用了仿声学原理和模仿人类耳廓效应，在不额外增加放音设备成本的前提下，就能获得较好的仿 3D 环绕立体声效果，其音质可以逼近带有杜比环绕立体声系统的放音设备，因此运用 Space 均衡器技术所带来的最大好处是节省成本。按照生成仿 3D 环绕立体声处理方式的不同，Space 均衡器主要分成前处理和后处理两种方式。前处理方式是在录音的过程中，利用该技术对录入的声音信号进行处理，使其产生多声道环绕效果，而放音过程中依然使用传统的双声道放音设备；后处理方式则是在放音过程中加入专用的处理电路，将双声道声音信号进行编码/解码处理。显然，这两种方式的主要区别在于对声音处理的时间顺序上。同样，要实现该技术也需要声卡具有该功能。

3. 按信号种类和连接方式分类——模拟(SPK、Line Out)、Digital Out 数字和 USB 数字音箱

(1) 模拟(SPK、Line Out)音箱。模拟音箱全部使用的是模拟信号。其实，现在大部分的电脑音箱都是模拟音箱，常见的音频线都是传输模拟信号的，因此一般声卡上都会有 ADC/DAC 转换芯片，将计算机处理好的数字信号转换为模拟信号，然后输出到模拟音箱。

声卡上常见的 SPK 和 Line Out 端口，分别对应连接无源模拟音箱和有源模拟音箱。

(2) Digital Out 数字音箱。Digital Out 数字音箱一般工作方式是这样的：首先从声卡上的 Digital Out 端口接收到数字音频信号，然后经过数/模转换电路，再经过功放电路输出模拟音频信号，驱动扬声器发声。但从电路上来看，功放电路还是模拟电路，处理的信号还并不是全数字信号，因此这种数字音箱还不是全数字音箱，确切的名称应为 Digital Out 数字接口有源音箱，简称 Digital Out 数字音箱。

Digital Out 数字音箱连接声卡上的 Digital Out 端口，另外一般还有一根电源线，需外接 220 V 交流电。

(3) USB 数字音箱。USB 数字音箱是一种新型的数字音箱，它实质上等同于声卡加有源音箱。USB 数字音箱的工作方式一般是这样的：首先从主板上的 USB 总线端口接收到数字信号，然后经过数/模转换电路，再由声音处理电路进行信号处理，最后经过功放电路输出模拟音频信号，推动扬声器工作。但从电路上来看，功放电路还是模拟电路，处理的信号还并不是全数字信号，因此这种数字音箱还不是全数字音箱，确切的名称应为 USB 数字接口有源音箱，简称 USB 数字音箱或 USB 音箱。

USB 数字音箱连接主板上的 USB 接口，另外一般都会有一根电源线，需外接 220 V 交流电。

那么，USB 数字音箱与 Digital Out 数字音箱、模拟音箱的主要区别是什么？有哪些优缺点？

首先，USB 数字音箱几乎不需要占用系统的硬件资源。USB 数字音箱安装时不需要声卡，也就不会占用 PCI 或 ISA 插槽，当然就不会占用系统的 IRQ 中断硬件资源。

其次，由于信号传输的路径和方式不同，可以使声音质量得到质的飞跃。Digital Out 数字音箱和模拟音箱都是在声卡的输出信号推动下工作的，但在声卡处理音频信号的过程中，声卡本身会受到电脑机箱内的电源和其他电磁杂波的各种干扰，因此一般声卡的信噪比都不高，音质很难达到较高水准。而 USB 数字音箱直接连接主板的 USB 总线，把没有失真的数字信号送到音箱中内置的数/模转换器(DAC)，最后还原成优美逼真的音频信号。由

于数字信号一般不容易受到干扰，因此采用 USB 数字音箱可以避免机箱内的干扰，从而获得高水准的音质。

最后，USB 数字音箱具有热拔插特性，可以在使用中进行拔插，因此使用起来非常方便，还特别适合便携式电脑。

不过，USB 数字音箱除了有以上优点之外，也有一些小缺点。主要是两个问题：

第一，使用 USB 数字音箱后，光驱播放 CD 时噪音较大。现在的光驱一般至少具有两种工作模式：播放 CD 时采用低速工作模式，也就是最古老的单速模式；而读取数据时会采用全速模式。使用 USB 数字音箱后，光驱播放 CD 就会采用数字音频方式，即把 CD 盘当成数据盘读，因此光驱会持续地全速工作，发出较大噪音。

第二，使用 USB 数字音箱必须有软硬件支持。硬件条件就是主板上必须有 USB 接口，软件条件是操作系统具有 USB 功能和装有 USB 数字音箱的驱动程序，一般购买 USB 数字音箱时会随机赠送驱动程序(若无赠送则 Windows 中有驱动程序)，但目前只有 Windows 98、Windows XP 和 Windows 2000 等少数几个操作系统具有 USB 功能。因此，不使用以上几种操作系统的用户，即使主板上有 USB 接口，仍将无法使用 USB 数字音箱。

7.2.2 音箱的安装

一般音箱的安装主要有两个关键步骤：音箱定位和接线。

音箱定位主要是指多声道 3D 环绕音箱的放置。双声道立体声音箱定位很简单，它只有左右两个音箱，一般分别在电脑显示器的两侧各放置一个，此时可以不区分左右。多声道 3D 环绕音箱定位较复杂，它的音箱数量较多，常见有 2 + 1、4 + 1、5 + 1 等几种配置，尤其是两个后音箱的放置很有讲究，要获得较好的效果需考虑房间大小、家具位置等条件，并要反复试听效果，仔细比较才能找到较理想的位置；低音炮的位置不会影响人类听觉的方向感，放置时可以较随意；中置音箱必须放置在听者前方正中的位置，而且不能有障碍物挡在中置音箱前面。

音箱接线一般有两类：音频线和电源线。电源线接市电(220 V 交流电)，音频线连接时要注意前后左右声道不要接反，简单的判别方法是看插头与插座的颜色，相同颜色的应插在一起。当然，接线后应该进行试听，如果声道接反了，只要将插头交换就行了。

USB 数字音箱的安装除了以上两个步骤之外，第一次使用之前还应该安装驱动程序。安装方法是：音箱定位和接线完成(包括 USB 线)以后，启动计算机时，电脑会显示找到新硬件，此时如果出现对话框要求插入安装盘，就应该插入随机赠送的驱动程序盘或 Windows 安装光盘(无随机赠送的驱动程序盘时)，然后指定驱动程序的路径后回车即可，电脑将自动完成安装过程。第一次安装完成以后，可以随时拔下 USB 插头，停止使用 USB 数字音箱，并且下次重新使用时无需再安装驱动程序。

7.2.3 音箱的选购

多媒体电脑音箱与普通音箱的区别主要是它的防磁性能。电脑音箱一般放置在显示器附近，而显示器长期受到强磁场的干扰将产生永久性损坏，并且强磁场还有可能对电脑主机产生干扰，因此不能用普通音箱代替电脑音箱与电脑放在一起。

电脑音箱的选购一般应注意以下问题：

(1) 根据用途确定音箱档次。普通用途即一般音乐欣赏，选择普通中低档音箱即可；游戏或家庭影院用途，选择中档电脑音箱；专业音乐人或音乐发烧友，才需要选择高档音箱。

(2) 了解知名品牌。常见知名多媒体音箱品牌有 Yamaha、Philips、创新、漫步者、冲击波、超音速、轻骑兵、百利、国立等，可在购机前多去市场了解。

(3) 掌握常用简单判断方法——看外观、掂重量、听声音。看外观，外形应美观实用，且无明显质量缺陷；掂重量，一般同档次的音箱越重越好，说明没有偷工减料；听声音，背景噪音应越小越好，中低音应浑厚，高音应不失真。当然，最好能同时挑选不同品牌、不同档次的多款音箱试听，以便进行比较。

7.3　键盘和鼠标

7.3.1　键盘

键盘是最常用也是最主要的输入设备，通过键盘，可以将英文字母、数字、标点符号等输入到计算机中，从而向计算机发出命令、输入数据等。

键盘外形如图 7-4 所示。

图 7-4　键盘

1. 键盘的分类

按照应用键盘可以分为台式机键盘、笔记本电脑键盘、工控机键盘、双控键盘、超薄键盘五大类。

按照键盘的工作原理和按键方式的不同，键盘又可以划分为四种：

(1) 机械式键盘(Mechanical)：采用类似金属接触式开关，工作原理是使触点导通或断开，具有工艺简单、噪音大、易维护的特点。

(2) 塑料薄膜式键盘(Membrane)：键盘内部共分四层，实现了无机械磨损。其特点是低价格、低噪音和低成本，已占领市场绝大部分份额。

(3) 导电橡胶式键盘(Conductive Rubber)：键盘内部有一层凸起带电的导电橡胶，每个按键都对应一个凸起，按下时把下面的触点接通。这种类型的键盘是机械式键盘向薄膜式键盘过渡的产品。

(4) 无接点静电电容式键盘(Capacitives)：使用类似电容式开关的原理，通过按键时改变电极间的距离引起电容容量改变来驱动编码器，其特点是无磨损且密封性较好。

键盘的按键数曾出现过 83 键、93 键、96 键、101 键、102 键、104 键、107 键等。104 键的键盘在 101 键键盘的基础上为 Windows 9x 平台增加了三个快捷键(有两个是重复的)，所以也被称为 Windows 9X 键盘。在某些需要大量输入单一数字的系统中还有一种小型数字录入键盘，基本上就是将标准键盘的小键盘独立出来，以达到缩小体积、降低成本的目的。

2. 键盘的外形

键盘的外形分为标准键盘和人体工程学键盘。人体工程学键盘是在标准键盘上将指法规定的左手键区和右手键区这两大板块左右分开，并形成一定角度，使操作者不必有意识地夹紧双臂，保持一种比较自然的形态。这种键盘被微软公司命名为自然键盘(Natural Keyboard)。对于习惯盲打的用户，自然键盘可以有效地减少左右手键区的误击率。有的人体工程学键盘还有意加大常用键如空格键和回车键的面积，在键盘的下部增加护手托板，给以前悬空的手腕以支撑点，减少由于手腕长期悬空导致的疲劳。这些都可以视为人性化的设计。

3. 键盘的外壳

键盘作为一个独立的输入部件，具有自己的外壳。键盘采用不同的塑料压制而成，部分优质键盘的底部采用较厚的钢板以增加键盘的质感和刚性，不过这样一来无疑增加了成本。为了适应不同用户的需要，键盘的底部设有折叠的支撑脚，展开支撑脚可以使键盘保持一定的倾斜度，不同的键盘会提供单段、双段甚至三段的角度调整。

4. 键盘的接口

键盘的接口有 AT 接口、PS/2 接口和最新的 USB 接口。现在的台式机多采用 PS/2 接口，大多数主板都提供 PS/2 键盘接口。USB 作为新型的接口，一些公司迅速推出了 USB 接口的键盘。USB 接口只是一个卖点，对性能的提高收效甚微，愿意尝试且 USB 端口尚不紧张的用户可以选择。

案例 7-2 键盘的清理。

键盘是电脑的输入设备，由于是暴露在外面的，而且键盘按键间的空隙较大，细小的杂物容易进入，很容易被弄脏，导致按键失灵，所以应该经常进行清洁。

(1) 拆开后盖。首先将键盘插头从主机上拔下，翻过来就可以看见背面的固定螺丝。将背面的所有螺丝全部拧下，就可以将后盖拿下来。

(2) 拆下电路板和电路胶片。将键盘的后盖拆下后就看到了软的电路胶片。电路胶片的结构是 3 层，各层胶片之间若有杂物进入，就会造成按键失效，所以这 3 层电路胶片也是我们清洁的对象。在 3 层电路胶片上没有固定的螺丝，可以直接拿下来，它们是通过胶片上的圆孔来固定的，外面的螺丝穿过电路胶片上的圆孔固定在前面板上。键盘的电路板并不大，没有螺丝固定，也可以直接拿下来。电路板上也没有太多的元件，只有几条电路线连接。在电路板的另一面有 3 个指示灯，这就是键盘右上角的“Num Lock”、“Caps Lock”和“Scroll Lock”指示灯。

(3) 拆下所有的按键。将电路板和电路胶片拿下来后可以拆所有的按键了。在每个按键上都有一个独立的橡胶垫，先把它们全部拿下来，然后就可以拆按键了。按键是用塑料卡扣来固定的，所以只要用力拔就可以将其拆下。

(4) 全面清理。键盘面板可以先用刷子将那些细小的杂物清除，再用布擦干净。3 层的电路胶片也可以这样来清洁。按键可以用水来清洁，也可以用专用的表面清洗剂来擦洗。

(5) 重新安装。清理完了之后就要重新安装了。有一点需要注意，就是看看所有的橡胶垫是不是都在自己的位置上，避免在安装其他零件时发生错位。

7.3.2　鼠标

“鼠标”因形似老鼠而得名(也称为滑鼠)，如图 7-5 所示。“鼠标”的标准称呼应该是“鼠标器”，英文名为“Mouse”。

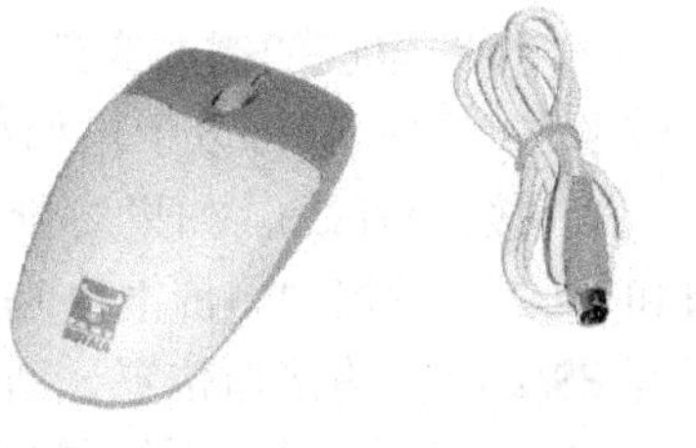

图 7-5　鼠标

1. 鼠标的接口类型

鼠标按接口类型可分为串行鼠标、PS/2 鼠标、总线鼠标、USB 鼠标(多为光电鼠标)四种。串行鼠标通过串行口与计算机相连，有 9 针接口和 25 针接口两种；PS/2 鼠标通过一个 6 针微型 DIN 接口与计算机相连，它与键盘的接口非常相似，使用时注意区分；总线鼠标的接口在总线接口卡上；USB 鼠标直接插在计算机的 USB 口上。

2. 鼠标的分类

鼠标按其工作原理的不同可以分为机械鼠标和光电鼠标，还可按外形分为两键鼠标、三键鼠标、滚轴鼠标和感应鼠标。两键鼠标和三键鼠标的左右按键功能完全一致，一般情况下，我们用不着三键鼠标的中间按键，但在使用某些特殊软件(如 AutoCAD 等)时，这个键也会起一些作用；滚轴鼠标和感应鼠标在笔记本电脑上用得很普遍，往不同方向转动鼠标中间的小圆球，或在感应板上移动手指，光标就会向相应方向移动，当光标到达预定位置时，按一下鼠标或感应板，就可执行相应功能。

新出现的无线鼠标和 3D 振动鼠标都是比较新颖的鼠标。无线鼠标是为了适应大屏幕显示器而生产的。所谓“无线”，即没有电线连接，而是采用二节七号电池无线遥控，鼠标器有自动休眠功能，电池可用上一年，接收范围在 1.8 米以内。3D 振动鼠标是一种新型的鼠标器，它不仅可以当作普通的鼠标器使用，而且具有以下几个特点：

(1) 具有全方位立体控制能力。它具有前、后、左、右、上、下六个移动方向，而且可以组合出前右、左下等移动方向。

(2) 外形和普通鼠标不同，一般由一个扇形的底座和一个能够活动的控制器构成。

(3) 具有振动功能，即触觉回馈功能。玩某些游戏时，当你被敌人击中时，你会感觉到你的鼠标也振动了。

(4) 是真正的三键式鼠标。无论在 DOS 还是 Windows 环境下，鼠标的中间键和右键都能够派上用场。

3. 鼠标的工作原理

机械鼠标主要由滚球、辊柱和光栅信号传感器组成。当拖动鼠标时，滚球转动，滚球又带动辊柱转动，装在辊柱端部的光栅信号传感器产生的光电脉冲信号反映出鼠标器在垂直和水平方向的位移变化，再通过电脑程序的处理和转换来控制屏幕上光标箭头的移动。

光电鼠标器通过检测鼠标器的位移，将位移信号转换为电脉冲信号，再通过程序的处理和转换来控制屏幕上的鼠标箭头的移动。光电鼠标用光电传感器代替了滚球。这类传感器需要特制的、带有条纹或点状图案的垫板配合使用。

案例 7-3 鼠标的选购。

(1) 质量可靠。一般名牌大厂的产品质量都比较好，但要注意假冒产品。识别假冒产品的方法很多，主要可以从外包装、鼠标的做工、序列号、内部电路板、芯片，甚至是一颗螺钉或是按键的声音来分辨。

(2) 按照自己的需要来选择。如果只是一般的家用，做一些文字处理，那么选择机械鼠标或半光电鼠标就可以了；如果要经常用一些专门的设计软件，那么建议买一只光电鼠标。

(3) 接口(有线)。如果对价格不在乎的话，可以考虑 USB 鼠标；同一种鼠标一般都有串口和 PS/2 两种接口，价格也基本相同，在这种情况下建议买 PS/2 鼠标，因为一般主板上都留有 PS/2 鼠标的接口位置，省了一个串口，还可为今后升级作准备。

(4) 接口(无线)。无线鼠标主要为红外线、蓝牙(Bluetooth)鼠标。现在的无线鼠标套装比较多，但价格高，如为了方便快捷可以考虑购买。

(5) 手感好。手感在选购鼠标中也很重要。有些鼠标看上去样子很难看，歪歪扭扭的，其实这样的鼠标的手感却非常好，适合手形，握上去很贴切。

(6) 功能。

标准鼠标：一般标准，3/5 键滚轮鼠标。

办公室鼠标：软、硬件上增加 Office/ Web 相关功能或是快速键的鼠标。

简报鼠标：为增强简报功能开发的特殊用途鼠标。

游戏鼠标：专为游戏玩家设计，能承受较强烈操作，解析度范围较大。

7.4 机箱和电源

7.4.1 机箱简介

机箱作为电脑配件中的一部分，它起的主要作用是放置和固定各电脑配件，起到一个承托和保护作用。此外，电脑机箱具有屏蔽电磁辐射的重要作用。由于机箱不像 CPU、显卡、主板等配件能迅速提高整机性能，所以在 DIY 中一直不被列为重点考虑对象。但是机箱也并不是毫无作用，一些用户买了杂牌机箱后，因为主板和机箱形成回路，导致短路，使系统变得很不稳定。

1. 电脑机箱

机箱一般包括外壳，支架，面板上的各种开关、指示灯(如图 7-6 所示)等。外壳用钢板和塑料黏合制成，硬度高，主要起保护机箱内部元件的作用；支架主要用于固定主板、电源和各种驱动器。

机箱有很多种类型。现在市场上普遍用的是 AT、ATX(见图 7-7)、Micro ATX 以及最新的 BTX。AT 机箱的全称应该是 BaBy AT，主要应用到只能支持安装 AT 主板的早期机器中。

ATX 机箱是目前最常见的机箱，支持现在绝大部分类型的主板。Micro ATX 机箱比 ATX

机箱体积要小一些。各个类型的机箱只能安装其支持的类型的主板，一般是不能混用的，而且电源也有所差别。所以大家在选购时一定要注意。

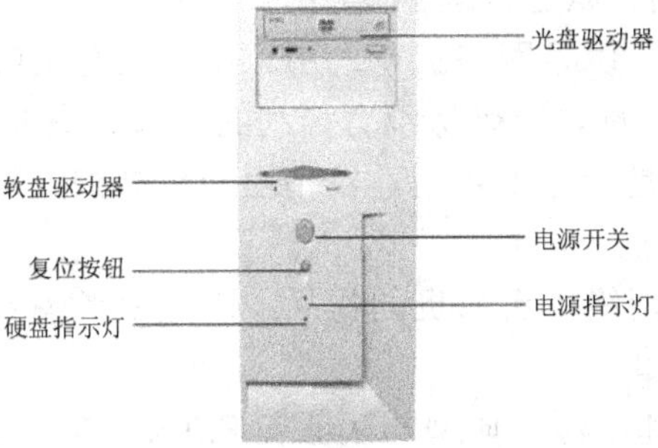

图 7-6　机箱的面板

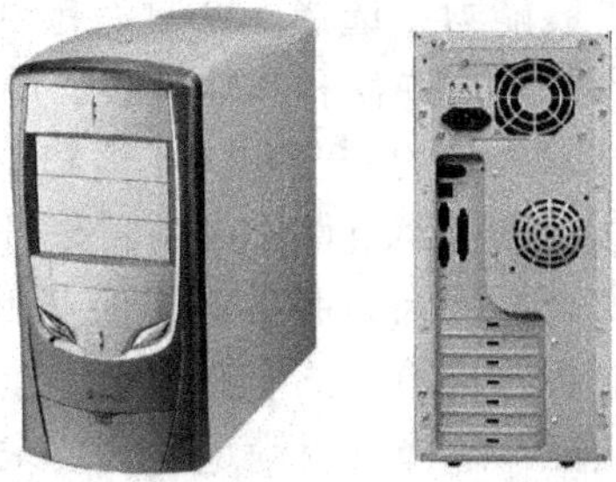

图 7-7　ATX 机箱

最新推出的 BTX(Balanced Technology Extended)是 Intel 定义并引导的桌面计算平台新规范。BTX 架构可支持下一代电脑系统设计的新外形，能够在散热管理、系统尺寸和形状以及噪音方面实现最佳平衡。

BTX 新架构特点：支持 Low-profile，也即窄板设计，系统结构将更加紧凑；针对散热和气流的运动，对主板的线路布局进行了优化设计；主板的安装将更加简便，机械性能也将经过最优化设计。基本上，BTX 架构分为三种，分别是标准 BTX、Micro BTX 和 Pico BTX。

从尺寸上来看，全系列的 BTX 平台主板并没有比 ATX 主板小，但较具弹性的电路布线及模块化的组件区域，才是 BTX 的重点所在。BTX 机箱相比 ATX 机箱最明显的区别，就在于把以往只在左侧开启的侧面板，改到了右边。而其他 I/O 接口，也都相应地改到了相反的位置。

BTX 机箱内部则和 ATX 有着较大的区别。BTX 机箱最让人关注的设计重点就在于对散热方面的改进，CPU、图形卡和内存的位置相比 ATX 架构都完全不同。CPU 的位置完全被移到了机箱的前板，而不是原先的后部位置，这是为了更有效地利用散热设备，提升对机箱内各个设备的散热效能。为此，BTX 架构的设备将会以线性进行配置，并在设计上以降低散热气流的阻抗因素为主；通过从机箱前部向后吸入冷却气流，并顺沿内部线性配置的设备，最后在机箱背部流出。这样设计不仅更利于提高内部的散热效能，而且也可以因此而降低散热设备的风扇转速，保证机箱内部的低噪音环境。

除了位置变换之外，在主板的安装上，BTX 规范也进行了重新规范，其中最重要的是 BTX 拥有可选的 SRM(Support and Retention Module，支撑保护模块)，它是机箱底部和主板之间的一个缓冲区，通常使用强度很高的低碳钢材来制造，能够抵抗较强的外来力而不易弯曲，因此可有效防止主板的变形。

另外，机箱还有超薄、半高、3/4 高、全高和立式、卧式机箱之分。3/4 高和全高机箱拥有 3 个或者 3 个以上的 5.25 英寸驱动器安装槽和 2 个 3.5 英寸软驱槽。超薄机箱主要是一些 AT 机箱，只有一个 3.5 英寸软驱槽和 2 个 5.25 英寸驱动器槽。半高机箱主要是 Micro ATX 和 Micro BTX 机箱，它有 2～3 个 5.25 英寸驱动器槽。在选择时最好以标准立式 ATX 和 BTX 机箱为准，因为它们空间大，安装槽多，扩展性好，通风条件也不错，完全能适应大多数用户的需要。

2. 服务器机箱

对于常年 24 小时运行的服务器系统而言，其运行的稳定性和及时的散热手段是至关重要的因素。因此，对于服务器而言，稳定性的要求甚至超过了性能的些许差异。想要选择一款理想的服务器，首先应该选择一款优秀的服务器机箱。机箱的主要问题包括：

温度：风扇(通常来自于电源)应该直接吹向或吹过处理器。

扩展能力：选择一个具有足够空间的机箱，以备网络扩充之用。确定具有足够的空间来增添更多的硬盘和其他外设。检查一下机箱内部，以确保没有锋利的边缘。将来升级时，这对技术人员的安全和防止线缆意外被切断都是十分重要的。机箱还应使维护人员能够轻松地接触到内部组件，以备将来升级或故障排除。

安全性：因为服务器将保存重要的文件和网络上更昂贵的物品，因此要考虑安全性问题。服务器机箱应该能够上锁，以防止非法拆卸。

认证：选择具有满足环境要求证书的机箱和电源。典型的认证有 FCC、UL 和 CE。

资深的 PC DIY 玩家一定不会忽略机箱和电源在整机中的关键性，优质的电源是整机稳定运行的前提，而设计精良的机箱，一方面可以提供优良的散热环境，一方面也可以充分的利用空间甚至屏蔽电磁干扰。

3. 服务器机箱的选购

一般选择 PC 机箱时，外观是首选因素，但是选择服务器机箱时，实用性就排在了更加重要的地位。一般来说主要应该从以下几个方面进行考核：

(1) 散热性。4U 或者塔式服务器所使用的 CPU 至少为两个或更多，而且加上内部多采用 SCSI 磁盘阵列的形式，因而使得服务器内部发热量很大，所以良好的散热性是一款优秀服务器机箱的必备条件。散热性能主要表现在三个方面：一是风扇的数量和位置，二是散热通道的合理性，三是机箱材料的选材。一般来说，品牌服务器机箱，比如超微等都可以很好地做到这一点，采用大口径的风扇直接针对 CPU、内存及磁盘进行散热，形成从前方吸风到后方排风(塔式为下进上出，前进后出)的良好散热通道，及时带走机箱内的大量热量，保证服务器的稳定运行。而采用导热能力较强的优质铝合金或者钢材料制作的机箱外壳，也可以有效地改善散热环境。

(2) 冗余性。4U 或者塔式的服务器一般处在骨干网络上，常年 24 小时运行是必然的情况，因此其冗余性方面的设计也非常值得关注。一是散热系统的冗余性，此类服务器机箱一般必须配备专门的冗余风扇，当个别风扇因为故障停转的时候，冗余风扇会立刻接替工作；二是电源的冗余性，当主电源因为故障失效或者电压不稳时，冗余电源可以接替工作继续为系统供电；三是存储介质的冗余性，要求机箱有较多的热插拔硬盘位，可以方便地对服务器进行热维护。

(3) 设计精良，易维护。设计精良的服务器机箱会提供方便的 LED 显示灯以供维护者及时了解机器情况，前置 USB 口之类的小设计也会极大地方便使用者。同时，有的机箱还提供了前置冗余电源的设计，使得电源维护也更为便利。

(4) 用料足。用料永远是衡量大厂与小厂产品的最直观的依据。以超微机箱为例，同样是 4U 或者塔式机箱，超微的产品从重量上就可以达到杂牌产品的三四倍。在机柜中间线缆密布设备繁多的情况下，机箱的用料直接牵涉主机屏蔽其他设备电磁干扰的能力。因为服务器机箱的好坏直接牵涉系统的稳定性，因此一些知名服务器主板大厂也会生产专业的服务器机箱，以保证最终服务器产品的稳定性。

4. 测试标准

(1) 机箱的外观、用料。外观和用料是一个机箱最基本的特性。外观直接决定一款机箱能否被用户所接受。目前机箱的外观逐渐偏向多元化发展。用料主要看机箱所用的材质，机箱边角是否经过卷边处理，材质的好坏也直接影响到抗电磁辐射的性能。

(2) 可扩展性。未来电脑的发展永远难以揣摩，准备得越齐全当然越能够满足未来的需要。

(3) 特色功能。主要看机箱是否提供了前置 USB 和音频输入/输出接口，内部设计中如硬盘、光驱是否采用了导轨安装或板卡的免工具安装。

(4) 防尘性。主要考察散热孔的防尘性能和扩展插槽 PCI 挡板的防尘能力。

(5) 散热性。对于发热量越来越大的电脑，我们主要考虑它提供了多少散热风扇或散热风扇预留位置和散热孔有多少。

7.4.2　电源概述

电源是向电子设备提供功率的装置，也称电源供应器，它提供计算机中所有部件所需要的电能，如图 7-8 所示。电源功率的大小、电流和电压是否稳定，将直接影响计算机的工作性能和使用寿命。

图 7-8　电源

计算机电源是一种安装在主机箱内的封闭式独立部件，它的作用是将交流电通过一个开关电源变压器转换为 5 V，−5 V，+12 V，−12V，+3.3 V 等稳定的直流电，以供主机箱内主板、软盘、硬盘驱动及各种适配器扩展卡等系统部件使用。

1. 电源的分类

(1) AT 电源。功率一般为(150～220) W，共有四路输出(±5 V、±12 V)，另向主板提供一个 P. G. 信号。输出线为两个六芯插座和几个四芯插头。两个六芯插座给主板供电。AT 电源采用切断交流电源的方式关机。在 ATX 电源未出现之前，AT 电源应用普遍。

(2) ATX 电源。Intel 1997 年 2 月推出 ATX 2.01 标准。和 AT 电源相比，其外形尺寸没有变化，主要增加了+3.3 V 和 +5 V StandBy 两路输出和一个 PS-ON 信号，输出线改用一个 20 芯线给主板供电。

随着 CPU 工作频率的不断提高，为了降低 CPU 的功耗以减少发热量，需要降低芯片的工作电压，所以，电源必须直接提供 3.3 V 输出电压。+5 V StandBy 也叫辅助 +5 V，只要插上 220 V 交流电它就有电压输出。PS-ON 信号是主板向电源提供的电平信号，低电平时电源启动，高电平时电源关闭。利用 +5 V SB 和 PS-ON 信号，就可以实现软件开关机器、键盘开机、网络唤醒等功能。辅助 5 V 始终是工作的，有些 ATX 电源在输出插座的下面加了一个开关，可切断交流电源输入，彻底关机。

(3) Micro ATX 电源。Micro ATX 是 Intel 在 ATX 电源之后推出的标准，主要目的是降低成本。其与 ATX 的显著变化是体积和功率减小了。ATX 的体积是 150 mm × 140 mm × 86 mm，Micro ATX 的体积是 125 mm × 100 mm × 63.51 mm；ATX 的功率在 220 W 左右，Micro ATX 的功率是(90～145)W。

2. 电源的技术指标

(1) 输出电压的稳定性。电压太低计算机无法工作，电压太高会烧坏主板及附属设备。

(2) 输出电压的纹波。我们要的是纯净的直流电，交流成分(纹波电压)越小越好。纹波电压高会产生数字电路中不能容忍的噪声，会让电路做出误动作甚至不工作。

(3) 电源的功率。电源的功率不是越大越好。经测试，一台带 Modem 卡、网卡、声卡、光驱、硬盘的 PⅡ多媒体主机实际功率不足 150 W，所以不能盲目追求大功率，关键在于电源总体性能和质量。对于普通用户，300 W 的电源绰绰有余。

(4) 输入技术指标。输入技术指标有输入电源相数、额定输入电压、电压的变化范围、频率、输入电流等。输入电源的额定电压因各国或地区不同而异，我国为 220 V。

3. 电源的安全认证

电源是电脑的心脏，品质不好的电源不但会损坏主板、硬盘等部件，还会缩短电脑的正常使用寿命。

安全标准以保障用户生命和财产安全为出发点，在原材料的绝缘、阻燃等方面作出了严格的规定。符合安全标准的产品，不仅要求产品本身符合安全标准，而且对于制作厂家也要求有较完善的安全生产体系。在这些标准中，以德国基于 1EC-380 标准制定的 VDE-0806 标准最为严格。我国的国家标准是 GB4943—1995《信息技术设备(包括电气设备)的安全》。电源符合以上标准其安全性就有了保障。电源符合某个国家的安全标准并得到其法定部门颁发的证书，比如获得 UL 机构颁发的证书，就称为取得了 UL 认证。中国的安全认证机构是 CCC(China Compulsory Certification，中国强制认证)。不管是哪国的安全认证，都对爬电距离、抗电强度、漏电流、温度等方面做出了严格规定。

(1) 爬电距离的要求。爬电距离指沿绝缘表面测得的两个导电器件之间或导电器件与设备界面之间的最短距离。UL、CSA 和 VDE 安全标准强调了爬电距离的安全要求，这是为了防止器件间或器件和地之间打火从而威胁到人身安全。

(2) 抗电强度的要求。在交流输入线之间或交流输入与机壳之间由零电压加到交流 1500 V 或直流 2200 V 时，不击穿或拉电弧即为合格。

(3) 漏电流的要求。UL 和 CSA 均要求暴露的、不带电的金属部分均应与大地相接。漏电流的测量是通过在这些部分与大地之间接一个 1.5 kΩ 的电阻，测其漏电流的。在 260 V 交流输入下，开关电源的漏电流不应超过 3.5 mA。

(4) 温度的要求。安全标准对电器的温度要求很重视，同时要求材料有阻燃性。对开关电源来说，内部温升不应超过 65℃，如果环境温度是 25℃，电源的元器件的温度应小于 90℃。

(5) 电磁兼容。电磁兼容分为 EMI(电磁干扰)和 EMS(电磁耐受性)。电磁干扰通过电源线传播，频率为 30 MHz 以下，主要干扰音频频段。由于计算机用开关电源有金属壳作屏蔽，所以主要为传导干扰。传导干扰的大小是衡量计算机电源品质的重要标准，它包括两个方面的含义：一是防止电网上的电磁干扰通过电源影响主机系统正常工作；二是防止主机本身产生的电磁干扰进入电网，影响其他电器。我们在日常工作中可能有这样的经验，在微机开机时，其附近的电器如电视、音响等不能正常使用，这是传导干扰产生的影响。

4. 电源选购误区

由于 ATX 主板的日益流行，ATX 电源取代了传统的 AT 电源成为市场主流，价格也从以前的三百多元降到二百多元。随着市场竞争越来越激烈，有些商家为了追求更高的利润，采用一些价格较低的劣质电源，并自圆其说地抛出些误导性言论，形成了选购误区，让消费者在购买时感到无所适从。

误区一：认为辅助 5 V 的输出电流越大越好。其实，有的主板甚至只要 0.5 A 就够了(如果电脑在休眠时想用 USB 鼠标和 USB 键盘唤醒，那么辅助 5 V 至少就要提供 1 A 以上的电流)。辅助 5 V 因始终处于工作状态，一般来说比较容易发生故障，所以它能有一个较长的寿命才是更重要的。

误区二：与 Pentium Ⅲ 配套。这根本就是一个欺骗性的误导，其实电源和电脑主板配套，与 CPU 没有关系，而 Pentium Ⅲ 的主板与 Pentium Ⅱ 的主板在技术上并没有什么区别，只要升级 BIOS 就行了。可以说，任何一台符合 ATX 2.01 的 ATX 电源都可和 Pentium Ⅲ 配套。

误区三：版本越新越好。有商家宣传自己的电源符合最新的 Intel ATX 2.03 标准，似乎要比别人优越许多。其实从 ATX 2.01 到 ATX 2.03，只是些无关痛痒的修改，就目前来说，满足 ATX 2.01 标准的电源使用起来不会有问题。

误区四：功率越大越好。有些商家向用户吹嘘自己的电源功率能达到 350 W 甚至 400 W。其实普通的一台多媒体电脑实际功率不足 200 W，而 Intel 新推出的 Micro ATX 标准也只有 145 W。对于普通用户，300 W 的电源绰绰有余了。所以说在选购电源的时候没有必要刻意追求电源的功率大小，只要是质量合格的市售电源都可以满足多数用户的需要。

案例 7-4　电源选购。

(1) 外观检查。

① 电源重量。好的电源一般比较重一些。

② 电源输出线。别小看这几根输出线，因为电源盒输出电流一般较大，很小的一点电阻将会产生较大的压降损耗。质量好的电源必定是粗线(当然看线材不能只看外表的粗和细，因为很多厂商可以把很细的线做成粗的)，要在线上看线号(这个线号是不能做假的，否则过不了安规认证)，线上以 AVG 开头后面写着两个阿拉伯数字，这个数字就是线号。线号越小表示线芯越大，也就是 16 号线比 22 号线要好。

(2) 散热片的材质。从外壳散热窗往里看，质量好的电源采用铝或铜散热片，而且较大、较厚。

(3) 测量一下负载压降，选压降小的电源。如果是 ATX 电源，可以让所有的输出端悬空，先测一下空载输出电压，方法是让 PS-ON(绿色线)与 GND(黑色线)短接启动电源，再测一下输出电流约为 10 A 时的电压，压降小者优。上述试验千万不能在+12 V、−12 V 上做，以免烧坏电源。

(4) 如电源地线未接，质量好的电源通电启动后外壳略有麻手感。如果测不出电压，则说明内部偷工减料，没装滤波网。另外，空载运行时风扇声均匀并较小，接上负载在温度略有上升的时候声音会略有增大。

(5) 打开电源盒，可以发现质量好的电源用料考究，如多处用方形 CBB 电容，输入滤波电容值大于 470 μF，输出滤波电容值也较大。同时内部电感、电容滤波网络电路特多，并有完善的过压、限流保护元器件。

一个质量合格的电源应该通过安全和电磁方面的认证，如满足 CCC/TUV/CE/UL(如 GB4943—95《信息技术设备(包括电气事务设备)的安全》、GB9254—88《信息、技术设备的无线电干扰极限值和测量方法》、GB17625.1—2003《电磁兼容 限值 谐波电流发射限值》)等标准，这些标准的认证标识应在电源的外表上以它们专用的图标标示出来。

7.5 其他外设

7.5.1 打印机概述

打印机是将计算机的运算结果或中间结果以人所能识别的数字、字母、符号和图形等，依照规定的格式打印在纸上的设备。衡量打印机好坏的指标有三项：打印分辨率、打印速度和噪声。打印机正向轻、薄、短、小、低功耗、高速度和智能化方向发展。

打印机的种类很多，按打印元件对纸是否有击打动作，分为击打式打印机与非击打式打印机；按打印字符结构，分为全形字打印机和点阵字符打印机；按一行字在纸上形成的方式，分为串式打印机与行式打印机；按所采用的技术，分为柱形、球形、喷墨式、热敏式、激光式、静电式、磁式、发光二极管式打印机。

图 7-9　喷墨式打印机

(1) 串式点阵字符非击打式打印机：主要有喷墨式打印机和热敏式打印机两种。

① 喷墨式打印机，如图 7-9 所示。

喷墨式打印机是应用最广泛的打印机。其基本原理是带电的喷墨雾点经过电极偏转后，直接在纸上形成所需字形。其优点是：组成字符和图像的印点比针式点阵打印机小得多，因而字符点的分辨率高，印字质量高且清晰；可灵活方便地改变字符尺寸和字体；打印采用普通纸，还可利用这种打印机直接在某些产品上印字；字符和图形形成过程中无机械磨损，印字能耗小；打印速度可达 500 字符/秒。广泛应用的有电荷控制型(高压型)和随机喷墨型(负压型)喷墨技术，近年来又出现了干式喷墨印刷技术。

图 7-10　热敏式打印机

② 热敏式打印机，如图 7-10 所示。其基本原理是：

流过印字头点电阻的脉冲电流产生的热传到热敏纸上，使其受热变色，从而印出字符和图像。其主要特点是无噪声，结构轻而小，印字清晰。缺点是速度慢，字迹保存性差。

(2) 行式点阵字符非击打式打印机：主要有激光、静电、磁式和发光二极管式打印机。

① 激光打印机。激光源发出的激光束经由字符点阵信息控制的声光偏转器调制后，进入光学系统，通过多面棱镜对旋转的感光鼓进行横向扫描，于是在感光鼓上的光导薄膜层上形成字符或图像的静电潜像，再经过显影、转印和定影，便在纸上得到所需的字符或图像。其主要优点是打印速度高，可达20 000行/分以上；印字的质量高，噪声小，可采用普通纸，可印刷字符、图形和图像。由于打印速度高，宏观上看，就像每次打印一页，故又称其为页式打印机。

② 静电打印机。将脉冲电压直接加在具有一层电介质材料的特殊纸上，以便在电介质上获得静电潜像，经显影、加热定影形成字符和图像。它的特点是印刷质量高，字迹不退色，可长期保存，生成潜像的功耗小，无噪声，简单可靠，但需使用特殊纸，且成本高。

③ 磁式打印机。它是电子复印技术的应用和发展，采用磁敏介质形成字符潜像，不需要高功率激光源，其优点是对湿度和温度变化不敏感，印刷速度可达8000行/分，结构简单，成本低。

④ 发光二极管式打印机。除采用发光二极管作光源外，其工作原理与激光打印机类似。由于采用发光二极管，因而降低了成本，减小了功耗。

打印机使用注意事项：

(1) 若打印机发生发热、冒烟、有异味、有异常声音等情况，请马上切断电源。

(2) 打印机上禁止放其他物品。打印机长时间不用时，请把电源插头从电源插座中拔出。

(3) 为防万一，当附近打雷时，将打印机电源插头从插座中拔出。

(4) 打印纸及色带盒未设置时，禁止打印，否则打印头和打印辊会受到损伤。

(5) 打印头处于高温状态时禁止接触，防止烫伤。

(6) 请勿触摸打印电缆接头及打印头的金属部分。

(7) 打印头工作的时候，禁止切断电源。

(8) 请不要随意拆卸、搬动、拖动打印机。

(9) 禁止异物(订书针、金属片、液体等)进入，否则会造成触电或机器故障。

(10) 在确保打印机电源正常、数据线和计算机已连接好时方可开机。

7.5.2* 扫描仪简介

扫描仪(见图7-11)用于将图像信息输入计算机，它是能够捕获图像并将之转换成计算机可以显示、编辑、存储和输出的数字化图像的输入设备。照片、文本页面、图纸、美术图画、照相底片、菲林软片，甚至纺织品、标牌面板、印制板样品等三维对象都可作为扫描对象，所以扫描仪广泛应用在标牌面板、印制板、印刷行业等。其用途和实际意义在于：

图7-11 扫描仪

(1) 可在文档中组织美术品和图片；

(2) 将印刷好的文本扫描输入到文字处理软件中，免去重新打字之麻烦；

(3) 可将印制版、面板标牌样品(该板即使无磁盘文件，又无菲林软片)扫描录入到计算机中，可对该板进行布线图的设计和复制，解决了抄板问题，提高抄板效率。

(4) 可实现印制板草图的自动录入、编辑，实现汉字面板和复杂图标的自动录入。

(5) 在多媒体产品中添加图像。

1．扫描仪分类

扫描仪可分为三大类型：滚筒式扫描仪、平面扫描仪以及近几年才有的笔式扫描仪。

滚筒式扫描仪一般使用光电倍增管(Photo Multiplier Tube，PMT)，因此它的密度范围较大，而且能够分辨出图像更细微的层次变化。

平面扫描仪使用的则是光电耦合器件(Charged-Coupled Device，CCD)，故其扫描的密度范围较小。所用 CCD 是一长条状感光元器件，在扫描过程中用来将图像反射过来的光波转化为数字信号。平面扫描仪使用的 CCD 大都是具有日光灯线性阵列的彩色图像感光器，其密度范围对扫描仪来说是非常重要的性能参数。密度范围又称像素深度，它代表扫描仪所能分辨的亮光和暗调的范围。通常滚筒式扫描仪的密度范围大于 3.5，而平面扫描仪的密度范围一般在 2.4～3.5 之间。

笔式扫描仪(也称为扫描笔)出现于 2000 年前后，扫描宽度大约只有四号汉字的宽度。使用时，贴在纸上一行一行地扫描，主要用于文字识别。近几年随着科技的发展，大家熟悉的普兰诺(planon.cn)扫描笔出现了，它可以扫描 A4 幅度大小的纸张，最高可达 400 DPI。最初的普兰诺 R710 只能扫描黑白页面，而现在不但可以扫描彩色页面，还可以扫描照片、名片等。之前的扫描笔都是连接电脑后才可扫描，普兰诺实现了脱机扫描，携带特别方便，适宜于外出扫描。

2．扫描仪工作原理

扫描仪获取图像的方式是先将光线照射到要扫描的材料上，光线反射回来后由 CCD 接收并实现光电转换。

当扫描不透明的材料如照片、打印文本以及标牌、面板、印制板实物时，材料上黑的区域反射的光线较少，亮的区域反射的光线较多，CCD 将反射回来的不同强度的光转换为数字信息，用 1 和 0 的组合表示，最后由扫描仪软件读入这些数据，并将其重组为计算机图像文件。

当扫描透明材料如制版菲林软片、照相底片时，不再利用光线的反射，而是让光线透过材料，再由 CCD 接收。扫描透明材料需要特别的光源补偿—透射适配器(TMA)装置来完成这一功能。

3．扫描组件

扫描系统中除了扫描仪外，扫描的有效组成要素还包括：

- 连接扫描仪和计算机的 SCSI 信号线；
- 控制扫描仪的工作软件，它是建立于扫描仪和应用程序之间的桥梁；
- 图像编辑软件、光学文件识别软件和印制板图形自动识别软件等；
- 显示彩色或灰色图像的显示器；
- 输出设备，如黑白或彩色激光打印机、热升华打印机、图文输出机或其他彩色打印设备。

除上述基本组件外，扫描仪还可以和下述附加设备匹配，使其具有更多的功能：

- 透射适配器(TMA)，用于扫描透明胶片材料。
- 自动进纸器(ADF)，自动进行最多达 50 页文本材料的连续扫描。

4．扫描仪选购指南

就像打印机一样，扫描仪技术也在日新月异地发展着。了解清楚关于扫描仪的技术发展以及未来的发展趋势，对选购此类设备是十分有利的。这里就从选购时需要注意的方面入手对扫描仪的技术发展做一个介绍。

(1) 光学分辨率。光学分辨率是扫描仪最重要的参数，扫描仪分辨率的单位严格定义应当是 ppi(指每英寸的像素数)，但人们也通常称为 dpi。一般使用横向分辨率来判定扫描仪的精度，因为纵向分辨率可通过扫描仪的步进电机来控制，而横向分辨率则完全由扫描仪的 CCD 精度来决定。最初扫描仪的光学分辨率未达到 300 dpi，1999 年之后大概为 600 dpi，2000 年以后逐步过渡到 1200 dpi，而现在，已经达到 2400 dpi。作为普通用户来说，具有 2400 dpi 光学分辨率的扫描仪足以满足需求了。

(2) 色彩位数。色彩位数(简称色位)是扫描仪所能捕获色彩层次信息的重要技术指标，高的色彩位数可得到较高的动态范围，对色彩的表现也更加艳丽逼真。色位可以影响扫描效果的色彩饱和度及准确度。色位的发展很快，从 8 位到 16 位，再到 24 位，又从 24 位到 36、48 位。这与我们对扫描的物件色彩还原要求越来越高是直接相关的，因此，色位值越大越好。虽然目前市场上的家用扫描仪的色彩位数多为 48 位(36 位还将继续存在)。

(3) 接口类型。扫描仪的接口是指扫描仪与电脑主机的连接方式，它从 SCSI 接口发展到 EPP(Enhanced Parallel Port)接口，如今步入了 USB 时代，并且多是 2.0 接口的。USB 接口作为近年新兴的行业标准，在传输速度、易用性及计算机相容方面均有较好的表现，自 1999 年推出以后，在家用市场的占有率节节上升，已经成为公认的标准。虽然目前市场上还能看到 EPP 接口的扫描仪，但是几乎所有的厂商都已经停产。

(4) 软件配置及其他。扫描仪配置有图像类、OCR 类和矢量化软件等。OCR 是目前扫描仪市场比较重要的软件技术，它实现了将印刷文字扫描得到的图片转化为文本文字的功能，提供了一种全新的文字输入手段，大大提高了用户的工作效率，同时也为扫描仪的应用带来了进步。

此外，扫描仪快捷键的发展，简化了用户使用扫描仪的步骤。

5．扫描仪的使用

1) 使用扫描仪的注意事项

(1) 保护好扫描镜头。扫描仪的光学成像部分的设计最为精密，光学镜头或反射镜头的位置稍有变动就会影响 CCD 成像的质量，甚至可能使 CCD 接收不到图像信号。为了避免在运输中由于扫描镜头前后撞击而造成的损坏，扫描仪上都安装有一个锁定装置(机械装置或电子装置)，专门用于锁定扫描仪的镜头组件，确保其不被随意移动。用户第一次使用扫描仪前，一定要先开锁，且保证电源开关置于“OFF”，才能插入电源插头(某些品牌的扫描仪，若不开锁就开电源，将有可能导致扫描仪传动系统瘫痪)。同样，扫描仪如需长途搬运，则必须先用该锁定装置把镜头锁定。

(2) 保持工作环境的清洁。扫描仪工作时，光从灯管发出后到 CCD 接收期间，要经过玻璃板以及若干个反光镜片及镜头，其中任何一部分落上灰尘或其他微小杂质，都会改变反射光线的强弱，从而影响扫描图像的效果。因此，工作环境的清洁是确保图像扫描质量的重要前提。

(3) 预热的好处。在开始扫描以前最好先让扫描仪预热一段时间(时间从十多秒到几分钟，依具体环境而定)。扫描仪在刚开启的时候，光源的稳定性较差，而且光源的色温也没有达到扫描仪正常工作所需的色温，因此，此时扫描输出的图像往往饱和度不足。

(4) 除去网纹。印刷品采用大小不同的点来表示颜色的深浅，人眼虽然很难看出来，但是扫描出来就全是网纹了。因此，许多扫描仪有去网纹的功能。该功能可由软件完成或由硬件完成。去网纹功能简化了后期处理的手续，经过调整可以直接得到无网纹的扫描图像。

(5) 将较大的图分几次扫描后拼接。如果扫描仪的幅面比较小，不能将需要扫描的器件一次扫描完，那就分成多次扫描。先用待扫描的器件在扫描仪上横竖测量一下，看是横扫还是竖扫好。无论是哪种方法，都涉及无缝拼接图形的问题，这就需要我们在扫描时注意一些细节。可以将器件水平放置在玻璃上。如果由于器件上的一些零件不能使之水平放置，就需要在较低的那边垫一点东西。用来垫的东西最好是规则的立方体并且不能挡住器件太多，只要能将器件水平放稳就行。还有一种方法就是在器件较高的那边放置一些重物使其较矮的那边翘起来。扫描完毕以后，将扫描后的图片放在一个新文件里看一下它们的明暗度是否一致，如果不一致，可以在 Photoshop 中用“Ctrl+M”和“Ctrl+L”命令来调整图片的明暗度。如果扫描的器件图片在拼接时总是错位，那是因为在扫描时器件没有水平放置。可以先确定哪幅图片由于透视变小而需要作纠正处理，然后在 Photoshop 中按下“Ctrl+T”，然后按着 Shift 选择需要增大的点，将透视变小的那部分图增大，不断调整它，使之与另一幅图片的边缘吻合，从而让它们成为一幅完整的图片。

(6) 提高扫描仪的中文识别率(即 OCR 识别率)。OCR(Optical Character Recognition)即光学字符识别，其作用就是让电脑知道它到底看到了些什么。要想提高扫描仪的 OCR 识别率，要注意：把原稿中的杂质过滤掉(如准确框选目标扫描区域，用涂改液等去掉文中杂质)；扫描时注意放正原稿；将扫描分辨率设为 300 dpi(黑白方式)；在“版面分析”中选择与所扫描原稿对应的版面类型(如横排、竖排等)。而要想 OCR 有效识别，则必须注意以下三点：

① 选择适当的分辨率，太低或太高的光学分辨率都会造成不好的识别效果。

② 调整适当的明亮度，使扫描出的图像既不断线也不会模糊成黑块。

③ 根据特殊的版面情况，进行自动或手动版面分析。

2) 常见故障及其解决方案

(1) 开启扫描仪时出现“SCSI card not found”提示。SCSI 卡上设置了保险丝，当遇到不良电路状况(电压不稳或短路等)会自动断开，待线路良好或测得温度降低后会自动连接。

(2) 扫描时发出的噪音很大。这是扫描仪工作时机械部分的移动产生的，与扫描速度密切相关。根据各品牌机器的具体情况，把扫描速度设置成中速或低速就可以解决问题。

(3) 找不到扫描仪。确认是否先开启扫描仪的电源，然后才启动计算机。如果不是，可以按“设备管理器”的“刷新”按钮，查看扫描仪是否有自检，绿色指示灯是否稳定地亮着。假若答案肯定，则可排除扫描仪本身故障的可能性。如果扫描仪的指示灯不停地闪烁，表明扫描仪状态不正常。先检查扫描仪与电脑的接口电缆是否有问题，以及是否安装了扫描仪驱动程序。此外，还应检查“设备管理器”中扫描仪是否与其他设备冲突(IRQ 或 I/O

地址)，若有冲突可以更改 SCSI 卡上的跳线。

(4) 扫描仪指示灯为橙色。若打开扫描仪后，其指示灯一直呈橙色，则应关闭扫描仪电源，并检查扫描仪电源是否在插座上插紧，以及是否接地。大约 60 秒后再打开扫描仪电源开关。

(5) 扫描仪的 Ready 灯不亮。打开扫描仪电源后，若发现 Ready 灯不亮，应先检查扫描仪内部灯管。若发现内部灯管是亮的，则问题可能与室温有关。解决的办法是让扫描仪通电半小时后，关闭扫描仪。一分钟后再打开它，问题即可迎刃而解。若此时扫描仪仍然不能工作，则先关闭扫描仪，断开扫描仪与电脑之间的连线，将 SCSI ID 的值设置成 7，大约一分钟后再把扫描仪打开。在冬季气温较低时，最好在使用前先预热几分钟，这样就可避免开机后 Ready 灯不亮的现象。

(6) 输出图像色彩不够艳丽。如果扫描的图像色彩不够艳丽，可以先调节显示器的亮度、对比度和 Gamma 值。Gamma 值是人眼从暗色调到亮色调的一种感觉曲线。Gamma 值越高，感觉色彩的层次就越丰富。在扫描仪自带的扫描应用软件里，我们可以对 Gamma 值进行调整。当然，为了求得较好的效果，也可以在 Photoshop 等软件中对 Gamma 值进行调整，但这属于“事后调整”，可以根据扫好的照片的具体情况进行 Gamma 值的调整。在扫描仪自带的软件中，如果是普通用途，Gamma 值通常设为 1.4；若是用于印刷，则设为 1.8；网页上的照片则设为 2.2。还有就是扫描仪在使用前应该进行色彩校正，否则就极可能使扫描的图像失真。此外还可以对扫描仪驱动程序对话框中的亮度/对比度选项进行具体调节。

(7) 扫描仪扫出来的画面颜色模糊，有些颜色不正确。

① 可能是扫描仪的平板玻璃脏了。请将此玻璃用干净的布或纸擦干净。注意不要用酒精之类的液体来擦，那样会使扫描出的图像呈现彩虹色。

② 请检查扫描仪使用的分辨率是多少。如 300 dpi 的扫描仪扫 1200 dpi 以上的影像会比较模糊，因为这就相当于将一点放至四倍大。

③ 请检查显示器设置是否为 16 b 色或以上。

7.5.3 数码相机概述

数码相机(Digital Camera，DC)是一种利用电子传感器把光学影像转换成电子数据的照相机。与普通照相机在胶卷上靠溴化银的化学变化来记录图像的原理不同，数码相机的传感器是一种光感应式的电荷耦合器件(CCD)或互补金属氧化物半导体(CMOS)。在图像传输到计算机以前，通常会先存储在数码存储设备中(通常使用闪存，软磁盘与可重复擦写光盘(CD-RW)已很少用于数码相机中)。

1. 工作原理

数码相机是集光学、机械、电子于一体的产品。它集成了影像信息的转换、存储和传输等部件，具有数字化存取模式、与电脑交互处理和实时拍摄等特点。光线通过镜头或者镜头组进入相机，通过成像元件转化为数字信号，数字信号通过影像运算芯片存储在存储设备中。数码相机的成像元件是 CCD 或者 CMOS，该成像元件的特点是光线通过时，能将不同光线转化为电子信号。

数码相机的优点是：

(1) 拍照之后可以立即看到图片，从而提供了对不满意的作品立刻重拍的可能性，减少了遗憾的发生。

(2) 只需为那些想冲洗的照片付费，其他不需要的照片可以删除。

(3) 色彩还原和色彩范围不再依赖胶卷的质量。

(4) 感光度也不再因胶卷而固定，因其光电转换芯片能提供多种感光度选择。

数码相机的缺点是：

(1) 由于经过了成像元件和影像处理芯片的转换，成像质量相比光学相机缺乏层次感。

(2) 由于各个厂家的影像处理芯片技术的不同，成像照片表现的颜色与实际物体有不同的区别。

(3) 由于中国缺乏核心技术，后期使用维修成本较高。

2. 产品分类

根据数码相机的用途可以简单分为单反数码相机、卡片数码相机和长焦数码相机。

1) 单反数码相机

单反数码相机指的是单镜头反光数码相机，其英文缩写DSLR即Digital(数码)、Single(单独)、Lens(镜头)、Reflex(反光)这四个英文单词的首字母。目前市面上常见的单反数码相机品牌有尼康、佳能、宾得、富士等。

在单反数码相机的工作系统中，光线透过镜头到达反光镜后，折射到上面的对焦屏并形成影像，透过接目镜和五棱镜，人们可以在观景窗中看到外面的景物。与此相对的，一般数码相机只能通过 LCD 屏或者电子取景器(EVF)看到所拍摄的影像。显然直接看到的影像比通过处理看到的影像更利于拍摄。

在单反相机拍摄时，按下快门钮，反光镜便会往上弹起，感光元件(CCD 或 CMOS)前面的快门幕帘便同时打开，通过镜头的光线便投影到感光元件上感光，然后后反光镜便立即恢复原状，观景窗中可以看到影像。单镜头反光相机的这种构造，确定了它是完全透过镜头对焦拍摄的，它能使观景窗中所看到的影像和胶片上的一样。它的取景范围和实际拍摄范围基本上一致，十分有利于直观地取景构图。

2) 卡片数码相机

卡片相机在业界没有明确的概念，拥有小巧的外形、相对较轻的机身以及超薄时尚的设计是衡量此类数码相机的主要标准。其中索尼 T 系列、奥林巴斯 AZ1 和卡西欧 Z 系列等都属于这类相机。

卡片数码相机非常便于随身携带，虽然它的功能并不强大，但是最基本的曝光补偿功能也是其标准配置，再加上区域或者点测光模式，还是能够完成一些摄影创作的。

卡片相机的优点：时尚的外观，大屏幕液晶屏，小巧纤薄的机身，操作便捷。缺点：手动功能相对薄弱，超大的液晶显示屏耗电量较大，镜头性能较差。

3) 长焦数码相机

长焦数码相机指的是具有较大光学变焦倍数的机型，而光学变焦倍数越大，能拍摄的景物就越远。代表机型为美能达 Z 系列、松下 FX 系列、富士 S 系列、柯达 DX 系列等。

长焦数码相机的主要特点其实和望远镜的原理差不多，通过镜头内部镜片的移动而改变焦距。当人们拍摄远处的景物或者是被拍摄者不希望被打扰时，长焦的好处就发挥出来了。另外焦距越长，则景深越浅，和光圈越大景深越浅的效果是一样的，浅景深的好处在于突出主体而虚化背景。一些镜头越长的数码相机，内部的镜片和感光器移动空间更大，所以变焦倍数也更大。如今数码相机的光学变焦倍数大多在(3～12)倍之间，即可把 10 米以外的物体拉近至 4 米左右；也有一些数码相机拥有 10 倍的光学变焦效果。

随着光学技术的进步，目前的 10 倍变焦镜头实际上在光学性能上应该可以满足人们日常拍摄的需要。

小　　结

本章较详细地介绍了计算机各外部设备，包括声卡、音箱、键盘、鼠标、机箱、电源的功能、分类、安装及选购，并简要介绍了微机常用的外设打印机、扫描仪等。

思考与练习题

1. 声卡如何分类？
2. 声卡有哪些连接端口？如何连接声卡与其他设备？
3. 怎样进行声卡的安装？
4. 音箱如何分类？
5. 为什么要将低音和中高音分开处理呢？
6. 如何选购音箱？
7. 键盘如何分类？机械式键盘与电容式键盘是如何工作的？
8. 鼠标如何分类？机械鼠标与光电鼠标是如何工作的？
9. AT 机箱与 ATX 机箱最大的区别是什么？它们能否互换？
10. ATX 电源有何特点？

第 8 章　微机系统整机组装

组装计算机时使用的工具主要是一把十字螺丝刀，为了安装更方便，还可以准备一把一字螺丝刀和尖嘴钳，并准备好安装 CPU 散热风扇用的散热膏，如图 8-1 所示。

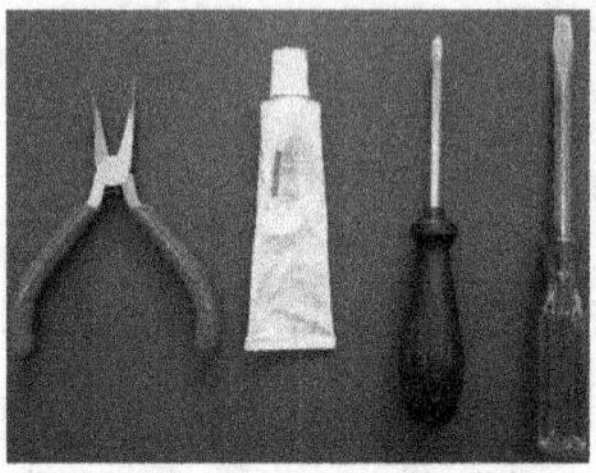

图 8-1　安装计算机所用的工具和材料

8.1　整机组装的重要原则

为了人和计算机的安全，在组装过程中，务必要遵守以下的原则和注意事项：

(1) 认真阅读说明书。组装之前仔细阅读每个部件的说明书是很有必要的。首先要阅读主板的说明书，并根据其说明设定主板上的跳线和连接面板连线。其次阅读硬盘、光驱、显卡和声卡说明书。硬盘和光驱有主从盘之分，需要根据实际情况进行设置。

(2) 操作前清除静电。人的身体本身有时可能带有静电，尤其在冬天穿了多层不同质地的衣物时，操作过程中就可能因磨擦而产生大量的静电。而静电往往是各敏感部件，如 CPU 和显卡等的头号杀手。所以在操作之前应洗洗手，触摸接地良好的导体(如水龙头)等，释放身体静电以防部件受损。

(3) 严禁带电操作。一般来说，各部件的安装都必须断电操作，严禁在通电的情况下拔插各部件。

(4) 电源接通断开之间有时间间隔。计算机电源在接通或断开的瞬间有可能产生较大的尖峰电压和冲击电流。尤其在很频繁地开关计算机电源的情况下，很容易造成各部件内电器元件受高电压、高电流冲击而被击穿。所以一定要严格注意电源开关的时间间隔。关闭电源后再重新接通电源的最小时间间隔应该在 30 s 以上。

8.2　主要部件的安装

各主要部件的安装顺序一般是：在主板上安装 CPU 及风扇、内存条；机箱准备，包括安装机箱电源和拆下硬盘、软盘、光盘支架；将主板固定在机箱内；在机箱驱动器支架上安装硬盘、光驱等并将其安装到机箱上；在主板扩展槽内安插各种板卡，如显卡、声卡、内置 Modem 等；进行内部部件的线路连接；进行外部部件的线路连接。

8.2.1 CPU 的安装

在将主板装进机箱前最好先将 CPU 及风扇和内存安装好，以免将主板安装好后机箱内狭窄的空间影响 CPU、风扇、内存条等的顺利安装。

CPU 插座的一个角比其他三个角少一个插孔，CPU 芯片本身也是如此，所以 CPU 的接脚和插孔的位置是对应的，这就标明了 CPU 的安装方向。安装 CPU 时先拉起插座的手柄，把 CPU 按正确方向放进插座，使每个接脚插到相应的孔里。注意要放到底，但不必用力向 CPU 施压。然后把手柄按下，这样，CPU 就被牢牢地固定在主板上了。然后安装 CPU 风扇。风扇是用一个弹性铁架固定在插座上的。当取下 CPU 时，先取下风扇；然后要先把手柄拉起来，再取下 CPU。CPU 的安装过程如图 8-2 所示。

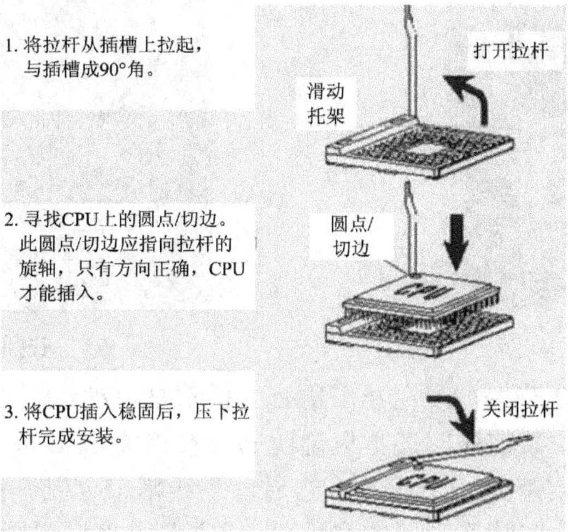

图 8-2 CPU 的安装过程

第一步，稍向外、向上用力拉开 CPU 插座上的锁杆与插座，使其呈 90° 角，以便让 CPU 能够插入处理器插座。

第二步，将 CPU 上针脚有缺针的部位对准插座上的缺口。

第三步，将 CPU 插入插座中，然后按下锁杆。图 8-3 是安装好后的 CPU。

第四步，在 CPU 的核心上均匀涂上足够的散热膏(硅脂)。但要注意不要涂得太多，只要均匀地涂上薄薄一层即可。

图 8-3 安装完成的 CPU

一定要在 CPU 上涂散热膏或加散热垫，这有助于将废热由处理器传导至散热装置上。没有在处理器上使用导热介质会导致宕机甚至烧毁 CPU。此外，若散热装置的接触面有任何细微的偏差，甚至只是一小点的灰尘，都会导致无法有效地将废热从处理器传导出来。散热膏同时在 CPU 的接触面上(就是印模)也充满了极微小的散热孔道。一些散热装置的制造商会在其产品中附有散热膏，如果没有，在大多数计算机或电子零件商店都会有卖。

CPU 的安装一般很简单，但 CPU 风扇的安装较复杂，其步骤如下：

第一步，在主板上找到 CPU 和它的支撑机构的位置，然后安装好 CPU。

第二步，将散热片妥善定位在支撑机构上。

第三步，将散热风扇安装在散热片的顶部，向下压风扇直到它的四个卡子卡入支撑机构对应的孔中。

第四步，将两个压杆压下以固定风扇，如图 8-4 所示。需要注意的是，每个压杆都只能沿一个方向压下。

第五步，将 CPU 风扇的电源线接到主板上 3 针的 CPU 风扇电源接头上即可，如图 8-5 所示。

图 8-4　CPU 风扇的安装

图 8-5　安插 CPU 风扇电源接头

小知识：跳线与 DIP 开关。现在几乎所有主板都是自动识别 CPU 以及设置电压的，但为了以防万一，最好在安装前先阅读主板说明书，看相关 CPU 安装的细节，确定是否需要进行跳线设置。跳线其实就是一个开关，它通过跳线帽来控制开关的闭合，从而达到主板以及部件功能的通断及一些特殊功能的实现。跳线主要用来设定硬件的工作状态，譬如 CPU 的内核电压、“外频”和“倍频”、主板的资源分配以及启用/关闭某些主板功能等。跳线赋予了主板更为灵活的设置方式，使用户能够随心所欲地对主板上各部件的工作方式进行设置。但是随着大量硬件参数的设置在 BIOS 中得以完成，主板上的跳线已经较 486、586 时代大大减少了。而 DIP 开关则是一组组合开关，通常可控制 CPU 的倍频和外频，不过现在 CPU 的倍频一般都锁定，所以只有外频调整。此外，尽管跳线已经使硬件设置非常灵活，但是跳线的插拔方式毕竟使用起来不太方便。为此，DIP 开关开始出现在主板上，使用 DIP 开关，我们可更为直观和容易地设置硬件的工作状态。

8.2.2　内存条的安装

安装内存条时要注意不要太用力，以免掰坏线路。内存条上的金属接脚端有凹槽，对应内存条插槽上的凸棱，所以方向容易确定。安装时把内存条对准插槽，均匀用力插到底就可以了。此时，插槽两端的卡子会自动卡住内存条。要取下内存条时，只要用力按下插槽两端的卡子，内存条就会被推出插槽了。

现在常用的内存条有 168 线的 SDRAM 内存和 184 线的 DDR SDRAM 两种，其主要外观区别在于 SDRAM 内存条金手指上有两个缺口，而 DDR SDRAM 内存条只有一个。下面我们就以 184 线的 DDR SDRAM 内存条为例，讲解内存条的安装过程。

第一步，安装内存条前先要将内存条插槽两端的白色卡子向两边扳动(见图 8-6)，将其打开，这样才能将内存插入。然后插入内存条，内存条的一个凹槽必须直线对准内存插槽上的一个凸点(隔断)，如图 8-7(a)所示。

图 8-6　内存条的安装

第二步，向下按内存条，在按的时候需要稍稍用力，以使紧压内存条的两个白色固定杆将内存条固定住，如图 8-7(b)所示。此时即完成内存条的安装。

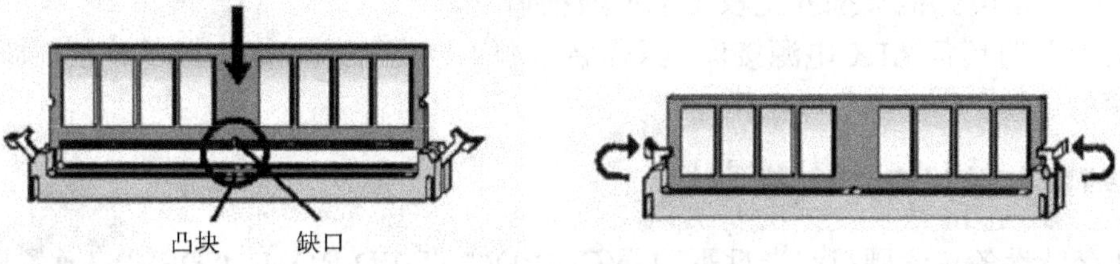

图 8-7　安装 DDR 内存条示意图

提示：SDRAM 内存条的安装和 DDR 内存条的安装基本一样，差别在于 SDRAM 内存条及其插槽上有两个对应缺口。而且内存条的两端各有一个缺口，正好和内存条插槽两端的白色卡子对应。如果内存条插到位，该卡子会卡在内存条的缺口中。如果内存条插到底时两端的卡子还是不能自动合拢，可用手将其扳到位。

8.2.3　主板的安装

在主板上装好 CPU 和内存条后，即可将主板装入机箱中。

如图 8-8 所示，机箱的整个机架由金属组成。其 5 英寸固定架可以安装光驱等设备；3 英寸固定架用来固定小软驱、3 英寸硬盘等；电源固定架用来固定电源。而机箱下部那块大的铁板用来固定主板，在此称之为底板。底板上面的很多固定孔用来上铜柱或塑料钉以固定主板。而机箱背部的槽口是用来固定板卡及打印口和鼠标口的。在机箱的下面还有四个塑料脚垫。不同的机箱固定主板的方法可能不一样，但一般来说采用螺钉固定，稳固程度很高，但要求各个螺钉的位置必须精确。主板上一般有 5～7 个固定孔，要选择合适的孔与主板匹配。选好以后，把固定螺钉旋紧在底板上(现在的大多数机箱已经安装了固定柱，而且位置都是正确的，不用我们再单独安装了)。然后把主板小心地放在上面，注意将主板上的键盘口、鼠标口、串并口等和机箱背面挡片的孔对齐，使所有螺钉对准主板的固定孔，依次把每个螺丝安装好。总之，要求主板与底板平行，决不能碰在一起，否则容易造成短路。

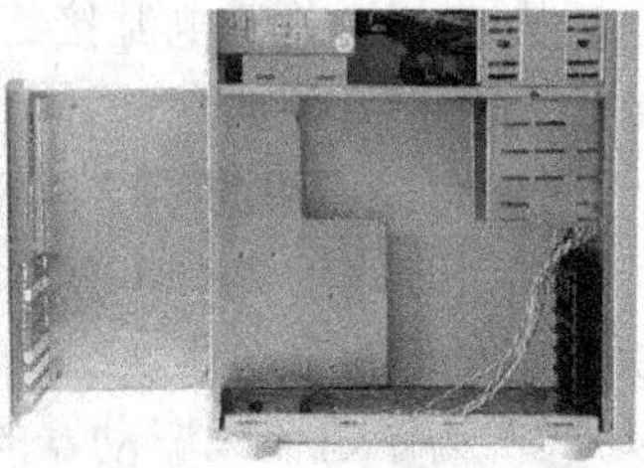

图 8-8　主机箱

准备好主机箱后，就可以安装主板了。安装主板的步骤如下：

第一步，将机箱或主板附带的固定主板用的铜柱和塑料钉旋入主板和机箱的对应位置。

第二步，将机箱上I/O接口的密封片撬掉，可根据主板接口情况，将机箱后面相应位置的挡板去掉。这些挡板与机箱是直接连接在一起的，需要先用螺丝刀将其顶开，然后用尖嘴钳将其扳下。外加插卡位置的挡板可根据需要决定是否去掉，不要简单地将所有的挡板都取下。

第三步，将主板对准I/O接口放入机箱，如图8-9所示。

图8-9　安装在机箱底板上的主板

第四步，将主板固定孔对准铜柱和塑料钉，用螺丝将主板固定好。

第五步，将电源插头插入主板上的相应插口中。ATX主板上普遍具备ATX电源接口，只需将电源上同样外观的插头插入该接口即可完成对ATX电源的连接。

8.2.4　辅助存储设备的安装

辅助存储设备包含硬盘、光盘驱动器(CD-ROM、DVD-ROM、CDRW)、软盘驱动器等。由于现在软盘驱动器基本被淘汰，所以这里只介绍硬盘和光盘驱动器的安装。

1．硬盘的安装

(1) 安装硬盘的基础知识(见图8-10)。

① 每个IDE口都可以有而且最多只能有一个“Master”盘(主盘，用于引导系统)。

② 当两个IDE口上都连接有硬盘时，老主板通常总是尝试从第一个IDE口上的“主”盘启动。而现在的主板，一般都可以通过CMOS的设置，指定哪一个IDE口上的硬盘是启动盘。

图8-10　IDE硬盘设备接口

③ ATX电源在关机状态时仍保持5 V电压，所以在进行零配件的安装和拆卸以及外部电缆线的插拔时必须关闭电源接线板开关或拔下机箱电源线。

④ 有些机箱的驱动器托架安排得过于紧凑，而且与机箱电源的位置非常靠近，安装多个驱动器时比较费劲。所以我们建议先在机箱中安装好所有驱动器，再进行线路连接工作，以免先安装的驱动器连线挡住安装下一个驱动器所需的空间。

⑤ 为了避免因驱动器的震动造成的存取失败或驱动器损坏，建议在安装驱动器时在托架上安装并固定所有的螺丝。

⑥ 为了方便安装及避免机箱内的连接线过于杂乱无章，在机箱上安装硬盘、光驱时，连接同一IDE口的设备应该相邻。

⑦ 电源线的安装是有方向的，反了会插不上。

⑧ 考虑到以后可能需要安装多个硬盘或光驱，攒机前最好准备两条 IDE 设备信号线(俗称“排线”)，每条线带 3 个接口(一个连接主板 IDE 端口，另外两个用来连接硬盘或光驱)。为了避免机箱内的连接线过于杂乱无章，“排线”上用于连接硬盘或光驱的接口应尽量靠近，一般 3 个接口之间的“排线”长度应为 2∶1(见图 8-11)。

⑨ 在同一个排线 IDE 口上连接两个设备时，一般的原则是传输速度相近的安装在一起，硬盘和光驱应尽量避免安装在同一个 IDE 口上(见图 8-12)。

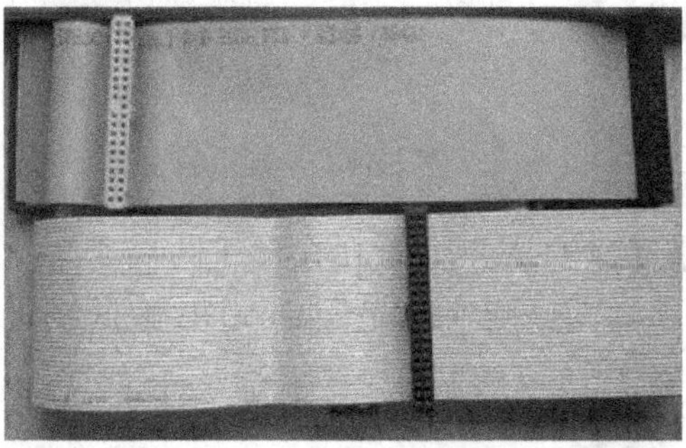

图 8-11　数据排线

图 8-12　主板上 IDE 及软驱接口

小知识：主盘(Master)与从盘(Slave)。在一台计算机里一般只有两个 IDE 接口，每一根接线有三个接口，其中一个接主板的 IDE 接口，另两个则可以接两个硬盘或一个硬盘与一个光驱。在同一根接线上如果接两个 IDE 接口设备，则其中一个是主盘，另一个为从盘。由于硬盘缺省的跳线设置为主硬盘，所以要将其中一个硬盘的跳线设为从盘，否则将无法启动系统。具体的设置可见硬盘后面的跳线设置说明。一般来说，光驱出厂时已设为从盘，所以安装时不必再跳线。图 8-13 所示为硬盘上的跳线及说明文字。

图 8-13　硬盘上的跳线及说明文字

(2) 单硬盘的安装步骤。

第一步，如果只用一根 IDE 线来连接硬盘，那么可以把硬盘放到插槽中去，单手捏住硬盘(注意手指不要接触硬盘底部的电路板，以防身上的静电损坏硬盘)，对准安装插槽后，轻轻地将硬盘往里推，直到硬盘的四个螺丝孔与机箱上的螺丝孔对齐为止。

第二步，硬盘到位后，上螺丝固定。注意，硬盘在工作时其内部的磁头会高速旋转，因此必须保证硬盘安装到位，确保固定。硬盘的两边各有两个螺丝孔，因此最好能上四个螺丝，并且在上螺丝时，四个螺丝的进度要均衡，切勿一次性拧好一边的两个螺丝，然后再去拧另一边的两个。如果一次就将某个螺丝或某一边的螺丝拧得过紧的话，硬盘可能受力就会不对称，影响数据的安全，见图 8-14。

图 8-14　单硬盘的安装

第三步，先将 IDE 线插在硬盘上的 IDE 口上，然后再将其插紧在主板的 IDE 接口上，最后将 ATX 电源上的扁平电源线接头插在硬盘的电源插头上。需要注意的是，如果 IDE 线无防插反凸块，在安装 IDE 线时需按 IDE 线上有红线一端对电源接口的原则来进行安装。IDE 数据线的连接见图 8-15。

图 8-15　IDE 数据线的连接

小知识：一般主板上都有两个 IDE 插口——IDE1 和 IDE2，在一般情况下我们都将硬盘连接在 IDE1 口上，而将光驱等设备连接在 IDE2 口上。此外，IDE 口上一般都有一个缺口，用来和 IDE 硬盘线上的防插反凸块对应，以防止插反。

2. 光驱的安装

(1) 光驱的跳线。光驱的跳线非常重要，特别是当光驱与硬盘共用一条数据线的时候，如果设置不正确就无法识别光驱。一般安装光驱时只需将它设置为主盘就行了。

(2) 将光驱装入机箱。先拆掉机箱前方的一个 5 寸固定架面板，然后把光驱滑入。把光驱从机箱前方滑入机箱时要注意光驱的方向，现在的机箱大多数只需要将光驱平推入机箱就行了。但是有些机箱内有轨道，那么在安装光驱的时候就需要安装滑轨。安装滑轨时应注意开孔的位置，并且要将螺钉拧紧。滑轨上有前后两组共 8 个孔位，大多数情况下，靠近弹簧片的一对与光驱的前两个孔对齐。当滑轨的弹簧片卡到机箱里，听到“咔”的一声响，光驱就安装完毕。光驱的安装空位见图 8-16。

(3) 固定光驱。在固定光驱时，要用细纹螺钉固定，每个螺钉不要一次拧紧，要留一定的活动空间。如果在上第一颗螺钉的时候就固定死，那么当你上其他 3 颗螺钉的时候，有可能因为光驱有微小位移而导致光驱上的固定孔和框架上的开孔之间错位，导致螺钉拧不进去，而且容易滑丝。正确的方法是把 4 颗螺钉都旋入固定位置后，调整一下，最后再拧紧螺钉。光驱的安装见图 8-17。

图 8-16 光驱的安装空位

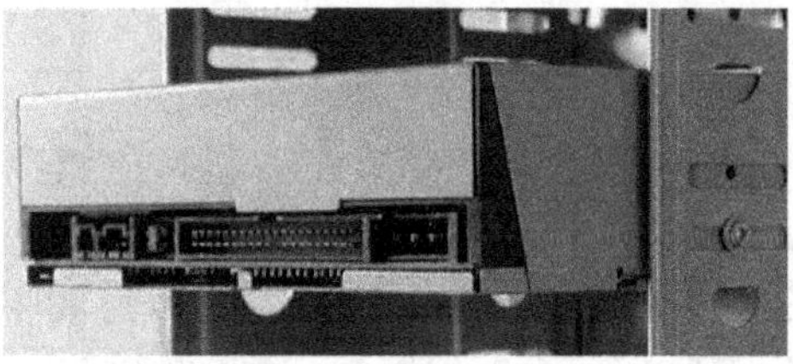

图 8-17 光驱的安装

(4) 安装连接线。依次安装好 IDE 排线和电源线。

3．双辅助存储器的安装

许多时候我们需要在一根 IDE 线上连接两个存储设备，如两个硬盘、两个光驱或一个硬盘、一个光驱，这时该怎么来安装呢？

(1) 安装双辅助存储设备的条件。

① 机箱电源能满足新增辅助存储设备的电源需求。一般机箱中的电源输出功率都在 200 W 以上，理论上说加块硬盘应该没问题。但如果使用的是耗电量大的显卡，另外又加装了 DVD 等，那么就要考虑电源是否还能再提供 12 W 左右的功率去支持一块硬盘。

② 尚有空闲的硬盘线插头。现在的电脑主板都能提供 2 个 IDE 接口，可接两根双插头的 40 芯硬盘线(数据线)，挂 4 块 IDE 兼容设备，即可接四块诸如硬盘、光驱或 ZIP 高密软驱等 IDE 设备。但如果只有一条 40 芯数据线，最好再买一根预备着。

(2) 主、从状态设置和安装。

当以上几个条件都具备后，在安装到机箱中以前还要将两块硬盘按自己的意愿分别设置成主盘和从盘，这样安装后才能被系统接纳，正常使用。主、从盘的设置可按以下方法进行：

所有的 IDE 设备包括硬盘都使用一组跳线来确定安装后的主、从状态。硬盘跳线器大多设置在电源连接插座和数据线连接插座之间的地方，通常由 3 组(6 或 7)针或 4 组(8 或 9)针再加一个或两个跳线帽组成。另外在硬盘或光驱的正面或反面一定还印有主盘(Master)、从盘(Slave)以及由电缆选择(Cable select)的跳线方法。

各类硬盘或光驱的跳线方法和标记说明大同小异。硬盘上不但印制了跳线说明，而且标明了电源线和硬盘线的正确连接方法。

(3) 安装双硬盘时需注意的问题。

如果新增加的硬盘与光驱等设备一起接在第二硬盘线上，要注意光驱等设备的主、从盘设置不能与新加硬盘相冲突，否则也会出现主板检测不到新增硬盘或者找不到原光驱的问题。一般情况下硬盘和光驱可以按在机箱中的安装位置就近连接，但若考虑不同型号、规格的硬盘以及硬盘与光驱之间的不同数据传输率，则可根据具体 IDE 设备的实际情况连接。

8.3 线 路 连 接

线路连接工作主要有内部部件线路连接和外部设备线路连接。

8.3.1 内部部件线路连接

内部部件线路连接主要包括主板电源线及接头、CPU 电源线及接头、各部件风扇电源线及接头、硬盘数据线及电源线、光盘驱动器数据线及电源线、软盘驱动器数据线及电源线、机箱面板按钮、接口、指示灯和主板跳线的连接。前面介绍各部件安装时已说明了各数据线及电源线的连接，这里我们仅介绍机箱面板线的连接。

在安装主板时，难点不是将主板放入机箱中并固定好，而是机箱连接线该怎么连接。下面就先来了解一下机箱连接线。

(1) PC 喇叭的四芯插头，实际上只有 1、4 两根线，1 线通常为红色，它接在主板 Speaker 插针上。这在主板上有标记，通常为 Speaker。在连接时，注意红线对应 1 的位置(注：有的主板将正极标为“1”，有的标为“+”，视情况而定)。

(2) Reset 接头连着机箱的 Reset 键，它要接到主板上的 Reset 插针上。主板上 Reset 插针的作用是：当它们短路时，电脑就重新启动。Reset 键是一个开关，按下它时产生短路，手松开时又恢复开路，瞬间的短路就使电脑重新启动。偶尔会有这样的情况，当按一下 Reset 键并松开时，它并没有弹起，一直保持着短路状态，这时电脑就不停地重新启动。

(3) ATX 结构的机箱上有一个总电源的开关接线，是个两芯的插头，它和 Reset 的接头一样，按下时短路，松开时开路。按一下此开关，电脑的总电源就被接通了，再按一下就关闭。还可以在 BIOS 里设置必须按下电源开关四秒钟以上才会关机，或者根本就不能按开关来关机，而只能靠软件关机。

(4) 图 8-18 所示是电源指示灯的接头。在主板上，插针通常标记为 POWER，连接时注意绿色线对应于第一针(+)。当它连接好后，电脑一打开，电源灯就一直亮着，指示电源已经打开了。

图 8-18 电源指示灯的接头

(5) 硬盘指示灯的两芯接头，1 线为红色。在主板上，这样的插针通常标着 IDE LED 或 HD LED 的字样，连接时要使红色线对应第一针。这条线接好后，当电脑读写硬盘时，机箱上硬盘的灯会亮。有一点要说明，这个指示灯只能指示 IDE 硬盘，对 SCSI 硬盘是不行的。

连接这些指示灯线和开关线是比较繁琐的，因为不同的主板在插针的定义上是不同的。究竟哪几根是用来插接指示灯的，哪几根是用来插接开关的，都需要查阅主板说明书才能清楚，所以建议最好在将主板放入机箱前就将这些线连接好。另外，主板的电源开关、Reset(复位开关)这几种设备是不分方向的，只要弄清插针就可以插好。而 HDD LED(硬盘灯)、POWER LED(电源指示灯)等，由于使用的是发光二极管，所以插反是不能闪亮的，一定要仔细核对说明书上对该插针正负极的定义。如图 8-19 所示是连好后的前面板线。

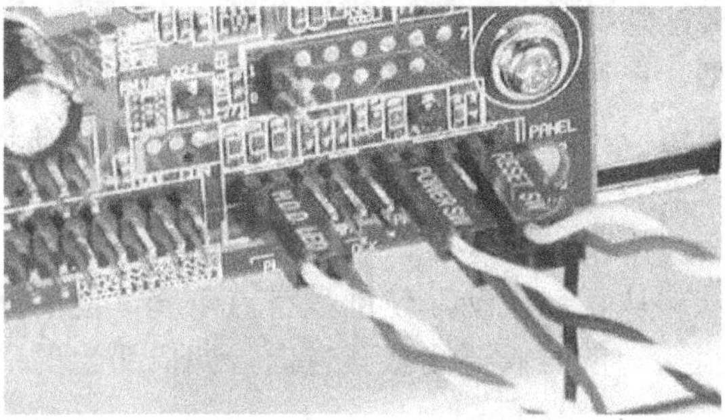

图 8-19　连好后的前面板线

8.3.2　外部设备线路连接

外部设备线路连接主要包括主机电源线、键盘和鼠标连接线、显示器信号线及电源线、音箱信号线及电源线等的连接。

1. 安装显示器

(1) 把显示器侧放。在搬动显示器时，应先观察显示器。一般在显示器的两侧会有两个方便手拿的扣槽，用户扣住这两个槽，就可以方便地搬动显示器了。我们首先把显示器侧放。

(2) 安装底座。如图 8-20 所示，在显示器的底部有许多小孔，其中就有安装底座的安装孔。显示器的底座上有几个突起的塑料弯钩，这些弯钩就是用来固定显示器底座的。将底座上突出的塑料弯钩与显示器底部的小孔对准，按正确的方向插入插孔内，听见“咔”的一声响，表明显示器底座已经固定在显示器上了。

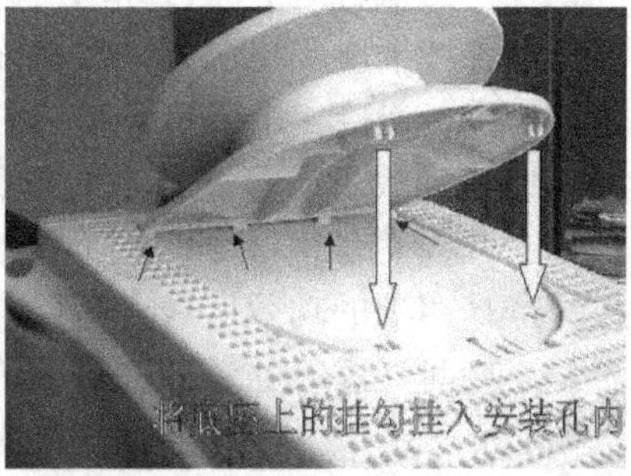

图 8-20　显示器底座的安装

(3) 连接显示器的电源。从附袋里取出显示器的电源线，将其一端连在显示器上，另外一端连接到电源插座上。

(4) 连接显示器的信号线。把显示器后部的信号线与机箱后面的显卡输出端相连接。显卡的输出端是一个 15 孔的三排插座(见图 8-21)，只要将显示器信号线的插头插到上面就行了。插的时候要注意方向。厂商在设计插头的时候为了防止插反，将插头的外框设计为梯形，因此一般情况下是不容易插反的。如果使用的显卡是集成在主板上的，那么一般情况下显示器的输出插孔位置是在串口 1 的下方。如果不能确定，那么请按照说明书上的说明进行安装。

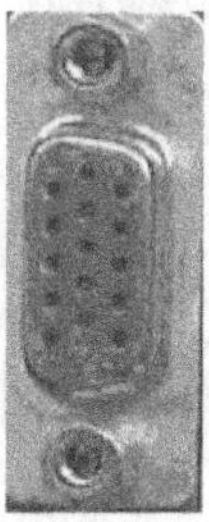

图 8-21　VGA 接口

2. 连接鼠标、键盘

键盘和鼠标是PC中最重要的输入设备，必须安装。键盘和鼠标的安装很简单，只需将其插头对准缺口方向插入主板上的键盘/鼠标插座即可。

现在最常见的是PS/2接口的键盘和鼠标，这两种接口的插头是一样的，很容易弄混，所以我们在连接的时候要注意颜色。

小知识：按接口类型，鼠标可以分为串口、PS/2、USB 三类。传统的鼠标是串口连接的，它占用了一个串行通信口。PS/2接口的鼠标是目前市场上的主流产品。USB接口也是一种输入/输出接口，用于连接键盘、鼠标、数码相机等外部设备。键盘有PS/2接口的，也有USB接口的。

提示：键盘背面的塑料块可以搬动，使键盘有点角度，便于操作。键盘接口是一个五针的圆形插头。连接键盘接口的时候要注意其方向，即插头上的“小舌头”一定要对准插孔中的方形孔。

3. 安装和连接音箱

在多媒体电脑中音箱已成为必不可少的放音设备。而随着技术的发展，多声道PC有源音箱渐成主流。现在的PC音箱大都使用2.1式、4.1式或5.1式的。例如，4.1式音箱一般由1个低音炮和4个卫星音箱组成，再配上较专业的4.1声卡，能够获得环绕声较强的音响效果。

下面我们就以漫步者R4.1音箱为例来介绍音箱的连接。

该音箱由低音炮R401T和4个无源音箱R80NT组成。在其主音箱(低音炮)的背面，最左端是电源线插座和电源开关。在没有将4个卫星音箱接好之前，最好不要开启电源。

第一步，连接4个卫星音箱。在音箱背部的输出插孔旁有“+ R –”、“– L +”等英文字样，它们分别代表右环绕音箱的正负极和左环绕音箱的正负极。对于卫星音箱来说，在技术指标上并没有任何区别，换而言之，它们是完全一样的产品，之所以能产生两个声道的效果完全是声卡的功效所致。所以，在连接的时候，只需要将4个音箱的正负极接对就可以了。连接时注意线的颜色要对应，而且不要将两接头相碰短路，见图8-22。

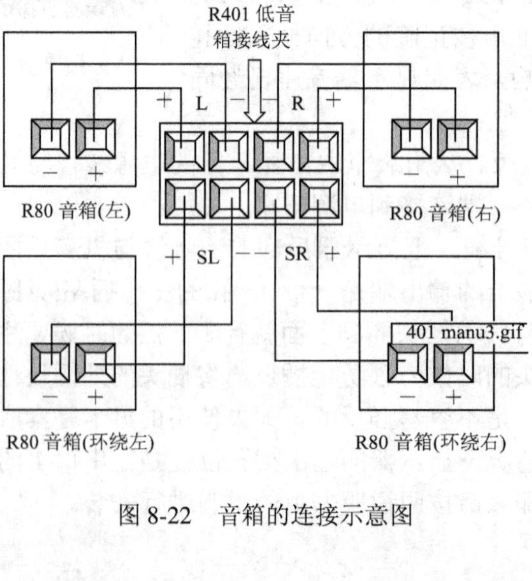

图8-22　音箱的连接示意图

第二步，连接音源。如果使用的是真正的 4 声道及以上的音源(声卡)，可将音箱的输入方式选择开关拨到“4 声道”一侧，这时组成的是 4.1 系统，线路输入 A 口作为左右声道(或称前置声道)输入，线路输入 B 口作为环绕声道输入，见图 8-23。而如果使用的是普通立体声(2 声道)音源，请将输入方式选择开关拨到“2 声道”一侧，此时组成的是虚拟 4.1 系统，环绕音箱放出的是虚拟环绕声，音源可从线路输入 A 口或 B 口输入。

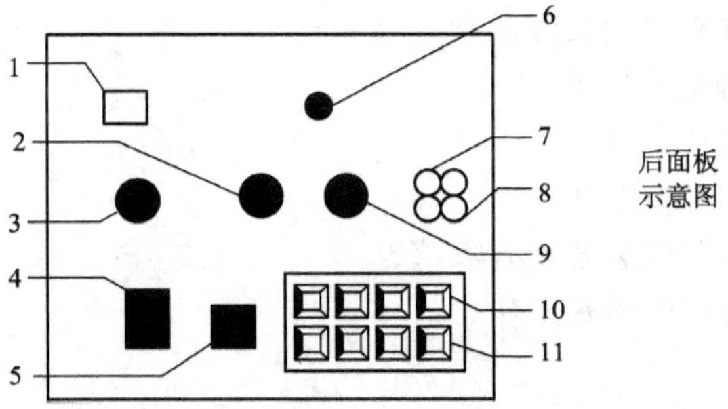

1—USB输入口(仅限于USB型)；2—主音量旋钮；3—低音音量旋钮；4—电源开关；
5—电源线；6—输入方式选择开关；7—线路输入B口；8—线路输入A口；
9—环绕声道音量旋钮；10—左右输出接线夹；11—环绕输出接线夹

图 8-23　音箱后面板示意图

第三步，放音。插上电源，把主音量旋钮调至适当的位置，打开电源开关，根据需求调节低音音量旋钮，即可享受到漫步者 R4.1 系统的音乐魅力。

提示：放音时请使用适当的音量聆听，因为过大的声音可能会损伤你的听觉系统或破坏音响系统。当音源的输出信号较大时，开大音量可能会出现失真，所以可把音源的输出音量和本系统的音量调节到适当的位置。环绕声道的音量也不宜过大，过大的环绕声也将影响听音效果。此外，当作为虚拟 4.1 系统放音时，音箱的环绕音量会自动变小。

8.4　通电前的检查

安装连接好各部件后，还必须仔细检查各内部连接及外部连接。要测试安装是否正确，可以从以下几方面进行检查：

(1) 检查主板上的 CPU 电压跳线、CPU 频率跳线、内存频率跳线是否设置合理。

(2) 检查 CPU 缺口标记和插座上的缺口标记是否对应。

(3) 检查 CPU 风扇、显卡风扇及硬盘风扇是否正确接上电源线。

(4) 检查机箱面板引出线是否插接正确。

(5) 检查硬盘、光驱、软驱上的数据线的红色线是否对着电路板的“1”标记。

当确定一切无误后，才能接通电源试机。

小　结

本章主要介绍了计算机整机组装的原则和各主要部件的装拆要领及整机组装过程等。

整机组装的好坏是计算机正常运行的基本保障，一些硬件故障往往是组装不当造成的，所以正确的组装方式是非常关键的。

思考与练习题

1．整机组装应该遵守的重要原则有哪些？
2．CPU 的安装要领有哪些？
3．内存的安装要领有哪些？
4．主板的安装要领有哪些？
5．辅助存储设备的安装要领有哪些？
6．通电前应该做哪些检查工作？

第 9 章　微机系统 BIOS 设置与优化

9.1　认识微机系统 BIOS

9.1.1　BIOS 与 CMOS

BIOS(Basic Input/output System)即基本输入/输出系统。它实际上是被固化到计算机中的一组程序，为计算机提供最低级的、最直接的硬件控制。准确地说，BIOS 是硬件与软件程序之间的一个“转换器”，或者说是接口(虽然它本身也只是一个程序)，负责解决硬件的即时需求，并按软件对硬件的操作要求具体执行。程序员可以通过对 INT5、INT13 等中断的访问直接调用 BIOS 来中断例程。

BIOS 固化在主板上的 ROM 芯片内，而系统设置程序、微机部件配置情况则是放在一块可读写的 CMOS RAM 芯片中的，它保存着系统 CPU、软/硬盘驱动器、显示器、键盘等部件的信息。关机后，系统通过一块后备电池向 CMOS 供电以保持其中的信息。当微机接通电源后，系统将有一个对内部各个设备进行检查的过程，这是由一个通常称为 POST(Power On Self Test，上电自检)的程序来完成的。这也是 BIOS 的一个功能。完整的 POST 自检将包括 CPU、640 KB 基本内存、1 MB 以上的扩展内存、ROM、主板、CMOS 存储器、串/并口、显示卡、软/硬盘子系统及键盘测试。自检中若发现问题，系统将给出提示信息或鸣笛警告。在完成 POST 自检后，ROM BIOS 将按照系统 CMOS 设置中的启动顺序搜寻软/硬盘驱动器及 CD ROM、网络服务器等有效的启动驱动器，读入操作系统引导记录，然后将系统控制权交给引导记录，由引导记录完成系统的启动。

CMOS(互补金属氧化物半导体，是一种大规模应用于集成电路芯片制造的原料)是微机主板上的一块可读写的 RAM 芯片，用来保存当前系统的硬件配置和用户对某些参数的设定。CMOS 可由主板的电池供电，即使系统掉电，信息也不会丢失。CMOS RAM 本身只是一块存储器，只有数据保存功能，而对 CMOS 中各项参数的设定要通过专门的程序来实现。早期的 CMOS 设置程序驻留在软盘上(如 IBM 的 PC/AT 机型)，使用很不方便。现在多数厂家将 CMOS 设置程序做到了 BIOS 芯片中，在开机时通过特定的按键就可进入 CMOS 设置程序，方便地对系统进行设置。因此，CMOS 设置又被叫做 BIOS 设置。早期的 CMOS 是一块单独的芯片 MC146818A(DIP 封装)，共用 64 个字节存放系统信息(见 CMOS 配置数据表)。386 以后的微机一般将 MC146818A 芯片集成到其他 IC 芯片中(如 82C206，PQFP 封装)。一些 586 主板将 CMOS 与系统实时时钟和后备电池集成到一块叫做 DALLDADS1287 的芯片中。随着微机的发展和可设置参数的增多，现在的 CMOS RAM 一般都有 128 字节至 256 字节的容量。为保持兼容性，各 BIOS 厂商都将自己的 BIOS 中关于 CMOS RAM 的前 64 字节内容设置得与 MC146818A 的 CMOS RAM 的格式一致，而在扩展出来的部分加入自己的特殊设置。所以不同厂家的 BIOS 芯片一般不能互换，即使能互换，互换后也要对 CMOS 信息重新设置，以确保系统正常运行。

9.1.2 BIOS 的功能

从功能上看，BIOS 分为三个部分：自检及初始化程序、程序服务处理和硬件中断处理。

1. 自检及初始化程序

这部分负责启动计算机，具体有三个部分。第一个部分用于计算机刚接通电源时对硬件部分的检测，也叫做加电自检(POST)，其功能是检查计算机是否良好，例如内存有无故障等。第二个部分是初始化，包括创建中断向量、设置寄存器、对一些外部设备进行初始化和检测等，其中很重要的一部分是 BIOS 设置，主要是对硬件参数的一些设置。当计算机启动时会读取这些参数，并和实际硬件设置进行比较，如果不符合，会影响系统的启动。第三个部分是引导程序，其功能是引导 DOS 或其他操作系统。BIOS 先从软盘或硬盘的开始扇区读取引导记录，如果没有找到，则会在显示器上显示没有引导设备；如果找到引导记录，则会把计算机的控制权转给引导记录，由引导记录把操作系统装入计算机。在计算机启动成功后，BIOS 的这部分任务就完成了。

2. 程序服务处理和硬件中断处理

这两部分是两个独立的内容，但在使用上密切相关。程序服务处理程序主要是为应用程序和操作系统服务的，这些服务主要与输入/输出设备有关，例如读磁盘、文件输出到打印机等。为了完成这些操作，BIOS 必须直接与计算机的 I/O 设备打交道，它通过端口发出命令，向各种外部设备传送数据以及从它们那里接收数据，使程序能够脱离具体的硬件操作。而硬件中断处理则分别处理 PC 机硬件的需求。因此这两部分分别为软件和硬件服务，将它们组合到一起，才能使计算机系统正常运行。

BIOS 的服务功能是通过调用中断服务程序来实现的。这些服务分为很多组，每组都有一个专门的中断。例如视频服务，中断号为 10H；屏幕打印，中断号为 05H；磁盘及串行口服务，中断号为 14H 等。每一组又根据具体功能细分为不同的服务号。应用程序需要使用哪些外设、进行什么操作，只需要在程序中用相应的指令说明即可，无需直接控制。

9.1.3 BIOS 的种类

由于 BIOS 直接和各种系统硬件资源打交道，而各种硬件系统又各有不同，所以存在各种不同种类的 BIOS。随着硬件技术的发展，同一种 BIOS 也先后出现了不同的版本。新版本的 BIOS 比起老版本来说，功能更强。

586 以前的 BIOS 多为可重写 EPROM 芯片，上面的标签起着保护 BIOS 内容的作用(紫外线照射会使 EPROM 内容丢失)，不能随便撕下。586 以后的 ROM BIOS 多采用 EEPROM(电可擦写只读 ROM)，通过跳线开关和系统附带的驱动程序盘，可以对 EEPROM 进行重写，方便地实现 BIOS 升级，这就是我们常说的 BIOS 升级。

目前市场上主要的 BIOS 有 AMIBIOS 和 AwardBIOS 以及 PhoenixBIOS,其中 AwardBIOS 和 PhoenixBIOS 已经合并，二者技术上也有融合。

1. AMIBIOS

AMIBIOS(见图 9-1)是 AMI 公司出品的 BIOS 系统软件，最早开发于 20 世纪 80 年代中期，为多数的 286 和 386 计算机系统所采用，因其具有对各种软、硬件的适应性好，硬件工作可靠，系统性能较佳，操作直观方便的优点而受到用户的欢迎。

20 世纪 90 年代，AMI 又不断推出新版本的 BIOS 以适应技术的发展，但在绿色节能型系统开始普及时，AMI 似乎显得有些滞后，AwardBIOS 的市场占有率借此机会大大提高。在这一时期，AMI 研制并推出了具有窗口化功能的 WinBIOS。这种 BIOS 设置程序使用非常方便，而且主窗口的各种标记也比较直观。例如，一只小兔子表示优化的默认设置，而一只小乌龟则表示保守的设置，一个骷髅用来表示反病毒方面的设置，画笔和调色板则表示色彩的设置。

图 9-1　AMIBIOS

AMIWinBIOS 已经有多个版本，目前用得较多的有奔腾机主板的 WinBIOS，具有即插即用、绿色节能、PCI 总线管理等功能。

2. AwardBIOS

AwardBIOS 是 AwardSoftware 公司开发的 BIOS 产品，目前十分流行。许多 586 主板机都采用 AwardBIOS，功能比较齐全，对各种操作系统可提供良好的支持。AwardBIOS 也有许多版本，现在用得最多的是 4.X 版。

9.1.4　BIOS 对整机性能的影响

BIOS 是微机启动和操作的基础，如果电脑系统中没有 BIOS，所有的硬件设备都不能正常使用。BIOS 的管理功能决定了电脑系统的性能，例如安装操作系统时，如果 BIOS 设置不当，会出现安装不彻底、硬件设备冲突或者根本无法使用某些设备等问题；在需要为电脑添加新设备时，如果 BIOS 中的有关参数设置不当，会出现添加设备与其他设备冲突的问题；如果该主板 BIOS 版本过低，根本无法识别，则系统不支持该设备。

9.1.5　BIOS 与 CMOS 的区别

CMOS 是互补金属氧化物半导体的英文缩写，其本意是指制造大规模集成电路芯片用的一种技术或用这种技术制造出来的芯片。在这里通常是指微机主板上的一块可读写的 RAM 芯片。它存储了微机系统的实时信息和硬件配置信息等，共计 128 个字节。系统在加电引导机器时，要读取 CMOS 信息，用来初始化各个部件的状态。它靠系统电源和后备电池来供电，系统掉电后其信息不会丢失。BIOS 是基本输入/输出系统的英文缩写，指集成在主板上的一个 ROM 芯片，其中保存了微机系统最重要的基本输入/输出程序、系统开机自检程序等。开机时，它负责对系统各项硬件进行初始化设置和测试，以保证系统能够正常工作。由于 CMOS 与 BIOS 都跟微机系统设置密切相关，所以才有 CMOS 设置和 BIOS 设置的说法。CMOS RAM 是系统参数存放的地方，而 BIOS 中系统设置程序是完成参数设置的手段。因此，准确的说法应是通过 BIOS 设置程序对 CMOS 参数进行设置。而我们平常所说的 CMOS 设置和 BIOS 设置是其简化说法，这在一定程度上造成了两个概念的混淆。

9.1.6　关于 CMOS 放电

常常听到计算机高手说“口令忘啦？给 CMOS 放电吧。”这到底是什么意思呢？

如果你在计算机中设置了进入口令，而你忘记了这个口令，那你将无法进入计算机。不过还好，口令是存储在 CMOS 中的，而 CMOS 必须有电才能保持其中的数据。所以，我们可以通过对 CMOS 的放电操作使计算机“放弃”对口令的要求。具体操作如下：

打开机箱，找到主板上的电池，将其与主板的连接断开(就是取下电池)，此时 CMOS 将因断电而失去内部存储的一切信息。再将电池接通，合上机箱开机，由于 CMOS 已是一片空白，它将不再要求你输入密码，此时进入 BIOS 设置程序，选择主菜单中的“LOAD BIOS DEFAULT”(装入 BIOS 缺省值)或“LOAD SETUP DEFAULT”(装入设置程序缺省值)即可。前者以最安全的方式启动计算机，后者能使你的计算机发挥出较高的性能。

9.2 BIOS 设置

我们所使用的计算机都是由一些硬件设备组成的，而这些硬件设备会由于用户的不同需要而在品牌、类型、性能上有很大差异。例如，对于硬盘，就可能存在容量大小和接口类型等方面的不同。不同的硬件配置所对应的参数也不同，因此，我们在使用计算机之前，一定要确定它的硬件配置和参数，并将它们记录下来，存入计算机，以便计算机启动时能够读取这些设置，保证系统正常运行。

通常情况下，我们通过设置程序给硬件系统设置参数。由于 ROM(只读存储器)具有只能读取、不能修改且掉电后仍能保证数据不会丢失的特点，因此这些设置程序一般都放在 ROM 中，我们常常称其为 BIOS 设置。此外，运行设置程序后的设置参数都放在主板的 CMOS RAM 芯片中，这是由于随着系统部件的更新，所设置的参数可能需要修改，而 RAM 的特点是可读取、可写入，加上 CMOS 有电池供电，因此能长久地保持参数而不会丢失。但如果电池使用时间较长，电力不足，也可能会产生掉电现象，系统设置参数会丢失，这时只需要更换一只新电池并重新进行设置就可以了。从上面的讲述中我们也可以看出，BIOS 设置和 CMOS 设置是不完全相同的，二者不能混淆。

9.2.1 BIOS 设置程序的基本功能

由于 BIOS 设置程序存在不同的版本，其功能和设置方法也有所不同，但其主要的设置项基本相同，一般包括以下几项：

(1) 基本参数设置：包括系统时钟、显示器类型、启动时对自检错误的处理方式等。

(2) 磁盘驱动器设置：包括自动检测 IDE 接口、启动顺序、软盘/硬盘的型号等。

(3) 键盘设置：包括上电是否检测硬盘、键盘类型、键盘参数等。

(4) 存储器设置：包括存储器容量、读写时序、奇偶校验、ECC 校验、1 MB 以上内存测试等。

(5) Cache 设置：包括内/外 Cache、Cache 地址/尺寸、BIOS 显卡 Cache 设置等。

(6) ROM SHADOW 设置：包括 ROM BIOS SHADOW、VIDEO SHADOW、各种适配卡 SHADOW 等。

(7) 安全设置：包括病毒防护、开机口令、Setup 口令等。

(8) 总线周期参数设置：包括 AT 总线时钟(AT BUS Clock)、AT 周期等待状态(AT Cycle

Wait State)、内存读写定时、Cache 读写等待、Cache 读写定时、DRAM 刷新周期和刷新方式等。

(9) 电源管理设置：是关于系统的绿色环保节能设置，包括进入节能状态的等待延时时间、唤醒功能、IDE 设备断电方式、显示器断电方式等。

(10) 系统状态侦察设置：包括 CPU 温度侦察、CPU 风扇/电源风扇转速侦察等设置。

(11) 即插即用及 PCI 局部总线参数设置：关于即插即用的功能设置，PCI 插槽 IRQ 中断请求号，PC、IIDE 接口 IRQ 中断请求号，CPU 向 PCI 写入缓冲，总线字节合并，PCI、IDE 触发方式，PCI 突发写入，CPU 与 PCI 时钟比等。

(12) 集成接口设置：包括板上 FDC 软驱接口，串/并口、IDE 接口的允许/禁止状态，串/并口、I/O 地址、IRQ 及 DMA 设置，USB 接口、IrDA 接口等。

(13) 其他参数设置：包括快速上电自检、A20 地址线选择、上电自检故障提示、系统引导速度等。另外，许多新型的主板还有电源电压、风扇转速、CPU 及板卡温度、CPU 免跳线设置、防病毒设置等多项设置。

总的来说，功能越多的主板其设置也越多，但上述基本设置都不会变化。

1. 何时进行 BIOS 设置

在 BIOS ROM 芯片中装有系统设置程序，即 CMOS RAM 的参数。如果 CMOS 中记录的硬件配置信息不正确，会导致部分硬件不能被识别，引起系统的软硬件故障。所以对 BIOS 的正确配置非常重要，在分析和排除电脑故障、优化系统性能、保障系统安全性上有不可替代的作用。在以下几种情况下需对 BIOS 进行设置：

(1) 每当一台新电脑组装成功时应进行 CMOS 参数设置。

(2) 新增某些新设备时，计算机不一定认识，因为或许该设备不具备即插即用功能，用户必须手动设置。

(3) CMOS 的数据被意外丢失，或是后备电池掉电，或是清除了 CMOS 参数，需进行 CMOS 参数设置。

2. 进入 BIOS 设置程序的 3 种方法

(1) 开机启动时按热键。在开机时按下特定的热键可以进入 BIOS 设置程序。不同类型机器进入 BIOS 设置程序的按键也不同，有的在屏幕上给出提示，有的不给出提示。

BIOS 设置程序的常用进入方式有：

AwardBIOS，按“Del”键；

AMIBIOS，按“Del”或“Esc”键；

CompaqBIOS，屏幕右上角出现光标时按“F10”键(屏幕无提示)；

ASTBIOS，按“Ctrl + Alt + Esc”组合键(屏幕无提示)；

PhoenixBIOS，按“F2”键。

(2) 用系统提供的软件。很多主板都提供了在 DOS 下进入 BIOS 设置程序进行设置的程序。在 Windows 95 的控制面板和注册表中已经包含了部分 BIOS 设置项。

(3) 用一些可读写 CMOS 的应用软件。部分应用程序(如 QAPLuS)提供了对 CMOS 的读、写、修改功能，通过这类软件可以对一些基本系统配置进行修改。

3. BIOS 设置原则

随着 BIOS 设置程序的不断更新，很难在设置说明中囊括所有的 BIOS 设置项，但若掌握一定的方法和原则，就能较准确地设定各功能项。下面将介绍一些原则、方法及经验。

(1) 在设置时，可通过移动选择条的方式来选择要设定的项目，用“PageUp”及“PageDown”键来修改内容。

(2) 因为 BIOS 设置程序是基于英文的，所以在设置时最好参照主板有关 BIOS 的中文说明书来操作。

(3) 在设置 BIOS 时，可以利用热键来操作。把光标移到相应的设置项上，然后单击相关热键，可对相应的设置项进行不同的操作。“F1”键，显示每一个设置项的详细信息；“F5”键，载入上一次的设置值；“F6”键，载入 BIOS 内定值；“F7”键，载入 Setup 设置值。如果要改变屏幕的背景颜色，可按“Shift + F2”组合键。

(4) 在系统出现兼容性问题或其他严重错误时，可使用“LoadBIOSDefaults”功能项，可使系统工作在最保守状态，便于检查出系统错误。

(5) 当 BIOS 设置很混乱或被破坏时，可使用“LoadSetupDefaults”功能项，使系统以最佳化模式工作。另外，在升级 BIOS 后，应首先使用此项。

(6) 有的用户喜欢尝试各种不同的 BIOS 设置，认为这样可以超频 BIOS。建议在系统能正常运行的情况下，不要随便更改 BIOS 设置。

9.2.2 BIOS 基本参数设置

在 BIOS 的 Main 菜单中，可设置系统的一些基本硬件配置、系统时间、软盘驱动器的类型等系统参数。其中关于内存的一些基本参数是系统自动配置的。基本参数配置如图 9-2 所示，下面分别讲解各功能项的设置。

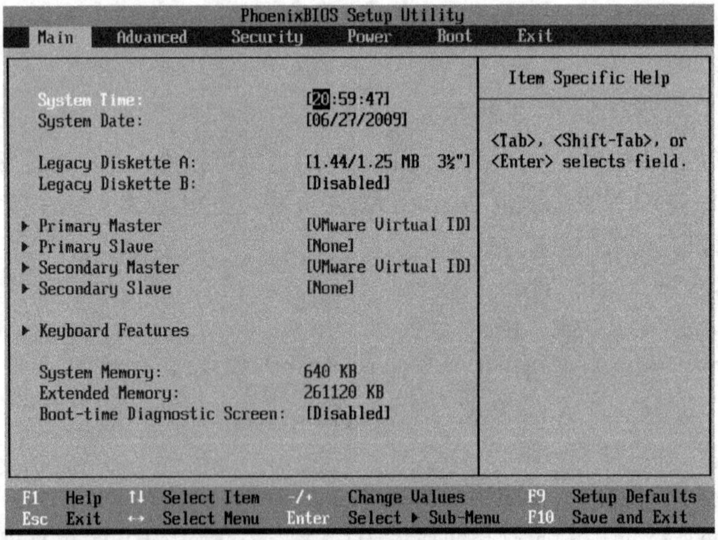

图 9-2 基本参数设置

1. 软盘驱动器的设置

在一般的 BIOS 设置程序中都能够设置两个软盘驱动器的格式及内容，并且只能设置成

MS DOS 支持的类型。在实际设置中，要按照软盘驱动器安装使用的实际情况进行，否则进行 POST 自检时会出现问题。在 BIOS 设置中，软盘驱动器能够设置成的类型有以下几种：

(1) 双面双密度(DS，DD)5l/4”368 KB。

(2) 双面高密度(DS，HD)51/4”1.2 MB。

(3) 双面双密度(DS，DD)31/2”720 KB。

(4) 双面高密度(DS，HD)3l/2”1.44 MB。

(5) 双面双密度(DS，DD)31/2”2.88 MB。

2. 硬盘驱动器的设置

硬盘驱动器的安装设置程序中提供了数十种不同硬盘的参数(如 AwardBIOS 中包含 50 种以上类型，AMIBIOS 中包含 40 种以上类型，CompaqBIOS 中包含 60 种以上类型)，BIOS 程序能够自动侦测并提供系统中使用的硬盘参数，为电脑使用者免去设置参数的烦恼。一般来说，BIOS 设置程序中都有自动侦测硬盘参数的菜单“Auto Detect Hard Disk”，需要设置硬盘参数时，只要执行该菜单中的功能即可。

如果 BIOS 设置程序版本过低而无法完全识别所使用的硬盘大小，可以选择“UserDefined(用户自定义类型)”，手动正确设置其参数。如果不熟悉这些设置参数，最好不要手动设置，否则会造成硬盘损坏。可以按照下面几种方法，达到正确设置的目的：

(1) 咨询电脑销售商或者所使用硬盘的制造厂商。

(2) 通过查询硬盘附带的使用说明书，查找其参数值。

(3) 使用硬盘专用的驱动程序(如 IBM、希捷等都有相应的驱动程序说明)，进行正确的硬盘驱动，并且能够侦测出硬盘的参数值。

3. 光盘驱动器的设置

在 BIOS 设置程序中，对光盘驱动器的设置一般都是由 BIOS 系统自动检测得到的。如果在系统中安装了光盘驱动器设备，开机时 BIOS 系统会通过 POST 自检来确认光盘驱动器是否存在，并且检测出光盘驱动器的型号；在进入 BIOS 设置程序时，一样可以得出光盘驱动器的参数。

建议不要修改本项参数值，除非要屏蔽掉光盘驱动器，才将其设置为 None。

4. 多硬盘设置

系统中如果存在两个以上的硬盘设备，可以采用手动参数设置或由 BIOS 系统自动识别。建议使用“Auto Detect Hard Disk”或者“IDEHDD Auto Detect”选项，让系统自动配置参数值；也可以将硬盘参数检测一项设置为“Auto”，使电脑系统在每次开机时都对硬盘进行检测。

5. 显示方式的设置

在 BIOS 设置程序中，可以根据使用的显示适配卡设置正确的参数，让系统能够识别并正常发挥其性能。在系统开机自检时会从显卡 BIOS 中读出其类型参数，然后自动配置其参数值。在 BIOS 设置参数中，有以下几种与显示适配卡匹配的显示方式：

(1) Monochrome(单色)，与 MDA、Hercules 等单色显卡适配器匹配。

(2) Color 40 × 25(彩色)，与分辨率在 40 × 25 的 CGA 彩色显卡适配器匹配。

(3) Color 80 × 25(彩色)，与分辨率在 80 × 25 的 CGA 彩色显卡适配器匹配。

(4) VGA/EGA(彩色)，与 VGA、SVGA、TVGA、EGA 等高分辨率彩色显卡适配器匹配，是现在显卡的主流显示方式。

9.3　BIOS 优化与处理

9.3.1　Standard CMOS Setup(标准 CMOS 设置)

标准 CMOS 设置是最基本的 CMOS 系统设置，包括日期、驱动器和显示适配器。其中最重要的一项是 halton(系统挂起设置)，缺省设置为 All Errors，表示在 POST 过程中有任何错误时都会停止启动，此选择能保证系统的稳定性。如果要加快速度的话，可以把它设为 No Errors，即在任何时候都尽量完成启动。不过这样设置有可能造成系统错误。

1. DriveA/DriveB

选项：360 K，5.25 in；1.2 M，5.25 in；720 K，3.25 in；1.4 M，3.25 in；2.88 M，3.25 in。

设置合适的驱动器，如果没有相应的硬件，尽量设为 None，可以提高系统自检速度。

2. Video(视频)

选项：EGA/VGA，Mono(黑白显示器)。

设成 EGA/VGA，不要尝试改为 Mono，否则会减慢启动速度。

9.3.2　BIOS Features Setup(BIOS 特征设置)

1. VirusWarning/Anti-Virus Protection(病毒警告/反病毒保护)

选项：Enabled(开启)，Disabled(关闭)，ChipAway(芯片控制)。

这项设置可防止外部程序对启动区和硬盘分区表的写入。当发生写入操作时，系统会自动产生警告并提示用户中断程序的执行。它并不能保护整个硬盘，而且对于操作系统的安装(例如 Windows 95/98)及某些磁盘诊断程序，甚至对 BIOS 的升级，都可能产生不必要的冲突而引致程序的中断。建议用户将该选项关闭，系统的默认值是 Disable。

某些主板自带抗病毒内核，可以提供比普通病毒警告更高一层的防卫。不过，当使用自带 BIOS 的外围控制器(如 SCSI 卡或 UltraDMA 66 控制卡)时，启动区病毒可以绕过系统 BIOS 进行攻击，保护将完全失效。

2. CPU Level1 Cache/Internal Cache(中央处理器一级缓存/内部缓存)

选项：Enabled，Disabled。

此设置用于控制 CPU 的主缓存开启/关闭。L1 Cache 对机器的整体性能有很大影响，关闭以后系统的性能会下降几个数量级。在超频的时候，一级缓存往往是成功与否的关键所在，比如你不能超到 500 MHz，并不代表 CPU 不能上 500 MHz，很可能是 L1 Cache 无法达到，所以关闭一级缓存可以提升超频的成功率。

3. CPU Level2 Cache/External Cache(中央处理器二级缓存/外部缓存)

选项：Enabled，Disabled。

此设置用于控制 CPU 的主缓存开启/关闭。它对系统和超频的影响如同一级缓存。关闭 L2 Cache 也能够提高超频的成功率。

4. CPU L2 Cache ECC Checking(CPU 二级缓存 ECC 校验)

选项：Enabled，Disabled。

系统可以启用 CPU 内部的 L2 Cache 进行 ECC(Error Checking and Correction，错误检查修正)检测，默认值是 Enable，它可以侦察并纠正一位信号错误，保持资料的准确性，对超频的稳定性有帮助，但不能侦察双位信号错误。这里要注意的是，启用 ECC 检测将会延迟系统自检的时间和降低机器的性能，而且必须内存支持才能开启此特性。

5. QuickPowerOnSelfTest(快速加电自检测)

选项：Enabled，Disabled。

这项设置可加快系统自检的速度，使系统跳过某些自检选项(如内存完全检测)，不过开启之后会降低侦错能力，削弱系统的可靠性。

6. Boot Sequence

选项：A, C, SCSI/EXT；C, A, SCSI/EXT；C, CD-ROM,A；CD-ROM, C, A；D, A, SCSI/EXT(至少拥有两个 IDE 硬盘时才会出现)；E, A, SCSI/EXT(至少拥有三个 IDE 硬盘时才会出现)；F, A, SCSI(至少拥有四个 IDE 硬盘时才会出现)；SCSI/EXT, A, C；SCSI/EXT, C, A；A, SCSI/EXT, C；LS/ZIP, C。

这项设置决定系统引导的驱动器号，若想加快系统自检的速度，可设为只检测 C 驱，则系统不对其他驱动器自检而直接进入主引导硬盘。某些主板(如 ABITBE6 和 BP6)拥有额外的 IDE 控制器，可以接入第三或第四组 IDE 设备，这时应该选择 EXT 启动优先。

7. Boot Sequence EXTMeans

选项：IDE、SCSI。

当使用EXT设备时，此设置可定义使用的设备类型，包括IDE(Integrated Drive Electronics，电子集成驱动器)和 SCSI(Small Computer System Interface，小型计算机系统接口)。

8. Swap Floppy Drive

选项：Enabled，Disabled。

该项设置用来交换磁盘驱动器的位置，适应不同格式的软盘。当系统安装了 2 台软驱时，若设定为 Enabled，系统将会把 B 驱作为启动盘启动；若设为 Disabled 则相反。

9. Boot Up Floppy Seek(启动时寻找软盘驱动器)

选项：Enabled，Disabled。

开机时该项设置用来测试软驱的存在与否，并检查它的磁道数是 40 轨还是 80 轨，一般 360 KB 的都是 40 轨，而 720 KB/1.2 MB/1.44 MB 的则是 80 轨。默认值为 Enable。注意：当软驱的磁道数是 80 轨时，BIOS 并不能区分其所属的类型。

10. Boot Up Num Lock Status(启动时键盘上的数字锁定键的状态)

选项：On(开)，Off(关)。

该项设置用来控制小键盘的开/关状态，对性能无影响。

11. Gate A20 Option(A20 地址线选择)

选项：Normal(正常)，Fast(加速)。

该项设置由哪一个控制单元管理 1 MB 以上内存地址的 A20 地址线。若设为 Normal，则用键盘控制器管理；设为 Fast，则用芯片组控制器管理，可提高内存存取的速度和系统整体性能，特别是对于 OS/2 和 Windows 等操作系统来说非常有效，因为它们的保护模式经常需要 BIOS A20 地址线来进行切换，而芯片组控制器比键盘控制器更快，所以 Fast 是首选设置。

12. IDE HDD Block Mode(IDE 硬盘块模式)

选项：Enabled，Disabled。

以前的硬盘存取模式是按一个个扇区来存取的，块模式把多个扇区组成一个块，每次存取几个扇区，可以增加多扇区存取时的数据传输率。开启此特性后，BIOS 会自动侦察硬盘是否支持块模式(现今的大多数硬盘已有这个功能)，而且每中断一次可发出 64 KB 资料。如果使用 Windows NT 系统，则要小心，因为它并不支持块模式，很可能导致数据传输出错，所以微软建议 Win NT 4.0 用户关闭 IDE 硬盘块模式。关闭此特性后，每中断一次只能发出 512 Byte 资料，降低了磁盘的综合性能。

13. 32 bit Disk Access(32 位磁盘存取)

选项：Enabled，Disabled。

实际上 32 位磁盘存取并不是真正的 32 位传输，而是用 IDE 控制器联合了 2 个 16 位操作来达到目的的。对于 PCI 总线来说，在同一时间能够传送的数据越多越好，因此假 32 位传输亦可以增加系统性能。Windows NT 系统不支持 32 位磁盘存取，很可能导致数据传输出错，所以微软建议 Win NT 4.0 用户关闭此特性。当然，16 位磁盘存取是无论如何也快不过 32 位的。

14. Typematic Rate Setting(输入速度设置)

选项：Enabled，Disabled。

该项设置用于选择是否使用人工设置来控制输入速度。如果想加快文字处理效率，则应选择 Enable，之后才能调节输入速率和输入延迟。

15. Typematic Rate(Chars/Sec)(输入速率，单位：字符/秒)

选项：6, 8, 10, 12, 15, 20, 24, 30。

设置在一秒之内连续输入的字符数，数值越大速度越快。

16. Typematic Rate Delay(Msec)(输入延迟，单位：毫秒)

选项：250, 500, 750, 1000。

设置每一次输入字符延迟的时间，数值越小速度越快。

17. Security Option(安全选项)

选项：System，Setup。

只有在 BIOS 中建立了密码，此特性才会开启。设置为 System 时，BIOS 在每一次启动时都会要求输入密码；设置为 Setup 时，在进入 BIOS 菜单时要求输入密码。如果不想让别人乱动你的机器，还是加上密码为好。

18. PCI/VGA Palette Snoop(PCI/VGA 调色板探测)

选项：Enabled，Disabled。

此特性仅用于图形卡接口上的附加设备，比如 MPEG 子卡等。通过调色板探测可以纠正帧缓存的数据，并能把它们同步发给附加设备和主显示卡，避免添加子卡后产生黑屏现象。

19. Assign IRQ For VGA(给 VGA 设备分配 IRQ(Interrupt Request，中断请求))

选项：Enabled，Disabled。

目前，许多高端图形卡都需要 IRQ 来增加与主板的数据交换速度，开启之后能大幅提高总体性能。相反，低端图形卡并不需要分配 IRQ。在显卡的使用手册中会说明它是否调用中断，不占用中断的好处是节省系统资源。

20. MPS Version Control For OS(面向操作系统的 MPS 版本)

选项：1.1，1.4。

它专用于多处理器主板，用于确定 MPS(Multi-Processor Specification，多重处理器规范)的版本，以便让 PC 制造商构建基于英特尔架构的多处理器系统。与 v1.1 标准相比，v1.4 增加了扩展型结构表，可用于多重 PCI 总线，并且对未来的升级十分有利。另外，v1.4 拥有第二条 PCI 总线，还无需 PCI 桥连接。新型的 SOS(Server Operating Systems，服务器操作系统)大都支持 1.4 标准，包括 Win NT 和 Linux SMP(Symmetric Multi-Processing，对称式多重处理架构)。如果可以的话，尽量使用 v1.4。

21. OS Select For DRAM>64 MB(操作系统怎样处理大于 64 MB 的内存)

选项：OS/2，Non-OS/2。

当内存尺寸大于 64 MB 时，IBM 的 OS/2 系统将以不同的方式管理内存。如果你不用 OS/2，则设置为“Non-OS/2”。

22. HDD S.M.A.R.T. Capability(硬盘 S.M.A.R.T.能力)

选项：Enabled，Disabled。

S.M.A.R.T.(Self-Monitoring, Analysis and Reporting Technology，自动监测、分析和报告技术)是一种硬盘保护技术，开启后能增加系统稳定性。

在网络环境中，S.M.A.R.T.可能会自动发送一些未经监督的数据包到硬盘中，它们是不被操作系统允许的操作，经常导致系统重启。如果打算把计算机作为网络服务器，最好关闭此特性。

23. Report No FDD For Win 9x(为 Win 9x 报告找不到软盘驱动器)

选项：Enabled，Disabled。

在没有 FDD(Floppy Disk Driver，软盘驱动器)的机器中，关闭此选项和 Integrated Peripherals 中的 FDC(Floppy Disk Controller，软盘驱动器控制装置)选项，可以在 Win 9x 中释放 IRQ6，节省系统资源。

24. Delay IDE Initial(Sec)(延迟 IDE 初始化，单位：秒)

选项：0, 1, 2, 3, …。

现今 BIOS 的启动比以前快得多了，在进行设备侦察时，某些旧式 IDE 设备可能还没启动。为了适应这种情况，BIOS 提供了一个延迟选项，可以减慢它的启动时间。设置为“0”时速度最快，BIOS 将不理会 IDE 设备的初始化失败，直接启动。

25. Processor Number Feature(处理器号码特性)

选项：Enabled，Disabled。

专用奔腾 III 等序列号型处理器，开启之后可以通过某些特殊程序读取序列号，提供一种安全保证。实际上，这类保护的级别是相当低的，很容易被别人破解并作攻击之用，还是关闭的好。

26. Video BIOS Shadowing(视频 BIOS 映射)

选项：Enabled，Disabled。

显卡做每一项工作时都必须由 CPU 处理数据，甚至一些硬件与硬件之间的交换(如显示芯片与显示内存)，也要动用到中央处理器。为了提高速度，首个解决方案是增加 BIOS 芯片，扩展系统 BIOS 的功能来管理显卡。开启此特性可以把视频 BIOS 的一部分内容拷贝到系统内存，加快存取速度。在传统的计算机中，CPU 通过 64 位 DRAM 总线读数据比通过 8 位 XT 总线读数据要快得多，可以大大提高显示子系统的性能。不过，当代的显卡已经包含了一个处理器芯片，所有工作都由显示处理器完成，并用驱动程序的特殊指令和 CPU 直接沟通，在增加速度的同时，亦提供了向后兼容性。另外，大多数操作系统(如 Win NT 4.0、Linux)可以绕过 BIOS 操作硬件，所以 BIOS 映射已经没有什么用处了，反而会浪费主内存空间或引起系统不稳定。

27. Shadowing Addressranges(xxxxx-xxxxxShadow)(映射地址列)

选项：Enabled，Disabled。

此选项控制哪一个区域的内存将用于映射 BIOS。注意，某些附加卡会使用 CXXX～EFFF 作为输入/输出，并且内存读/写请求不会经过 ISA 总线执行，那么映射 BIOS 可能导致附加卡不能工作。

9.3.3 Chipset Features Setup(芯片组特性设置)

1. SDRAM RAS-to-CAS Delay(内存行地址控制器到列地址控制器延迟)

选项：2，3。

设置 RAS(Row Address Strobe，行地址控制器)到 CAS(Column Address Strobe，列地址控制器)之间的延迟时间。在 SDRAM 进行读、写、删除时都会出现延迟，减少延迟能够提高性能，反之则降低性能。如果内存速度够快，尽量使用“2”。在超频的时候，选择“3”会让系统更稳定，增加 OC 成功率。

2. SDRAM RAS Precharge Time(SDRAM RAS 预充电时间)

选项：2，3

设置在 SDRAM 刷新之前，RAS 所需的预充电周期数目。减少时间能够提高性能，反之则降低性能。如果内存速度够快，则尽量使用“2”。在超频的时候，选择“3”会让系统更稳定，增加 OC 成功率。

3. SDRAM CAS Latency Time/SDRAM Cycle Length(SDRAM CAS 等待时间/SDRAM 周期长度)

选项：2，3。

此项设置控制 SDRAM 在读取或写入之前的时间，单位是 CLK(ClockCycle，时钟周期)。减少等待时间能够增加突发传输的性能。如果内存速度够快，则尽量使用“2”。在超频的时候，选择“3”会让系统更稳定，增加 OC 成功率。

4. SDRAM Leadoff Command(SDRAM 初始命令)

选项：3，4。

此设置调节数据存储在 SDRAM 之前所需的初始化时间，它会影响到突发传输时的第一个数据。如果内存速度够快，则尽量使用“3”。在超频的时候，选择“4”会让系统更稳定，增加 OC 成功率。

5. SDRAM Bank Interleave(SDRAM 组交错)

选项：2-Bank，4-Bank，Disabled。

调整 SDRAM 的交错模式，让不同组的 SDRAM 轮流刷新和存取，当第一组进行刷新时，第二组做存取工作，能够大大提高多组内存协同工作时的性能。

每一个 DIMM(Dual In-line Memory Modules，双重内嵌式内存模块)由 2 组或 4 组构成，2 组 SDRAM DIMM 使用 32 Mbit 或 16 Mbit 等小容量芯片，4 组 SDRAM DIMM 使用 64 Mbit 或 256 Mbit 等大容量芯片。如果用的是单条 2 组 SDRAM 模块，设置为“2-Bank”，若是 4 组 SDRAM 模块，可设置为“2-Bank”或“4-Bank”。当然，4 组 SDRAM 比 2 组 SDRAM 要好。另外，Phoenix Technologies 的 AwardBIOS 会在采用 16 Mbit SDRAM 时自动关闭交错存取。

6. SDRAM Precharge Control(SDRAM 预充电控制)

选项：Enabled，Disabled。

选 Disabled 时由 CPU 发出命令，控制 SDRAM 的预充电时间，增加稳定性的同时会降低性能。选 Enabled 时由 SDRAM 自己控制预充电时间，节省了 CPU 到 SDRAM 控制所花费的时钟周期，提高了内存子系统的性能。

7. DRAM Data Integrity Mode(DRAM 数据完整性模式)

选项：ECC，Non-ECC。

ECC(Error Checking and Correction，错误检查修正)模式采用额外的 72 位内存检查数据的完整性，能够修正 1 位数据错误，提高系统稳定性，增加超频成功率。如果没有 ECC 内存，设置为 Non-ECC 即可。

8. Read-Around-Write(在写附近读取)

选项：Enabled，Disabled。

当处理器做乱序执行工作时，读命令指向的地址为最近写入的内容。为提高 Cache 命中率，建议设为 Enabled。

9. System BIOS Cacheable(系统 BIOS 缓冲)

选项：Enabled，Disabled。

经过二级缓存把系统 BIOS 从 ROM 中映射到主内存 F0000h～FFFFFh，它能加快存取系统 BIOS 的速度。不过，操作系统很少请求 BIOS，送 Enabled 难以影响其总体性能。另外，许多程序都通过这个地址来写入数据，建议大家选 Disabled，以释放内存空间并降低冲突概率。

10. Video BIOS Cacheable(视频 BIOS 缓冲)

选项：Enabled，Disabled。

经过二级缓存把视频 BIOS 从 ROM 中映射到主内存 C0000h～C7FFFh，它能加快存取视频 BIOS 的速度。不过，操作系统很少请求视频 BIOS，选 Enabled 难以影响其总体性能。另外，许多程序都通过这个地址来写入数据，建议大家选 Disabled，以释放内存空间并降低冲突概率。

11. Video RAM Cacheable(视频内存缓冲)

选项：Enabled，Disabled。

经过二级缓存把视频内存从显卡映射到主内存 A0000h～AFFFFh，它能加快存取视频内存的速度。不过，操作系统很少请求视频内存，选 Enabled 难以影响其总体性能。目前，大多数显卡的显存带宽已达 1.6 GB/s(128 位 × 100 MHz/8)，接近 P3-500L2 缓存的 2.0 GB/s，在内存中增加缓冲区没有太大意义。另外，许多程序都通过这个地址来写入数据，建议大家选 Disabled，以释放内存空间并降低冲突概率。

12. 8-bit I/O Recovery Time(8 位输入/输出恢复时间)

选项：NA, 8, 1, 2, 3, 4, 5, 6, 7。

由于 PCI 总线比 8 位 ISA 总线快得多，为了保证连续 PCI 到 ISA 输入/输出的一致性，BIOS 为它添加了一个恢复时间。缺省值 NA 是 3.5 个时钟周期，可以最大限度地提高 ISA 总线的性能。如果没有 ISA 插卡，就无需理会此选项。

13. 16-bit I/O Recovery Time(16 位输入/输出恢复时间)

选项：NA, 4, 1, 2, 3。

由于 PCI 总线比 16 位 ISA 总线快得多，为了保证连续 PCI 到 ISA 输入/输出的一致性，BIOS 为它添加了一个恢复时间。缺省值 NA 是 3.5 个时钟周期，可以最大限度地提高 ISA 总线的性能。如果没有 ISA 插卡，就无需理会此选项。

14. Memory Hole At 15 M～16 M(在 15 M 到 16 M 之间的内存保留区)

选项：Enabled，Disabled。

某些扩展卡需要一部分内存区域来工作，开启此特性可以把 15 M 以上的内存分配给这些设备，但操作系统将不能使用 15 M 外的内存，建议大家选 Disabled。

15. Passive Release(被动释放)

选项：Enabled，Disabled。

开启之后，允许通过 PCI 总线被动释放来打开 CPU 到 PCI 总线存取，如此处理器就能同时对 PCI 和 ISA 设备进行操作。否则，只能由其他 PCI 主控存取 PCI 总线，不允许 CPU 直接存取。此特性常用于 ISA 总线主控延迟，可以均衡两个总线的速度。选 Enabled 是性能最优化设置，亦能避免 ISA 扩展卡出现速度跟不上的问题。

16. Delayed Transaction/PCI 2.1 Compliance(延迟处理/兼容 PCI 2.1)

选项：Enabled，Disabled。

它常用于 PCI 与 ISA 总线间的数据交换，由于 ISA 总线比 PCI 慢得多，开启此特性可以提供 32 位写缓冲作为延迟处理空间。如果不使用 ISA 显卡或与 PCI2.1 标准不兼容，选择 Disabled。

17. AGP Aperture Size(MB)(AGP 区域内存容量，单位：兆)

选项：4，8，16，32，64，128，256。

AGP 的其中一个特性是把系统内存分出部分区域作为显示内存，其公式为 AGP 显卡内存容量×2 + 12 MB，其中 12 MB 用于虚拟寻址，2 倍内存容量用于组成联合读写内存区。这些空间并不是物理内存，如果要用真正的内存，必须在 Direct3D 中加入一个“Createnon-localsurface(创建非局域表面内存)”命令。

Win 9x 在局域内存(包括磁盘虚拟内存)中创建 AGP 虚拟内存，并自动为所有程序进行优化，用完之后才会调用显卡内存和系统内存。虽然增加 AGP 区域的大小并不能直接提高性能，但必须有一定空间才能满足 3D 游戏等大型软件的需求。因为 GART(Graphic Address Remapping Table，图形地址重绘表)过大会导致系统出错，建议 AGP 区域内存容量不要超过(64～128) MB。

18. AGP 2X Mode(开启两倍 AGP 模式)

选项：Enabled，Disabled。

AGP 标准分成许多个规格。AGP 1X 使用单边上升沿传输数据信号，在 66 MHz 总线下拥有 264 MB/s 的带宽。AGP 2X 使用双边上升沿和下降沿传输数据信号，同样频率下带宽可达到 528 MB/s。如果要采取此模式，主板芯片组和显卡都支持才能实现。另外，如果想把外频超到 75 MHz，最好关闭 AGP 2X，防止频率过高而产生不稳定现象。

19. AGP Master 1W SRead(AGP 主控 1 个等待读周期)

选项：Enabled，Disabled。

在缺省的情况下，AGP 主控设备在进行读处理时会等待 2 个时钟周期，开启此特性能够减少等待时间，提高显示子系统的性能。

20. AGP Master 1WS Write(AGP 主控 1 个等待写周期)

选项：Enabled，Disabled。

在缺省的情况下，AGP 主控设备在进行写处理时会等待 2 个时钟周期，开启此特性能够减少等待时间，提高显示子系统的性能。

21. USWC Write Posting(UCWC 写置入)

选项：Enabled，Disabled。

USWC(Uncacheabled Speculative Write Combination，无缓冲随机联合写操作)能够把每一个小的写入操作联合成一个 64 位写命令，再发到线性缓冲区。此做法能够减少写入次数，提高奔腾 Pro 芯片的图形性能。不过，USWC 并不适合所有设备，如果显卡不支持此特性，则会造成系统冲突或启动问题。现在的新型主板(BX 级以上)多数无需打开 USWC。

22. Spread Spectrum/Auto Detect DIMM/PCI Clk(伸展频谱/自动侦察 DIMM/PCI 时钟)

选项：Enabled, Disabled, 0.25%, 0.5%, Smart Clock(智能时钟)。

当主板的时钟发生器达到极限值时，很容易产生 EMI(Electro Magnetic Interference，电磁干扰)现象。伸展频谱能够调整时钟发生器脉冲，控制波形的变形，减少时钟发生器与其他设备的冲突。

提高系统稳定性的代价是性能的下降，开启此特性会对时钟敏感设备有很大影响(如 SCSI 卡)。某些主板有智能时钟技术，可以动态地调节频率，当 AGP、PCI、SDRAM 不使用时会自动关闭时钟信号，既能减少 EMI 和能源消耗，又能保证系统性能。

如果没遇到 EMI 问题，可选择“Disabled”，否则请选“Enabled”或“Smart Clock”(推荐)。另外两个百分数选项是时钟发生器的数值，0.25%提供一定的系统稳定性，0.5%能够充分减少 EMI。

23. Flash BIOS Protection(可刷写 BIOS 保护)

选项：Enabled，Disabled。

禁止未授权用户和计算机病毒(如 CIH)对 BIOS 的写入，为了系统安全着想，一般选择 Enabled。要对 BIOS 进行升级时，再选择 Disabled。

24. Hardware Reset Protect(硬件重启保护)

选项：Enabled，Disabled。

服务器和路由器都是 24 小时常用设备，不允许有停顿现象发生。选 Enabled 能避免系统意外重启。如果你的机器不是此类设备，最好设置成 Disabled。

25. CPU Warning Temperature(CPU 警告温度)

选项：35，40，45，50，55，60，65，70。

当 CPU 超过此温度时，主板会发出警告信号，并调用 idle 指令减少 CPU 的负担，降低芯片热量。

26. Shutdown Temperature(系统宕机温度)

选项：50，53，56，60，63，66，70。

当整个系统超过此温度时，主板会发出警告信号，并调用即时关机程序，避免硬件过热而烧掉。

27. Current CPU Temperature(当前 CPU 的温度)

如果主板有温度观察装置，就能在此看到当前 CPU 的温度。

28. Current CPU FAN1/CPU FAN2 Speed(当前 CPU 风扇的转速)

如果主板有 CPU 风速探测装置，就能在此看到 CPU 风扇的转速，防止转速过低或风扇停转引起的硬件故障。现在，许多主板的驱动程序中都自带软件，可在 Windows 中看到这些参数，无需经常进入 BIOS 来查看。

29. CPU Host/PCI Clock(CPU 外频/PCI 时钟)

选项：Default(66/33 MHz)，68/34 MHz，75/37 MHz，83/41 MHz，100/33 MHz，103/34 MHz，112/33 MHz，133/33 MHz。

此项用来设置 CPU 的外频，是软超频的一种。尽量不要选择非标准 PCI 外频(即 33 MHz 以外的)，避免系统负荷过重而烧掉硬件。

9.3.4　Integrated Peripherals(集成外部设备设置)

1. Onboard IDE-1 Controller(板上 IDE 第一接口控制器)

选项：Enabled，Disabled。

激活/禁止主板上的第一个 IDE 控制器。如果有 SCSI 硬盘且不使用 IDE 设备，选 Disabled 可以释放一个 IRQ，否则还是选择 Enabled。

2. Onboard IDE-2 Controller(板上 IDE 第二接口控制器)

选项：Enabled，Disabled。

激活/禁止主板上的第二个 IDE 控制器。如果有 SCSI 硬盘且不使用 IDE 设备，选 Disabled 可以释放一个 IRQ，否则还是选择 Enabled。

3. Master/Slave Drive PIO Mode(主/副驱动器 PIO 模式)

选项：0，1，2，3，4，Auto(自动)。

开启主板上 IDE 的第一/二接口控制器后，可以使用此选项调节硬盘的 PIO(Programmed Input/Output，可编程输入/输出)模式。数值越高，速度越快，超频时采用低速度模式能够增加系统稳定性，提高超频成功率。PIO 数据传输吞吐量如下所示：

PIO 数据传输吞吐量(MB/s)

PIO Mode 03.3

PIO Mode 15.2

PIO Mode 28.3

PIO Mode 311.1

PIO Mode 416.6

----

4. Master/Slave Drive Ultra DMA

选项：Auto(自动)，Disabled。

开启主板上 IDE 的第一/二接口控制器后，可以使用此选项开/关硬盘的 Ultra DMA(Direct Memory Access，直接内存存取)33 模式，不包括 Ultra DMA 66。如果设置成 Auto，BIOS 不会把硬盘调为 Ultra DMA 模式(当然也不能让非 Ultra DMA 硬盘支持 Ultra DMA 模式)，必须在操作系统中手工打开。DMA 数据传输吞吐量如下所示：

DMA 数据传输吞吐量(MB/s)

DMAMode04.16

DMAMode113.3

DMAMode216.6

UltraDMA3333.3

UltraDMA6666.7

----

5. Ultra DMA-66 IDE Controller(Ultra DMA 66 IDE 控制器)

选项：Enabled，Disabled。

设置 Ultra DMA-66 IDE 控制器的开/关状态。

6. USB Controller(USB 控制器)

选项：Enabled，Disabled。

设置 USB(Universal Serial Bus，通用串行总线)控制器的开/关状态。

7. USB Keyboard Support(USB 键盘支持)

选项：Enabled，Disabled。

开启/关闭 USB 键盘支持。

8. USB Keyboard Support Via(USB 键盘支持模式)

选项：OS，BIOS。

设置为 OS，只能由 Win 9x 等操作系统控制 USB 键盘。设置为 BIOS，可以在 DOS 实模式下使用 USB 键盘。

9. Init Display First(显示适配器选择)

选项：AGP，PCI。

如果使用一个以上显示适配器，通过此设置选择第一个开启的设备。若是仅有一个 AGP 显卡，选择 AGP 会提高启动速度。

10. KBC Input Clock Select(键盘控制器输入时钟选择)

选项：8 MHz，12 MHz，16 MHz。

选择 KBC(Key Broad Control，键盘控制器)的频率，时钟越高速度越快。

11. Power On Function(电源开启功能)

选项：Button Only(电源开关键)，Keyboard 98(98 型键盘)，Hot Key(热键)，Mouse Left(鼠标左键)，Mouse Right(鼠标右键)。

此项用来选择使用何种方式打开计算机。Button Only 是使用机箱上的电源开关键控制；Keyboard 98 是某种有特殊电源开关按钮的键盘；热键是使用如 Ctrl + F11 或 Alt + F12 等快捷键启动，如果键盘太旧可能会失效；Mouse Left 和 Mouse Right 是使用鼠标开机，某些 PS/2 鼠标可能不支持此特性。

12. Onboard FDD Controller(板上软盘驱动器控制器)

选项：Enabled，Disabled。

激活/禁止主板上的软盘驱动器控制器。如果不使用软驱，选 Disabled 可以释放一个 IRQ，否则还是选择 Enabled。

13. Onboard Serial Port1/2(板上串行口 1/2)

选项：Disabled, 3F8h/IRQ4, 2F8h/IRQ3, 3E8h/IRQ4, 2E8h/IRQ3, 3F8h/IRQ10, 2F8h/IRQ11, 3E8h/IRQ10, 2E8h/IRQ11, Auto。

调整串行口的输入/输出地址和 IRQ。选择 Auto 可交给操作系统自动完成，设置成 Disabled 可以节省一个 IRQ。

14. Onboard IR Function(板上红外线功能)

选项：IrDA(HPSIR)mode, ASKIR(Amplitude Shift Keyed Infra-Red，长波形可移动输入红外线)mode，Disabled。

此特性通常创建于第二个板上串行口之下，如果关闭了第二个串行口，可能会看不见此项设置。选择不同的传送模式可以适应各种外部附加设备，前提是主板上有红外线输出口。

15. Duplex Select(红外传输双向选择)

选项：Full-Duplex(完全双向)，Half-Duplex(半双向)。

选择完全双向传输，可以同时发出和接收数据，加快红外传输的速度。选择半双向，同一时间内只能发出或接收数据。

16. RxD、TxD Active(RxD、TxD 激活)

选项：High，Low。

此特性通常创建于第二个板上串行口之下，如果关闭了第二个串行口，可能会看不见此项设置。至于红外传输的极性，可以按照 IR 外围设备的说明书来作出正确选择。

17. Onboard Parallel Port(板上并行口)

选项：3BCh/IRQ7, 278h/IRQ5, 378h/IRQ7, Disabled。

调整并行口的输入/输出地址和 IRQ，如果不使用并行设备，建议大家设成 Disabled，以节省一个 IRQ。

18. Parallel Port Mode(并行口模式)

选项：ECP，EPP，ECP+EPP，Normal(SPP)。

此特性通常创建于并行口之下，如果关闭了并行口，可能会看不见此项设置。Normal SPP(Standard Parallel Port，标准并行口)模式能够兼容所有并行设备，速度最慢。ECP(Extended Capabilities Port，延长能力端口)使用 DMA 协议发送数据并能提供对称双向通信，速度为 2.5 Mb/s。在 FIFO(First Input First Output，先入先出队列)的帮助下，ECP 对扫描仪和打印机等大数据量设备十分有利。EPP(Enhanced Parallel Port，增强形平行接口)使用现有并行口提供不对称双向通信，较适合并行口驱动器。

BIOS 还同时支持 ECP+EPP 模式，如果没有使用其中一项设备，则会浪费一个 IRQ。所以按外围设备说明书设置适合的模式(ECP 或 EPP)，能够提高总体速度。

19. ECP Mode Use DMA(ECP 模式使用的 DMA 通道)

选项：Channel 1(通道 1)，Channel 2(通道 2)。

此特性通常创建于并行口之下，如果关闭了并行口的 ECP 或 ECP+EPP，可能会看不见此项设置。选择哪一个通道对系统性能都没有影响。

20. EPP Mode Select(EPP 模式选择)

选项：EPP 1.7，EPP 1.9。

此特性通常创建于并行口之下，如果关闭了并行口的 ECP 或 ECP+EPP，可能会看不见此项设置。1.9 标准比 1.7 标准要快，如果不是遇到兼容性问题，尽量选择新标准。

9.3.5 PNP/PCI Configuration(即插即用/PCI 设置)

1. PNP OS Installed(即插即用操作系统安装)

选项：Yes(有)，No(无)。

如果计算机中的操作系统支持 PNP(Plug&Play，即插即用)，选择 Yes 可以让它更好地管理硬件资源。注意：由于 Windows 2000 支持 ACPI(Advanced Configuration and Power Interface，高级设置和电源管理)特性，因此必须在 BIOS 的能源选项里关掉 APM(Advanced Power Management，高级能源管理)特性。

在不完全 PNP 的 Linux 系统中，安装硬件比较麻烦，如果把 PNP OS 设为“NO”，则 BIOS 让 ISA 扩展卡自己调用资源，很多情况下会发生冲突，所以必须使用一种名为 ISA PNP TOOLS 的工具设置硬件。即便如此，我们还会常常发现硬件不能工作。把 PNP OS 设为“Yes”后 ISA PNP TOOLS 的工作就变得容易些。所以，建议各种操作系统的用户最好都把此特性设成“Yes”。

2. Force Update ESCD/Reset Configuration Data(强迫升级 ESCD/重新安排配置数据)

选项：Enabled，Disabled。

在 PNP BIOS 中，ESCD(Extended System Configuration Data，可扩展系统配置数据)用于存储各种插卡的 IRQ、DMA、I/O 和内存配置，通常，此特性设成 Disabled。在电脑中加入新设备之后，BIOS 将自动升级 ESCD，重新安排硬件资源，在升级完毕后再把它设成 Disabled，因此我们无需改变此值。

3. Resource Controlled By(资源控制)

选项：Auto(自动)，Manual(人工)。

设成 Auto 时，BIOS 自动设置所有 PNP 设备的 IRQ 和 DMA。如果用户遇到无法解决的冲突问题，可将其设成 Manual，人工改变 ISA 或 PCI 设备所占用的资源。传统型 ISA 卡必须使用特定的 IRQ(如声卡用 IQR5、7)或 DMA，而新型的 PCI/ISA PNP 卡可使用任意的 IRQ 或 DMA。

4. Assign IRQ For USB(给 USB 设备分配 IRQ)

选项：Enabled，Disabled。

把特定的 IRQ 分给 USB 设备，选 Disabled 等同于禁止 USB 工作。如果没有 USB 设备，关闭此选项能够释放一个 IRQ。

5. PCI IRQ Activated By(PCI 激活 IRQ)

选项：Edge(边带)，Level(水平)。

ISA 和旧式 PCI 卡使用 Edge 单电压触发方式来激活 IRQ，新型 PCI 卡和 AGP 卡使用 Level 多电压触发方式来激活 IRQ。Edge 为固定型 IRQ，适合老式设备；Level 为共享型 IRQ，适合新型设备。在没有冲突的情况下，尽量使用 Level 模式。

6. PIRQ_0 Use IRQ No.～PIRQ_3 Use IRQ No.

选项：Auto，3，4，5，7，9，10，11，12，14，15。

手工设定已安装设备的 IRQ，注意的事项有以下几点：

(1) 不能把 IRQ 分给同一个 ISA 设备。

(2) 每个 PCI 槽可通过 4 个中断激活，这 4 个中断是 INTA、INTB、INTC 和 INTD。

(3) 每个 AGP 槽可通过 2 个中断激活，这两个中断是 INTA 和 INTB。

(4) 通常，每个插槽都使用 INTA，其他中断预留给 PCI/AGP 设备请求更多的 IRQ 之用。

(5) AGP 槽和 PCI 1 槽共享一个 IRQ，PCI 4 槽和 PCI 5 槽共享一个 IRQ，USB 使用 PIRQ_4。

9.3.6 Power Management Setup(电源管理设置)

1. Power Management(电源管理)

选项：Enabled，Disabled。

控制电源管理的开/关状态。

2. ACPI Function Power Managment

选项：Users Define(用户定义)，Min Saving(最小节能)，Max Saving(最大节能)，Disable (关闭)。

Users Define：若系统在一段时间内没有执行任何程序，则进入电源节能方式，而时间长短由用户定义。

Min Saving：若系统在 1 个小时内没被使用，则进入电源节能方式。

Max Saving：若系统在 10 秒内没被使用，则进入电源节能方式。

Disable：关闭电源管理方式。电脑长期处于正常工作状态，虽然浪费电能，但可以让机器全速运行，避免看 VCD 时突然进入节能状态而中断的问题。

3. PM Control by APM(由 APM 控制电源管理)

选项：Enabled，Disabled。

APM 的执行可增强电源的省电模式，关掉 CPU 的内部时钟。系统的默认值是 Enabled，若设置为 Disable，系统在开启 PM(Power Management，电源管理)时，BIOS 将会略过 APM 的功能。

4. Video Off Option(屏幕关闭选项)

选项：DMPS，BlackScreen(黑屏)，V/H Sync+Blank。

选 DPMS(Display Power Management Signalling，显示能源管理信号)，关闭向显示器发出的信号；选 BlackScreen，把屏幕关掉；选 V/H Sync+Blank，在黑屏的同时，关掉垂直/水平刷新信号。

5. Video Off After(VGA 关闭)

选项：Doze(打盹)，StandBy(待机)，Suspend(睡眠)。

Doze 模式降低 CPU 时钟；StandBy 模式在 Doze 模式之后出现，进一步减低 CPU 速度；Suspend 模式完全停止 CPU 时钟。此设置决定在哪一个状态下开始关闭视频设备。

6. MODEM Use IRQ(MODEM 使用的 IRQ 号)

选项：3，4，5，7，9，10，11。

决定 MODEM 所采用的 IRQ 号，以便远程唤醒时发出合适的中断信号。默认值是 IRQ3。

7. Doze Mode(打盹模式)

选项：1 Min(分钟)，2 Min，4 Min，8 Min，12 Min，20 Min，30 Min，40 Min，1 Hour(小时)，Disabled。

此项用来设置系统在额定的时间内未被使用，进入打盹模式的时间。选 Disabled 则不进入节能状态。

8. Standby Mode(待机模式)

选项：1 Min(分钟)，2 Min，4 Min，8 Min，12 Min，20 Min，30 Min，40 Min，1 Hour(小时)，Disabled。

此项用来设置系统在额定的时间内未被使用，进入待机模式的时间。选 Disabled 则不进入节能状态。

9. Suspend Mode(睡眠模式)

选项：1 Min(分钟)，2 Min，4 Min，8 Min，12 Min，20 Min，30 Min，40 Min，1 Hour(小时)，Disabled。

此项用来设置系统在额定的时间内未被使用，进入睡眠模式的时间。选 Disabled 则不进入节能状态。

10. HDD Power Down(硬盘关闭控制)

选项：(1～15) Min，Disabled。

此项用来设置系统在额定的时间内未被使用，截断硬盘电源的时间。选 Disabled 则不进入节能状态。不过在使用此选项时，首先要确保把 Power Management 选项设为 User Define。

11. Throttle Duty Cycle(节能周期)

选项：12.5%，25%，37.5%，50%，62.5%，75.0%。

此项用来控制电脑的节能周期，默认值为 62.5%，数值越小节能越少。

12. PCI/VGA Active Monitor(PCI/视频激活显示器)

选项：Enabled，Disabled。

开启此特性后，能通过视频信号来唤醒处在节能状态的显示器。

13. Soft-Off by PWRBTN(电源按钮关机)

选项：Delay 4 Sec(延迟 4 秒)，Instant-Off(立即关闭)。

该项用于设置关机功能。当设置延迟 4 秒时，用户按开机按钮 4 秒可关闭系统。如果按开机按钮的时间短于 4 秒，系统将会进入挂起状态。当设置为立即关闭后，用户仅按一下即可关闭系统。

14. CPU FAN Off In Suspend(在睡眠模式下停止 CPU 风扇)

选项：Enabled，Disabled。

开启此特性后，能在睡眠状态时关掉 CPU 风扇，进一步降低系统功耗。

15. Power On By Ring(响铃开机)

选项：Enabled，Disabled。

开启此特性后，能用远程软件打开计算机。

16. Resume By Alarm(警报恢复)

选项：Enabled，Disabled。

开启此特性后，满足警告条件就立即恢复原来的状态。

17. IRQ 8 Break Suspend

选项：Enabled，Disabled。

开启此特性后，使用 IRQ 8 可以中断节能状态。

18. Reload Global Timer Events(系统唤醒事件)

选项：Enabled，Disabled。

开启了以下特性，当有特定事件发生时，电脑就会从睡眠状态中苏醒。

IRQ[3～7，9～15]
NMI
Primary IDE0(主 IDE 的第一个设备接口)
Primary IDE1(主 IDE 的第二个设备接口)
Secondary IDE0(副 IDE 的第一个设备接口)
Secondary IDE1(副 IDE 的第二个设备接口)
Floppy Disk(软驱)
Serial Port(串行口)
Parallel Port(并行口)

9.4　BIOS 升级

9.4.1　升级 BIOS 的原因

1. 免费获得新功能

BIOS 中的程序决定了系统对硬件的支持、协调能力。现在的新硬件层出不穷，BIOS 不可能预先具备对如此繁多的硬件的支持，这就依赖于对 BIOS 芯片内程序的更新。升级 BIOS 最直接的好处是不用花钱就能获得许多新功能，比如：能支持新频率和新类型的 CPU；突破容量限制，能直接使用大容量硬盘；获得新的启动方式；开启以前被屏蔽的功能；识别其他新硬件等。

2. 解决旧版 BIOS 中的 BUG

BIOS 既然也是程序，就必然存在着 BUG，而这些 BUG 常会导致莫名其妙的故障，例如无故重启、经常死机、系统效能低下、设备冲突、硬件设备无故“丢失”等。在用户反馈以及厂商自己发现以后，负责任的厂商都会及时推出新版的 BIOS 来修正这些已知的 BUG，从而解决那些故障。

利用专用的刷新程序，改写主板 BIOS 的内容，这就是我们常说的 BIOS 升级。现在的主板几乎都采用 FLASH ROM(快闪 ROM)作 BIOS，在一定的电压、电流条件下，可对其 Firmware 进行改写。

9.4.2 判断主板 BIOS 可否升级

升级之前，当然必须明确自己的主板是否支持 BIOS 的升级，最好的办法是找到主板的说明书，从中查找相关的说明。如果没有说明，就必须亲自动手了，方法是：观察主板上的 BIOS 芯片，如果它是一个 28 针或 32 针的双列直插式的集成电路，而且上面印有 BIOS 字样的话，该芯片大多为 Award 或 AMI 的产品。揭掉 BIOS 芯片上面的纸质或金属标签，仔细观察一下芯片，会发现上面印有一串号码，如果号码中有 28 或 29 的数字，那么就证明该 BIOS 是可以升级的。

9.4.3 升级 BIOS 的具体操作

BIOS 升级的具体步骤如下：

(1) 准备工作。一般主板上有个 FlashROM 的跳线开关，用于设置 BIOS 的只读/可读写状态。关机后在主板上找到它并将其设置为可写(Enable 或 Write)。新一点的主板可以在 CMOS 中设置，详情请参照主板的使用手册。另外，建议在 CMOS 中设置成从 A 盘引导。

(2) 引导计算机进入安全 DOS 模式。升级 BIOS 绝对不能在 Windows 下进行，万一遇上设备冲突，主板就可能报废，所以一定要在 DOS 模式下升级，而且不能加载任何驱动程序。在 Win 95/98 环境下，当出现 Starting Windows 9X……的画面时，同时按下 Shift+F5 键；在 DOS 6.22 环境下，开机后按 F5 键，跳过 Config.sys 和 Autoexec.bat 进入 DOS 提示符。为防万一，最好事先准备一张干净的不包含 Config.sys 和 Autoexec.bat 两个文件的系统启动盘，并将烧录程序和 BIOS 文件拷贝到其中，然后直接从软驱启动系统。

(3) 开始升级 BIOS(以 Award 的 BIOS 为例)。直接运行 Awdflash.exe，屏幕显示当前的 BIOS 信息，并要求输入新的 BIOS 数据文件的名称，然后提示是否要保存旧版本的 BIOS。建议选择 Yes，将其保存起来，并起一个容易记忆的名字，然后存放在安全的地方，以便在升级失败或发现升级中存在问题时，还可以把原来的 BIOS 版本恢复。接着，程序会再询问是否确定要写入新的 BIOS，选择 Yes。这时会有一个进度框显示升级的进程，一般情况下几秒钟之内即可完成升级操作。最后，根据提示按 Ctrl+Alt+Del，重新开机。

(4) 如果系统能正常引导并运行，就表明升级成功了。最后记得恢复在第一步中改动过的设置，至此就大功告成了。

特别说明：

(1) 升级 BIOS 一定不能在 Windows 下操作。

(2) 写入的 BIOS 文件一定要确保正确、完整。

(3) BIOS 的升级过程中绝对不能被中断，也不能出现断电，否则会造成升级失败，系统不能引导。所以最好使用在线式的 UPS 对主机供电。

(4) 烧录程序可以带不同的参数来控制升级的过程，详情请参见程序的帮助，并谨慎使用。

(5) 某些主板厂商，比如大名鼎鼎的华硕，拥有自己的 BIOS 烧录程序，所以最好用它升级主板的 BIOS，升级过程大同小异。

(6) 升级 BIOS 后，某些安装到硬盘上的软件可能无法正常运行，如 UCDOS 等。原因是这类软件采用了主板上的 BIOS 数据作为加密参数。这时，只要将这些软件重新安装一遍即可。

(7) 部分主板在升级 BIOS 后必须清除 COMS 设置，具体做法可参看主板的用户手册。

9.4.4 升级 BIOS 失败后的挽救办法

在升级 BIOS 时，可能会由于写入的 BIOS 版本不对、不全或本身存在错误，或者在升级过程中出现断电现象等原因而导致升级失败，可以用如下方法进行挽救。

方法一：用软驱和 ISA 引导系统。主板厂商提供 BIOS 程序让普通用户自行升级，早就料到有升级失败而导致机器瘫痪的意外，所以加入了一个普通用户不可改写的 BootBlock(引导块)程序，用以启动软驱和基本插卡，然后恢复 BIOS。如果在升级过程中没有备份原来的 BIOS 文件，可以找一个与主板型号完全一致的可以正常使用的主板，读取它的 BIOS 文件，再执行烧录操作。

方法二：更换一个新的 BIOS 芯片。这是最直接的一个方法，但是实施起来有一定的难度，主要原因是，如果主板比较老了，其 BIOS 芯片在市场上就较难寻觅。当然这也不是绝对的。有些主板厂商向用户提供 BIOS 芯片，有的甚至还是免费的，所以最好与销售商或主板厂商联系，看看他们是否有需要的 BIOS 芯片。

方法三：用写入设备重写 BIOS。许多大中城市的电脑城中有专门的 BIOS 写入设备，请商家为你重写 BIOS，也仅仅花费二三十元而已，方便而实惠。上述方法也可用来修复被 CIH 病毒破坏的主 BIOS。

小　结

本章主要介绍了 BIOS 设置程序对 CMOS 参数进行设置的方法及软件系统安装的主要过程。很多软件故障都是由于 BIOS 设置不当或软件系统安装设置不正常等问题所造成的。

思考与练习题

1．什么是 BIOS 及 BIOS 设置？它和 CMOS 是什么关系？
2．进入 BIOS 设置程序的方法有哪些？
3．如有条件，在一台计算机上进行 BIOS 参数设置及保存的操作。

第 10 章　微机操作系统

10.1　微机操作系统简介

操作系统是管理计算机软硬件资源的一个平台，没有它，任何计算机都无法正常运行。在个人电脑的发展史上，出现过许多不同的操作系统，其中最为常用的有五种：DOS、Windows、Linux、UNIX/Xenix 和 OS/2，下面分别介绍这五种微机操作系统的发展过程和功能特点。

10.1.1　DOS 操作系统

从 1981 年问世至今，DOS 经历了 7 次大的版本升级，从 1.0 版到现在的 7.0 版，不断地改进和完善。但是，DOS 系统的单用户、单任务、字符界面和 16 位的大格局没有变化，因此它对于内存的管理也局限在 640 KB 的范围内。

DOS 最初是为 IBM-PC 开发的操作系统，因此它对硬件平台的要求很低，即使对于 DOS 6.0 这样的高版本 DOS，在 640 KB 内存、40 MB 硬盘、80286 处理器的环境下也可正常运行，因此 DOS 系统既适合于高档微机使用，又适合于低档微机使用。

常用的 DOS 有三种不同的品牌，它们是 Microsoft 公司的 MS-DOS、IBM 公司的 PC-DOS 以及 Novell 公司的 DR-DOS。这三种 DOS 都是兼容的，但仍有一些区别，三种 DOS 中使用最多的是 MS-DOS。

如今的 DOS 系统可以说是昨日黄花了，取而代之的则是易于上手操作的具有图形界面的操作系统了。

10.1.2　Windows 操作系统

Windows 是 Microsoft 公司在 1985 年 11 月发布的第一代窗口式多任务系统，它使 PC 机开始进入了所谓的图形用户界面(Graphic User Interface，GUI)时代。在图形用户界面中，每一种应用软件(即由 Windows 支持的软件)都用一个图标(Icon)表示，用户只需把鼠标移到某图标上，连续两次按下鼠标器的拾取键即可进入该软件。这种界面方式为用户提供了很大的方便，把计算机的使用提高到了一个新的阶段。

Windows 1.X 版是一个具有多窗口及多任务功能的版本，但由于当时的硬件平台为 PC/XT，速度很慢，所以 Windows 1.X 版本并未十分流行。1987 年底 Microsoft 公司又推出了 MS-Windows 2.X 版，它具有窗口重叠功能，窗口大小也可以调整，并可把扩展内存和扩充内存作为磁盘高速缓存，从而提高了整台计算机的性能。此外它还提供了众多的应用程序：文本编辑 Write、记事本 Notepad、计算器 Calculator、日历 Calendar 等。随后在 88 年、89 年 Microsoft 又先后推出了 MS-Windows/286-V2.1 和 MS-Windows/386-V2.1 这两个版本。

1990 年，Microsoft 公司推出了 Windows 3.0，它的功能进一步加强，具有强大的内存管理，且提供了数量相当多的 Windows 应用软件，因此成为 386、486 微机新的操作系统标准。随后，Windows 发表了 3.1 版，而且推出了相应的中文版。3.1 版较 3.0 版增加了一些新的功能，受到了用户欢迎，是当时最流行的 Windows 版本。

1995 年，Microsoft 公司推出了 Windows 95(也称为 Chicago 或 Windows 4.0)。在此之前的 Windows 都是由 DOS 引导的，也就是说它们还不是一个完全独立的系统，而 Windows 95 是一个完全独立的系统，并在很多方面作了进一步的改进，还集成了网络功能和即插即用(Plug and Play)功能，是一个全新的 32 位操作系统。

1998 年，Microsoft 公司推出了 Windows 95 的改进版 Windows 98。Windows 98 的一个最大特点就是把微软的 Internet 浏览器技术整合到了 Windows 95 里，使得访问 Internet 资源就像访问本地硬盘一样方便，从而更好地满足了人们越来越多的访问 Internet 资源的需要。

2000 年，Microsoft 发布 Windows 2000。在此我们不能不提一下 Microsoft 公司的另一个产品 Windows NT 系统(NT 是 New Technology，即新技术的缩写)。Windows NT 是真正的 32 位操作系统，与普通的 Windows 系统不同，它主要面向商业用户，有服务器版和工作版之分。按原计划，Microsoft 公司准备在 1999 年将最新的工作站版本 NT 5.0 和普通的 Windows 98 统一为一个完整的操作系统，即 Windows 2000 Professional，这样，无论对商业用户还是普通个人用户，以后 Microsoft 公司就只有一个 Windows 操作系统了。

Windows XP 或视窗 XP 是微软公司发布的又一款视窗操作系统。Windows XP 于 2001 年 8 月 24 日正式发布，它的零售版于 2001 年 10 月 25 日上市。Windows XP 原来的代号是 Whistler。字母 XP 表示英文单词的“体验(experience)”。Windows XP 的外部版本是 2002，内部版本是 5.1(即 Windows NT 5.1)，正式版的 Build 是 5.1.2600。微软最初发行了两个版本：专业版(Windows XP Professional)和家庭版(Windows XP Home Edition)，后来又发行了媒体中心版(Media Center Edition)和平板电脑版(Tablet PC Edition)等。

Windows XP 是微软把所有用户要求合成一个操作系统的尝试，和以前的 Windows 桌面系统相比，其稳定性有所提高，而为此付出的代价是丧失了对基于 DOS 程序的支持。由于微软把很多以前是由第三方提供的软件整合到了操作系统中，因此 XP 受到了猛烈的批评。这些软件包括防火墙、媒体播放器(Windows Media Player)、即时通讯软件(Windows Messenger)以及它与 Microsoft Passport 网络服务的紧密结合，这都被很多计算机专家认为是安全风险以及对个人隐私的潜在威胁。这些特性的增加被认为是微软继续其传统的垄断行为的持续。

2003 年 4 月，Windows Server 2003 发布，其对活动目录、组策略操作和管理、磁盘管理等面向服务器的功能作了较大改进，对.net 技术的完善支持进一步扩展了服务器的应用范围。Windows Server 2003 有四个版本：Windows Server 2003 Web 服务器版本(Web Edition)、Windows Server 2003 标准版(Standard Edition)、Windows Server 2003 企业版(Enterprise Edition)以及 Windows Server 2003 数据中心版(Datacenter Edition)。Web Edition 主要是为网页服务器(web hosting)设计的，而 Datacenter 则应用于极高端系统。标准和企业版本则介于两者中间。

Windows Vista 是美国微软公司开发的代号为 Longhorn 的下一版本 Microsoft Windows 操作系统的正式名称。它是继 Windows XP 和 Windows Server 2003 之后的又一重要的操作系统。该系统带有许多新的特性和技术。2005 年 7 月 22 日太平洋标准时间早晨 6 点，微软正式公布了这一名字。

Windows 7 于 2009 年 10 月 22 日发布，是目前最新版本的 Windows 操作系统，但目前个人最常用的操作系统还是 Windows XP。

10.1.3 Linux 系统

Linux 是当今电脑界一个耀眼的名字，它是目前全球最大的一个自由免费软件，其本身是一个功能可与 UNIX 和 Windows 相媲美的操作系统，具有完备的网络功能。

Linux 最初由芬兰人 Linus Torvalds 开发，其源程序在 Internet 上公开发布，由此引发了全球电脑爱好者的开发热情。许多人下载该源程序并按自己的意愿完善某一方面的功能，再发回网上，Linux 也因此被雕琢成为一个全球最稳定的、最有发展前景的操作系统。曾经有人戏言：要是比尔·盖茨把 Windows 的源代码也作同样处理，现在 Windows 中残留的许多 BUG(错误)早已不复存在，因为全世界的电脑爱好者都会成为 Windows 的义务测试和编程人员。

Linux 系统具有如下特点：

(1) 它是一个免费软件，可以自由安装并任意修改软件的源代码。

(2) Linux 操作系统与主流的 UNIX 系统兼容，这使得它一出现就有了一个很好的用户群。

(3) 支持几乎所有的硬件平台，包括 Intel 系列、680x0 系列、Alpha 系列、MIPS 系列等，并广泛支持各种周边设备。

目前，Linux 正在全球各地迅速普及推广，各大软件商，如 Oracle、Sybase、Novell、IBM 等均发布了 Linux 版的产品，许多硬件厂商也推出了预装 Linux 操作系统的服务器产品，当然 PC 用户也可使用 Linux。另外，还有不少公司或组织有计划地收集有关 Linux 的软件，组合成一套完整的 Linux 发行版本上市，比较著名的有 RedHat(即红帽子)、Slackware 等公司。虽然现在说 Linux 会取代 UNIX 和 Windows 还为时过早，但一个稳定性、灵活性和易用性都非常好的软件，肯定会得到越来越广泛的应用。

10.1.4 UNIX 系统

UNIX 系统是 1969 年问世的，最初是在中小型计算机上运用。最早移植到 80286 微机上的 UNIX 系统，称为 Xenix。Xenix 系统的特点是短小精悍，系统开销小，运行速度快。经过多年的发展，Xenix 已成为十分成熟的系统。最新版本的 Xenix 是 SCO UNIX 和 SCO CDT。当前的主要版本是 UNIX 3.2 V4.2 以及 ODT 3.0。

UNIX 是一个多用户系统，一般要求配有 8 MB 以上的内存和较大容量的硬盘。

10.1.5 OS/2 系统

1987 年 IBM 公司在激烈的市场竞争中推出了 PS/2(Personal System/2)个人电脑。PS/2 系列电脑大幅度突破了现行 PC 机的体系，采用了与其他总线互不兼容的微通道总线 MCA，并且 IBM 自行设计了该系统约 80%的零部件，以防止其他公司仿制。

OS/2 系统正是为 PS/2 系列机开发的一个新型多任务操作系统。OS/2 克服了 DOS 系统 640 KB 主存的限制，具有多任务功能。OS/2 也采用图形界面，它本身是一个 32 位系统，不仅可以处理 32 位 OS/2 系统的应用软件，还可以运行 16 位 DOS 和 Windows 软件。

OS/2 系统通常要求在 4 MB 内存和 100 MB 硬盘或更高的硬件环境下运行。

10.2　操作系统的安装

10.2.1　Windows 安装

1. 系统信息

安装系统之前应该了解计算机的硬件设备。下面我们通过一个案例来看一下。

案例 10-1　查看机器的硬件设备信息。

(1) 进到系统以后，在“我的电脑”图标上单击右键，选“属性”，会弹出系统属性面板，在上边选“硬件”标签，然后找到“设备管理器”按钮，如图 10-1 所示。

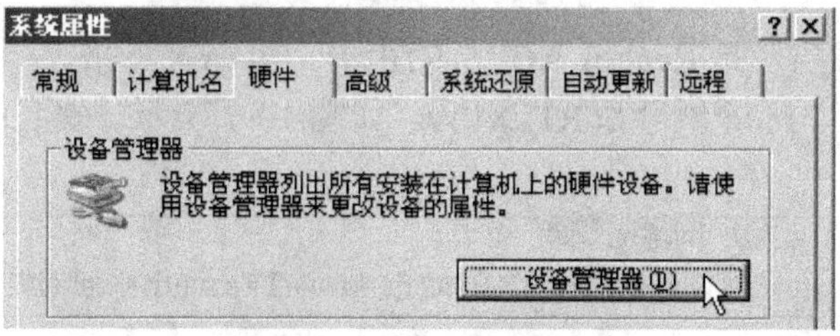

图 10-1　系统属性

(2) 单击“设备管理器”按钮，进入面板，可看到许多分类，如图 10-2 所示。

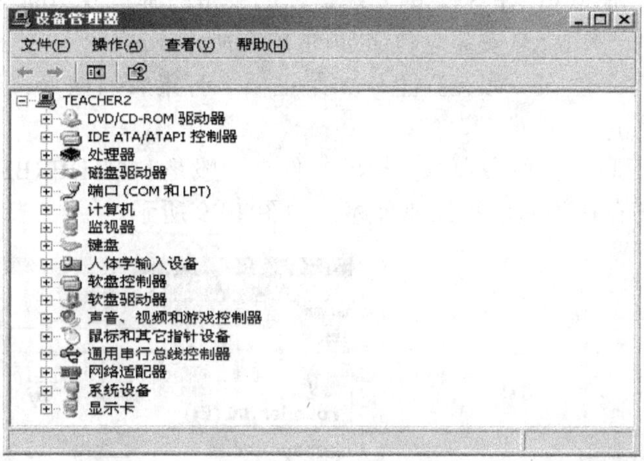

图 10-2　设备管理器

① 单击“系统设备”左边的加号，打开它，就可以看到里面的列表，如图 10-3、图 10-4 所示。

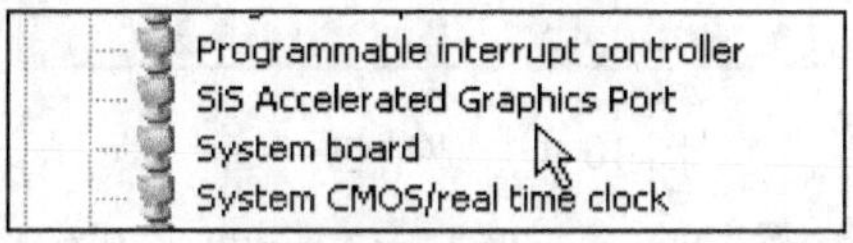

图 10-3　设备列表一

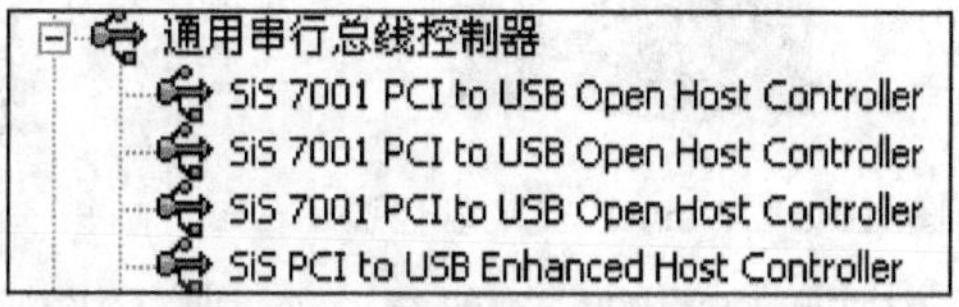

图 10-4　设备列表二

从图 10-3 和图 10-4 中可以看到 SiS 的字样，说明这个主板是跟 SiS 有关的。

② 点击最下边的“显卡”旁边的加号，查看一下显卡的信息，如图 10-5 所示。

图 10-5　显卡的信息

由图 10-5 可以看到，显卡的版本是 SiS 650v/651/740。找个本子记下来。

③ 点击“声音、视频和游戏控制器”旁边的加号，看一下声卡的类型，如图 10-6 所示。

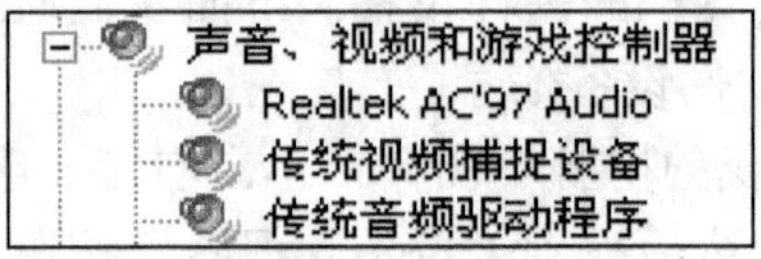

图 10-6　声卡的类型

从图 10-6 可以看到，是 Realtek AC’97 的声卡，也记录下来。

④ 网络适配器(网卡)的型号是 RTL8139，如图 10-7 所示。安装的时候，系统可以自动识别。

图 10-7　网卡的信息

2. 准备光盘

首先应该准备一张 Win XP SP2 的安装盘，如果是品牌机专用的更好。XP 的版本有家庭版(H)和专业版(P)。Win XP 安装盘包装如图 10-8 所示。

主板的驱动程序一般在一张光盘里，如果主板上有集成的显卡、声卡等，那么光盘里应还有相应的驱动程序。

各个驱动放在不同的文件夹中，主板的文件夹一般是 MOTHERBD，显卡的是 Video，声卡的是 Audio，还有补丁程序和加速程序，如图 10-9 所示。

图 10-8　Win XP 安装盘包装

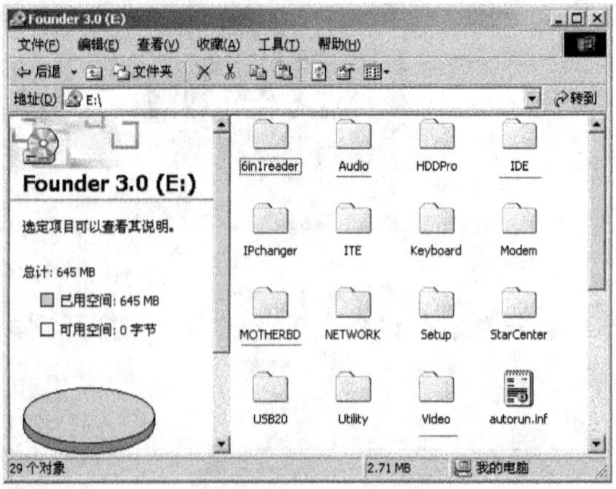

图 10-9　驱动包

安装程序的图标一般是一个电脑的图形，如图 10-10 所示，双击运行后即可开始安装。安装的顺序一般是先安装主板驱动，后安装显卡和声卡驱动。

图 10-10　驱动安装图标

如果显卡、声卡是独立的，那么一般都有自己的安装光盘，放入光盘后会自动运行安装程序，这时候只要按提示一步一步安装就可以了。

3. 应用程序

Windows XP 跟 Windows 2000 系统差不多，都属于 NT 结构，安全性比较好，在使用计算机的时候，要以一个用户名登录。

Administrator 是管理员用户，安装的时候自动创建，其他用户可以自己起名字，同时也可以设密码，密码要牢记。

应用程序一般都放在开始菜单里，常见的有学习、办公、游戏软件等，可以根据自己的需要来安装，如图 10-11 所示。

应用软件一般包括 Office 办公软件，图形图像的 Flash、Photoshop 软件，下载软件，压缩软件，多媒体播放器等。

商业软件一般都有安装光盘，小的工具软件可以从网上下载，或者从其他人那儿拷贝过来。Windows XP 安装盘如图 10-12 所示。

图 10-11　开始菜单

图 10-12　Windows XP 安装盘

一般来说，不必安装太多程序。大多数的软件都会在开始菜单中添加自己的图标，这样会使系统很乱，影响美观和操作。可以将每天都用的图标放在桌面上，一周用一次的放开始菜单里，一个月用一次的，可以从桌面和开始菜单里删掉。这里说的都是程序的快捷方式图标，真正的程序放在程序文件夹里，一般在 C:\Program Files 中。

程序一般放在系统盘的几个重要文件夹里：XP 的文件大都放在 C:\Windows 里，程序文件都放在 C:\Program Files 里，这两个文件夹不能随便动。

图 10-13 列出了一些常见的程序和图标。

图 10-13　常见的程序和图标

安装过程中需要注意打钩的地方，对于自己不希望安装的一些插件，可以把钩去掉。

4. 分区和格式化

我们通过一个案例来看看有关分区、格式化的知识。

案例 10-2　使用 Windows XP 安装程序进行硬盘分区及格式化。

(1) 系统安装过程的开始阶段会有一个提示，要求选择分区，如图 10-14 所示。

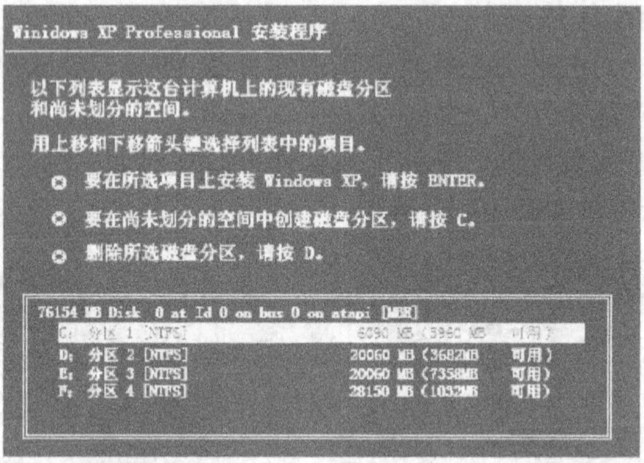

图 10-14　硬盘分区

电脑中的硬盘被分为 C、D、E 和 F 等区，如图 10-15 所示。一般来说，一块硬盘被划分成四个区比较科学些。

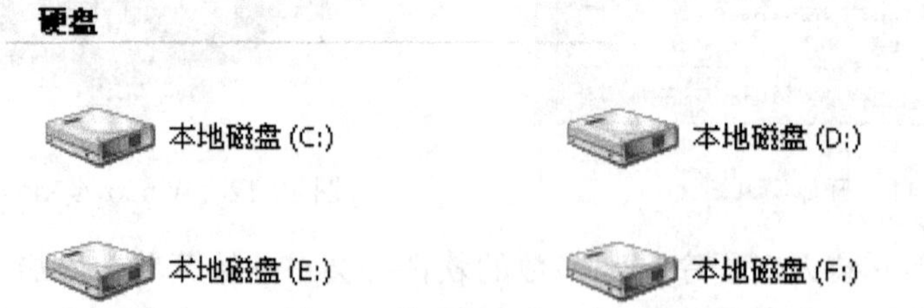

图 10-15　硬盘

(2) C 区一般用来安装操作系统，称为系统分区。安装 XP 的时候默认就安装在 C 区中。由于是重装系统，因此 C 区里原来的东西应该清除掉，我们可以用两种方法来实现。

第一种方法是通过格式化来实现。在选择分区后会有一个提示，要求进行格式化操作，如图 10-16 所示。

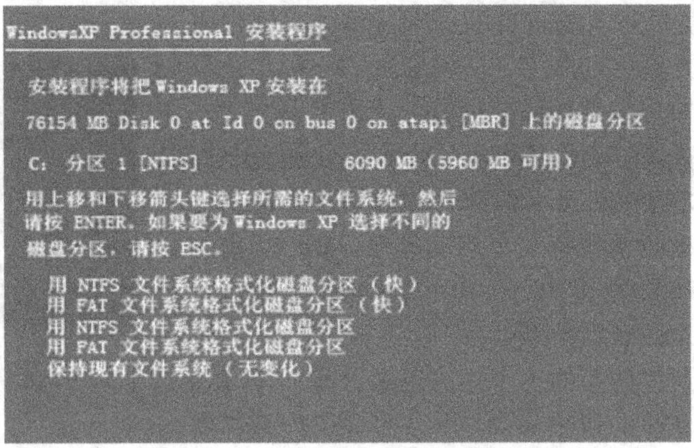

图 10-16　格式化分区

安装 XP 系统一般用“NTFS 文件系统格式化磁盘分区(块)”，这样就可以把 C 区原来的文件清除掉。

另一种方法是通过删除分区来实现。在选择分区的时候，有一项“删除所选分区”，将 C 区先删除，然后通过“创建分区”将 C 区再创建出来。这样也可以删除 C 区的所有内容。

磁盘的分区信息可以在“我的电脑”中查看。打开“我的电脑”后，在“C:”上敲右键选“属性”，出现如图 10-17 所示窗口。从该窗口可以看到文件系统是 NTFS 的，磁盘的总容量是 7.81 GB，已用空间为 5.82 GB，可用空间为 1.98 GB。

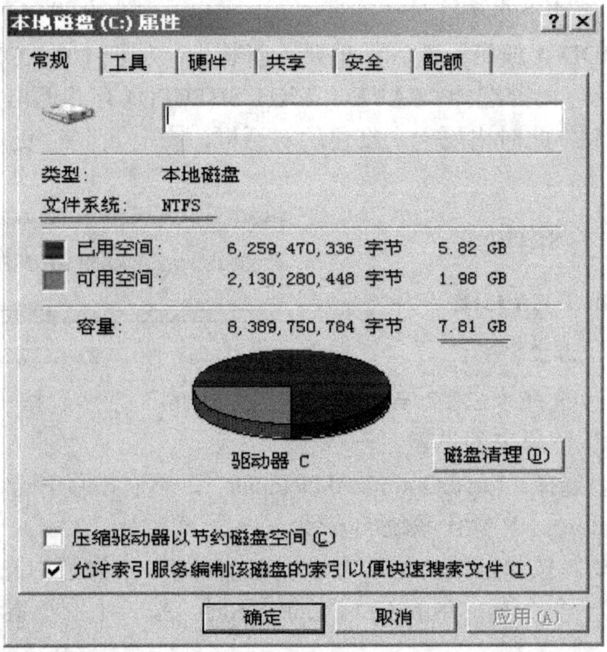

图 10-17　磁盘属性

5. 设置光盘启动

装系统时要用到 BIOS 设置(一般称为 CMOS 设置)，它被存储在一块芯片里，如图 10-18 所示。

BIOS 设置主要是对电脑自身的识别过程，对用户来说可以调节的主要就是启动顺序。早先的机子一般由软盘启动，也就是开机的时候需要插个软盘；后来系统大了，被改成硬盘启动，软盘启动也还留着；现在，安装程序都放光盘上了，即由光盘来启动，但前两种启动方式也还可以用。这样机子启动时就要有一个启动顺序。BIOS 里的第二项可以设置启动顺序(见图 10-19)：Floppy 是软盘，HDD-0 是硬盘，CDROM 是光盘。

图 10-18 BIOS 设置芯片

开机时，当看到键盘上的三个灯闪过后，按一下 Del 键，就可以进入 CMOS 的设置界面，用方向键选择第二项“Advanced BIOS Features”，然后按回车进入。

按方向键，选择“First Boot Device(第一启动设备)”，按 Page Down 键直到出现“CDROM”，如图 10-20 所示。

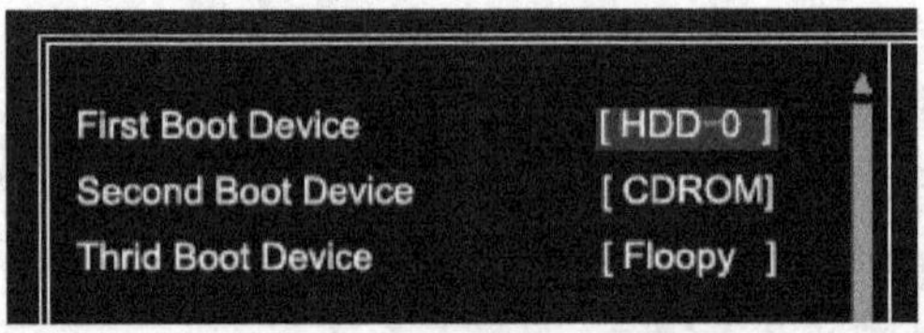

图 10-19 CMOS 设置一

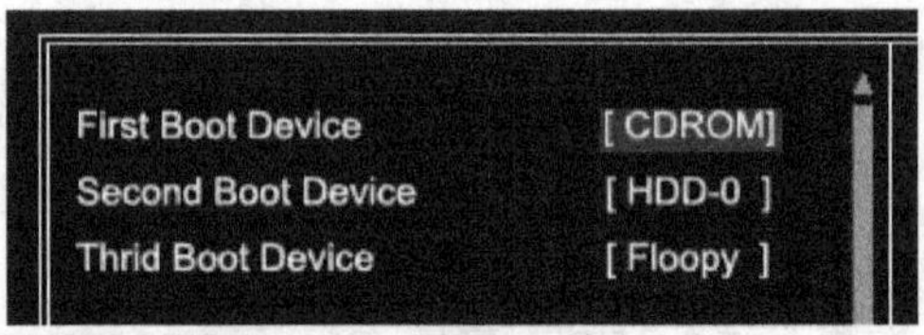

图 10-20 CMOS 设置二

一般都把硬盘 HDD-0 放第一位。如果要重新装机，就把 CD-ROM 放第一位。然后按 Esc 键回到主界面，用方向键选择“SAVE & EXIT SETUP(保存并退出)”，如图 10-21 所示，之后按一下回车键确认。此时出现一个红色的对话框，按一下“Y”键退出即可，如图 10-22 所示。

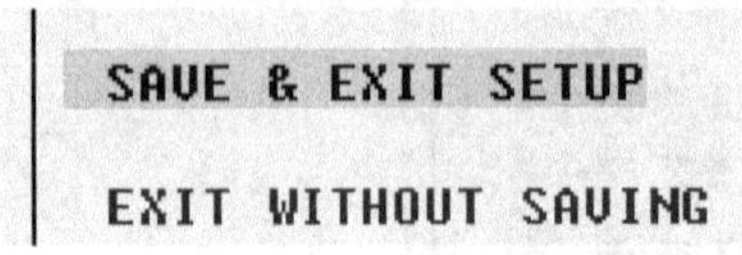

图 10-21 CMOS 设置三

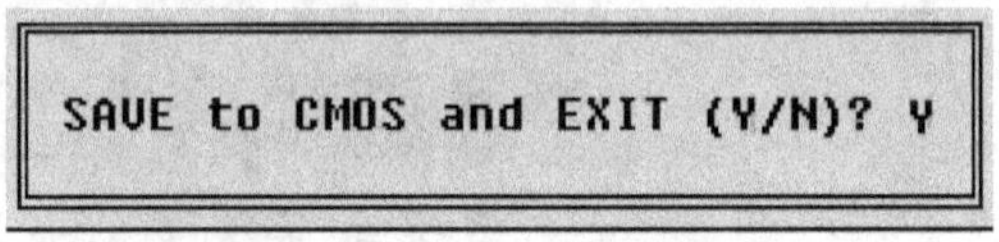

图 10-22 CMOS 设置四

如果拿不准，可以选择“EXIT WITHOUT SAVING”，然后按一下“Y”键，表示不保存退出，这样还是保留原来的设置。

如果改乱了，可以选择“Load Optimized Defaults”，然后按回车确定，保存后退出即可。

案例 10-3 Windows XP 操作系统的安装。

(1) 设置光盘启动。按照前面所讲的方法，在 CMOS 中设置用光盘启动。重启动后注意观察屏幕，当出现一个“Boot from CD..”的提示时，按一下回车键，如图 10-23 所示。

Press any key to boot from CD.._

图 10-23 设置光盘启动

(2) 屏幕出现安装欢迎界面，如图 10-24 所示。按一下回车键，出现“许可协议”，如图 10-25 所示。按一下 F8 键，出现的是选择分区，选择 C 分区，如图 10-26 所示。

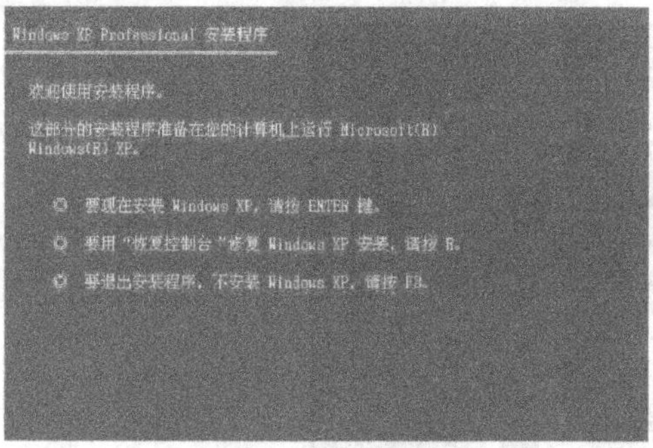

图 10-24　安装欢迎界面

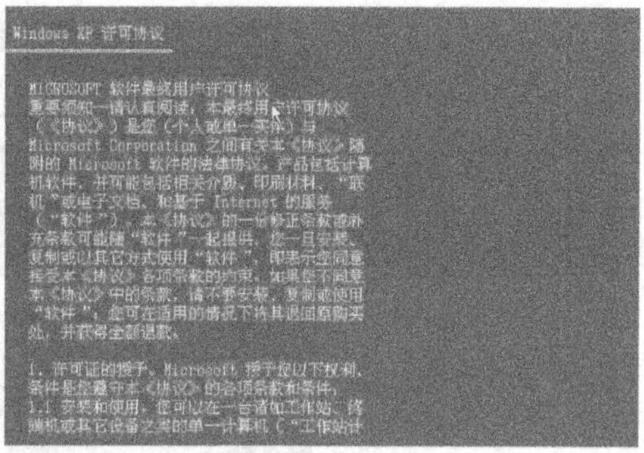

图 10-25　WIN 许可协议

按回车键后出现格式化界面，如图 10-27 所示。用方向键选择第一个“NTFS”选项后，按回车键继续。

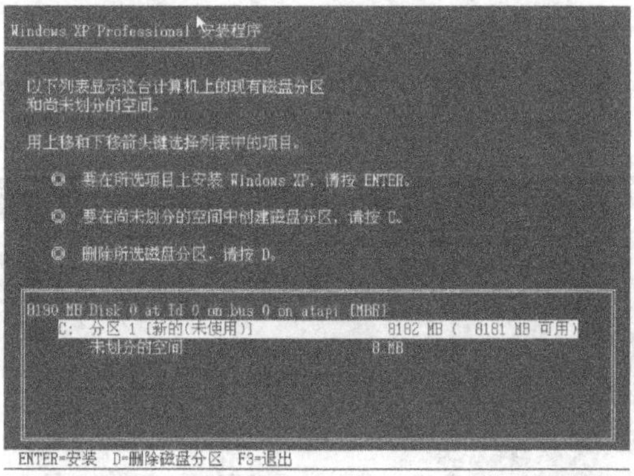

图 10-26　分区

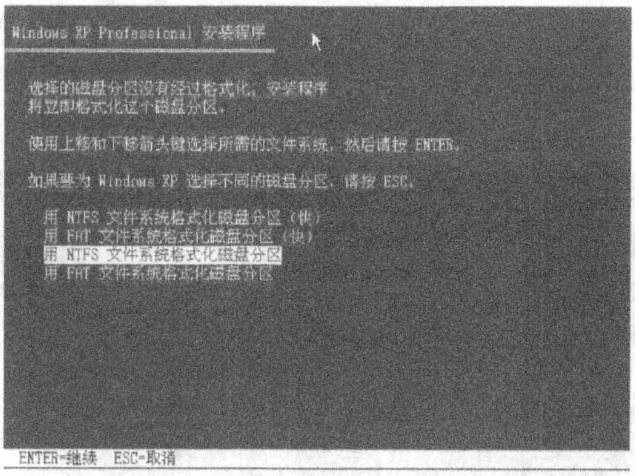

图 10-27　格式化界面

接下来出现确认提示，按一下“F”键确认，再按回车键开始格式化。注意格式化会清除 C 区中的所有文件。

开始格式化后出现黄色进度条，如图 10-28 所示。

格式化完成后进行文件复制，如图 10-29 所示。

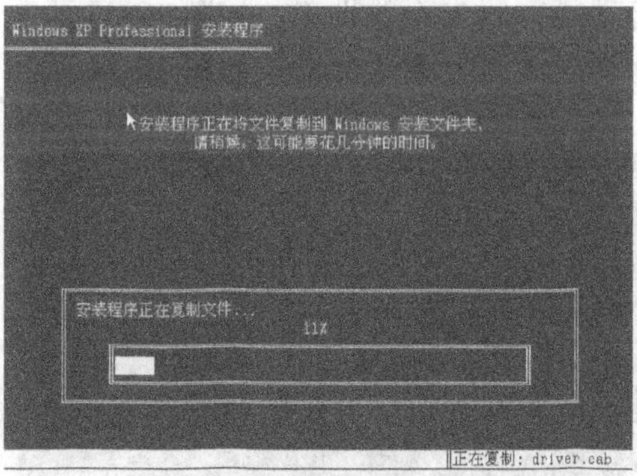

图 10-28　开始格式化

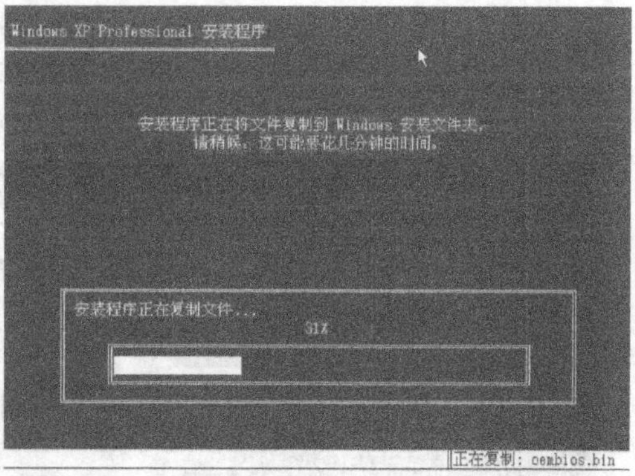

图 10-29　文件复制

复制完成后，计算机将自动重启动。此时需注意进入到窗口的安装界面，不要让计算机从光盘启动。

(3) Windows 安装界面，如图 10-30 所示，提示大约 39 分钟后完成安装。

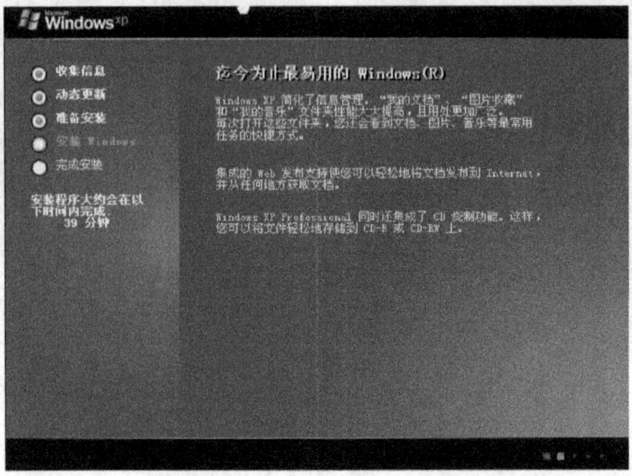

图 10-30 Windows 安装界面

点击“下一步”按钮，在出现的对话框中输入姓名和单位，如图 10-31 所示。

点击“下一步”按钮，输入序列号，如图 10-32 所示。

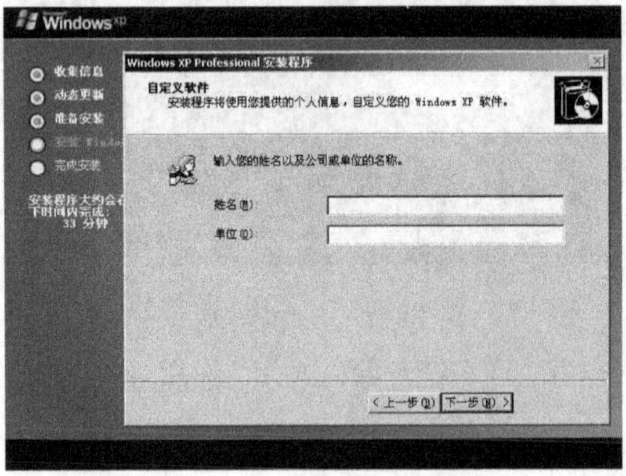

图 10-31 姓名和单位

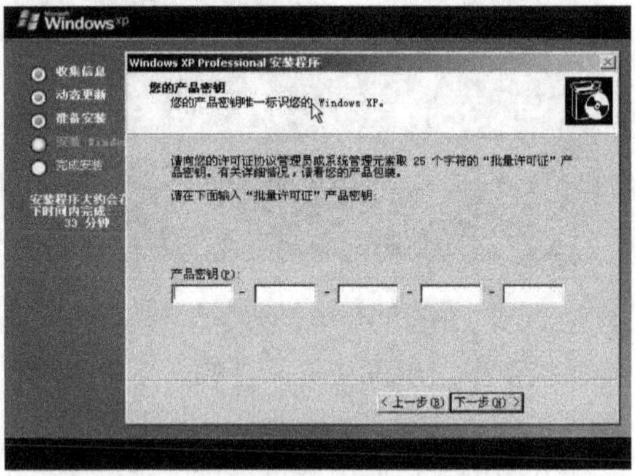

图 10-32 Windows 序列号

点击“下一步”按钮，输入计算机名，系统管理员密码先不要设置，如图 10-33 所示。

以后都是点“下一步”按钮，不需要再设置什么，一直到重新启动，如图 10-34 所示。

(4) 设置 Windows。重启后，先调整显示分辨率，按“确定”按钮即可。

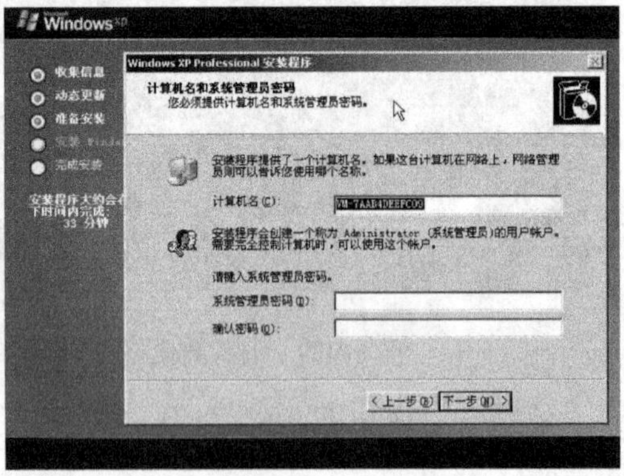

图 10-33 设置计算机名及密码

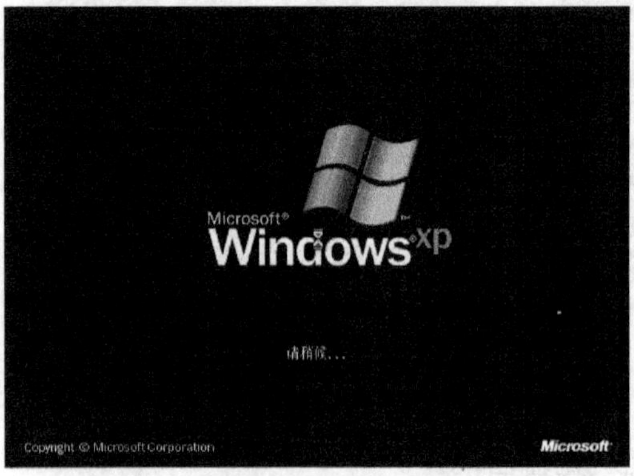

图 10-34 开机界面

进入网络设置，这里可以先点右下角的“跳过”，以后再设。

新建用户，在第一行里输入用户名，如图 10-35 所示。

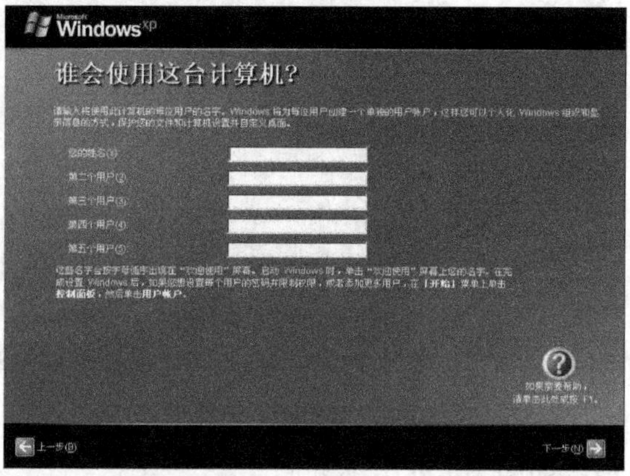

图 10-35　新建用户

点“下一步”按钮进入完成界面，点右下角的“完成”按钮进入桌面，如图 10-36 所示。默认是空白桌面。

图 10-36　开始菜单

10.2.2　Linux 安装

1. 准备工作

(1) 购买或下载 Redhat9 的安装光盘(3 张盘)或镜像文件，或从红帽子主站下载。下载地址是 http://www.redhat.com/。

(2) 在硬盘中至少留 2 个分区给安装系统用，挂载点所用分区推荐 4 G 以上。交换分区不用太大，在 250 M 左右比较适合。文件系统格式不论，因为安装过程会重新格式化。

(3) 记录下电脑外设的型号，包括鼠标、键盘、显卡、网卡、显示器等。还要记录网络设置用到的 IP 地址、子网掩码、默认网关和 DNS 名称服务器地址等信息。

2. 安装红帽子 Red Hat Linux 9

将光驱设为第一启动盘，放入第一张安装光盘后重新启动电脑。如果光驱支持自启动，将出现如图 10-37 所示安装界面。

图 10-37　Linux 9 安装界面

直接按回车键后将出现如图 10-38 所示界面。

在图 10-38 中提示：是否测试安装 CD 的内容的完整性。选“OK”，开始测试安装 CD；选“Skip”，则不测试安装 CD 即开始安装。如果是第一次安装，当然要测试安装 CD，选“OK”后回车，出现如图 10-39 所示界面。

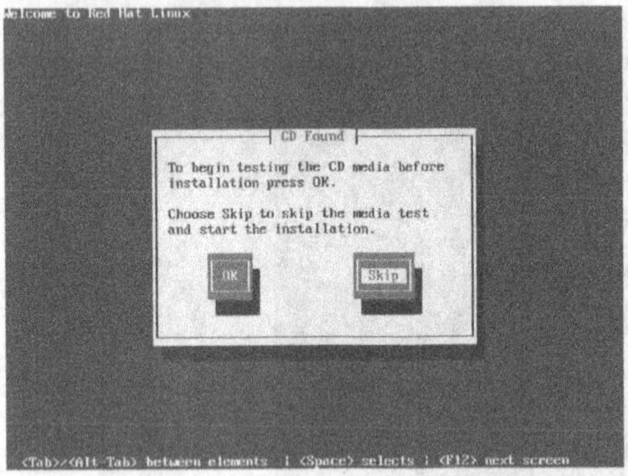

图 10-38　是否测试安装光盘完整性界面

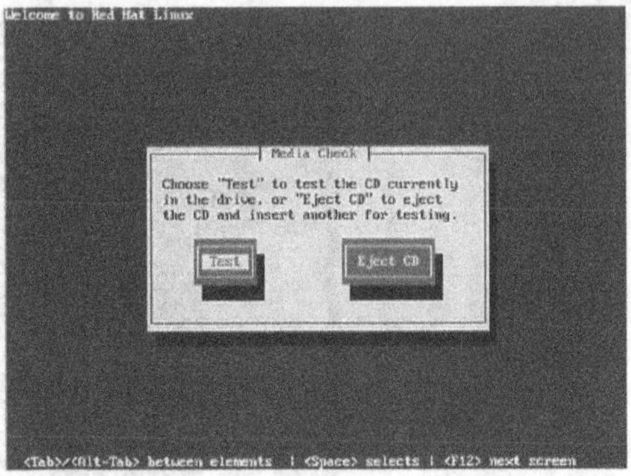

图 10-39　测试光盘或光盘以外的安装文件

选“Test”，测试安装光盘的文件；选“Eject CD”，测试光盘以外的安装文件。这里选择“Test”后回车，出现如图 10-40 所示界面。

测试完第一张安装光盘后，显示如图 10-41 所示界面。

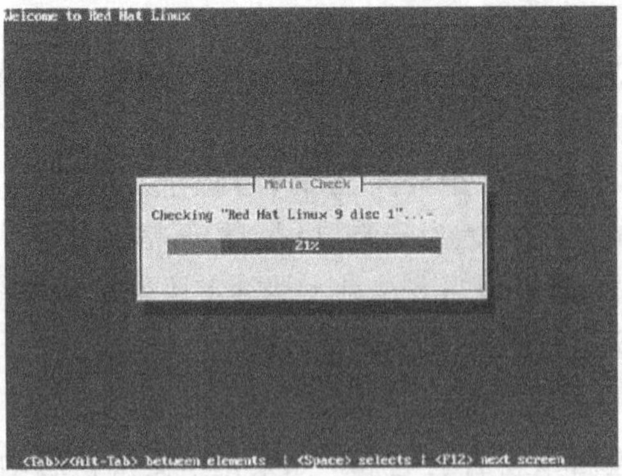

图 10-40　测试第一张安装光盘

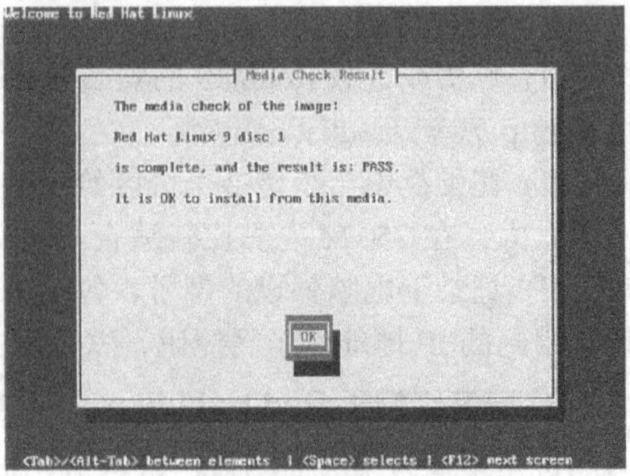

图 10-41　光盘测试结果

图 10-41 中最后一行英文“It is OK to install from this media”说明这张安装光盘是好的，按“Enter”键回车后，显示如图 10-42 所示界面。

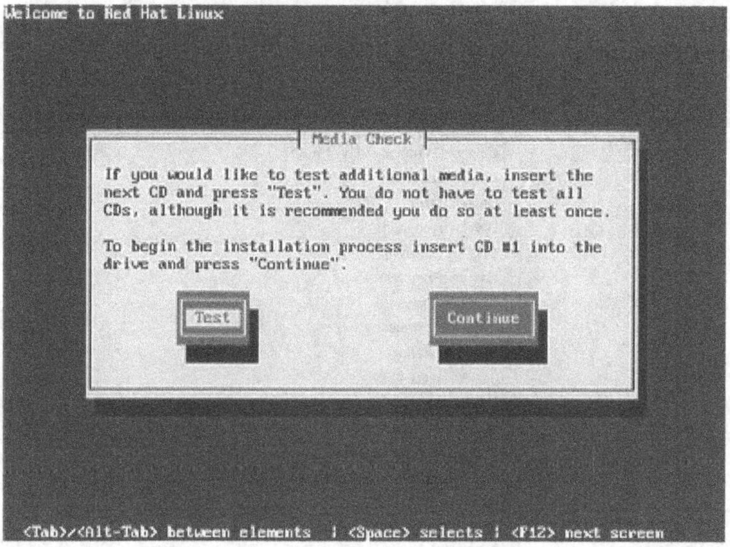

图 10-42　测试其他光盘或开始安装

选择“Continue”并按回车则开始安装。假如想测试余下的 2 张安装 CD，请放入下一张安装 CD 到光驱中，并选“Test”后回车即开始测试。全部安装 CD 的测试完成后，用向右箭头键选择“Continue”并放入第一张安装 CD 到光驱后回车，安装程序开始检测计算机外围硬件设备，接着出现如图 10-43 所示界面。

图 10-43　帮助文本及介绍

在图 10-43 中按“Hide Help”，关闭帮助文本；按“Release Notes”，显示发行注记；按“Next”进行下一步，出现如图 10-44 所示界面。

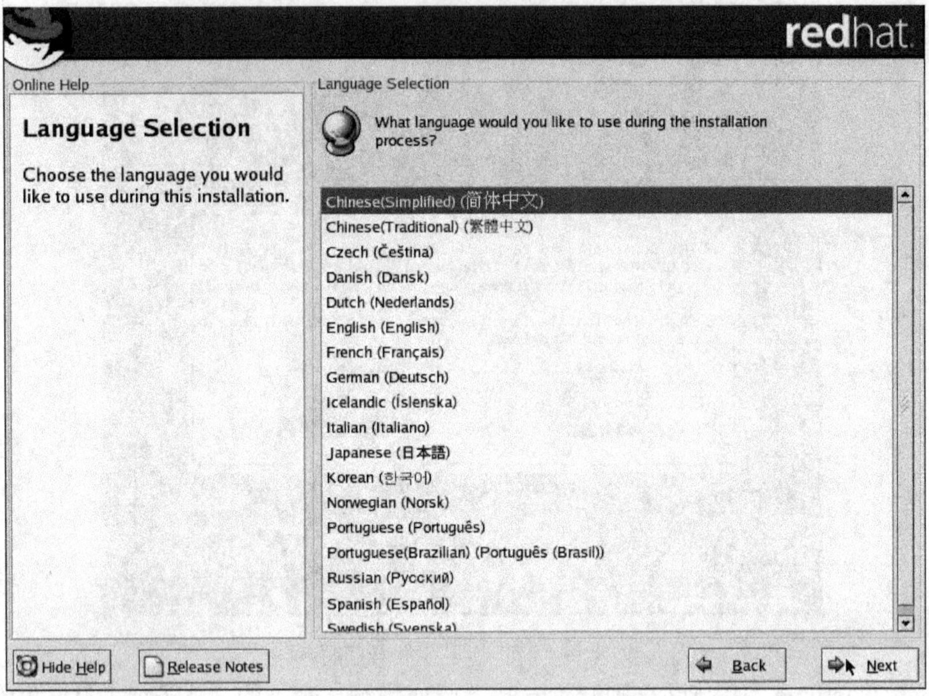

图 10-44　选择安装向导所用语言

此时可用鼠标了。用鼠标选择安装向导所用语言(不是安装系统所用语言)，就选“简体中文(简体中文)”，点击“下一步”后显示如图 10-45 所示界面。

图 10-45　选择键盘类型

在图 10-45 中选择键盘类型。一般的键盘多为美式键盘“U.S English”。选择好后，点击“下一步”，显示如图 10-46 所示界面。

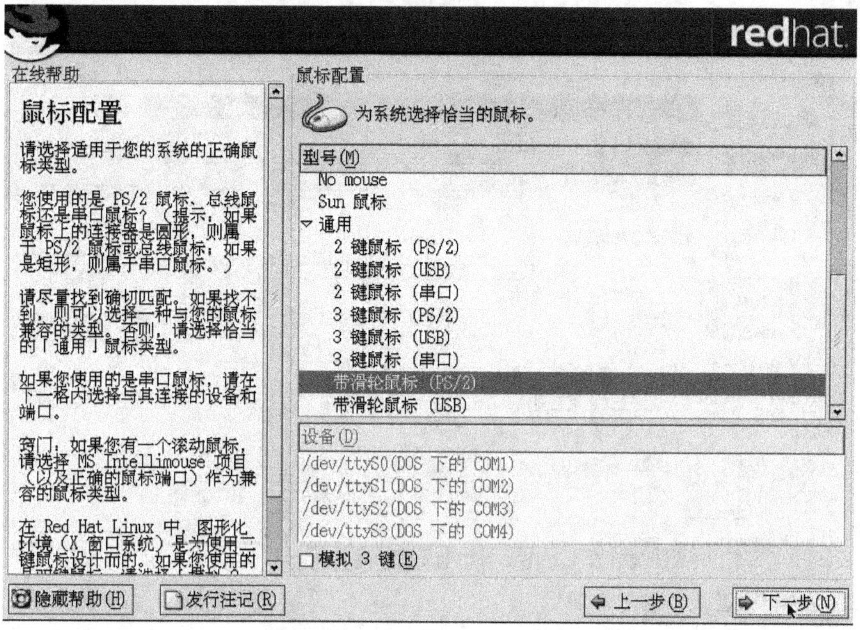

图 10-46　选择鼠标类型

在图 10-46 中对鼠标类型进行选择，然后点击“下一步”选择安装类型。这里选“个人桌面”，点击“下一步”显示如图 10-47 所示界面。

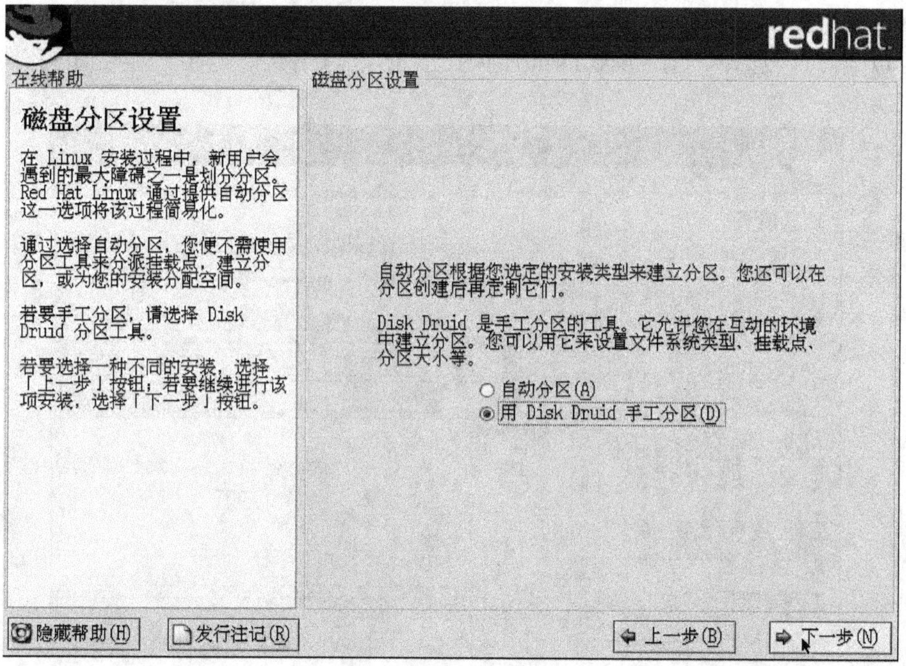

图 10-47　磁盘分区设置

磁盘分区设置是关键的一步，操作不好会丢失硬盘上的有用数据，所以务必小心。选“自动分区”后，点击“下一步”会显示如图 10-48 所示界面。

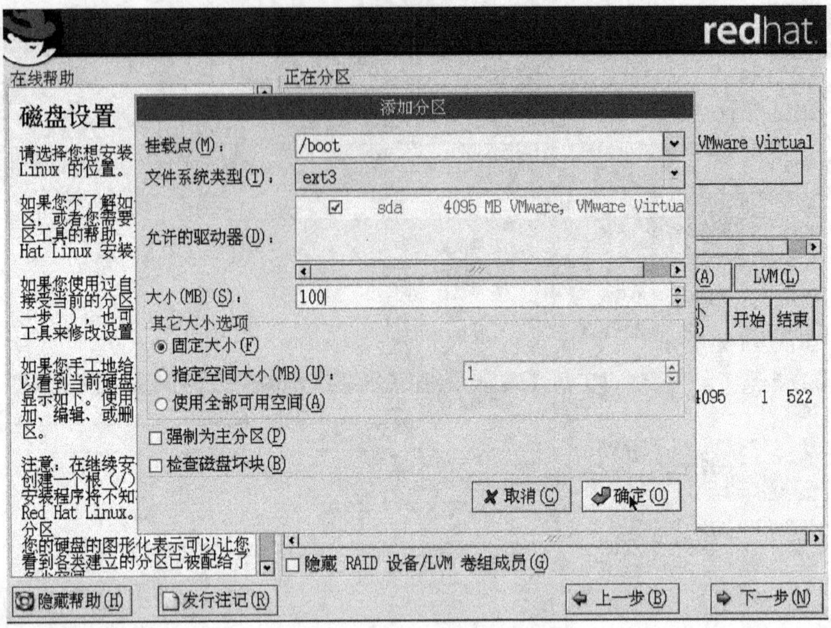

图 10-48　自动分区

自动分区包含三个选项："删除系统内所有的 Linux 分区"、"删除系统内的所有分区"和"保存所有分区，使用现有的空闲空间"。如果硬盘有 4 个分区，而第一个分区已安装了 Windows 98，想保留它装双系统，则这三个选项都不合适。此时可以点击"上一步"返回到图 10-47 界面，选择"用 Disk Druid 手工分区"，点击"下一步"显示如图 10-49 所示界面。

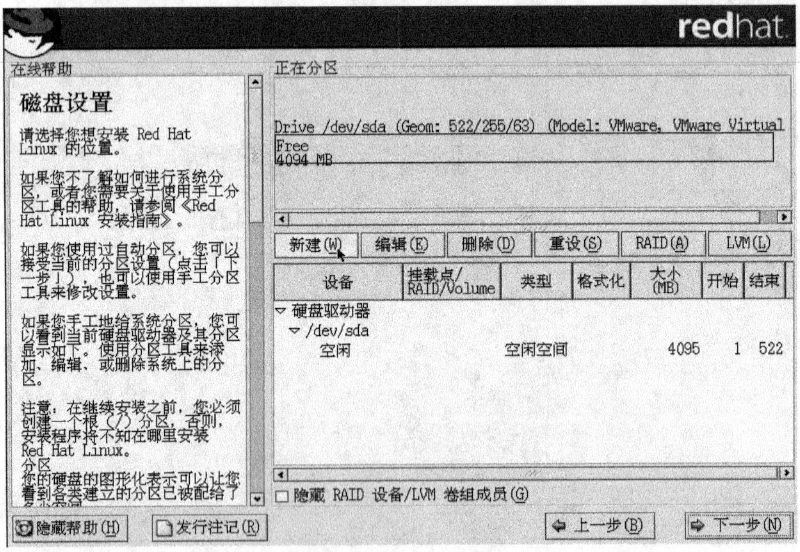

图 10-49　硬盘分区

图 10-49 所示界面中列出了硬盘的所有分区。这里准备用原系统的 D 盘和 E 盘，即用 /dev/hda5(4.8 G)作为挂载点安装系统，用/dev/hda6(252 M)作为交换分区。点击"/dev/hda5"将其选中，然后点击"编辑"按钮，弹出如图 10-50 所示的对话框。

挂载点选根分区“/”即可。当前文件系统类型是 FAT，是 Linux 不支持的，因此选中“将分区格式化成”并在框内选“ext3”或“ext2”，如图 10-51 所示。

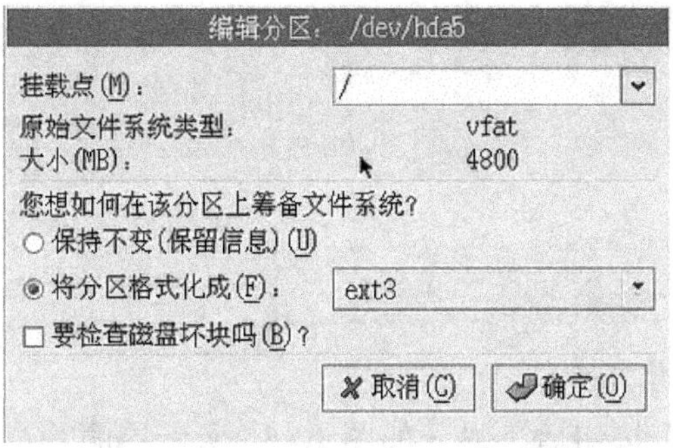

图 10-51　将分区格式化成 ext3

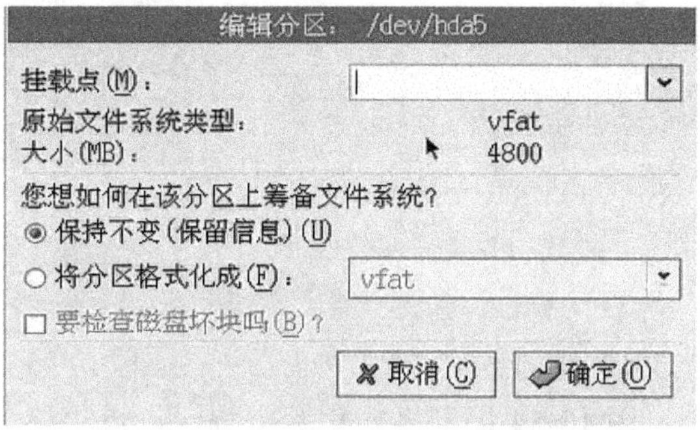

图 10-50　编辑分区：/dev/hda5

点击“确定”按钮即可在分区表中见到已创建的挂载点。还要创建交换分区才能进行下一步安装，所以在图 10-49 中选中“/dev/hda6”，然后点击“编辑”按钮，弹出如图 10-52 所示的对话框。

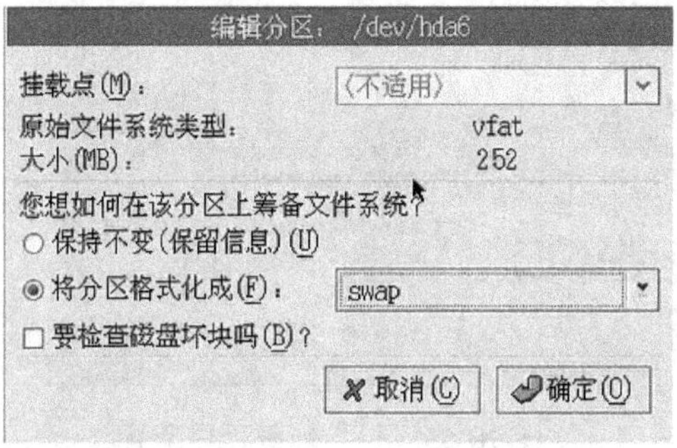

图 10-52　编辑分区：/dev/hda6

因/dev/hda6 是用来做交换分区的，所以挂载点一栏不用选，只选“将分区格式化成 swap”，然后点击“确定”即可。分区表显示如图 10-53 所示。

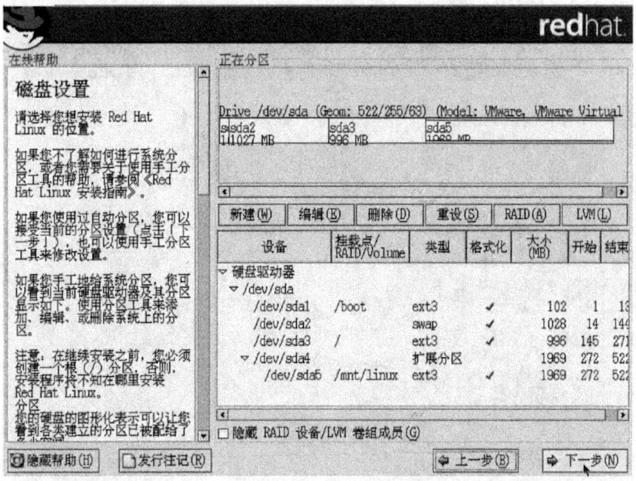

图 10-53　分区类型

在图 10-53 中可见到/dev/hda5 和/dev/hda6 的分区类型已经更改了。点击“下一步”按钮，弹出如图 10-54 所示的对话框。

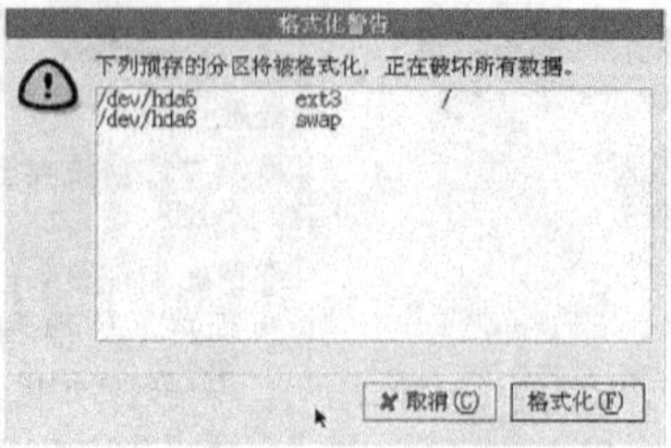

图 10-54　格式化警告

图 10-54 提示格式化两个分区，点“格式化”按钮后，显示如图 10-55 所示界面。

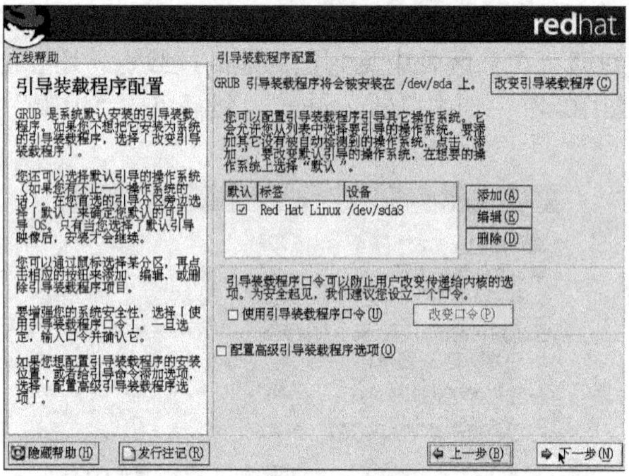

图 10-55　引导装载程序配置

此引导装载程序配置界面默认将系统引导信息写到硬盘主引导扇区。可通过点击右上角的“改变引导装载程序”按钮进行设置。图 10-55 中列出的启动菜单有两项：DOS 和 Red Hat Linux。可选中 DOS 后点“编辑”，将 DOS 改为 Windows 98；同样可将 Red Hat Linux 改为 Red Hat Linux 9。改动后如图 10-56 所示。

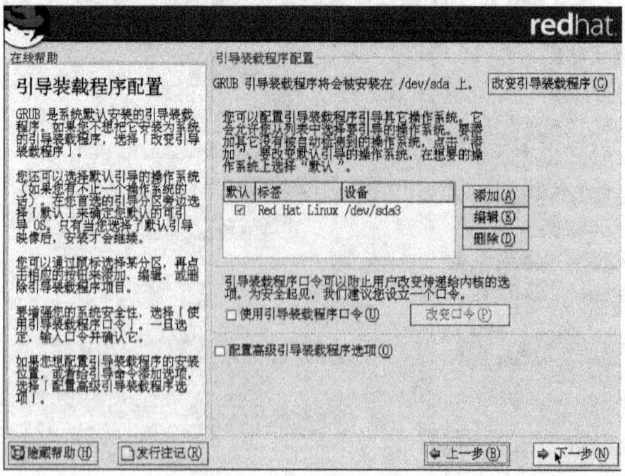

图 10-56　改动后的启动菜单

选择开机默认启动的系统(在其前面的方框内打钩)，例如选 Red Hat Linux 9 为默认启动系统，然后点击“下一步”则出现如图 10-57 所示界面。

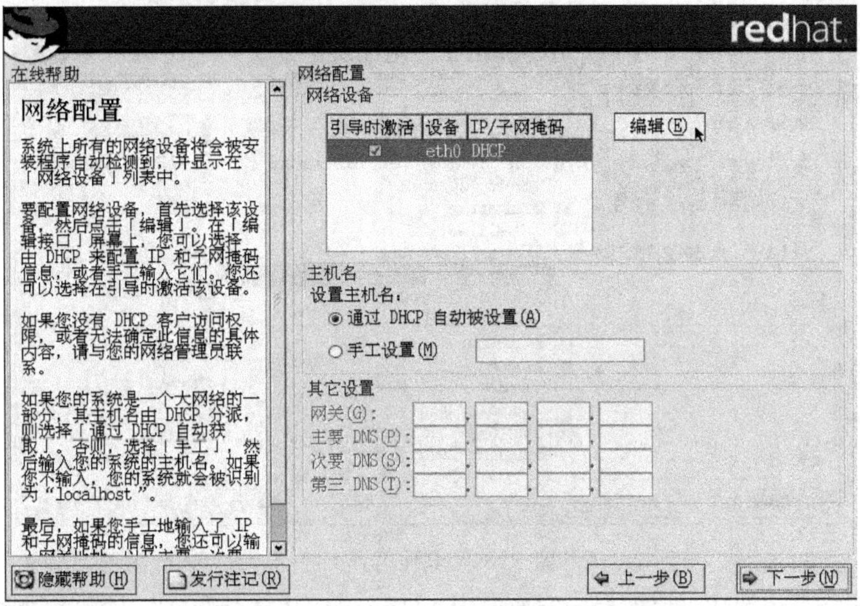

图 10-57　网络配置

在图 10-57 中可以设置网络。如果不清楚，亦可在以后配置。点击“下一步”按钮，出现如图 10-58 所示界面。

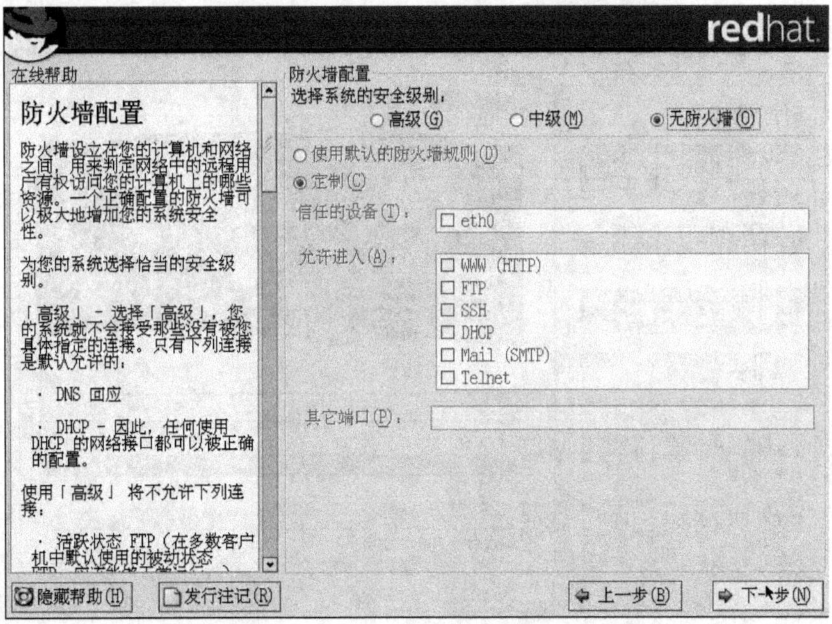

图 10-58　防火墙配置

选择系统的安全级别为“中级”就可以了，点击“下一步”出现如图 10-59 所示界面。

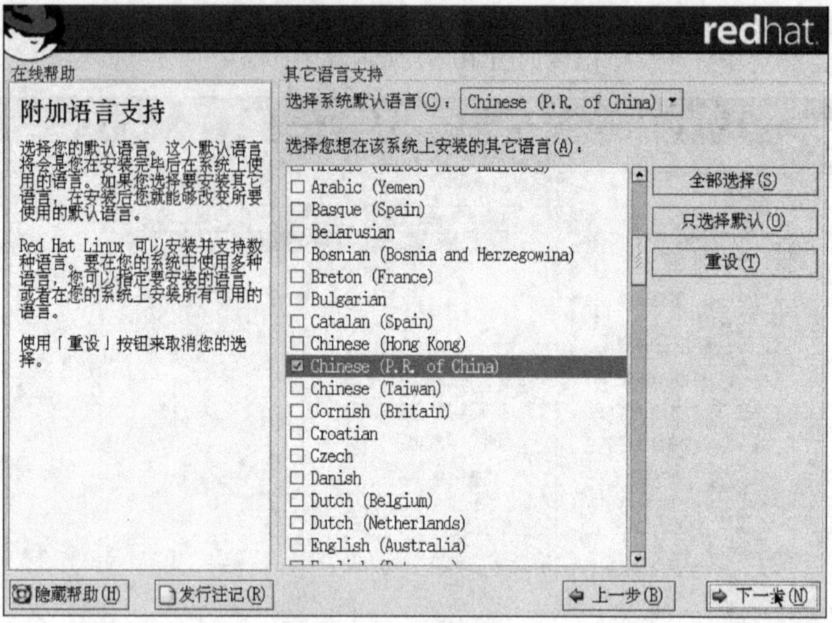

图 10-59　其他语言支持

在“选择系统默认语言”栏一定要选中“Chinese(P.R.of China)”，否则可能进系统后不能显示简体中文，还需另外安装语言支持包。在“选择您想在该系统上安装的其它语言”框内最少要选一项“Chinese(P.R.of China)”，之外可选择其他多种语言(如果有必要)。点击“下一步”出现如图 10-60 所示界面。

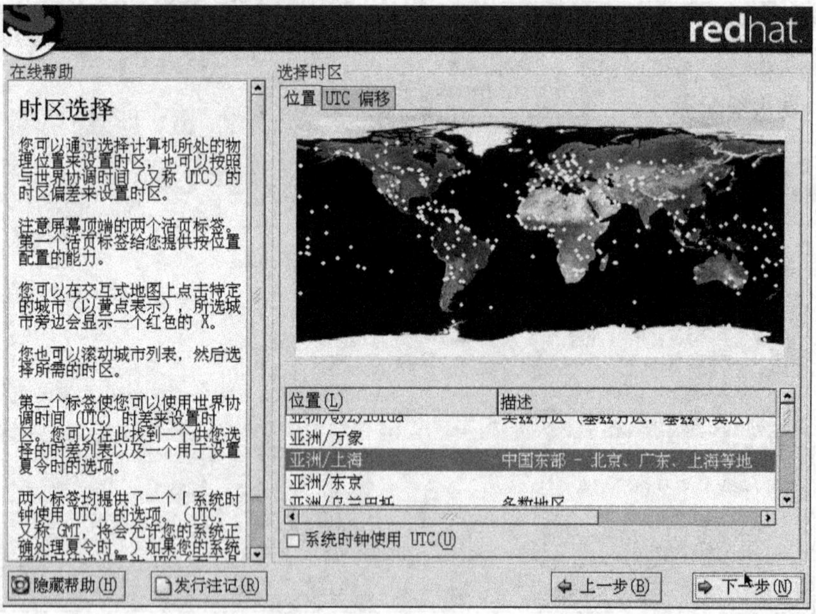

图 10-60　选择时区

时区选“亚洲/上海”，点击“下一步”出现如图 10-61 所示界面。

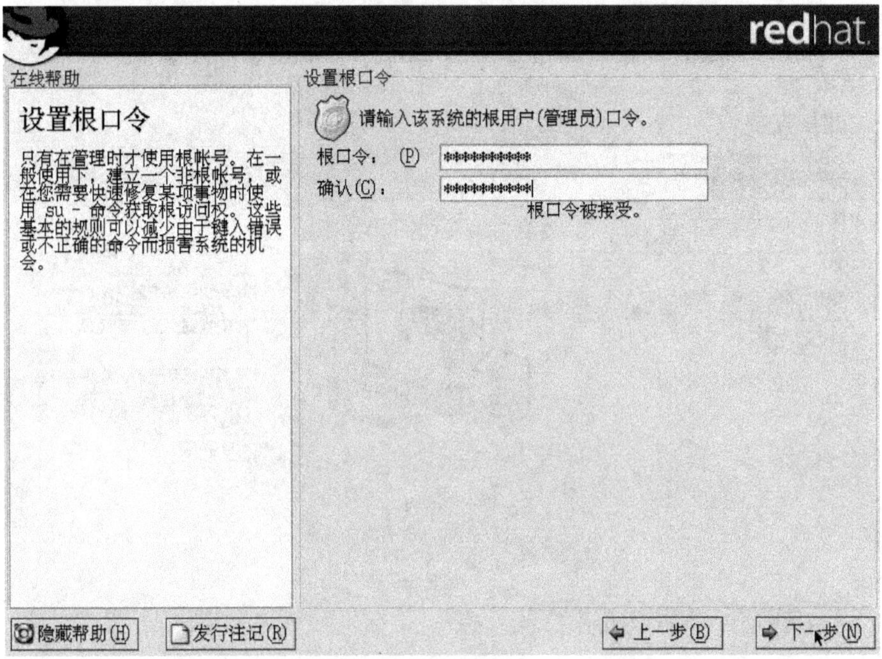

图 10-61　设置根口令

设置根口令，即 root 管理员密码。Root 账号在系统中具有最高权限，平时登录系统一般不用该账号。设置完根口令后，点击“下一步”出现如图 10-62 所示界面。

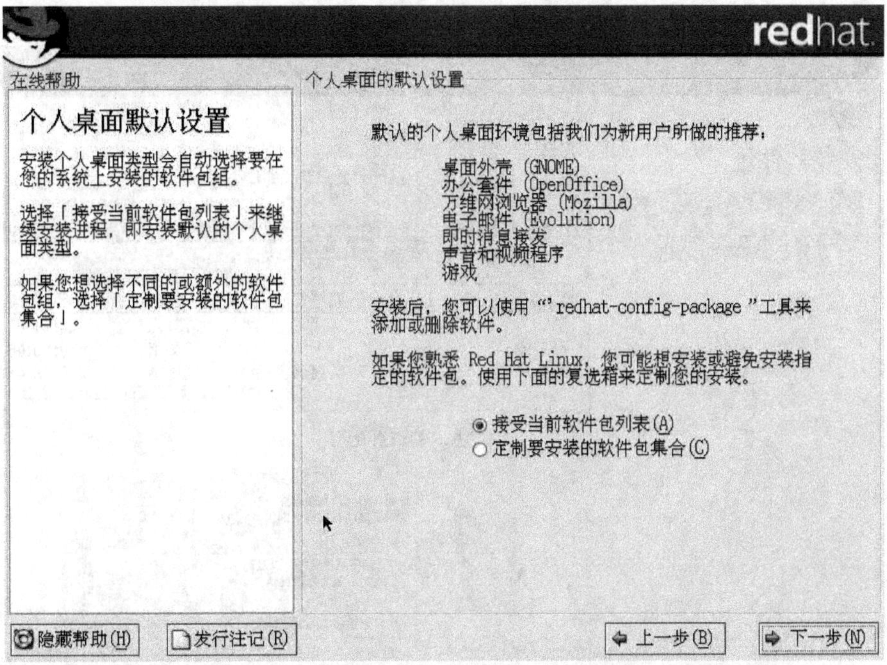

图 10-62　个人桌面的默认设置

一般个人桌面设置采用默认的就可以了。亦可在安装完成并进入系统后运行“redhat-config-package”工具来添加/删除软件。点击“下一步”出现如图 10-63 所示界面。

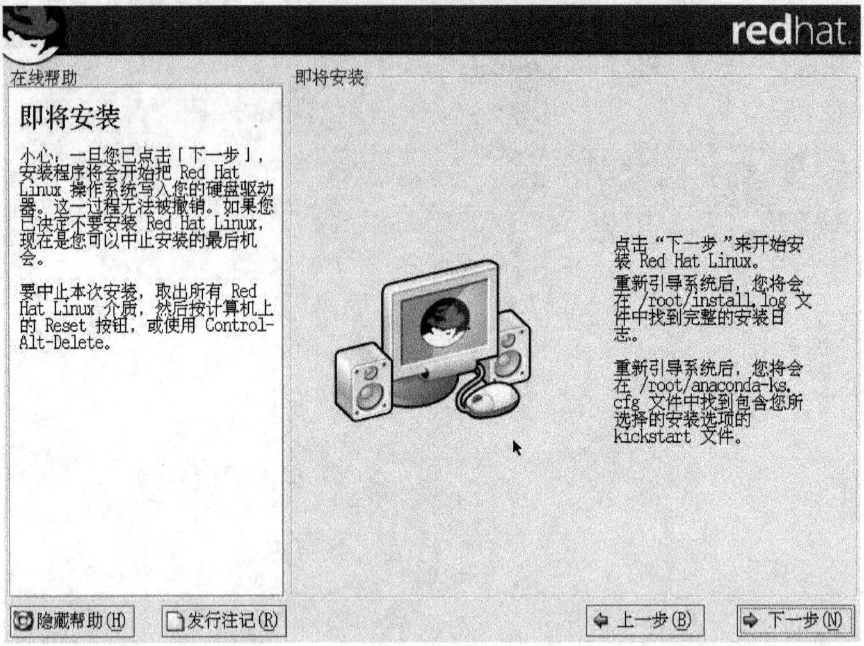

图 10-63　即将安装

安装向导到此结束。如果对上面的各个步骤还有异议，可点击“上一步”返回后重新设置，否则点“下一步”后再无“上一步”选择。要开始安装请点击“下一步”，出现如图 10-64 所示界面。

图 10-64　正在安装软件包

漫长的安装过程开始。约 30 分钟后安装进度约为 75%时，出现如图 10-65 所示界面。

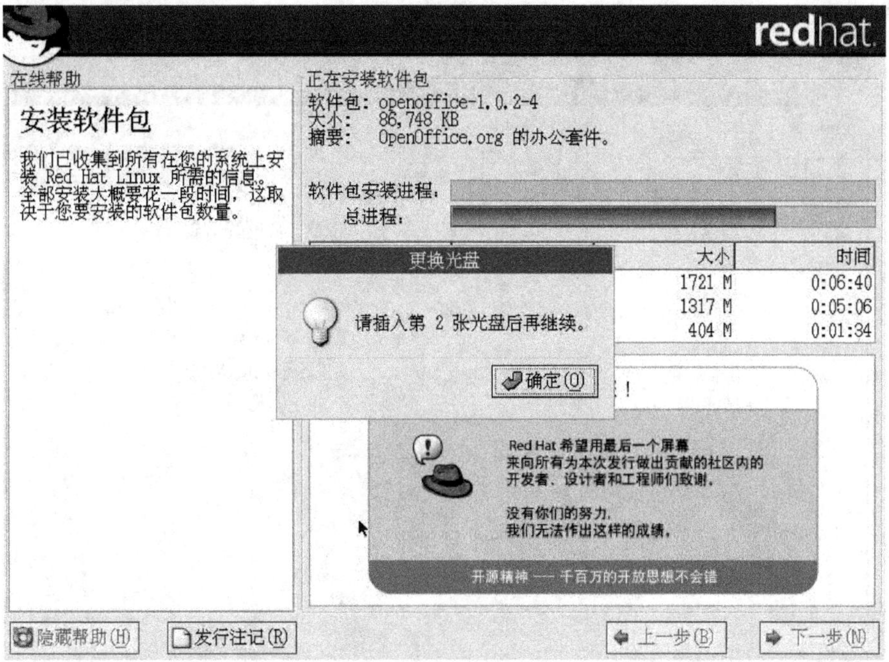

图 10-65 更换光盘

第一张光盘中要安装的内容已完成，提示插入第二张光盘。插入第二张光盘后点“确定”后继续安装。当安装进度约为 96%时，按提示换第三张光盘，完成后出现如图 10-66 所示界面。

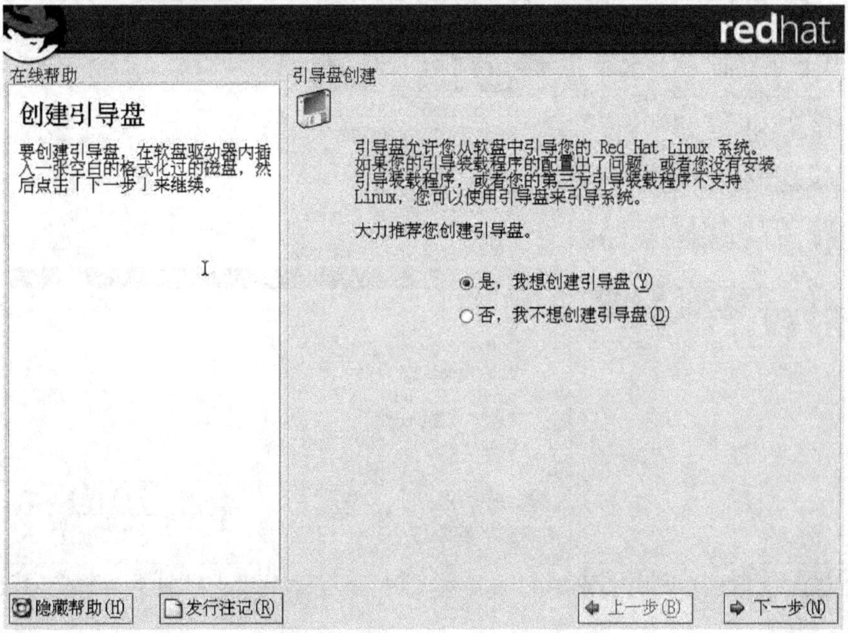

图 10-66 引导盘创建

建议创建引导盘。将去除写保护的空白软盘放入软驱中，点击“下一步”，出现如图 10-67

所示界面。

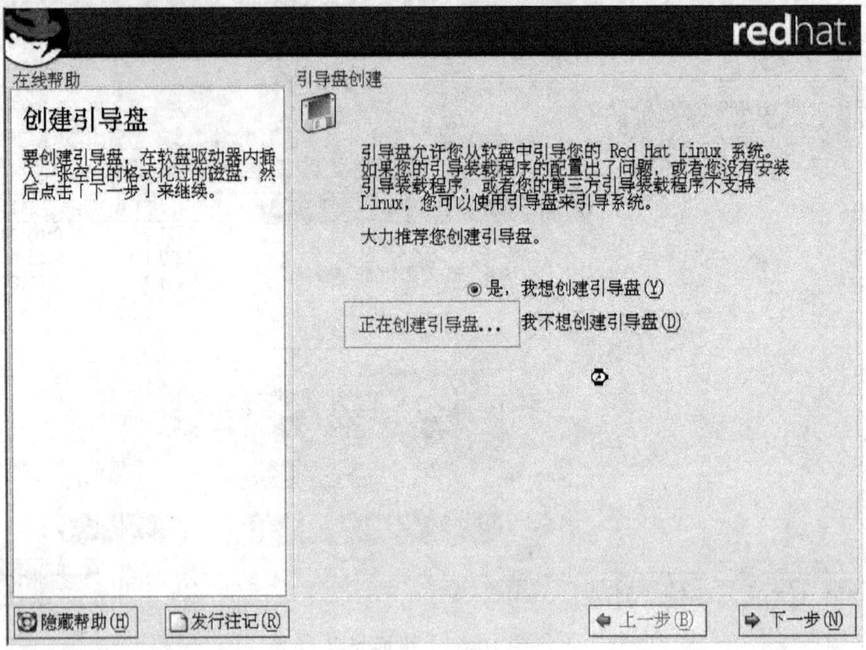

图 10-67　正在创建引导盘

引导盘创建完成后出现如图 10-68 所示界面。

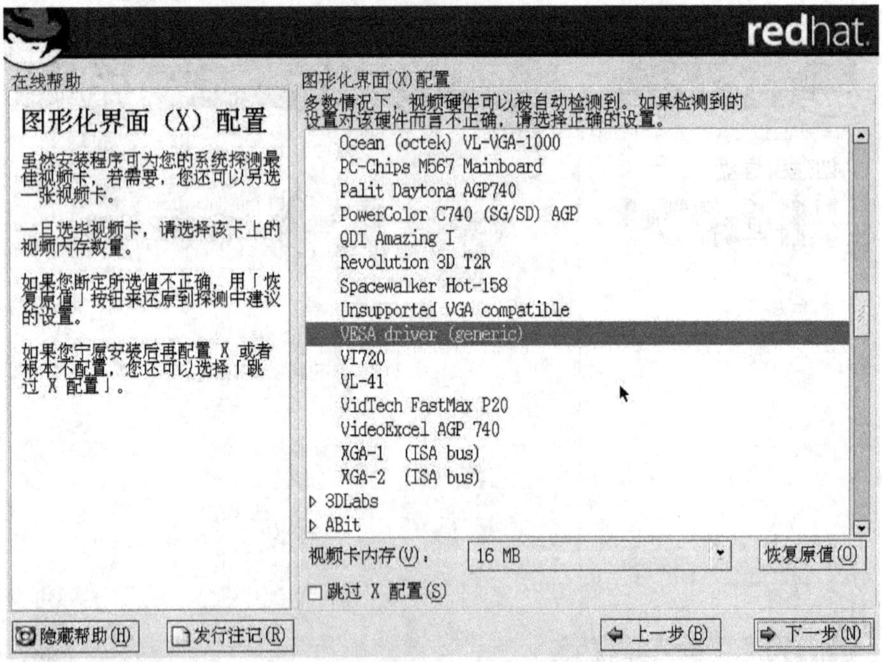

图 10-68　图形化界面配置

核对安装程序检测的显卡型号是否与计算机的真实显卡型号相同，如果不同请正确选择，然后点击“下一步”，出现如图 10-69 所示界面。

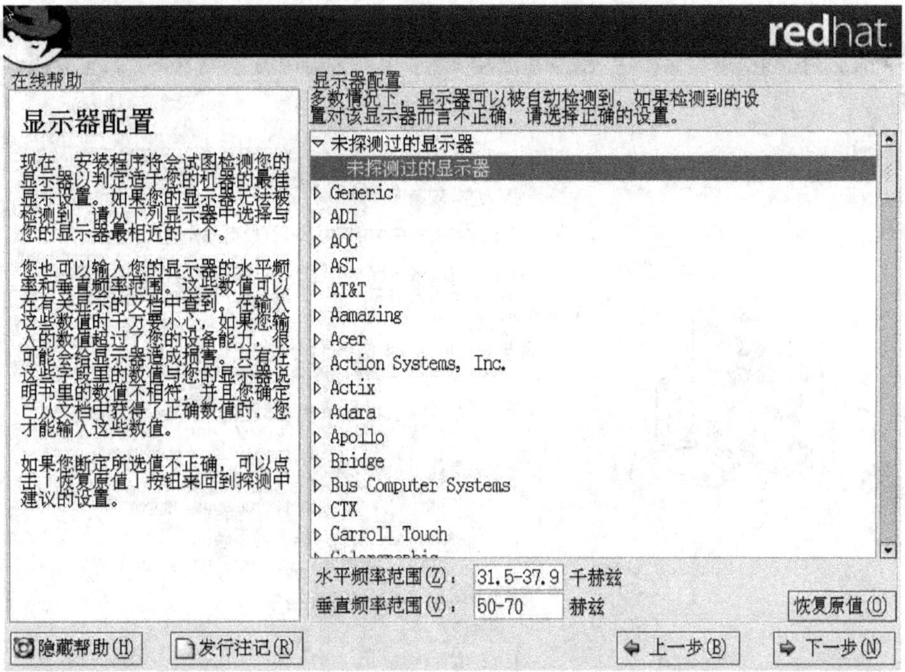

图 10-69　显示器配置

核对安装程序检测的显示器型号是否与计算机的真实显示器型号相同，如果不同请正确选择，然后点击“下一步”，出现如图 10-70 所示界面。

图 10-70　定制图形化配置

选择色彩深度和屏幕分辨率，然后点击“下一步”，出现如图 10-71 所示界面。

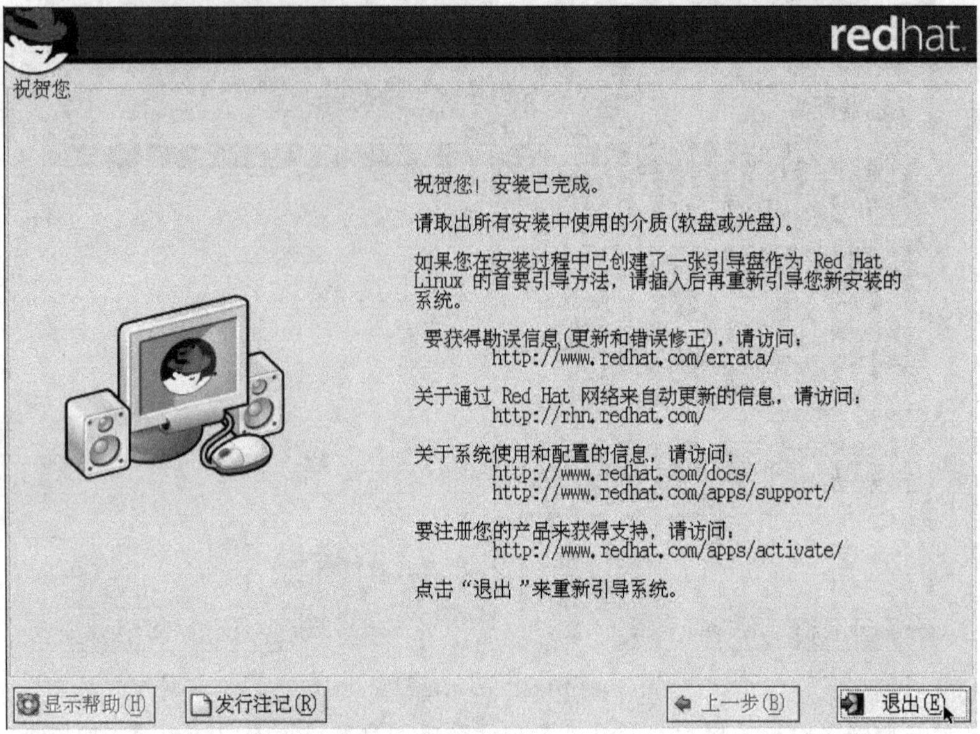

图 10-71　安装完成

安装已完成，取出光盘和软盘后点“退出”，系统将重新启动。重新启动后将首次出现启动选择菜单，如图 10-72 所示。

10 秒后自动进入，出现如图 10-73 所示界面。

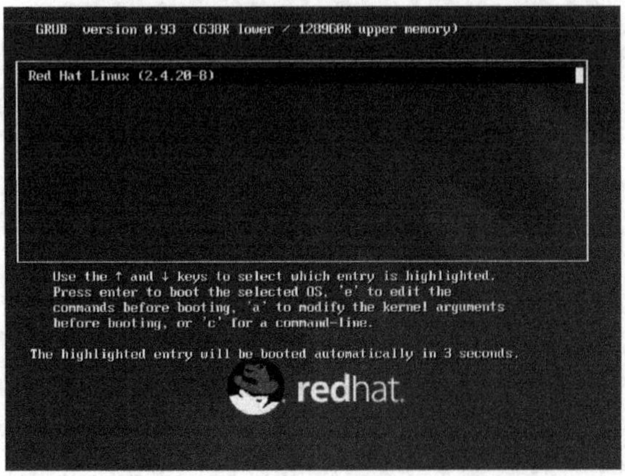

图 10-72　启动选择菜单

图 10-73　输入用户名和账号

第一次启动还是进入命令提示，要求输入用户名，现在系统只有一个账号即管理员账号，默认的管理员账号名为 root，输入“root”后回车，出现如图 10-74 所示界面。

提示输入密码，输入安装时设定的系统管理员密码后回车，出现如图 10-75 所示界面。

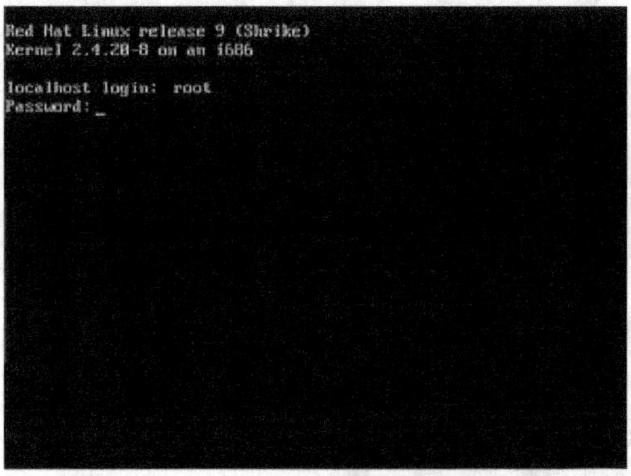

图 10-74　输入密码

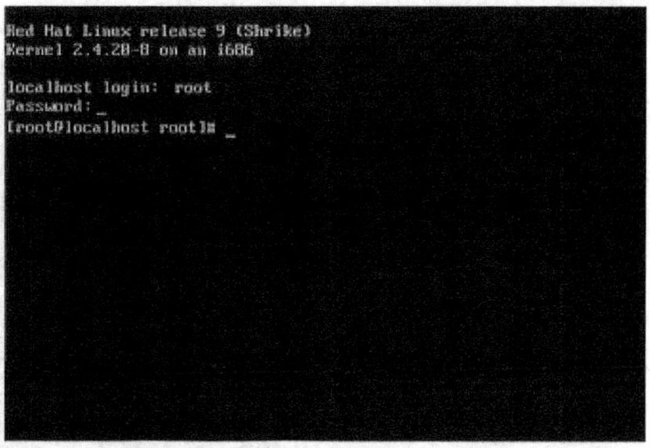

图 10-75　以管理员身份登录系统

以管理员身份登录系统后，要进入图形界面。进入图形界面的命令是“startx”，输入“startx”后回车准备进入，出现如图 10-76 所示界面。

需运行“redhat-config-xfree86”重新配置。运行“redhat-config-xfree86”后出现如图 10-77 所示界面。

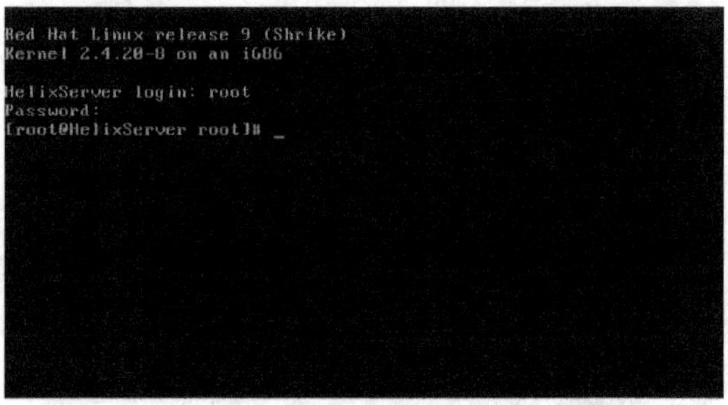

图 10-76　准备进入图形界面

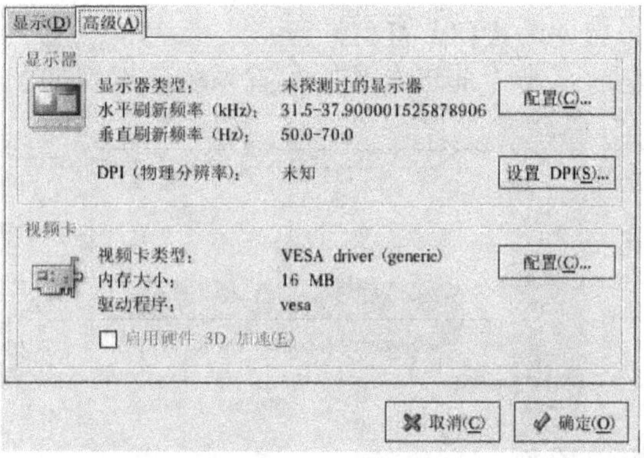

图 10-77　重新配置

点击“配置”按钮，对显示器及显卡的型号和参数重新进行设置。如不能确定，也可点系统默认设置。完成后点“确定”按钮，如配置正确，即可进入图形界面，如图 10-78 所示。

再次出现登录窗口，输入“root”后回车，出现如图 10-79 所示界面。

图 10-78　登录窗口

图 10-79　输入密码

再输入密码后回车，出现如图 10-80 所示界面。

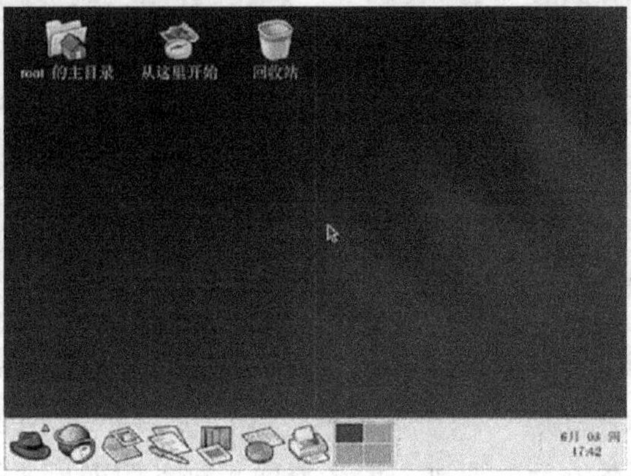

图 10-80　进入桌面

因为以 root 的身份进入了桌面，所以错过了设置普通账号那一步，于是点红帽子主菜单——注销，在弹出的对话框中选择“重新启动”，重新启动后又出现启动选择菜单，接着出现如图 10-81 所示界面。

点击“前进”开始配置系统，出现如图 10-82 所示界面。

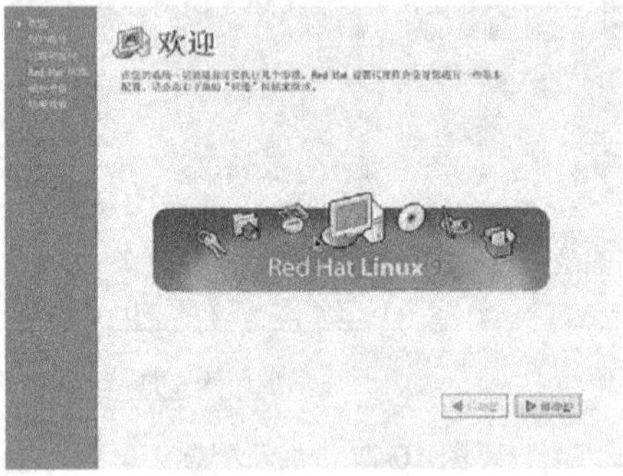

图 10-81　欢迎界面

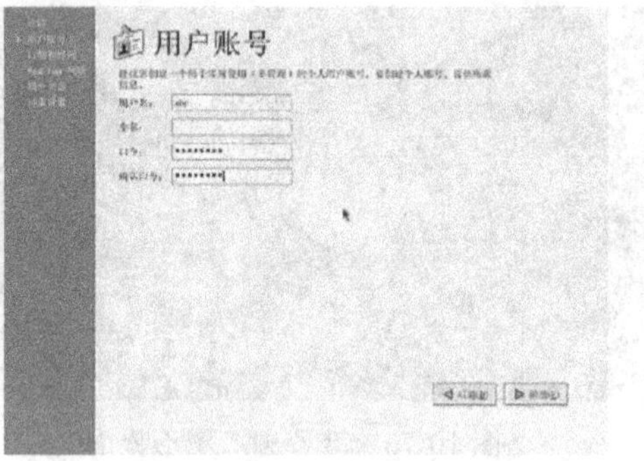

图 10-82　用户账号

创建一个普通账号，用于平时登录系统用。账号名为“abc”，输入密码后，点“前进”出现如图 10-83 所示界面。

正确设置时间和日期后，点“前进”，出现如图 10-84 所示界面。

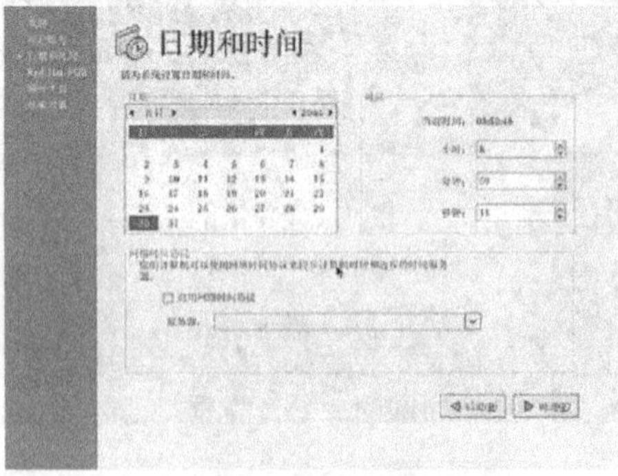

图 10-83　日期和时间

图 10-84　注册提示

注册提示有两项选择。第一项："是，我想在 Red Hat 网络注册我的系统。"第二项："否，我不想注册我的系统。"选第二项，点"前进"出现如图 10-85 所示界面。

如果要安装其他光盘，可以在这里安装。点"前进"出现如图 10-86 所示界面。

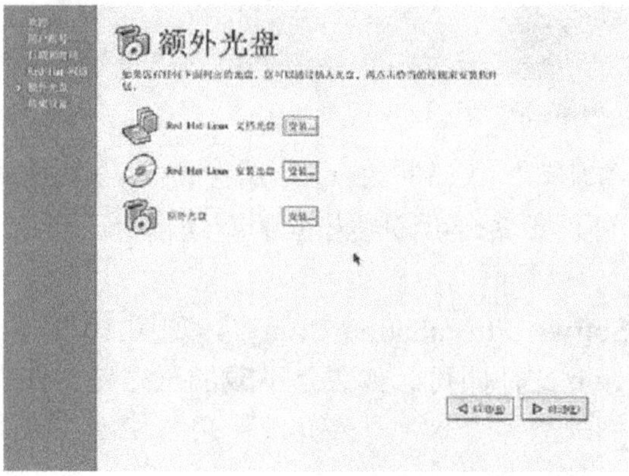

图 10-85　安装其他光盘

图 10-86　结束设置

全部设置已经结束，点"前进"出现如图 10-87 所示界面。

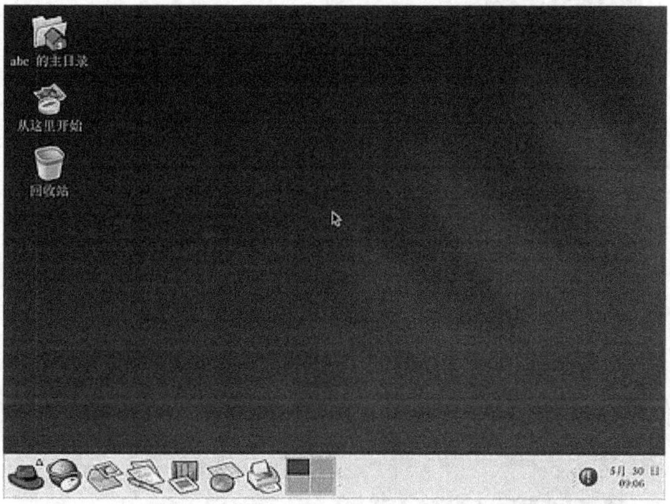

图 10-87　以 abc 用户的身份进入系统

安装全部完成，现在以 abc 用户的身份进入了系统。以后进入系统都是图形界面了。

3. 卸载 Red Hat Linux 9 系统的方法

进入 DOS，在提示符"A:\>_"下输入"fdisk/mbr"并回车，重写硬盘主引导扇区即可卸载 Red Hat Linux 9。重启后就没有 Red Hat Linux 9 的启动菜单了，再格式化 Red Hat Linux 9 所在的分区就可以了。

10.3　设备驱动程序的安装

安装好 XP 操作系统后，接下来我们通过实际案例来看看怎样安装驱动程序。

案例 10-4 Windows 操作系统下几种硬件设备驱动程序的安装。

(1) 自动安装。如果是品牌机，一般都有随机光盘。插入光盘后自动运行安装程序，按照提示一步一步操作即可，如图 10-88 所示。

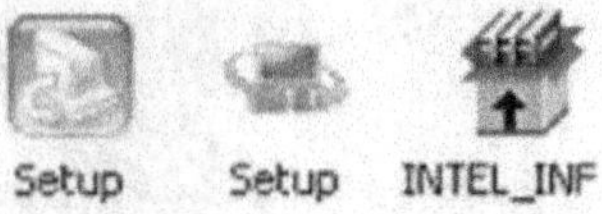

图 10-88 驱动安装

光盘中的智能驱动程序可以自动检查机子的硬件设备，并安装相应的驱动程序。

(2) 安装主板驱动。

① Intel 的主板一般安装"Intel(R) Chipset Software Installation Utility"，如图 10-89 所示。找到驱动程序所在的文件夹，进入后运行 Setup 文件即可。如果是下载的压缩包文件，运行后也可以安装。

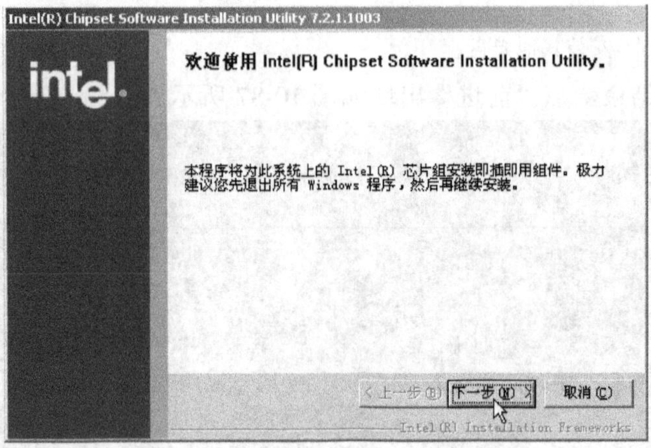

图 10-89 安装主板驱动

② 安装的时候注意找到"下一步"，在许可协议的时候点"是"，按提示一步一步安装即可，如图 10-90 所示。

图 10-90 自动安装

(3) 安装显卡、声卡驱动。找到显卡和声卡的驱动程序文件夹，运行其中的 Setup 即可。安装显卡的过程中屏幕会闪几下，然后就恢复正常。

安装完成后一般会提示重启动，点“是”，重启后驱动安装完毕。

有些主板驱动中包含了显卡驱动，集成声卡 XP 也可以自动识别，因此安装好主板驱动后，显卡和声卡的驱动也会安装好。

(4) 安装摄像头驱动。

① 先不要插入摄像头，而应把驱动盘放进去；

② 一般会自动运行安装程序，按提示一步一步安装即可；

③ 插上摄像头，提示“发现新硬件”，然后询问是否搜索软件，可以选“否”，然后点下一步，如图 10-91 所示。

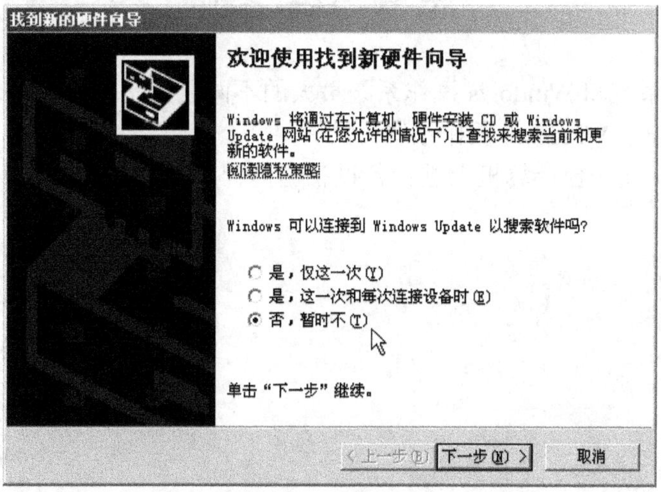

图 10-91　找到新硬件

④ 在“您希望向导做什么？”下选“自动安装软件”，然后点下一步，如图 10-92 所示。

图 10-92　驱动安装

⑤ 经过一阵搜索后，开始安装驱动程序。如果出现一个提示说没有 Windows 的驱动程序签名，点“是”即可。

安装完毕，摄像头就可以使用了。

小　结

本章主要介绍了微机操作系统，包括 Dos、Windows、Linux、Unix、OS/2 等的特点，并重点图解了 Windows 操作系统的安装过程及设备驱动程序的安装步骤。

思考与练习题

1. DOS 操作系统和 Windows 操作系统最大的不同之处是什么？
2. 实际安装一个 Windows 操作系统。
3. 如有条件，在一台计算机上进行各设备驱动程序的安装操作。

第 11 章　微机系统软件维护技术

随着电子计算机技术的飞速发展，计算机硬件的可靠性和稳定性越来越高，大多数系统问题都由软件方面的问题所造成。本章精选了几种微机系统软件维护方面的技术，包括硬盘数据维护、Windows 系统启动过程分析、Windows 注册表的分析。通过对本章的学习，读者能对微机软件维护方面的知识有更深层次的了解，更好地完成软件日常维护工作。

11.1　硬盘数据维护

11.1.1　硬盘数据结构

为了能更深入地了解硬盘，必须对硬盘的数据结构有全面的了解。硬盘上的数据按照其不同的特点和作用大致可分为 5 部分：MBR 区、DBR 区、FAT 区、DIR 区和 DATA 区。

1. MBR 区

MBR(Main Boot Record，主引导记录区)，位于整个硬盘的 0 磁道 0 柱面 1 扇区。不过，在总共 512 字节的主引导扇区中，MBR 只占用了其中的 446 个字节(偏移 0～1BDH)，另外的 64 个字节(偏移 1BEH～1FDH)交给了 DPT(Disk Partition Table，硬盘分区表)，见表 11-1。最后两个字节“55，AA”(偏移 1FEH～1FFH)是分区的结束标志。这些结构构成了硬盘的主引导扇区，如图 11-1 所示。

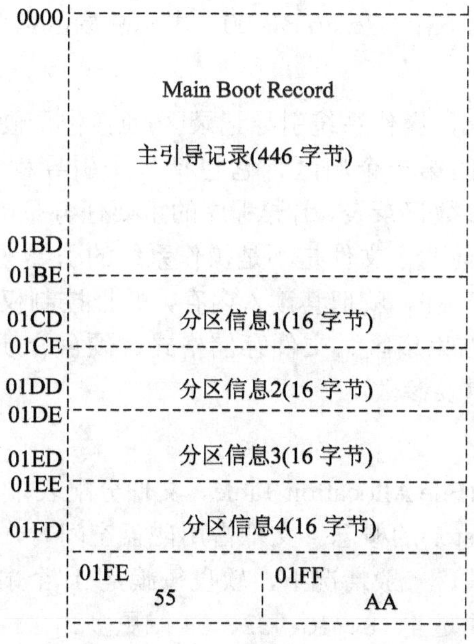

图 11-1　硬盘的主引导扇区

主引导记录中包含了硬盘的一系列参数和一段引导程序。其中的硬盘引导程序的主要作用是检查分区表是否正确，以及在系统硬件完成自检以后引导具有激活标志的分区上的操作系统，并将控制权交给操作系统的启动程序。MBR 是由分区程序产生的，它不依赖任何操作系统，而且硬盘引导程序也是可以改变的，因而可实现多系统共存。硬盘分区表如表 11-1 所示。

表 11-1 硬盘分区表

偏移	长度	所表达的意义
0	字节	分区状态：0 表示非活动分区，80 表示活动分区
1	字节	该分区起始头
2	字	该分区起始扇区和起始柱面
4	字节	该分区类型：82 表示 Linux Native 分区，83 表示 Linux Swap 分区
5	字节	该分区终止头
6	字	该分区终止扇区和终止柱面
8	双字	该分区起始绝对分区
C	双字	该分区扇区数

下面，我们以一个实例让大家更直观地了解主引导记录。例：

80 01 01 00 0B FE BF FC 3F 00 00 00 7E 86 BB 00

在这里我们可以看到，最前面的“80”是一个分区的激活标志，表示系统可引导；“01 01 00”表示分区开始的磁头号为 01，开始的扇区号为 01，开始的柱面号为 00；“0B”表示分区的系统类型是 FAT32，其他比较常用的有 04(FAT16)、07(NTFS)；“FE BF FC”表示分区结束的磁头号为 254，分区结束的扇区号为 63，分区结束的柱面号为 764；“3F 00 00 00”表示首扇区的绝对扇区号为 63；“7E 86 BB 00”表示总扇区数为 12 289 622。

2. DBR 区

DBR(DOS Boot Record，操作系统引导记录区)通常位于硬盘的 0 磁道 1 柱面 1 扇区，是操作系统可以直接访问的第一个扇区，它包括一个引导程序和一个被称为 BPB(BIOS Parameter Block)的本分区参数记录表。引导程序的主要任务是当 MBR 将系统控制权交给它时，判断本分区根目录下的前两个文件是不是操作系统的引导文件(以 DOS 为例，即是 IO.sys 和 MSDOS.sys)。如果确定存在，就把其读入内存，并把控制权交给该文件。BPB 参数块记录着本分区的起始扇区、结束扇区、文件存储格式、硬盘介质描述符、根目录大小、FAT 个数、分配单元的大小等重要参数。

3. FAT 区

在 DBR 区之后是 FAT(File Allocation Table，文件分配表)区。在解释文件分配表的概念之前，我们先来谈谈簇(cluster)的概念。文件占用磁盘空间时，基本单位不是字节而是簇。簇的大小与磁盘的规格有关，一般情况下，软盘每簇是 1 个扇区，硬盘每簇的扇区数与硬盘的总容量大小有关，可能是 4、8、16、32、64 或更多。

我们已经知道，同一个文件的数据并不一定完整地存放在磁盘的一个连续的区域内，而往往会分成若干段，像一条链子一样存放。这种存储方式称为文件的链式存储。硬盘上的文件常常要进行创建、删除、增长、缩短等操作，这样的操作做得越多，硬盘上的文件就可能被分得越零碎(每段至少是 1 簇)。但是，由于硬盘上保存着段与段之间的连接信息(即 FAT)，操作系统在读取文件时，总是能够准确地找到各段的位置并正确读出。不过，这种以簇为单位的存储法也是有其缺陷的，主要表现在对空间的利用上。每个文件的最后一簇都可能有未被完全利用的空间(称为尾簇空间)。一般来说，当文件个数比较多时，平均每个文件要浪费半个簇的空间。

为了实现文件的链式存储，硬盘上必须准确地记录哪些簇已经被文件占用，还必须为每个已经占用的簇指明存储后继内容的下一个簇的簇号。对一个文件的最后一簇，则要指明本簇无后继簇。这些都是由 FAT 表来保存的，表中有很多表项，每项记录一个簇的信息。

由于 FAT 对于文件管理非常重要，所以 FAT 有一个备份，即在原 FAT 的后面再建一个同样的 FAT。初形成的 FAT 中所有项都标明为“未占用”，但如果磁盘有局部损坏，那么格式化程序会检测出损坏的簇，在相应的项中标为“坏簇”，以后存文件时就不会再使用这个簇了。FAT 的项数与硬盘上的总簇数相当，每一项占用的字节数也要与总簇数相适应，因为其中需要存放簇号。FAT 的格式有多种，最为常见的是 FAT16 和 FAT32，其中 FAT16 是指文件分配表使用 16 位数字，因此 16 位分配表最多能管理 65 536(即 2 的 16 次方)个簇，也就是所规定的一个硬盘分区。

由于每个簇的存储空间最大只有 32 KB，所以在使用 FAT16 管理硬盘时，每个分区的最大存储容量只有 65 536 × 32 KB，即 2048 MB，也就是我们常说的 2 G。现在的硬盘容量越来越大，由于 FAT16 对硬盘分区的容量限制，所以当硬盘容量超过 2 G 之后，用户只能将硬盘划分成多个 2 G 的分区后才能正常使用。为此微软公司从 Windows 95 OSR2 版本开始使用 FAT32 标准，即使用 32 位的文件分配表来管理硬盘文件，这样系统就能为文件分配多达 4 294 967 296(即 2 的 32 次方)个簇，所以在簇同样为 32 KB 时每个分区容量最大可达 65 G 以上。此外使用 FAT32 管理硬盘时，每个逻辑盘中的簇长度也比使用 FAT16 标准管理的同等容量的逻辑盘中的簇长度小很多。由于文件存储在硬盘上占用的磁盘空间以簇为最小单位，某一文件即使只有几十个字节也必须占用整个簇，因此逻辑盘的簇单位容量越小，越能合理利用存储空间。所以 FAT32 更适于大硬盘。

4. DIR 区

DIR(Directory)是根目录区，其位置紧接着第二 FAT 表(即备份的 FAT 表)，记录着根目录下每个文件(目录)的起始单元、属性等。定位文件位置时，操作系统根据 DIR 中的起始单元，结合 FAT 表就可以知道文件在硬盘中的具体位置和大小了。

5. 数据(DATA)区

数据区是真正意义上的数据存储的地方，位于 DIR 区之后，占据硬盘上的大部分数据空间。

11.1.2　硬盘低级格式化

低级格式化就是将空白的磁盘划分出柱面和磁道，再将磁道划分为若干个扇区，每个扇区又划分出标识部分 ID、间隔区 GAP 和数据区 DATA 等。可见，低级格式化是高级格式化之前的一件工作，它只能够在DOS环境下完成。而且低级格式化只能针对一块硬盘而不能支持单独的某一个分区。每块硬盘在出厂时，已由硬盘生产商进行了低级格式化，因此通常使用者无需再进行低级格式化操作。需要指出的是，低级格式化是一种损耗性操作，对硬盘寿命有一定的负面影响。当硬盘受到外部强磁场的影响，或因长期使用，硬盘盘片上由低级格式化划分出来的扇区格式磁性记录部分丢失，从而出现大量“坏扇区”时，可以通过低级格式化来重新划分扇区，但其前提是硬盘的盘片没有受到物理性划伤。

硬盘低级格式化是对硬盘最彻底的初始化方式，经过低格后的硬盘，原来存储的数据将全部丢失，所以一般来说低格硬盘是非常不可取的，只有非常必要的时候才能这样做。而这个所谓的必要时候有两种：一是硬盘出厂前，硬盘厂会对硬盘进行一次低级格式化；另一个是当硬盘出现某种类型的坏道时，使用低级格式化能起到一定的缓解或者屏蔽作用。

坏道可以分为物理坏道和逻辑坏道。其中逻辑坏道相对比较容易解决，它指硬盘在写入时受到意外干扰，造成ECC错误。从过程上讲，它是指硬盘在写入数据的时候，会用ECC的逻辑重新组合数据，一般操作系统要写入512个字节，但实际上硬盘会多写几十个字节，而且所有的这些字节都要用ECC进行校验编码。如果原始字节算出的ECC校正码和读出字节算出的ECC不同，就会产生ECC错误，这就是所谓的逻辑坏道产生的原因。至于物理坏道，它对硬盘的损坏更具致命性，它也有软性和硬性物理坏道的区别。磁盘表面物理损坏就是硬性的，这是无法修复的。由于外界影响而造成数据的写入错误时，系统也会认为是物理坏道，而这种物理坏道可以使用一些硬盘工具(例如硬盘厂商提供的检测修复软件)来修复。此外，对于微小的硬盘表面损伤，一些硬盘工具(例如西部数据的Data Lifeguard Tools)可以将数据重新定向到一个好的保留扇区来修正错误。

硬性的物理坏道肯定是无法修复的，它是对硬盘表面的一种最直接的损坏，所以即使再低格或者使用硬盘工具也无法修复(除非是非常微小的损坏，部分工具可以将这部分坏道保留不用，以此达到解决目的)。对于硬盘上出现的逻辑坏道或者软性物理坏道，用户可以试试使用低级格式化来达到屏蔽坏道的作用。但这里需要指出，屏蔽坏道并不等于消除坏道。屏蔽只是将坏道隐藏起来，不让用户在存储数据时使用这些坏道，这样能在一定程度上保证用户数据的可靠性，但坏道却会随着硬盘分区、格式化次数的增长而扩散蔓延。

所以并不推荐用户对硬盘进行低格，如果硬盘在保修期内出现了坏道，最好去保修或者找经销商换一块。如果硬盘过了保修期，那可以试试低格硬盘，以防止数据存储到坏道而导致数据损失。要进行硬盘低格，一般来说应使用低格工具来操作。低格工具跟硬盘检测工具有着本质的区别。硬盘检测工具一般来说是硬盘厂商推出的用来检测硬盘，及早发现硬盘错误，以提醒用户备份重要数据或者检修硬盘用的，它不能用于低格硬盘。

低级格式化硬盘能完全销毁硬盘内的数据，所以在操作前一定要谨慎。硬盘低格有许多方法，例如直接在BIOS设置中对硬盘进行低格，或者使用汇编语言进行硬盘低格，而最常见的莫过于使用一些工具软件来对硬盘进行低格。常见的低格工具有lformat、DM及硬盘厂商推出的各种硬盘工具等。

1. 用Debug汇编语言进行低级格式化

汇编是比较低级的一种编程语言，它不但能非常方便地直接操作硬件，而且运行效率也很高。如果软件系统中需要直接操作硬件，经常使用的就是汇编语言。使用汇编也可以对硬盘进行低级格式化，它比DM等工具软件更为灵活，具体应用时就是使用debug程序，而具体操作就是在 debug 环境下，调用存放在 BIOS 中的低级格式化程序(BIOS 中直接低格硬盘调用的也是此段低格程序)。实现方法通常有如下三种：

(1) 直接调用 BIOS ROM 中的低格程序。在很多计算机的 BIOS ROM 中存放着低格程序，存放地址从 C8005H 地址开始，具体操作如下：

A：\>Debug

-G C800 ：0005

这是屏幕显示的信息(不同版本的 BIOS 显示的信息可能不同)，回车后提示：

Current Interleave is 3 select new interleave or Return for current

这是要求用户选择交叉因子，按回车表示取默认值 3，也可输入新的交叉因子值。硬盘的交叉因子一般是 3，所以直接回车即可。屏幕接着提示：

Are you dynamically configuring the drive-answer Y/N ？

Press “Y” to begin formatting the drive C：with interleave 03

键入“Y”后开始对硬盘进行低格。

Formatting ……

完成后询问是否处理坏磁道：

Do you want to format bad track-answer Y/N?

若没有则用“N”回答。屏幕显示：

Format Successful，system will new restart，Insert Dos diskette in drive A：

插入系统盘到 A 驱动器，即可进行分区、高级格式化等操作来安装系统了。

(2) 通过调用 INT 13H 中断的 7 号功能对硬盘进行低格。操作如下：

```
A：\>DEBUG
-A 100
-XXXX：0100 MOV AX，0703；(//交叉因子为 3)
-XXXX：0103 MOV CX，0001；(//0 磁道 0 扇区起)
-XXXX：0106 MOV DX，0080；(//C 盘 0 磁道)
-XXXX：0109 INT 13
-XXXX：010B INT 3
-XXXX：010D
-G 100
```

这样硬盘就被低格了。

(3) 调用 INT 13H 中断的 5 号功能对硬盘进行低格。对硬盘调用 INT 13H 中断的 5 号功能只低格 0 面 0 道 1 扇区，而不必低格整个硬盘，从而使低格在很短的时间内完成。具体操作如下：

```
A:>DEBUG
-A 100
-XXXX：0100 MOV AX，0500；(//调用 5 号功能)
-XXXX：0103 MOV BX，0180；(//设置缓冲区地址)
-XXXX：0106 MOV CX，0001；(//0 磁道 1 扇区起)
-XXXX：0109 MOV DX，0080；(//C 盘 0 磁道)
```

-XXXX：010B INT 13

-XXXX：010D INT 3

-E 0180 0 0 0002；(//写入参数)

-G 100

2. 用 DM 进行低级格式化

DM 的全名是 Hard Disk Management Program，它能对硬盘进行低级格式化、校验等管理工作，可以提高硬盘的使用效率。总的来说，DM 具有如下几个功能：硬盘低级格式化、分区、高级格式化、硬盘参数配置及其他功能。

在实际应用时，DM 工具跟普通 DOS 命令(如 fdisk 或 format)一样，它的命令格式为：A:>DM [参数]。其中的参数可取以下值：

- /M：DM 软件以手工方式进入。如无该参数，DM 以自动方式运行，依次执行 INITIALIZE. PARTITIONG. PREPARAFION。
- /C：DM 软件以彩色方式执行，即运行于彩色显示器上。
- /P：DM 软件以 PC/XT 方式管理硬盘。
- /A：DM 软件以 PC/AT 方式管理硬盘。
- /2：DOS 2.XX 版本方式。
- /3：DOS 3.XX 版本方式。
- /4：DOS 4.XX 版本方式(仅 DM 5.01 版有此参数)。
- /V：DM 运行于可改变簇长度、根目录项方式。

在实际使用中常用以下两种方式启动：

(1) A:>DM(自动方式。初始化硬盘时很多参数都用默认值，几乎不要人工干预)。

(2) A:>DM(手动方式。作格式化时一些参数要人工指定)。

启动 DM 工具后，用户就可以根据自己的需要选择相应的操作。由于它也以 DOS 用户界面的形式存在，所以使用起来也十分简捷、明了。

3. 其他低级格式化方法

除了上面介绍的两种低格工具外，还有许多其他的低级格式化方法。

(1) BIOS 配置 CMOS 中直接操作。如果主板支持，用户可以直接在 BIOS 配置 CMOS 中对硬盘进行低级格式化，这种方法非常简单、方便，因此推荐使用这种方法进行硬盘低格。具体操作方法：在开机时根据系统提示进入 CMOS Setup(如果是 Award 等 BIOS，会提示按 Del 进入 CMOS Setup；如果是 Intel 主板，一般是按 F2 进入 CMOS Setup)，接着在 CMOS 菜单内选择 Low Formatted HardDisk Drive 选择，然后根据程序提示进行待低格硬盘，同时回答一些程序提问即可进行硬盘低级格式化。

(2) lformat 程序低格硬盘。除了 DM 工具外，还有一款比较常见的低格程序是 lformat.exe，它是由迈拓公司推出的低级格式化硬盘工具。在 DOS 状态下运行 lformat.exe 后，程序即启动警告界面。在该界面中说明的大概意思是，如果用户使用这个工具，硬盘内的所有数据将丢失，因此推荐在运行它之前备份必要的数据，同时推荐移走所有其他硬盘。如果用户忘记备份数据而希望退出该程序，则按除“Y”键之外的任意键即可。如果用户确认对硬盘进行低格，请按“Y”键。

11.1.3 磁盘文件管理及分区格式

1. 磁盘文件管理

磁盘文件管理通俗地讲就是对磁盘上的文件进行管理。最早的磁盘是 3 寸和 5 寸软盘，这种软盘已经被淘汰了，取而代之的是现在的优盘。目前我们对磁盘文件的管理主要是对硬盘和优盘的管理。既然要对磁盘上的文件进行管理，就需要使用工具。我们常使用的磁盘文件管理软件是 Windows 优化大师、超级兔子等。

从计算机的体系结构看，存储器是计算机的最重要部件之一。同样，文件管理也就成了操作系统必不可少的重要功能。所以我们使用计算机时，也必须有文件管理的观念。

文件管理的目的在于方便保存和迅速提取，所有的文件将通过文件夹分类，被很好地组织起来，放在 C 盘以外能方便找到的地方。从硬盘分区开始到每一个文件夹的建立，都要按照需要，命名不同的文件夹，建立合理的文件保存架构。所有的文件、文件夹，都要规范化地命名，并放入最合适的文件夹中。这样，当我们需要什么文件时，就知道到哪里去寻找。

本书以 Windows 优化大师为例来介绍磁盘文件管理。

Windows 优化大师的磁盘文件管理界面如图 11-2 所示。在硬盘信息标签下，Windows 优化大师将当前硬盘的使用情况用饼状图呈现出来。在驱动器和目录选择列表中选择要扫描分析的驱动器或目录，然后点击“扫描”按钮，开始分析文件。每分析一个文件，Windows 优化大师就将其添加到分析结果列表中，直到分析结束或被用户终止。

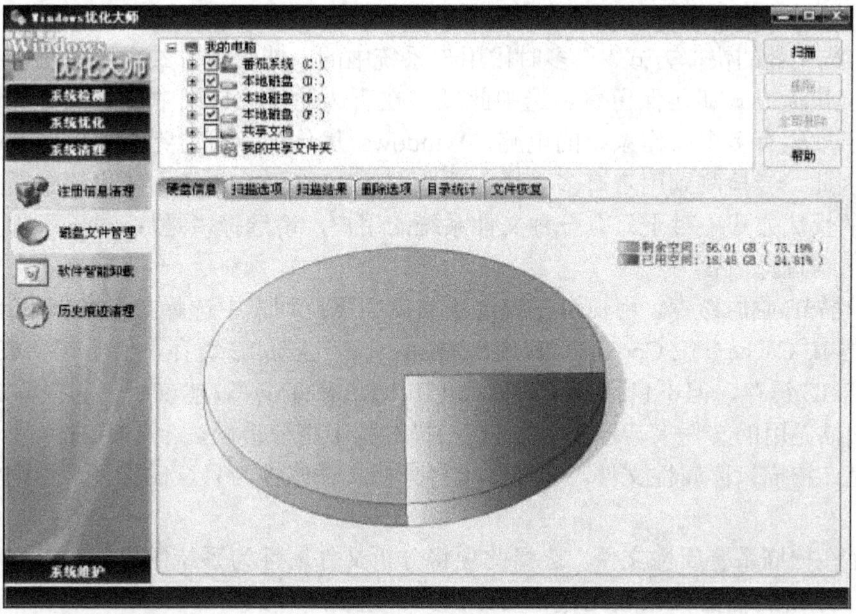

图 11-2 优化大师磁盘文件管理之硬盘信息

扫描选项标签下定义了 Windows 优化大师在扫描过程中要进行的动作，如图 11-3 所示。普通用户只需单击“推荐”按钮，按照 Windows 优化大师推荐的扫描选项来进行垃圾文件清理即可。以下扫描选项的说明提供给愿意了解扫描过程详细信息的用户。

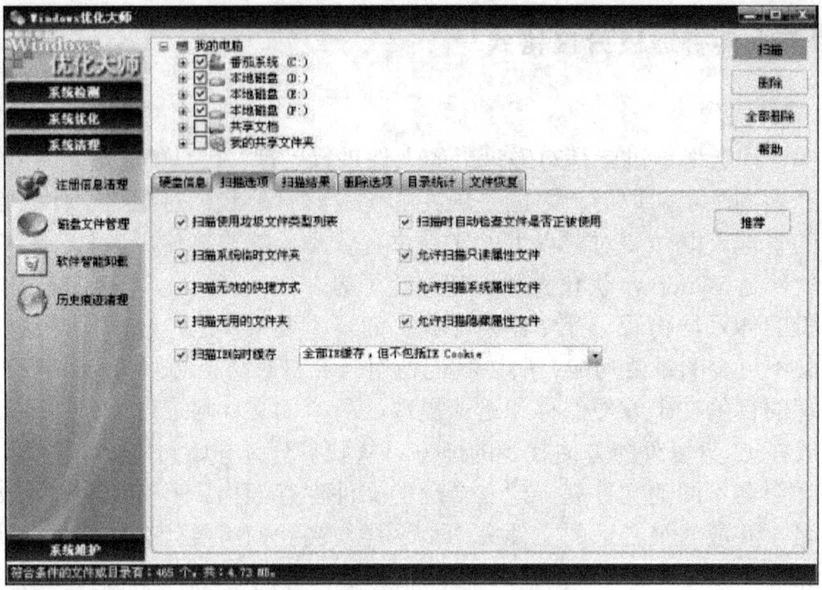

图 11-3　优化大师磁盘文件管理之扫描选项

(1) 扫描使用垃圾文件类型列表。选中该项将按文件类型在所选硬盘或目录中扫描垃圾文件。

(2) 扫描时自动检查文件是否正被使用。选择此项，分析过程中若文件正被别的应用程序使用，则跳过该文件。建议选择。

(3) 扫描系统临时文件夹。选中此项将扫描临时文件夹中的所有文件。

(4) 扫描无效的快捷方式。很多时候用户系统中的一些快捷方式指向的目标文件已经不存在了，但快捷方式却还保留着。选中此项将在所选硬盘或目录中搜寻无效的快捷方式。注意：对于安装有多个操作系统的电脑，Windows 优化大师可能无法正确判断快捷方式是否有效。因此，当检测到用户有多个操作系统时，Windows 优化大师将要求用户选择是否扫描无效的快捷方式。对于只有一种文件系统的用户，请选择“是”；对于多种文件系统共存的系统，请选择“否”。

(5) 扫描 IE 临时缓存。用户可在该选项右侧的下拉列表中选择扫描“全部 IE 缓存”(该选项将扫描 IE Cache、IE Cookie、IE URL Histroy)、“全部 IE 缓存，但不包括 IE Cookies”或者“全部 IE 缓存，但不包括 IE Cookie 和 IE URL Histroy”。建议用户选择第 2 项。

(6) 扫描无用的文件夹。选择此项，在扫描过程中将分析硬盘上无用的目录。建议选择。

(7) 允许扫描只读属性文件。选择此项将分析文件属性为只读的文件，否则将跳过这些文件。

(8) 允许扫描系统属性文件。选择此项将分析文件属性为系统的文件，否则将跳过这些文件。由于系统属性文件一般比较重要，因此不建议选择。

(9) 允许扫描隐藏属性文件。选择此项将分析隐藏属性的文件，否则将跳过这些文件。

根据在“扫描选项”中的设置，扫描结果列表中列出了符合条件的文件或目录，如图 11-4 所示。可以点击“删除”或“全部删除”按钮删除文件。删除的方式见后面介绍的“删除选项”的内容。

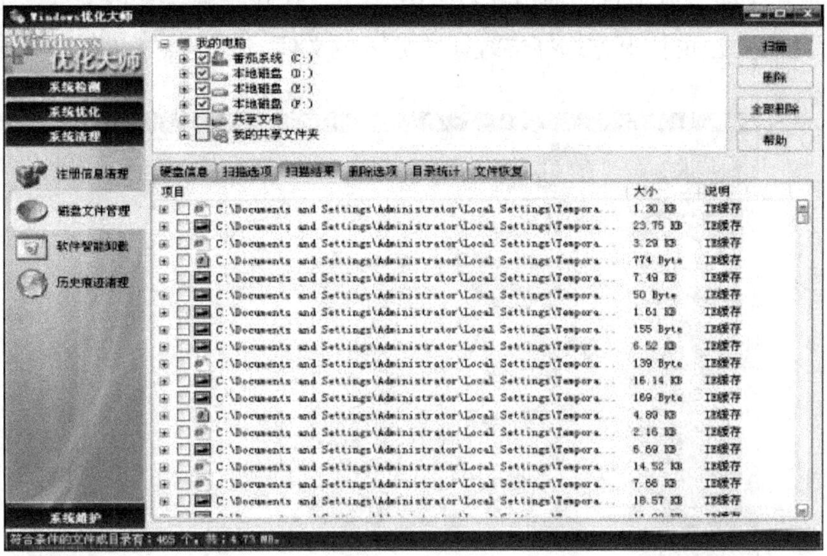

图 11-4　优化大师磁盘文件管理之扫描结果

选中删除选项标签，如图 11-5 所示，可在此设置删除选项。Windows 优化大师的删除方式有以下四种：

(1) 将文件移送到回收站。删除后用户可以从回收站还原这些文件。

(2) 直接删除文件。

(3) 用“Wopti 文件粉碎机”不可恢复地删除文件。选择此项后将用 Windows 优化大师内置的文件粉碎机删除文件。

(4) 将文件删除后备份到指定目录中。该项的右侧为备份目录的位置。压缩备份的文件可以随时从 Windows 优化大师自带的备份与恢复管理器中恢复。

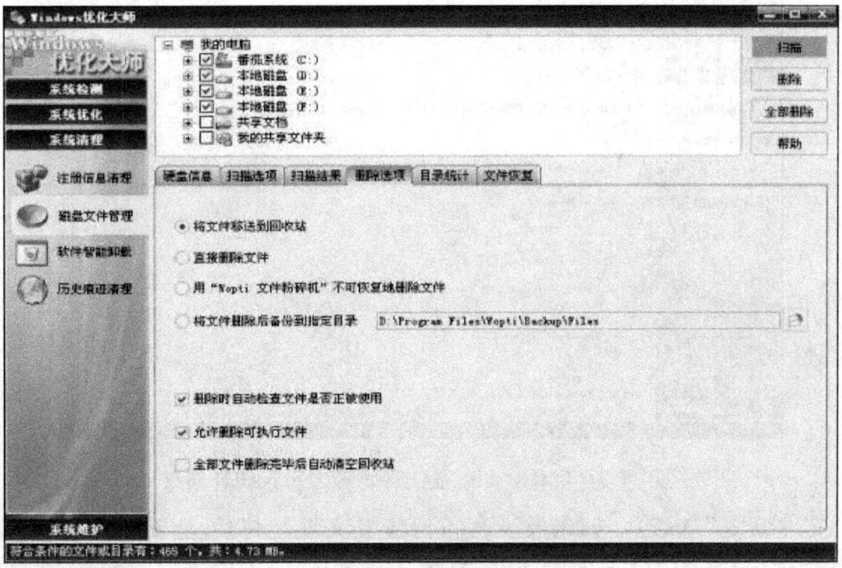

图 11-5　优化大师磁盘文件管理之删除选项

为方便用户了解自己硬盘的使用情况，Windows 优化大师还提供了目录统计功能，如图 11-6 所示。用户在窗体上方选择待统计的分区或文件夹后，点击“统计”按钮即可开始统计。

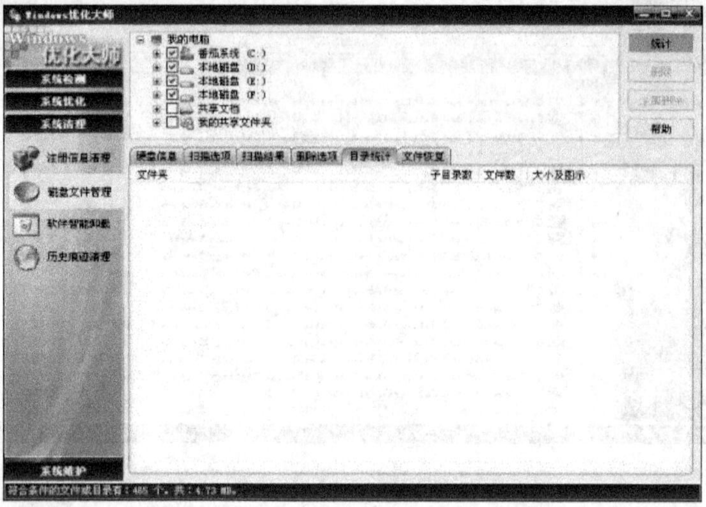

图 11-6　优化大师磁盘文件管理之目录统计

每统计完一个目录，Windows 优化大师就在统计结果列表中添加一条记录，包括文件夹、子目录数、文件数、大小及图示等。统计完后，用户可以详细查看哪些目录占用了比较大的磁盘空间。Windows 优化大师用不同颜色和长度的图形来表示某一目录具体对硬盘空间的占用。

鼠标点击统计结果列表中的文件夹项目，Windows 优化大师还会对其下的子目录进行统计，如图 11-7 所示。

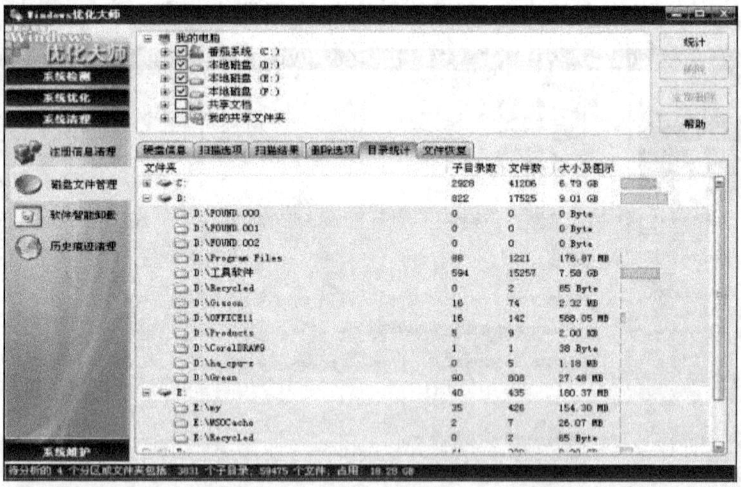

图 11-7　优化大师磁盘文件管理之目录统计结果

点击“文件恢复”标签，如果发现有备份恢复文件，将启动 Windows 优化大师自带的备份与恢复管理器(见图 11-8)；如果在系统中没有找到备份恢复文件，则直接转向“回收站”。

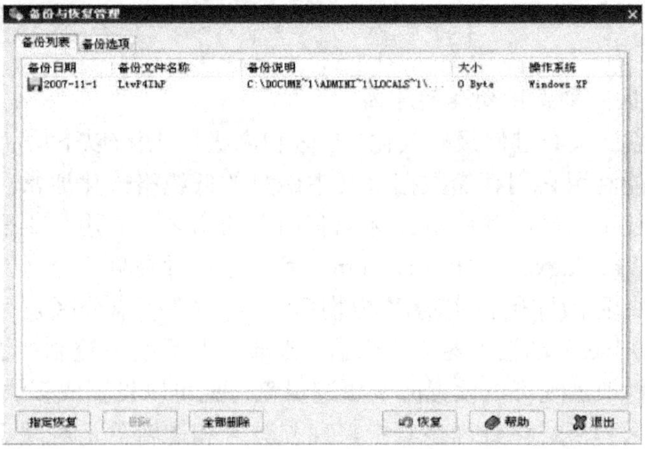

图 11-8　文件备份与恢复管理

2. 磁盘文件分区格式

根据目前流行的操作系统来看，常用的磁盘分区格式有四种，分别是 FAT16、FAT32、NTFS 和 Linux。

(1) FAT16。这是 MS-DOS 和最早期的 Windows 95 操作系统中最常见的磁盘分区格式。它采用 16 位的文件分配表，能支持最大为 2 GB 的硬盘，是目前应用最为广泛和获得操作系统支持最多的一种磁盘分区格式，几乎所有的操作系统都支持这种格式。但是 FAT16 分区格式有一个最大的缺点：磁盘利用效率低。因为在 DOS 和 Windows 系统中，磁盘文件的分配是以簇为单位的，一个簇只分配给一个文件使用，不管这个文件占用整个簇容量的多少。这样，一个文件即使很小，也要占用一个簇，剩余的空间便全部闲置在那里，造成了磁盘空间的浪费。由于分区表容量的限制，FAT16 支持的分区越大，磁盘上每个簇的容量也越大，造成的浪费也越大。所以为了解决这个问题，微软公司在 Windows 97 中推出了一种全新的磁盘分区格式 FAT32。

(2) FAT32。这种格式采用 32 位的文件分配表，使其对磁盘的管理能力大大增强，突破了 FAT16 对每一个分区的容量只有 2 GB 的限制。由于现在的硬盘生产成本下降，其容量越来越大，运用 FAT32 的分区格式后，可以将一个大硬盘定义成一个分区而不必分为几个分区使用，大大方便了对磁盘的管理。而且，FAT32 具有一个最大的优点：在一个不超过 8 GB 的分区中，FAT32 分区格式的每个簇容量都固定为 4 KB，与 FAT16 相比，可以大大地减少磁盘的浪费，提高磁盘利用率。目前，支持这一磁盘分区格式的操作系统有 Windows 97、Windows 98 和 Windows 2000。但是，这种分区格式也有它的缺点：采用 FAT32 格式分区的磁盘，由于文件分配表扩大，运行速度比采用 FAT16 格式分区的磁盘要慢；由于 DOS 不支持这种分区格式，所以采用这种分区格式后，就无法再使用 DOS 系统。

(3) NTFS。它的优点是安全性和稳定性极其出色，在使用中不易产生文件碎片。它能对用户的操作进行记录，通过对用户权限进行非常严格的限制，使每个用户只能按照系统赋予的权限进行操作，充分保护了系统与数据的安全。

(4) Linux。Linux 的磁盘分区格式与其他操作系统完全不同，共有两种：一种是 Linux Native 主分区，一种是 Linux Swap 交换分区。这两种分区格式的安全性与稳定性极佳，结合 Linux 操作系统后，死机的机会大大减少。但是，目前支持这一分区格式的操作系统只有 Linux。

1) 硬盘进行分区和格式化处理的原因

工厂生产的硬盘必须经过低级格式化、分区和高级格式化(以下均简称为格式化)三个处理步骤后，电脑才能利用它们存储数据。其中磁盘的低级格式化通常由生产厂家完成，目的是划定磁盘可供使用的扇区和磁道并标记有问题的扇区；而用户则需要使用操作系统所提供的磁盘工具如“fdisk.exe”、“format.com”等程序进行硬盘“分区”和“格式化”。

我们常常将每块硬盘(即硬盘实物)称为物理盘，而将在硬盘分区之后所建立的具有“C：”或“D：”等各类“Drive/驱动器”称为逻辑盘。逻辑盘是系统为控制和管理物理硬盘而建立的操作对象。一块物理盘既可以设置成一块逻辑盘，也可以设置成多块逻辑盘使用。

在对硬盘的分区和格式化处理步骤中，建立分区和逻辑盘是对硬盘进行格式化处理的必然条件。用户可以根据物理硬盘容量和自己的需要建立主分区、扩展分区和逻辑盘符后，再通过格式化处理来为硬盘分别建立引导区(BOOT)、文件分配表(FAT)和数据存储区(DATA)。只有经过以上处理之后，硬盘才能在电脑中正常使用。

电脑对硬盘上所存储的所有信息都是以“文件”方式进行管理的，因此电脑为硬盘建立了相应的文件分配表(英语缩写为 FAT)，以管理存储在硬盘上的大量“文件”。根据操作系统的不同，目前 DOS 6.x 和 Windows 9x 所使用的 FAT 分为 FAT16 和 FAT32 两种。其中 FAT16 是指文件分配表使用 16 位数字，此时电脑运行时系统可以为需要存储在硬盘上的每个文件按实际长度分配存储单元——“硬盘簇”。由于 16 位分配表最多能管理 65 536(2^{16})个硬盘簇，也就是所规定的一个硬盘分区，而每个硬盘簇的存储空间最大只有 32 KB，所以在使用 FAT16 管理硬盘时，每个分区的最大存储容量只有 2048 MB(65 536 × 32 KB)，也就是我们常说的 2 G。

由于 FAT16 对硬盘分区有容量限制，所以当硬盘容量超过 2 G 之后，用户只能将硬盘划分成多个 2 G 的分区后才能正常使用。为此微软公司从 Windows 95 OSR2 版本开始使用 FAT32 标准，即使用 32 位的文件分配表来管理硬盘文件，这样系统就能为文件分配多达 4 294 967 296(2^{32})个硬盘簇，所以在硬盘簇同样为 32 KB 时，每个分区容量最大可达 65 G 以上。此外使用 FAT32 管理硬盘时，每个逻辑盘中的簇长度也比使用 FAT16 标准管理的同等容量的逻辑盘小很多，所以 FAT32 更适于大硬盘。

在使用 DOS 6.x 或 Windows 9x 时，系统为磁盘等存储设备命名盘符时有一定的规律：“A:”和“B:”为软驱专用，而“C:”～“Z:”则供硬盘、光驱以及其他存储设备使用。例如我们为一块硬盘建立分区时如果只建一个主分区，那么这块硬盘就只有一个盘符“C:”；如果不但建有主分区而且还建有扩展分区，那么除了“C:”盘外，还可能根据在扩展分区上所建立的逻辑盘数量另外具有“D:”、“E:”等(增加的盘符依次向字母“Z”延伸)。

2) 硬盘分区和格式化处理的步骤

以下所介绍的硬盘分区均使用 Windows 98 系统所提供的 fdisk.exe 程序完成，格式化也利用其中的 format.com 程序进行。由于每个电脑中所配置的硬盘数量、规格不等，进行分区和建立逻辑盘的数量也不尽相同，因此介绍硬盘分区、建立逻辑盘和格式化操作时分以下几种可能的情况。

(1) 单硬盘并只建一个主分区。这种硬盘的分区和格式化操作最简单，实际操作时只需：

第一步，运行 FDISK 程序→确定 FAT 标准→建主分区(自动激活分区并生成盘符)；

第二步，退出 FDISK 程序后格式化逻辑盘(C:)→全部过程结束。

(2) 单硬盘分别建主分区和扩展分区。这种情况下的操作过程：

第一步，确定 FAT 标准→建主分区(程序自动生成盘符 C:)；

第二步，建扩展分区→根据扩展分区大小和实际需要设置一个或多个逻辑盘(程序自动分配盘符 D:、E:等)；

第三步，激活主分区；

第四步，退出 FDISK 后逐个格式化主分区的 C：逻辑盘和扩展分区上 D:、E:等逻辑盘→全部过程结束。

(3) 操作实例。现在我们对一台新组装电脑的硬盘进行分区和格式化处理，具体操作如下：

第一步，设置引导顺序。在电脑的 BIOS 中将引导顺序设为“A:，C:，SCSI”，目的是能用 Windows 98 启动软盘引导系统。在此之前应该先准备一张 Windows 98 的引导盘。

第二步，选择启动方式。当由软盘引导系统时，在屏幕显示的启动菜单中选择“2”或“3”，由于处理硬盘时用不着光驱，所以在此建议选择“3”引导进入系统，屏幕显示 DOS 提示盘符“A:\>”，键入“FDISK”命令。

第三步，选择 FAT 标准。执行 FDISK 命令后，屏幕显示进入 FDISK 主菜单前的 FAT 标准使用选择，一般情况下我们应该使用 FAT32 标准，此时直接回车选择“Y”进入 FDISK 主菜单。如果我们不使用 FAT32 而使用 FAT16 文件标准(在执行 FDISK 命令后选择“N”)，那么我们建立的每个分区容量不能超过 2 G。

第四步，选择准备分区的硬盘。如果这台电脑中安装了两块硬盘，只能分别进行处理，先选择欲处理硬盘(FDISK 程序中称为“当前盘”)，可通过 FDISK 主菜单上的第 5 项进行。在输入选择中键入“5”之后，屏幕会显示电脑中所安装的全部硬盘信息，内容有容量、分区情况(如果已经分区)等。一般主盘编号为“1”，从盘编号为“2”。我们可以根据需要选择。

电脑中如果没有安装第二块硬盘，FDISK 主菜单将不会有第 5 项(Change current fixed disk drive)。

第五步，建立主分区。在确定主盘为“当前盘”后，我们选择“1”(Create DOS Partition or Logical DOS Drive)来建立主分区。在选择“1”后屏幕显示“建立分区或逻辑盘菜单”，选择“1”(Create Primary DOS Partition)，此时程序提示用户是否将全部硬盘空间都建为主分区，在选择“Y”后(如果此硬盘小于 64 G)，硬盘上就只能建立一个主分区了。如果选择“N”，屏幕将显示出硬盘上的所有可用空间。由于我们需要建立主分区和扩展分区，所以在图中的方括号中将 8691 改为 4000，将主分区建为 4 G，同时程序自动为主分区分配逻辑盘符“C:”。然后屏幕将提示主分区已建立并显示主分区容量和所占硬盘全部容量的比例，此后按“Esc”返回 FDISK 主菜单。

第六步，建立扩展分区。在 FDISK 主菜单中继续选择“1”，进入“建立分区菜单”后再选择“2”建立扩展分区，屏幕将提示当前硬盘可建为扩展分区的全部容量。此时我们如果不需要为其他操作系统(如 Novell、UNIX 等)预留分区，那么建议使用系统给出的全部硬盘空间。此时可以直接回车建立扩展分区，然后屏幕将显示已经建立的扩展分区容量。

第七步，设置逻辑盘数量和容量。扩展分区建立后，系统提示用户还没有建立逻辑驱动器，此时按“Esc”键开始设置逻辑盘，屏幕提示用户可以建为逻辑盘的全部硬盘空间，用户可以根据硬盘容量和自己的需要来设定逻辑盘数量和各逻辑盘容量。如果我们将扩展分区设成2块逻辑盘，我们需要先确定D盘的容量，如2691 MB，建立D盘后，再将其余空间(2000 MB)全部建成E盘，此时屏幕将会显示用户所建立的逻辑盘数量和容量，然后返回FDISK主菜单。

第八步，激活硬盘主分区。在硬盘上同时建有主分区和扩展分区时，必须进行主分区激活，否则以后硬盘无法引导系统。在FDISK主菜单上选择“2”(Set Active Partition)，此时屏幕将显示主硬盘上所有分区供用户进行选择。如果主盘上只有主分区“1”和扩展分区“2”，当然选择主分区“1”进行激活，然后退回FDISK主菜单。

第九步，退出FDISK程序。继续按“Esc”键退出，至屏幕提示用户必须重新启动系统，才能继续对所建立的所有逻辑盘进行格式化。

第十步，格式化所有逻辑盘。格式化逻辑盘的方法有两种。一是重新用Windows 98引导盘启动系统，然后在引导菜单中选择第1项或第2项，即从光驱开始安装Windows 98或加载光驱后进入DOS提示符下再转入光驱安装Windows 98，然后在安装Windows 98时由安装程序自动依次对系统中的所有逻辑盘进行格式化处理。第二种格式化硬盘的方法就是使用Windows 98引导盘重新启动系统，使用第2项加载光驱引导系统，然后在A盘下直接使用“format”程序分别对电脑系统中的所有逻辑盘如C:、D:、E:等进行格式化处理，其中对C:盘应该使用“format c:/s”格式命令进行。建议使用第一种方法。

以上是对新硬盘进行分区和格式化的操作步骤，可供初学者在装机时参考。

11.1.4 硬盘数据恢复

1. 硬盘数据恢复的定义

数据出现的问题主要包括两大类：逻辑问题和硬件问题，相对应的恢复也分别称为逻辑恢复和硬件恢复。逻辑恢复是指通过软件的方式进行数据修复，整个过程并不涉及硬件维修。而导致数据灾难的原因往往是病毒感染、误格式化、误分区、误克隆、误删除、操作断电等。

逻辑故障的表征现象为无法进入操作系统、文件无法读取、文件无法被关联的应用程序打开、文件丢失、分区丢失、乱码显示等。事实上，造成逻辑数据丢失的原因十分复杂，每种情况都有特定的症状出现，或者多种症状同时出现。一般情况下，只要数据区没有被彻底覆盖，那么都是可以顺利恢复的。

用户必须了解的注意事项：

(1) 当发现数据丢失之后，不要轻易尝试任何操作，尤其是对硬盘的写操作，否则很容易覆盖数据。

(2) 如果丢失的数据是在C盘，那么请立即关机，因为操作系统运行时产生的虚拟内存和临时文件也会破坏数据。

(3) 请不要轻易尝试Windows的系统还原功能，这样做并不能找回丢失的文件，只会为后期的恢复设置不必要的障碍。

(4) 请不要反复使用杀毒软件，这些操作也无法找回丢失的文件。

2. 怎样进行数据恢复及一些常见的恢复数据软件

1) 误格式化硬盘数据的恢复

在 DOS 高版本状态下，格式化操作 format 在缺省状态下建立了用于恢复格式化的磁盘信息，实际上是把磁盘的 DOS 引导扇区、FAT 分区表及目录表的所有内容复制到了磁盘的最后几个扇区中(因为后面的扇区很少使用)，而数据区中的内容根本没有改变。我们都知道在 DOS 时代有一个非常不错的工具 unformat，它可以恢复由 format 命令清除的磁盘。如果用户是在 DOS 下使用 format 命令误格式化了某个分区的话，可以使用该命令试试。不过 unformat 只能恢复本地硬盘和软件驱动器，不能恢复网络驱动器。unformat 命令除了上面的反格式化功能外，还能重新修复和建立硬盘驱动器上的损坏分区表。

但目前 unformat 已经显得有点“力不从心”了，再使用它来恢复格式化后分区的方法已经有点过时了，我们可以使用多种恢复软件来进行数据恢复，比如使用 Easyrecovery 6.0 和 Finaldata 2.0 等恢复软件。另外 DOS 还提供了一个 mirror 命令用于记录当前磁盘的信息，供格式化或删除之后恢复之用，此方法也比较有效。

2) 零磁道损坏时的数据恢复

硬盘的主引导记录区(MBR)位于硬盘的零磁道的 0 柱面 1 扇区，其中存放着硬盘主引导程序和硬盘分区表。在总共 512 字节的硬盘主引导记录扇区中，446 字节属于硬盘主引导程序，64 字节属于硬盘分区表(DPT)，两个字节(55 AA)属于分区结束标志。零磁道一旦受损，将使硬盘的主引导程序和分区表信息遭到严重破坏，从而导致硬盘无法引导。零磁道损坏的判断：系统自检能通过，但启动时分区丢失或者 C 盘目录丢失，硬盘出现有规律的“咯吱……咯吱”的寻道声，运行 SCANDISK 扫描 C 盘，在第一簇出现一个红色的“B”，或者 FDISK 找不到硬盘、DM 死在零磁道上，此种情况即为零磁道损坏。

零磁道损坏属于硬盘坏道之一，只不过它的位置相当重要，因而一旦遭到破坏，就会产生严重的后果。如果零磁道损坏，按照目前的普通方法是无法使数据完整恢复的，通常可以通过 PCTOOLS 的 DE 磁盘编辑器(或者 DiskMan)来使零磁道偏转一个扇区，使 1 磁道作为 0 磁道来使用。数据可以通过 Easyrecovery 来按照簇进行恢复，但数据无法保证得到完全恢复。

3) 分区表损坏时的数据修复

硬盘主引导记录(MBR)所在的扇区也是病毒重点攻击的地方，通过破坏主引导扇区中的 DPT(分区表)，就可以轻易地损毁硬盘分区信息，达到对资料的破坏目的。分区表的损坏是分区数据被破坏而使记录被破坏的。所以，我们可以使用软件来进行修复。

一般情况下，硬盘分区之后，要备份一份分区表至软盘、光盘或者移动存储盘上。在这方面，国内著名的杀毒软件 KV3000 系列和瑞星都提供了完整的解决方案。但是，对于没有备份分区表的硬盘来说，虽然 KV3000 也提供了相应的修复方法，不过成功率相对就要低很多了。在恢复分区方面，诺顿磁盘医生 NDD 的功能相对强大一些，可以自动修复分区，抢救坏区中的数据，将其强制读出后搬移到其他空白扇区。在硬盘崩溃或异常的情况下，它可能会带给用户一线希望。在出现问题后，用启动盘启动，运行 NDD，选择 Diagnose 进行诊断。NDD 会对硬盘进行全面扫描，如果有错误的话，它会提示，然后只要根据提示选择修复项目即可。

另外，大家非常熟悉的中文磁盘工具 DiskMan，在重建分区表方面也具有非常实用的功能。如果硬盘分区表被分区调整软件(或病毒)严重破坏，必将引起硬盘和系统瘫痪的严重后果，而 DiskMan 可通过未被破坏的分区引导记录信息重新建立分区表。只要在菜单的工具栏中选择“重建分表”，DiskMan 即开始搜索并重建分区。使用过程中，DiskMan 将首先搜索 0 柱面 0 磁道从 2 扇区开始的隐含扇区，寻找被病毒挪动过的分区表。紧接着要搜索每个磁道的第一个扇区。整个搜索过程是采用“自动”或“交互”两种方式进行的。自动方式保留发现的每一个分区，适用于大多数情况；交互方式对发现的每一个分区都会给出提示，由用户选择是否保留。当采用自动方式重建的分区表一旦出现不正确的故障时，我们可以采用交互方式重新进行搜索。

但是，重建分区表功能也不能保证做到百分之百地修复好硬盘分区表。所以要记住保护好自己的硬盘，尽量避免硬件损伤以及病毒的侵扰，一定要做好分区表的备份工作；如果没有做备份的话，请下载一个 DISKGEN 软件，然后在工具选项中选备份分区表。一般默认是备份到软驱上面的，如果没有软驱，就要改一下路径，输出到硬盘目录里。然后应该把这个备份文件刻录到光盘或者是拷贝到 U 盘里，千万不要放到硬盘里，那样与没有备份的效果是一样的。

4) 误删除之后的数据恢复

在计算机使用过程中我们最常见的数据恢复就是误删除之后的数据恢复，但是在这个时候一定要记住，千万不要再向该分区或者磁盘写入信息，因为刚被删除的文件被恢复的可能性最大。实际上当用 FDISK 删除了硬盘分区之后，表面现象是硬盘中的数据已经完全消失，在未格式化时进入硬盘会显示无效驱动器。如果了解 FDISK 的工作原理，就会知道，FDISK 只是重新改写了硬盘的主引导扇区(0 面 0 道 1 扇区)中的内容，具体说就是删除了硬盘分区表信息，而硬盘中的任何分区的数据均没有改变。由于删除与格式化操作对于文件的数据部分实质上丝毫未动，因而就给文件恢复提供了可能性。我们只要利用一些反删除软件(其工作原理是通过对照分区表来恢复文件的)，就可以轻松地实现文件恢复的目的。误格式化同误删除的恢复方法在使用上基本没有大的区别，只要没有用 FDISK 命令打乱分区的硬盘，要恢复的文件所占用的簇不被其他文件占用，那么格式化前的大部分数据仍是可以被恢复的。而且如果你的 Windows 系统还可以正常使用的话，那么最简单的恢复方法就是用 Windows 版的 EasyRecovery 软件，它不仅能恢复被从回收站清除的文件，而且还能恢复被格式化的 FAT16、FAT32 或 NTFS 分区中的文件，功能十分强大。

11.2 Windows 系统启动过程分析

1. BIOS 启动过程分析

第一步：当用户按下电源开关时，电源开始向主板和其他设备供电，此时电压还不稳定，主板控制芯片组会向 CPU 发出并保持一个 Reset(重置)信号，让 CPU 初始化。当电源开始稳定供电后(当然从不稳定到稳定的过程也只是短暂的瞬间)，芯片组便撤去 Reset 信号(如果是手动按下计算机面板上的 Reset 按钮来重启机器，那么松开该按钮时芯片组就会撤去 Reset 信号)，CPU 马上就从地址 FFFF0H 处开始执行指令，这个地址在系统 BIOS 的地址范围内。无论是 Award BIOS 还是 AMI BIOS，放在这里的都只是一条跳转指令，通过它跳转到系统 BIOS 中真正的启动代码处。

第二步：系统 BIOS 的启动代码首先要做的事情就是进行 POST(Power On Self Test，加电自检)。POST 的主要任务是检测系统中的一些关键设备是否存在和能否正常工作，如内存和显卡等。由于 POST 的检测过程在显卡初始化之前，因此如果在 POST 自检的过程中发现了一些致命错误，如没有找到内存或者内存有问题(POST 过程只检查 640 KB 常规内存)，是无法在屏幕上显示出来的，这时系统 BIOS 可通过喇叭发声来报告错误情况，声音的长短和次数代表了错误的类型。在正常情况下，POST 过程进行得非常快，我们几乎无法感觉到这个过程。

第三步：系统 BIOS 将查找显卡的 BIOS。存放显卡 BIOS 的 ROM 芯片的起始地址通常为 C0000H，系统 BIOS 找到显卡 BIOS 之后调用它的初始化代码，由显卡 BIOS 来完成显卡的初始化。大多数显卡在这个过程中通常会在屏幕上显示出一些显卡的信息，如生产厂商、图形芯片类型、显存容量等内容，这就是我们开机看到的第一个画面，不过这个画面几乎是一闪而过的。也有的显卡 BIOS 使用了延时功能，以便用户可以看清显示的信息。接着系统 BIOS 会查找其他设备的 BIOS 程序，找到之后同样要调用这些 BIOS 内部的初始化代码来初始化这些设备。

第四步：查找完所有其他设备的 BIOS 之后，系统 BIOS 将显示它自己的启动画面，其中包括系统 BIOS 的类型、序列号和版本号等内容。同时屏幕底端左下角会出现主板信息代码，包含 BIOS 的日期、主板芯片组型号、主板的识别编码及厂商代码等。

第五步：系统 BIOS 将检测 CPU 的类型和工作频率，并将检测结果显示在屏幕上，这就是我们开机看到的 CPU 类型和主频。接下来系统 BIOS 开始测试主机所有的内存容量，并同时在屏幕上显示内存测试的数值，这就是大家所熟悉的屏幕上半部分那个飞速翻滚的内存计数器。这个过程我们可以在 BIOS 设置中选择耗时少的“快速检测”或者耗时多的“全面检测”方式。

第六步：内存测试通过之后，系统 BIOS 将开始检测系统中安装的一些标准硬件设备，这些设备包括硬盘、CD-ROM、软驱、串行接口和并行接口等连接设备，另外绝大多数新版本的系统 BIOS 在这一过程中还要自动检测和设置内存的定时参数、硬盘参数和访问模式等。

第七步：标准设备检测完毕后，系统 BIOS 内部支持即插即用的代码将开始检测和配置系统中安装的即插即用设备。每找到一个设备之后，系统 BIOS 都会在屏幕上显示出设备的名称和型号等信息，同时为该设备分配中断、DMA 通道和 I/O 端口等资源。

第八步：到这一步为止，所有硬件都已经检测配置完毕了，系统 BIOS 会重新清屏并在屏幕上方显示出一个系统配置列表，其中概略地列出了系统中安装的各种标准硬件设备，以及它们使用的资源和一些相关工作参数。

第九步：系统 BIOS 将更新 ESCD(Extended System Configuration Data，扩展系统配置数据)。ESCD 是系统 BIOS 用来与操作系统交换硬件配置信息的数据，这些数据被存放在 CMOS(一小块特殊的 RAM，由主板上的电池来供电)之中。通常 ESCD 只在系统硬件配置发生改变后才会进行更新，所以不是每次启动机器时我们都能够看到“Update ESCD... Success”这样的信息。

不过，某些主板的系统 BIOS 在保存 ESCD 时使用了与 Windows 9x 不相同的数据格式，于是 Windows 9x 在它自己的启动过程中会把 ESCD 转换成自己的格式，但在下一次启动机器时，即使硬件配置没有发生改变，系统 BIOS 也会把 ESCD 的数据格式改回来。如此循环，将会导致在每次启动机器时，系统 BIOS 都要更新一遍 ESCD，这就是为什么有的计算机在每次启动时都会显示“Update ESCD... Success”信息的原因。

第十步：ESCD 更新完毕后，系统 BIOS 的启动代码将进行它的最后一项工作，即根据用户指定的启动顺序从软盘、硬盘或光驱启动。以从 C 盘启动为例，系统 BIOS 将读取并执行硬盘上的主引导记录，主引导记录接着从分区表中找到第一个活动分区，然后读取并执行这个活动分区的分区引导记录，而分区引导记录将负责读取并执行 IO.SYS，这是 DOS 和 Windows 9x 最基本的系统文件。

Windows 9x 的 IO.SYS 首先要初始化一些重要的系统数据，然后显示出我们熟悉的蓝天白云画面。在这幅画面之下，Windows 将继续进行 DOS 部分和 GUI(图形用户界面)部分的引导和初始化工作。如果系统中安装有引导多种操作系统的工具软件，通常主引导记录将被替换成该软件的引导代码，这些代码将允许用户选择一种操作系统，然后读取并执行该操作系统的基本引导代码(DOS 和 Windows 的基本引导代码就是分区引导记录)。

上面介绍的便是计算机在打开电源开关(或按 Reset 键)进行冷启动时所要完成的各种初始化工作。如果我们在 DOS 下按 Ctrl+Alt+Del 组合键(或从 Windows 中选择重启计算机)来进行热启动，那么 POST 过程将被跳过去，直接从第三步开始，而且第五步的检测 CPU 和内存测试也不会再进行。无论是冷启动还是热启动，系统 BIOS 都会重复上面的硬件检测和引导过程，正是这个过程保证了我们可以正常地启动和使用计算机。

2. Windows XP 启动过程分析

1) 预启动阶段

(1) POST 过程——开机自检。这是每个计算机的电源接通之后必须要做的第一件事情。POST 将检查硬件，是否有内存、键盘以及 SCSI 卡等。虽然这是一个和操作系统无关的过程，但是它却是保证系统正常启动的第一个步骤。

(2) 一旦自检完成，计算机将查找启动设备，并将 MBR-main /master boot record(主引导记录)调入内存。

(3) 计算机将查找活动分区和引导扇区，并将其装入内存。

(4) 开始调用 Ntldr。Ntldr 是系统加载器，这是第二阶段的关键部分。

2) 启动阶段

(1) Ntldr 开始运行之后，首先将处理器的实模式改为 32 位平滑内存模式。

实模式和 32 位平滑内存模式都是电脑系统的寻址方式。实模式指的就是 16 位模式，运行比较稳定；平滑内存模式则在寻址范围和速度上较前者有明显的优势。

(2) 启动文件系统(例如 FAT、NTFS)，以便从磁盘上访问文件。

(3) Ntldr 将访问第一个文件 boot.ini，并且根据文件的内容在屏幕上显示启动菜单。

(4) 如果用户选择的不是 Windows 2000(或者 Windows XP)操作系统，那么 Ntldr 将调用 bootsect.dos，将控制权交给它，并且启动所操作的系统；否则，Ntldr 将运行 Ntdetect.com 文件。

(5) Ntdetect.com 将收集计算机硬件方面的信息，这些信息包括计算机 ID 号、适配卡类型、显卡、键盘以及鼠标、软盘、com 口和并口等。一旦信息收集完成，Ntdetect.com 会将信息传递给 Ntldr，并将信息写入注册表中的 hkey local machine\hardware 分支。

可以看到，启动阶段调用了 3 个非常重要的文件：Ntdetect.com、boot.ini 和 bootsect.dos。

3) 内核调用阶段

在这个阶段，Ntldr 将调用 Ntoskrnl.exe，并将由 Ntdetect.com 收集的硬件信息传递给它，同时被调用的还有 hal.dll 文件。如果有多个硬件配置文件，当运行到这一步的时候，就会在屏幕上看到要求选择硬件配置文件的信息。另外，Ntldr 也将从注册表中调用所有启动值为 0x0 的设备驱动程序。如果在 boot.ini 文件中有“/sos”参数(一般在“/fastdetect”后面)，那么将看到调用设备列表。

4) 服务调用阶段

这个阶段将启动会话管理器(smss.exe)。会话管理器将读取必须调用的程序列表(在注册表的 bootExecute 项中)，然后设置内存分页并且启动 WIN32 子系统。

5) WIN32 子系统启动阶段

一旦 WIN32 子系统启动，会自动运行 winlogon.exe，同时启动本地安全管理(lsass.exe)并且显示登录对话框。然后运行服务控制器 SCreg.exe。服务控制器会检察注册表中启动值为 0x2 的服务项目，然后调用这些服务。值为 0x3 的服务表示需要手动启动，值为 0x4 的服务表示禁用。

6) 用户登录阶段

一旦用户可以登录到系统，就表明整个启动过程已经结束。成功登录之后，当前设置也被自动保存为“最后一次正确配置(last known good)”，以备以后使用。

11.3　Windows 系统注册表分析

注册表是 Windows 的核心，里面存储着大量的系统信息。Windows XP 注册表实际上是一个庞大的数据库，这个数据库记录了机器软/硬件环境的各种信息，对操作系统及应用程序的正常运行至关重要。具体来讲，此数据库包含了计算机系统以及装载的各种应用程序的全部配置信息，Windows 系统和应用程序的初始化信息，应用程序和文档文件的关联关系，硬件设备的说明、状态和属性等数据。操作系统和应用程序会对此数据库进行频繁存取，以保存和获取必要的数据。注册表里所有的信息平时都是由 Windows 操作系统自主管理的，也可以通过软件或手工修改。注册表在很大程度上“指挥”着电脑怎样工作，涉及 Windows 系统设置、Windows 系统安全、Windows 应用程序和硬件管理等四个方向。通过修改注册表，我们可以对系统进行限制、优化等。

11.3.1　注册表基础知识

注册表是一个二进制数据库。计算机每次启动时，会根据计算机关机时创建的一系列文件创建注册表。注册表一旦载入内存，就会被一直维护着。注册表实际上是一个系统参数的关系数据库，从很多方面来看，它是计算机行为和能力的数据交换中心。在深入了解注册表内幕之前，必须明白注册表的结构由配置单元(hive key)、项(key)、子项(subkey)和值(value)组成，它们是不同的注册表数据类型。

1. 注册表的结构

因为注册表非常庞大，而且必须快速访问以避免降低系统性能，所以注册表中的信息以二进制格式保存，而不像 Windows 3.x 的 INI 文件或者 MS-DOS 系统文件那样以文本格式保存。为了使从庞大的数据库中获取某一指定信息的时间最少，数据库的组织结构更像是硬盘上的文件系统。

注册表分为四层，而且呈层叠式的结构。

- 配置单元：有五个系统定义的配置单元，它们名称的第一部分都是 HKEY。
- 项：分为用户定义的项和系统定义的项。这些项没有特殊的命名约定，它们以主 HKEY_ 配置单元的子目录形式存在。
- 子项：分为用户定义的子项和系统定义的子项。这些子项没有特殊的命名约定，它们是作为用户定义或者系统定义的项的子目录形式存在的。

项和子项没有相关的数据，它们只是用来组织对数据的访问(注意，某些文档不区分项和子项)。

- 值：位于结构链的末端，就像是文件系统中的文件一样。它们包含着计算机及其应用程序执行时使用的实际数据。它们可分为小而有效的几种数据类型，本章稍后将对其进行介绍。现在，让我们来看一下每个配置单元所包含的信息，以及它们如何同系统相互作用。

1) HKEY_LOCAL_MACHINE

HKEY_LOCAL_MACHINE(HKLM)是包含操作系统及硬件相关信息(例如计算机总线类型，系统可用内存，当前装载了哪些设备驱动程序以及启动控制数据等)的配置单元。实际上，HKLM 保存着注册表中的大部分信息，因为另外四个配置单元都是其子项的别名。图 11-9 显示了运行在 Windows XP 的 Regedt32.exe 中的 HKLM 配置单元。其他配置单元有类似的外观和组织结构。

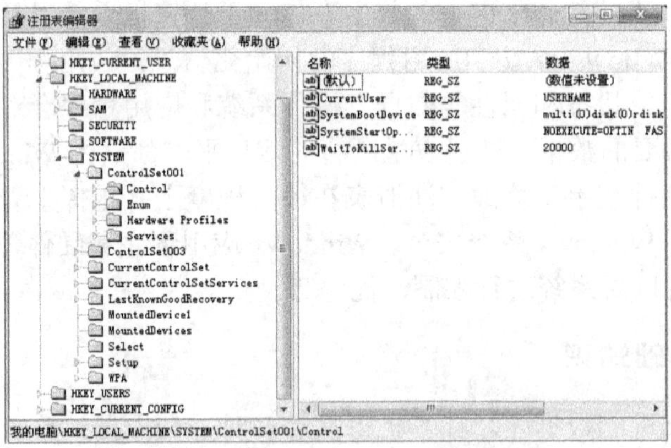

图 11-9 Windows XP 的 Regedt32.exe 中的 HKLM 配置单元

提示：配置单元通常简写为 HK 加上它们以下划线分隔的单词的首字母。

2) HKEY_CURRENT_USER

HKEY_CURRENT_USER(HKCU)配置单元包含当前登录到由这个注册表服务的计算机上的用户的配置文件。其子项包含环境变量、个人程序组、桌面设置、网络连接、打印机和应用程序首选项(环境变量在 Windows XP 中被用来允许脚本、注册表条目以及其他应用程序使用通配符来代替可能会发生改变的重要系统信息)。这些信息是 HKEY_USERS 配置单元当前登录用户的 Security ID(SID)子项的映射。

3) HKEY_CLASSES_ROOT

HKEY_CLASSES_ROOT(HKCR)配置单元包含的子项列出了当前已在计算机上注册的所有 COM 服务器和与应用程序相关联的所有文件扩展名。这些信息是 HKEY_LOCAL_MACHINE\SOFTWARE\Classes 子项的映射。

4) HKEY_USERS

HKEY_USERS(HKU)配置单元包含的子项含有当前计算机上所有的用户配置文件。其中一个子项总是映射为 HKEY_CURRENT_USERS (通过用户的 SID 值)。另一个子项 HKEY_USERS \DEFAULT 包含用户登录前使用的信息。

5) HKEY_CURRENT_CONFIG

HKEY_CURRENT_CONFIG (HKCC)配置单元包含的子项列出了计算机当前会话的所有硬件配置信息。硬件配置文件出现于 Windows NT 版本 4，它允许选择在机器某个指定的会话中支持哪些设备驱动程序。这些信息是 HKEY_LOCAL_MACHINE\SYSTEM\Current ControlSet 子项的映射。

2. 注册表数据类型

因为注册表是一个小型关系数据库，所以从逻辑上就需要有一个能定义其组织结构的模式。除了上面介绍的之外，这个结构还应该提供有限的数据类型集以便包含注册表值。注册表条目共有 11 种可识别的数据类型，表 11-2 提供了其名称和功能。每一种原始数据格式类型(名称分别为 DWord、二进制、字符串、多重字符串)在 Regedt32.exe 中都有一个专门的编辑器。

表 11-2 注册表可识别的数据类型

数据类型	原始数据类型	功能
REG_NONE	DWord	加密数据
REG_SZ	字符串	文本字符
REG_EXPAND_SZ	字符串	带有变量的文本
REG_BINARY	二进制	二进制数据
REG_DWORD	数值	数值数据
REG_DWORD_BIG_ENDIAN	数值	非 Intel 数值
REG_LINK	字符串	文件路径
REG_MULTI_SZ	多重字符串	字符串数组
REG_RESOURCE_LIST	字符串	硬件资源列表
REG_FULL_RESOURCE_DESCRIPTOR	字符串	硬件资源 ID
REG_RESOURCE_REQUIREMENTS_LIST	字符串	硬件资源 ID

11.3.2 注册表的应用

1. 自动刷新窗口内容

选择“本地机器上的 HKEY_LOCAL_MACHINE”子窗口，定位到 HKEY_LOCAL_

MACHINE\System\Currentcontrolset\Control\Update 分支，在右边窗口中可以看到 Dword 型键值“UpdateMode”。若将它的值设为 0，则表示自动刷新；若将它的值设为 1，则表示手工刷新，相当于在资源管理器窗口内按“F5”键或者在“查看”菜单中选择“刷新”命令。

双击该键值，可以在“Dword 值编辑器”内设定它的值为“1”或“0”，最后单击“确定”按钮即可。

2. 更改登录背景

打开注册表编辑器，定位到 HKEY_USERS\.DEFAULT\Control Panel\Desktop 分支，在右边窗口中双击键值名“Wallpaper”，在文本输入框内将默认值“无”改为背景图片文件所在的路径位置即可。

3. 修改系统的注册信息

在“我的电脑”上单击鼠标右键，选择“属性”，在“常规”选项卡中可以看到注册信息。进入注册表项 HKEY_LOCAL_MACHINE\SOFTWARE\Microsoft\WindowsNT\CurrentVersion 中，修改字符串(REG_SZ)值项 RegisteredOwner 和 RegisteredOrganization 的值。RegisteredOwner 值项存放了个人信息，RegisteredOrganization 值项存放着组织单位信息。

4. 让“文档”菜单中只显示常用到的文件

选择“本地机器上的 HKEY_CURRENT_USER”子窗口，定位 HKEY_CURRENT_ USER\Software\Microsoft\Windows\CurrentVersion\Policies\Explorer 分支，再选择“编辑”菜单下的“添加数值”命令，弹出添加数值窗口。在数值名称中输入“NoRecentDocsHistory”，在数据类型下拉列表框中选择“REG_DWORD”，单击“确定”按钮。再将“NoRecentDocsHistory”键值设为“1”，最后单击“确定”按钮并重新启动系统即可。

5. 禁止 CD-ROM 自动运行

在 HKEY_LOCAL_MACHINE\SYSTEM\CurrentControlSet\Services\CDRom 下，在右边的窗口中，把 Dword 值“Autorun”改为“0”。

6. 禁止修改“控制面板”

在 HKEY_CURRENT_USER\Software\Microsoft\Windows\CurrentVersion\Policies\Explorer 下，在右边的窗口中新建一个二进制“NoSetFolders”，并将其值设为“01 00 00 00”。

7. 禁止修改显示属性

在 HKEY_CURRENT_USER\Software\Microsoft\Windows\CurrentVersion\Policies\System 下，在右边的窗口中创建一个 DWord 值“NoDispCPL”，并将其值设为“1”。

8. 禁止使用注册表编辑器

修改注册表是复杂和危险的，所以不希望用户修改注册表。通过修改注册表，可以禁止用户运行系统提供的两个注册表编辑器。新建一个双字节(REG_DWORD)值项 HKEY_CURRENT_USER\Software\Microsoft\Windows\CurrentVersion\Policies\System\DisableRegistryTools，修改其值为 1。这样，用户就不能启动注册表编辑器了。注意：使用此功能要小心，最好作个注册表备份，或者准备一个其他的注册表修改工具。因为当你禁止使用注册表编辑器后，就不能再使用该注册表编辑器将值项改回了。

9. 禁止用户更改口令

用户在 Windows 安全窗口中(同时按下 Ctrl + Alt + Delete 键)可以单击“更改密码”按钮来更改用户口令。通过修改注册表，可以禁止用户更改口令。新建一个双字节(REG_DWORD)值项 HKEY_CURRENT_USER\Software\Microsoft\Windows\CurrentVersion\Policies\System\DisableChangePassword，修改其值为 1。这样，Windows 安全窗口中的“更改密码”按钮就变成了不可选状态，用户无法更改口令。

10. 卸载无用的动态链接

资源管理器经常在内存中留下无用的动态链接。为了消除这种现象，可以打开注册表编辑器，设置键值 HKEY_LOCAL_MACHINE\SOFTWARE \Microsoft\Windows\CurrentVersion\ExplorerAlwaysUnloadDLL=DWORD: 1，将其设为 0，这一功能就会被关闭。注意：为了让设置生效，需要重新启动计算机。

11. 自动关闭停止响应程序

点击“开始→运行”，键入“Regedit”，在“HKEY_CURRENT_USER→Control Panel→Desktop”中，将字符串“AutoEndTasks”的数值数据更改为 1，重新启动即可。

12. 加快宽带接入速度

(1) 家用版本：点击“开始→运行”，键入“regedit”，在“HKEY_LOCAL_MACHINE→SOFTWARE→Policies→Microsoft→Windows”中增加一个名为“Psched”的项，在“Psched”右面窗口增加一个 DWord 值“NonBestEffortLimit”，其值为 0。

(2) 商业版本：单击“开始→运行”，键入“gpedit.msc”，打开本地计算机策略，在左边窗口中选取“计算机配置→管理模板→网络→QoS 数据包调度程序”，在右边的窗口中双击“限制可保留的带宽”，选择“已启用”并将“带宽限制(%)”设为 0，确定后重启动即可。

13. 添加控制面板中的组件到开始菜单中

在 HKEY_CLASSES_ROOT\CLSID 中查找关键字“控制面板”，找到时记下相应的主键值，然后在 C:\WINDOWS\STARMENU 中建立名为“控制面板{21EC2020-3AEA-1069-A2DD-08002B30309D}”的文件夹即可。

11.3.3　注册表的维护

通常来说，Windows 系统有很多保护措施，在系统启动之后除非使用合法的工具，否则无法复制、删除和编辑注册表，所以注册表错误也就很少发生。但是注册表文件损坏的情况还是无法完全避免，比如运行程序时提示“找不到*.dll”、“找不到 OLE 控件”，或者是单击某个文档时提示“找不到应用程序打开这种类型文档”等，情况严重时还会导致硬件无法正常工作，甚至无法启动 Windows，可见注册表维护对于保证程序的稳定运行是非常重要的。

1. 运行注册表

选“开始→运行”，输入“regedit”，确定后就可以看到注册表了。

2. 注册表清理

随着频繁地安装删除程序，注册表的体积会越来越大。这样不仅浪费硬盘空间，而且会影响系统的启动速度以及程序运行中对注册表的存取效率。为此，注册表维护首先要做的就是对其进行一番清理。

(1) 重建清理。注册表文件采用了类似数据库记录的方式，在删除某一个键值的时候，只是将此项的标识删除，但是实际信息仍然保留在注册表文件中，当然键值所占用的空间也不会释放。这样的结果便使 Windows 在经过一段时间的使用之后体积会明显增长，而采用重建注册表方法可以很好地给注册表“减肥”。首先，在 Windows 中运行 regedit 程序，从注册表菜单中导出整个注册表，并将其保存为 new.reg。接着用 DOS 引导盘进入纯 DOS 状态，并通过“C:\Windows\regedit /c new.reg”命令来重建注册表。其中参数“/c”表示从后面指定的文件中重新生成整个注册表。重建的注册表文件往往比原来的要小很多，因此可以达到优化注册表的目的。

(2) 删除注册表文件。在注册表中有很多无用的东西，可以在“HKET_LOCAL_MACHINE\Software”和“HKET_CURRENT_USER\Software”主键下找到那些已经被删除的子键并将其删除，而且可以把自己不需要的键值删除。比如在 HKET_LOCAL_MACHINE\Software\Microsoft\Windows\CurrentVersion\explore\Tips”中对应的 Windows 技巧提示、“HKET_LOCAL_MACHINE\Software\Microsoft\ Windows\CurrentVersion\TimeZone”对应的时区、“HKET_LOCAL_MACHINE\System\ CurrentControlSet\Control\Keyboardlayouts”对应的语言种类和输入法等，都可以根据自己的需要有选择地删除。

(3) 删除失效的文件关联。注册表文件中有关文件关联的内容存储在“HKEY_CLASSES_ROOT”键下，其中“a”～“z”部分用来定义文件类型，“A”～“Z”部分用来记录打开文件的应用程序。一般来说，在第二部分打开可疑键值之后，如果在子键 Command 下没有内容，则说明这个键值是空的，可以删除。或者通过“文件管理器→查看→选项→文件类型”命令来查看那些使用通用文件图标的项目。如果确认用来打开文件的程序已经不存在了，不妨将这个键删除。

(4) 删除已卸载软件的残留键值。许多软件在卸载之后，仍然会在注册表文件中留下一些无用的信息。它们一般都保存在“HLEY_LOCAL_MACHINE\Software”和“HKEY_CURRENT_USERS\.DEFAULT\Software”中。在这里查找那些已经被卸载的软件残留信息，并且将其彻底删除。

(5) 删除多余的 DLL 文件。通过注册表可以发现一些无用的 DLL 文件信息或者是 VxD 文件信息，把它们删除之后可以提高系统的运行效率。具体的方法是在注册表中打开“KHEY_LOCAL_MACHINE\Software\Microsoft\CurrentVersion\SharedDLLS”，这个子键下包含的项目就表明了共享这个 DLL 文件的应用程序数目。如果某个 DLL 文件对应的数值为 0，就表示它对系统已经没有用处，不妨删除它。

除去上述介绍的方法之外，大家还可以通过超级兔子注册表优化软件、RegClean、Registry Optimizer 等专业注册表优化工具来完成注册表的清理操作。由于这些软件的使用非常简单，在此就不详述了，有兴趣的朋友不妨自行尝试一下。

3. 备份注册表

注册表中存放的是 Windows 系统最重要的信息，这些信息也是影响系统稳定的关键因素之一，很多软件故障都与注册表有关，因此备份注册表就成为解决很多问题的重要手段。

下面我们就来看看怎样对注册表进行备份。

1) 手工备份注册表

使用注册表时，我们一定要养成良好的习惯，在安装软件(特别是实验软件) 前不要忘记给注册表备份。最好每次安装软件前都进行备份，并命名为不同的 reg 文件。如果发现软件不好，在卸载该软件后，一定别忘了双击备份的 reg 注册表备份文件。虽然手工备份注册表是一件很烦人的事情，但它确是一种非常方便的措施，尤其在无法进入 Windows 图形界面的时候，手工的恢复更显示出它的强大威力。

(1) Windows 9x/Me 的注册表备份。Windows 9x/Me 系统中的注册表底层是由 System.dat 和 User.dat 这两个文件构成的。它们一般都存放在 Windows 目录中。如果在控制面板的“密码”中选择了“用户可自定义首选项及桌面设置”，那么系统就会为每个用户创建自己的 User.dat 文件，并且把它存放在“C:\Windows\Profiles\用户名”目录中。只要备份了这几个文件就完成了注册表的备份。需要提醒大家注意的是，出于安全方面的考虑，System.dat 和 User.dat 文件具有系统、隐藏、只读属性，因此我们在 Windows 中备份的时候一定要在取消这些属性之后进行文件的复制。如果在 DOS 状态下复制，则可以通过下面的命令去除文件属性：

```
attrib system.dat -r -h –s
attrib user.dat -r -h –s
```

(2) Windows 2000/XP 注册表的备份。Windows 2000/XP 注册表文件的系统部分都存储在“C:\Winnt\System32\Config”文件夹中，而用户配置文件信息则保存在“C:\Documents and Settings\用户名”文件夹中。由于 Windows 的保护机制，我们无法直接对其进行复制，所以需要引导进入 DOS 系统或者是安装在计算机内的 Windows 9x(双系统)进行备份。不过需要提醒大家注意的是，如果 Windows 2000/XP 采用了 NTFS 分区结构，那么还需要专门的读取 NTFS 工具帮忙，否则无法读取 NTFS 分区中的文件。

2) 使用 Microsoft 备份程序备份注册表

如果觉得上述手工备份比较麻烦的话，还可以通过 Windows 内置的备份程序来备份注册表信息。

(1) Windows 9x/Me 中的备份。Windows 9x/Me 中的“Microsoft 备份程序”并不是一个默认安装的程序，所以我们需要通过控制面板中的“添加/删除程序”命令添加这个程序。安装结束后，依次进入“开始→程序→附件→系统工具”程序组，运行“备份”命令，接着我们可以按照下述步骤完成注册表的备份：

第一步，点取“备份”标签，在“备份内容”区域中选择 Windows 9x/Me 所在的目录，同时在右边窗口中选择好需要备份的文件，比如 System.dat、User.dat 等。

第二步，在“备份至何处”对话框中选择放置注册表备份的目标位置与文件名，此时最好在硬盘中重新创建一个注册表存放目录。

第三步，点击“开始”按钮，则 Windows 开始备份注册表。

(2) Windows 2000/XP 中的备份。虽然 Windows 2000/XP 中也提供了 Microsoft 备份程序，但是没有办法直接备份注册表，只能备份所谓的系统状态，这其中也包含了注册表。Windows 2000/XP 的备份工具可以通过“开始→程序→附件→系统工具→备份”命令激活，也可以直接在运行窗口中输入“ntbackup”来启动备份程序。

进入“备份”标签，接着选中“系统状态”一项即可。通常系统状态数据包括注册表、COM+类注册数据库、启动文件等信息，但是由于不能单独针对其中的某一个组件进行备份，因此有时候备份得到的文件非常大，这点需要提醒大家注意。

3) 通过注册表编辑器导出注册表

注册表编辑器除了可以编辑注册表之外，还能够导出注册表，以达到备份注册表的目的。使用注册表编辑器导出注册表的时候，选中需要导出的注册表分支，比如“HKEY_CURRENT_USER\Control Panel”，然后选择“注册表”菜单下的“导出注册表文件”选项，此时将弹出一个对话框，在其中输入相应的文件名和路径等信息，点击“保存”按钮之后即可备份选中的注册表分支。同样，我们也可以对整个注册表进行备份，导出的文件是文本格式，还能够通过记事本等编辑器进行查看。不过这种方法对于 Windows 9x/Me 而言实用性更强一些，因为 regedit 程序既可以在 Windows 中使用，也可以在 DOS 状态下执行导入功能，所以在系统无法进入图形界面的时候就能用它方便地恢复注册表。

4. 恢复注册表

对注册表完成备份操作之后，一旦系统遭到破坏，就可以进行恢复。不过在此提醒大家一下，恢复注册表之后，所有备份时间以后对注册表所作的修改都将失效，因此有可能导致在备份之后安装的程序无法运行。

1) 在 DOS 模式下手工恢复

很多情况下，如果注册表出现问题，可以在启动的时候按下“F8”键进入 DOS 模式，然后将备份的注册表文件恢复即可解决问题。

(1) Windows 9x/Me 的恢复。在 Windows 9x/Me 的 DOS 模式中恢复注册表可以按照下述步骤完成：

第一步，在 DOS 提示符下进入 Windows 目录，通过 attrib system.dat -r -h -s 和 attrib user.dat -r -h -s 命令去除 System.dat 和 User.dat 文件的属性。

第二步，将备份的系统文件复制回来覆盖现在的文件，在系统询问是否覆盖时，要输入“Y”键确认。

第三步，通过 attrib system.dat + r + h + s 和 attrib user.dat + r + h + s 命令恢复系统文件属性，最后重新启动计算机即可。

(2) Windows 2000/XP 的恢复。在 Windows 2000/XP 中无法直接恢复备份的注册表文件，此时也要借助安装的双系统或者是引导进入 DOS 系统之后，手工复制文件来完成注册表的恢复操作。

2) 使用 Microsoft 备份程序恢复注册表

启动备份程序之后进入“恢复”标签，在“还原位置”区域中选择备份文件，并且在“要还原的数据”区域选择还原的目标。点击“刷新”按钮可以选择备份集，最后按下“开始”按钮，则备份程序自动恢复注册表。

3) 通过注册表编辑器导入注册表

在 Windows 9x/Me/2000/XP 中，如果恢复之前曾经通过注册表编辑器导出注册表文件，那么恢复的时候只需要双击这个导出的注册表文件，系统就会自动启动注册表编辑器并将其中的注册表信息导入注册表中。另外，也可以在注册表编辑器的“注册表”菜单中选择

“引入注册表文件”命令，接着再选择以前备份的文件也可恢复注册表信息。

5. RegRun 的注册表监测

在日常使用计算机的过程中，经常会有程序更改注册表，从而让我们卸载程序之后还要在注册表中查找有关的键值并将其删除，而且现在还有很多网络病毒、木马程序会自动更改注册表，这些都让我们防不胜防。此时可以使用 RegRun 来帮忙。

RegRun 可以在 http://www.greatis.com[/url]官方站点下载得到。它是一款功能非常强大的注册表监测软件，从开启计算机那一刻，它就对关键的几个系统引导文件进行检测，并驻留在后台全程监控注册表的一举一动。如果有程序需要修改注册表启动选项，或者试图对 Autoexec.bat、Config.sys、Win.ini 等控制计算机启动的文件进行修改，RegRun 会毫不留情地对其进行拦截，并弹出窗口询问你是否同意此处的修改。对于那些隐藏在系统中的木马程序、病毒或其他来路不明的程序来说，RegRun 会在这些程序启动前发出警告，这样就可以很轻松地将其从系统中剔除出去了。

使用 RegRun 的时候，首先双击右下角系统托盘栏的盾牌图标，以激活它的主窗口。

设置窗口中选取“监测狗”标签下的“监视变化”、“检查具有危险性的程序”和“监视保护的注册表主键”选项，这样才能够最大程度地发挥 RegRun 的注册表监测功能，系统免受任何威胁。如果安装了防病毒软件，还可以在“防病毒”标签中通过自动检测让 RegRun 和防病毒软件协同工作，将所有病毒程序都拒之门外。设置好后，RegRun 就会以图标形式运行在后台。

1) 检测启动程序

在“注册表”标签中，能够看见启动选项以及当前运行的程序列表。由于这些程序都在安装 RegRun 之前就已经驻留在系统中，因此建议大家点击右部最上面的查看按键，检测一下它们是否属于正常合法的程序。如果 RegRun 提示某个程序可能对系统造成破坏，只要点击程序对应的色灯并将其更改为红色，就能够暂时中止程序的运行，并将相关的程序从注册表中清理出去。这样就避免了重新开启计算机之后，木马病毒程序驻留内存的危险。

同样，采用上述方法可以在这里对所有的启动程序选项进行检测。需要指出的是，RegRun 检测的启动程序非常全面，不仅包括了常见的 Win.ini、System.ini、Config.sys 和 Autoexec.bat 等程序选项，还有公共启动程序组、VxD 驱动器和许多注册表的启动键值。建议大家按照上述步骤对每个启动程序都检测一下，以确保系统处于正常稳定的运行状态。

2) 启动程序监测

在正常使用计算机的时候，有可能因使用磁盘复制文件或者浏览网页而感染木马程序与病毒。如果这些程序需要在启动 Windows 时候就自动运行，那么就必须更改注册表或者相关的启动文件。只要 RegRun 驻留在系统后台，这些程序就没有下手的机会。因为 RegRun 会始终对这些重要的启动文件进行实时监测，一旦遇到企图修改的情况，它会立即中止正常的操作，并以弹出窗口的形式引起用户的注意。此时可以判断是否属于安装超级解霸、病毒防火墙等软件必须在开机运行的程序，确认之后点击下部的“那是正常的”允许修改，或者通过“改回来”禁止此次的修改，这样就能够防止木马和病毒软件驻留在系统启动程序中了。

3) 安全启动

Windows 9x 的启动实际上是先运行 DOS 内核，然后在其基础上再运行 Windows 程序。

为了确保系统的安全，RegRun 的安全启动功能可以从 DOS 开始就监测所有启动选项的变化。要激活这项功能，只要在“安全启动”标签下选取“在 DOS 平台中运行”命令即可。以后每次启动计算机的时候，RegRun 都会在 DOS 加载完成后立即对所有的程序进行监测，这样，除了上述提及的各种启动引导文件之外，连注册表的相关键值都会被监测。一旦程序检测到这些启动程序被更改，它还会弹出编辑窗口供用户修改确认。因此 RegRun 的这种运行模式可以在 Windows 启动之前进行监测，将有可能威胁到系统安全的木马、病毒及时查找出来，让它们无法潜伏在 Windows 中运行。

4) 定制不同模式的启动选项

当使用 Windows 系统一段时间之后，系统的运行速度肯定是会下降的，但开机时间长则是加载了过多的程序所致。比如在不上网、不安装软件的时候也许就不需要驻留防火墙，而上网冲浪的时候也不需要超级解霸的光碟伺服器运行在后台，所以我们可以利用 RegRun 的启动注册表备份功能来定制不同模式的启动选项。

比如我们操作计算机时主要分为上网冲浪和游戏两种用途，就可以分别定制两种类型的注册表启动文件。首先在 RegRun 的主窗口中进入“注册表”标签，将病毒防火墙、MSN、QQ 等不需要的选项删除，接着运行“文件→预设文件保存为”命令将其保存为名称是“游戏”的文件；然后将这些删除的程序恢复，并将虚拟光驱、超级解霸光碟伺服器等不需要的选项删除，再将其保存为名称是“网络”的文件。

这样当我们需要上网冲浪的时候，只要进入 RegRun 安装目录并双击“网络”文件，此时 RegRun 会自动弹出恢复预设文件窗口，点击“确定”按钮并根据提示重新启动计算机就可以在没有虚拟光驱、超级解霸伺服器的环境下上网冲浪；同样，载入“游戏”文件也能够去除一些不需要驻留内存的程序，加快游戏的运行速度。

小　　结

本章精选了几个微机系统软件维护方面的技术，包括：硬盘数据结构分析，使用户能从硬盘的逻辑数据结构层次分析硬盘逻辑问题；Windows 系统启动过程分析，帮助用户了解系统的启动过程，从而大致了解在系统启动过程中出现的异常问题的根源；Windows 注册表的分析，使用户了解 Windows 系统是如何进行软件管理的，并能初步判断一些常见的因注册表故障而带来的软件问题。这几个知识点对用户正确理解和进行软件日常维护工作有一定指导意义。

思　考　题

1．什么时候硬盘应该做低级格式化？
2．硬盘的分区格式有哪些？
3．详述 Windows 系统的启动过程。
4．什么是 Windows 注册表？注册表有哪些作用？

第 12 章　微机实用维护工具软件

随着计算机技术的飞速发展，微机日益普及，并且处于不断的升级或扩充之中，微机的日常维护变得格外重要。本章简要介绍几类微机实用维护工具软件，如查杀病毒类软件、硬件测试类软件、备份恢复类软件、系统优化类软件。

12.1　计算机病毒分类及查杀病毒类软件

“计算机病毒”与医学上的“病毒”不同，它不是天然存在的，是某些人利用计算机软、硬件所固有的脆弱性，编制的具有特殊功能的程序。它能通过某种途径潜伏在计算机的存储介质(或程序)里，当达到某种条件时即被激活。它用修改其他程序的方法将自己的精确拷贝或者可能演化的形式放入其他程序中，从而感染它们，对计算机资源进行破坏。

1994 年 2 月 18 日，我国正式颁布实施了《中华人民共和国计算机信息系统安全保护条例》，在《条例》第二十八条中明确指出：“计算机病毒，是指编制或者在计算机程序中插入的破坏计算机功能或者毁坏数据，影响计算机使用，并能自我复制的一组计算机指令或者程序代码。”此定义具有法律性、权威性。

12.1.1　计算机病毒分类

完整的病毒名称通常分为三个部分：病毒家族名、前缀和后缀。如“Backdoor.Huigezi.ik”，它的病毒家族名为“Huigezi”，前缀为“Backdoor”，后缀为“ik”。

(1) 病毒家族名。病毒家族名是反病毒工程师在分析病毒时根据病毒特征起的名字，它是一个广义的病毒名称。具有相同家族名称的病毒通常具有相同或相似的特征。比如凡是族名为“Huigezi”的病毒都具有盗取用户密码、隐藏自身、远程控制染毒计算机等特征。

(2) 前缀。前缀一般包含病毒的类型等相关信息。常见的病毒名称前缀如表 12-1 所示。

表 12-1　常见的病毒名称前缀

前　缀	含　义	解　释
Boot	引导区病毒	通过感染软盘和硬盘的引导扇区或者主引导记录进行传播的病毒，如 Boot.WYX
DOS DOSCom	DOS 病毒	只通过 DOS 操作系统进行复制和传播的病毒，如 DosCom.Virus.Dir2.2048(DirⅡ病毒)
Worm I-Worm	蠕虫病毒	通过网络或者漏洞进行自主传播，向外发送带毒邮件或通过即时通信工具(QQ、MSN)发送带毒文件，阻塞网络的病毒，如 Worm.sober.t(清醒变种 T)、Worm.Sasser (震荡波)

续表

前缀	含义	解释
Trojan	特洛伊木马	特洛伊木马会通常假扮成有用的程序诱骗用户主动激活，或利用系统漏洞侵入用户电脑。木马进入用户电脑后隐藏在系统目录下，然后修改注册表，完成黑客制定的操作，如 Trojan.Win32.PGPCoder.a(文件加密机)、Trojan.Reper.i(推销员变种 I)
Backdoor	后门程序	会通过网络或者系统漏洞进入用户的电脑并隐藏在系统目录下，被开后门的计算机可以被黑客远程控制，如 ackdoor.Huigezi.ik (灰鸽子变种 IK)、Backdoor.Heidong (黑洞)
Win32 PE Win95 W32 W95	文件型病毒或表示病毒的运行平台	如果只有病毒名称前缀，则表示文件型病毒。文件型病毒是指将自身代码插入到 Windows 可执行文件内来进行传播并伺机进行破坏的病毒，如 Win32.Yami。若病毒前缀与其他前缀连用，则表示病毒的运行平台，如 Backdoor.Win32.PcClient.al 表示一个在 32 位 Windows 平台上运行的后门程序
Macro	宏病毒	宏病毒是使用宏语言编写，可以在一些数据处理系统中(主要是微软的办公软件系统，字处理、电子数据表和其他 Office 程序中)运行，利用宏语言的功能将自己复制并且繁殖到其他数据文档里的程序。有时会根据具体情况详细标明是针对何种处理系统的病毒，如 Macro.Word 代表感染 Word 文档的病毒，Macro.Excel 代表感染 Excel 文档的病毒。具体如 Macro.Word.Apr30(四月三十宏病毒)
Script VBS JS	脚本病毒	使用脚本语言编写，嵌入在网页当中，通过调用系统程序、修改注册表对用户计算机进行破坏，或调用特殊指令下载并运行病毒、木马文件，如 Script.RedLof(红色结束符)。根据脚本语言的不同，有的时候会区分为 VB 脚本(VBS)和 JAVA 脚本(JS)，如 Vbs.valentin (情人节)
PSW	盗取密码的木马	通常和 Trojan 连用，代表这个木马会盗取用户的账号、密码信息，如 Trojan.PSW.Yoben.a(201 木马)
Harm	恶意程序	会对用户的计算机、文件进行破坏的程序，本身不会复制、传播，如 Harm.Delfile (删除文件)
Joke	恶作剧程序	不会对用户的计算机、文件造成破坏，但可能会给用户带来恐慌和不必要的麻烦，如 Joke.CrayMouse (疯狂鼠标)

有时病毒名称前缀由多个部分组成，除类型外还包含了病毒的运行平台或病毒的一些其他特性。比如：“Trojan.PSW.Yoben.a”，它的前缀是“Trojan.PSW”，代表它是一个可以盗取密码的特洛伊木马；“Backdoor.Win32.PcClient.al”的前缀是“Backdoor.Win 32”，代表它是一个运行在 32 位 Windows 平台的后门程序。

(3) 后缀。后缀用来标识病毒变种，通常用 A～Z 这 26 个字母来顺序表示。以“Worm.Mimail.B(小邮差变种 B)”病毒为例，Worm 表明该病毒是一个蠕虫病毒，会通过网络和邮件进行传播，Mimail 是病毒家族名，也是中文命名的依据，“B”就是病毒变种名了，它表明该病毒是“小邮差”病毒家族中的第 2 个变种。

12.1.2 查杀病毒类软件

既然有了计算机病毒，查杀它的工具就应运而生，用以维护计算机系统信息的安全。不过在这里也提示一下用户，查杀病毒的软件也不是万能的，没有哪一个查杀病毒的软件能毫无遗漏地查杀所有的病毒，原因在于病毒不断变种和新病毒不断出现。所以用户对于杀毒软件的功能必须有一个清醒的认识，不能盲目和过分地依赖杀毒软件的作用。在这里，本书简要介绍市场上常见的两款查杀计算机病毒的工具软件。

1. 瑞星杀毒软件

该软件采用获得欧盟及中国专利的六项核心技术，形成全新软件内核代码；具有八大绝技和多种应用特性；是目前国内外同类产品中最具实用价值和安全保障的杀毒软件。其中同时获得欧盟和中国专利的“病毒行为分析判断技术”，更是具有划时代的意义。依靠这项专利技术，瑞星杀毒软件可以从未知程序的行为方式判断其是否有害并予以相应的防范。这对于目前已经广泛使用的、依赖病毒特征代码对比进行病毒查杀的传统病毒防范措施，无疑是一种根本性的超越。

瑞星杀毒软件的首页及杀毒过程工具和设置分别如图 12-1～图 12-4 所示。

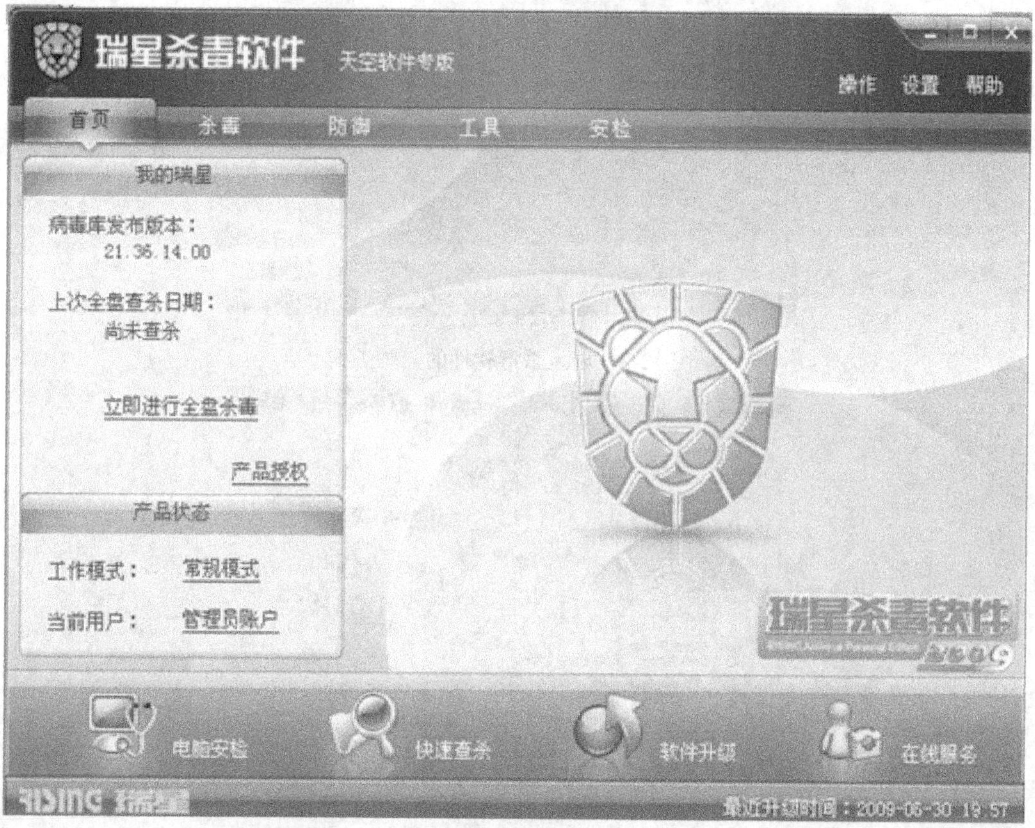

图 12-1 瑞星杀毒软件首页

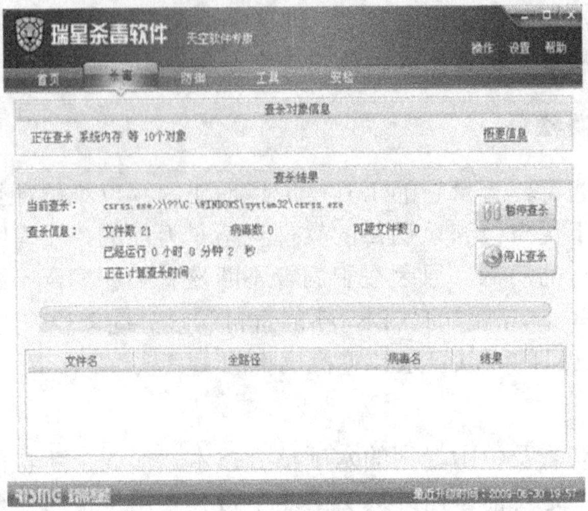

图 12-2 瑞星杀毒软件正在杀毒

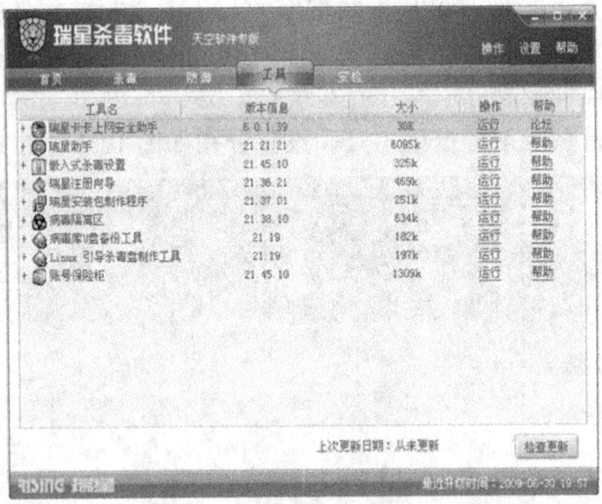

图 12-3 瑞星杀毒软件的一些工具

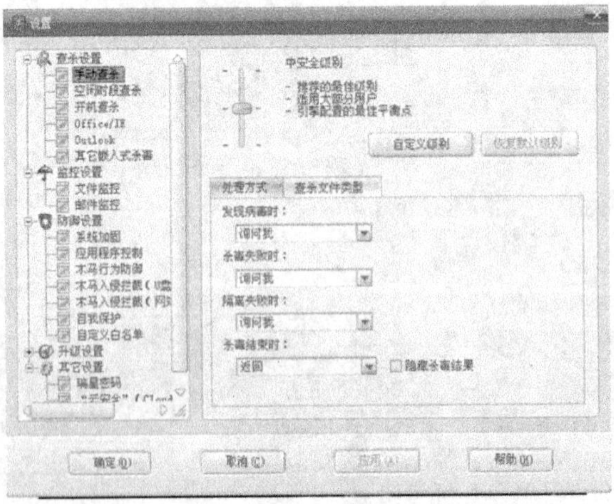

图 12-4 瑞星杀毒软件的设置

2. 卡巴斯基杀毒软件

1) 简介

卡巴斯基反病毒软件是一套全新的安全解决方案，可以保护计算机免受病毒、蠕虫、木马和其他恶意程序的危害，它将实时监控文件、网页、邮件、QQ/MSN 协议中的恶意对象，扫描操作系统和已安装程序的漏洞，阻止指向恶意网站的链接，其强大的主动防御功能将阻止未知威胁。卡巴斯基杀毒软件的支持平台：Windows XP SP2/Vista。

2) 功能

(1) 基本保护。

(2) 防御病毒、木马和蠕虫。

(3) 防御间谍软件和恶意程序。

(4) 实时扫描(访问时)和按需扫描文件。

(5) 扫描邮件信息(不论是哪种邮件客户端)。

(6) 扫描互联网流量(无论哪种浏览器)。

(7) 保护即时消息程序(QQ、MSN)。

(8) 主动防御未知威胁。

(9) 扫描 Java 和 VB 脚本。

(10) 前摄保护。

(11) 扫描操作系统和已安装程序中的漏洞。

卡巴斯基保护功能包括文件保护(见图 12-5)、邮件保护、Web 反病毒保护、主动防御、防火墙、反间谍保护、反垃圾邮件等功能。

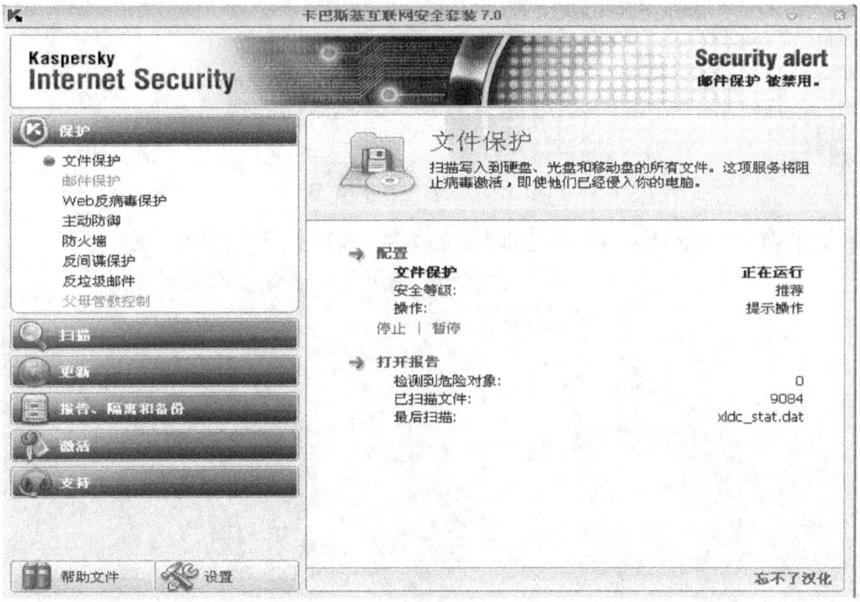

图 12-5　卡巴斯基的文件保护

每隔一段时间，卡巴斯基就会更新自己的病毒库并且扫描计算机设定好了的主要区域，如图 12-6 和图 12-7 所示。

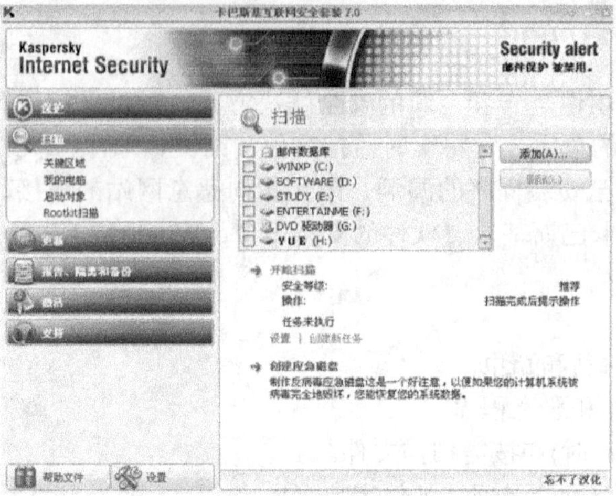

图 12-6　卡巴斯基扫描

图 12-7　卡巴斯基更新

卡巴斯基杀毒软件正在对 H 盘进行扫描杀毒，如图 12-8 所示。

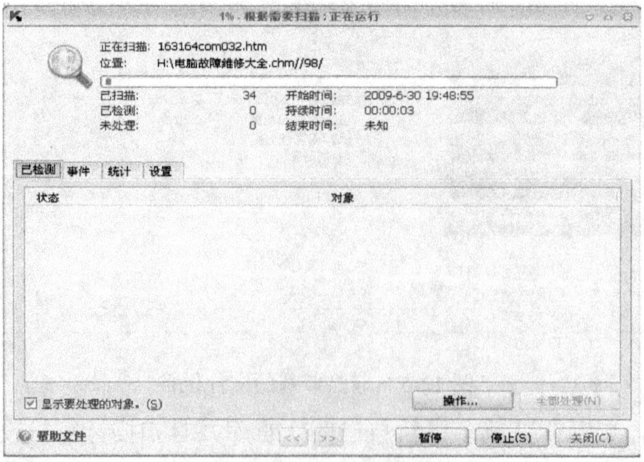

图 12-8　卡巴斯基扫描杀毒

卡巴斯基的设置选项如图 12-9 所示，可以根据用户需要设置更新与扫描时间。

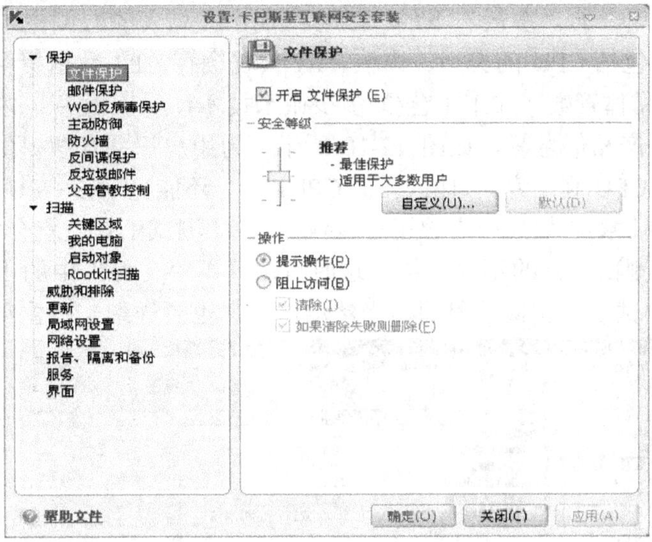

图 12-9　卡巴斯基文件保护

12.2　硬件测试类软件

电脑已经成为我们生活中离不开的工具。不懂选购的用户在买电脑时都会带上懂行的朋友，以防被骗，如果碰巧遇到朋友忙，还得等人家有空才行。其实，只要手头上有合适的测试工具，再加上多看些硬件选购和打假方面的文章，用户自己也可以买电脑。这里所说的工具，就是硬件测试工具。本节为读者介绍三款当前使用最广、测试性能最为出众的硬件检测工具。有了它们的帮助，新手也能成为选购和硬件测试的大师！

1. AIDA32

1) 软件简介

AIDA32 是一个全面的系统信息工具，它可以详细地显示出计算机每一个方面的信息。它支持的主板、显卡、PCI 设备、硬盘、显示器数量数以千计，它同时也能全面给出系统软件的信息，其 HTML 格式的报告就有 400～900 KB 之多，可谓非常详尽。新版本的 AIDA32 更是增加了 4 个有用的插件，可以在使用中实际测试硬件设备的性能，使用户对自己电脑的硬件情况了如指掌。

AIDA32 是外国人编写的软件，采用了英文界面，由于测试时会显示很多专业术语，所以本文以汉化版进行说明。汉化版无需原版，安装后就能直接运行。整个界面分为左右两部分：左侧是计算机测试的项目列表区，右侧是某个项目详细信息显示区。AIDA32 能测试的项目非常多，下面仅对几个重要的进行说明。

2) 总体信息

总体信息将显示整个计算机的全部硬件“摘要”信息。使用鼠标右键菜单中的“快速报告”功能就可将这些信息复制出来。显示这些摘要有助于对整个计算机的了解，如果觉得对于某一项的显示不够详细，可使用分项来查看更为详细的信息。

3) 检测 CPU

点击左侧列表项中的“主板”下的“CPU”项，在列表的右侧栏中会列出当前机器的CPU的详细资料，包括CPU的类型、内核、L1代码缓存、L1数据缓存、封装类型、封装尺寸、内核尺寸、晶体管数、加工工艺(即多少微米技术)、硅片面积、内核电压、I/O电压、CPU生产商名称、产品信息等，如图12-10所示，为用户识别真假提供了可靠依据。最下部还显示了当前的CPU利用率。如果点击“CPUID”，还能显示该CPU所支持的指令集(如3Dnow!、MMX等技术)。如果用户曾用过专业的CPU测试工具，就会发现这个CPU信息界面看上去与专业测试工具的不太一样。这时点击菜单“文件”中的“CPUID”项，就会得到与专业CPU测试工具相似的界面，当然测试信息也更详细一些，见图12-11。

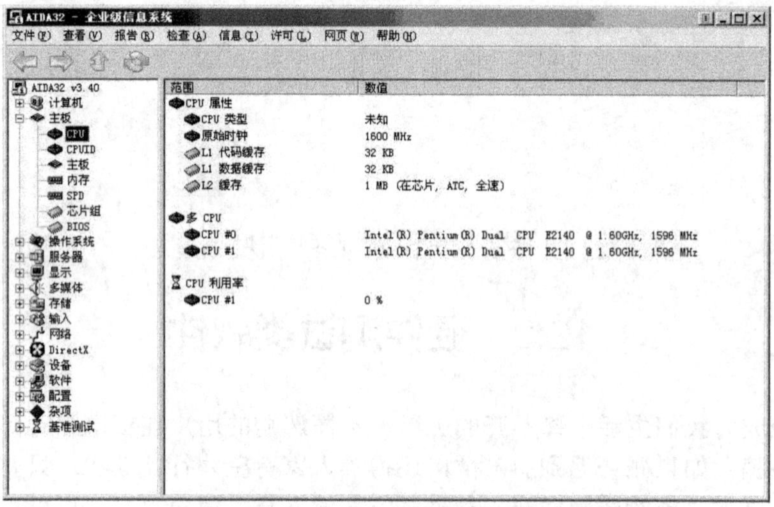

图12-10 检测CPU

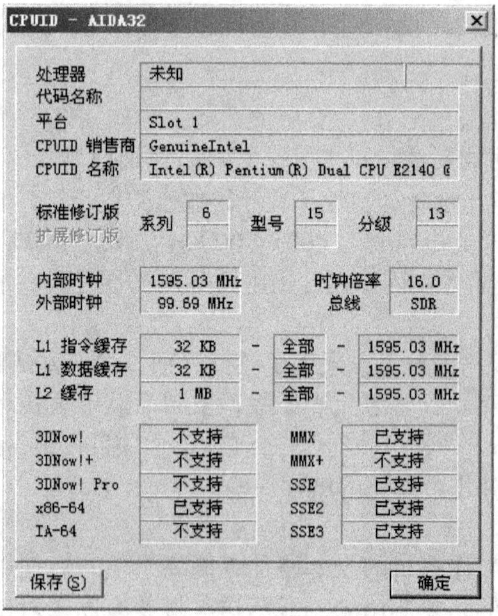

图12-11 CPU详细资料

4) 检测主板

点击左侧列表项中的“主板”中的“主板”项，在列表右侧栏中会列出相应的主板信息，可以查看到主板的型号、名称、前端系统总线属性、内存总线属性和芯片组总线属性等。另外，还会显示主板生产商的网址及 BIOS 升级网址。如果想升级 BIOS，可以方便地找到需要的 BIOS 数据作为参考。

5) 检测显示器

点击“显示”下的“监视器”选项可以查询到显示器具体的出厂日期，具体时间可以精确到第几周等信息；除此以外，也可以从这里了解到显示器的序列号、型号、最大分辨率、最高刷新率等，同样它也显示了最新驱动程序下载网址。不过这只是显示了显示器的硬件信息，其实新版的 AIDA32 已经具有测试显示器性能的插件了。

6) 硬盘测试

到销售商那儿购买硬盘时，对于硬盘的容量，销售商是不会说谎的，因为这很容易看出来，但销售商有可能会在硬盘的缓存、转速等项目上说谎，使用该软件测试一下，就不会被骗了。单击“存储”下的“EIDE”选项，就会得到硬盘的详细物理信息。从图 12-12 中可看出该硬盘的信息。

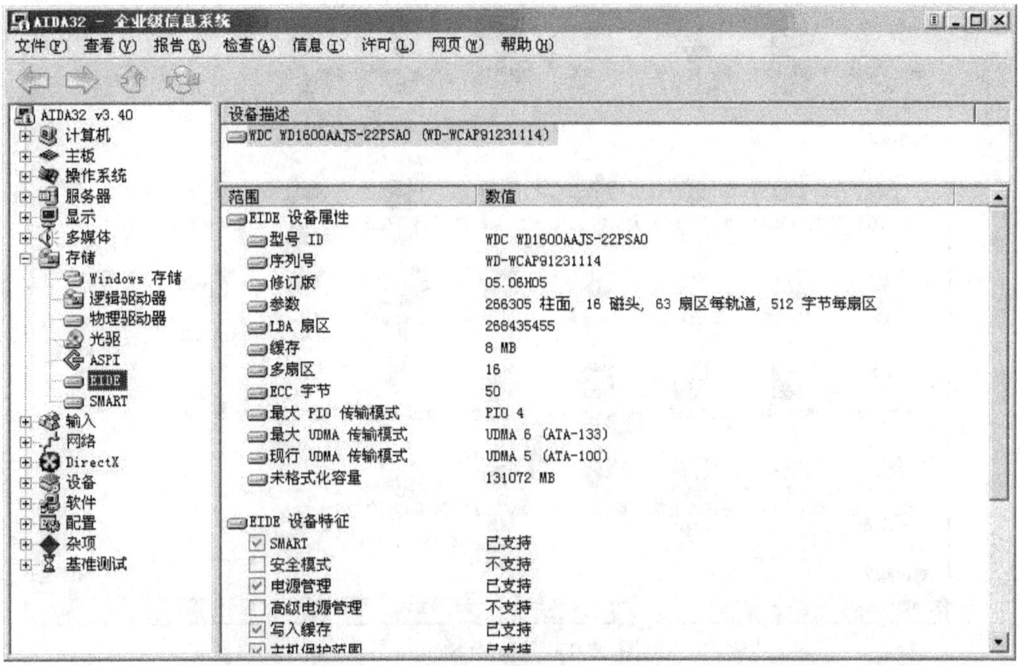

图 12-12 硬盘的详细物理信息

这只是读取的硬盘信息，当然 ADIA32 还能测试很多硬件信息，如声卡信息、存储设备信息、硬盘分区信息、网络信息(指网卡型号、Modem 型号等)等，使用起来方法相似。

值得一提的是，AIDA32 还能显示计算机当前的运行状态(点击“计算机”中的“传感器”项，可显示当前主板、CPU 的温度，制冷风扇的转速，CPU 内核电压等)、运行的进程(点击“操作系统”中的“进程”项即可查看)、IE cookie、IE 历史记录等。注：现在最新的 AIDA32 已经更名为 EVEREST。

2. SiSoft Sandra MAX 3

1) 软件的功能

SiSoft Sandra MAX 3 是一套功能强大的系统分析评测工具，拥有超过 30 种以上的测试项目，主要包括 CPU、Drives、CD-ROM/DVD、Memory、SCSI、APM/ACPI、鼠标、键盘、网络、主板、打印机等，全面支持当前各种 VIA、ALI 芯片组和 Pentium 4、AMD 处理器。它内置了 Benchmark 测试内核，可以对各种硬件进行测试，从而知道硬件的真伪和硬件性能及水平。SiSoft Sandra 有标准版和专业版两个版本。标准版目前是免费的，但其中有些子模块不能用；专业版功能更强大，有更多的功能。

2) 软件的使用

SiSoft 启动后可以看到如图 12-13 所示的主界面。主界面窗口中显示了所有的子模块，多达 56 个，可以分为五大类，它们分别是向导模块、信息模块、对比模块、测试模块及列表模块。

图 12-13 SiSoft Sandra 界面

(1) 查看硬件信息。“信息模块”类中的模块提供了系统硬件和软件的分析检测报告，包括主板、CPU、电源、驱动器、显示系统、声音系统等硬件和 WinSock、DirectX、OpenGL 等软件信息。利用这些信息可以辨识硬件的真伪。

例如，“主板信息”模块提供了主板的详细信息(见图 12-14)，包括主板芯片组类型和系列号、系统控制芯片的类型、二级缓存的大小、前端总线的速度、CPU 的倍频、内存插槽的数量和种类、内存的详细参数、AGP 插槽的版本、PCI 的速度和分频数、USB 版本和传输速度等。用户可以在这里了解自己的主板，辨识真伪。

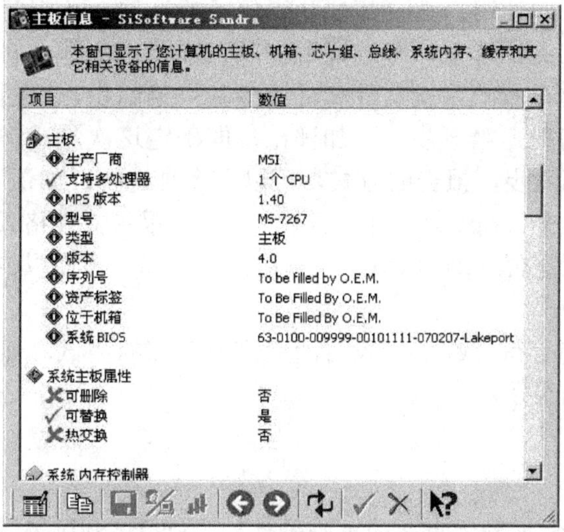

图 12-14　主板的详细信息

如果想了解 BIOS 的版本，通过该软件的“CPU & BIOS 信息”选项就可以很快得到 BIOS 的厂家、类型、版本、日期以及 ID 号。

(2) 测试硬件性能。基准模块主要提供多个重要项目的测试，并把测试数据与其他基准系统(如 Althon、P4 等系统)的测试数据进行比较，从而可以判断当前系统的性能优劣。注意，SiSoft Sandra 的基准测试项目是随着硬件环境的变化而变化的。例如，如果没有 3D 显卡，则 SiSoft Sandra 不会提供 3D 显卡的基准测试，一旦升级硬件，它就会提供相应的测试项目对新硬件进行检测和对比。要测试时，只要双击某个测试子模块，等待一段时间，一般是 1～10 分钟，就会显示测试数据和对照表，让用户了解被测硬件与标准硬件的不同。

大多数用户非常关心自己的 CPU 速度到底有多快，那么通过“CPU 对比”选项就可以迅速得到答案。SiSoft Sandra 所用的典型基准 CPU 是根据当前系统的 CPU 自动选择的：整数运算测试采用的标准是 Dhrystone 值，单位为 MIPS(百万指令数每秒)；浮点运算测试采用 FPU Whetstone 值，单位为 MFLOPS(百万浮点操作指令数每秒)。

对于 CPU 的多媒体性能，SiSoft Sandra 也专门提供了一项多媒体对比测试选项，分别对 MMX、SSE 和 3Dnow!等不同的指令集进行测试，这样用户可以对自己系统的多媒体运算性能有一个深入的了解。

(3) 读取配置文件。除了硬件测试之外，用户还常常需要了解系统运行的软件环境的一些参数，SiSoft Sandra 也提供了比较详尽的软件运行环境测试选项，包含 Windows 系统的许多配置文件、系统初始化文件，例如 Autoexec.bat、Msdos.sys、System.ini、Win.ini、Control.ini、Protocol.ini 等文件。双击某个文件就可将其打开，但只能看，不能修改。

(4) 生成测试报告。通过以上这些测试项目，我们对自己机器的硬件、软件情况和各种性能都有了一个非常全面的了解，SiSoft Sandra 还有一个非常体贴的功能——测试报告向导。

工具栏的第一个图标就是测试报告向导。启动这个向导之后，SiSoft Sandra 分八步让用户进行选择和设置，从而完成所有的测试工作，并生成一个测试报告。

第一步，信息选项，让用户选择需要获得信息的选项，其中包括所有的硬件和软件环境选项；第二步，对比测试选项，即选择哪些项目需要进行基准对比测试；第三步，清单选项，让用户选择需要查看的系统文件和环境参数；第四步，诊断选项，帮助用户了解硬件设置和中断冲突的情况；第五步，添加评论，即确定这次测试是否需要添加注释之类的内容以备将来查询；第六步，报告的方式，可以有多种选择，如保存在硬盘、打印或传真、E-mail 发送或者存为一个 script 文件等；第七步，选择报告文件格式，TXT/RPT/HTM/XML 等格式任选，并可设置是否压缩为 CAB 文件包；第八步，选择报告文件的位置并输入报告文件名。

接下来就是耐心的等待，经过一段时间后完成全部的测试，然后就能看到整个系统的全部信息和对比测试结果了。

3. HWiNFO32

1) 软件简介

HWiNFO 本是 DOS 下最为有名的电脑硬件检测软件，到了 Window 时代后它又推出了 Windows 版本，DOS 版本也同时继续推出。不过它的 Windows 版本的硬件测试能力稍差，有逐渐被其他测试工具代替之势，但也不失为一款较好的硬件测试工具。HWiNFO32 可以显示出处理器、主板及芯片组、PCMCIA 接口、BIOS 版本、内存等信息，还提供了对处理器、内存、硬盘(Windows 9X 里不可用)以及 CD-ROM 的性能测试功能。

2) 软件功能

HWiNFO32 运行后主界面如图 12-15 所示，它的使用比较简单，也是点击左侧的测试项目，在右侧窗口中就会显示相应的信息，下面仅对其特色功能进行说明。

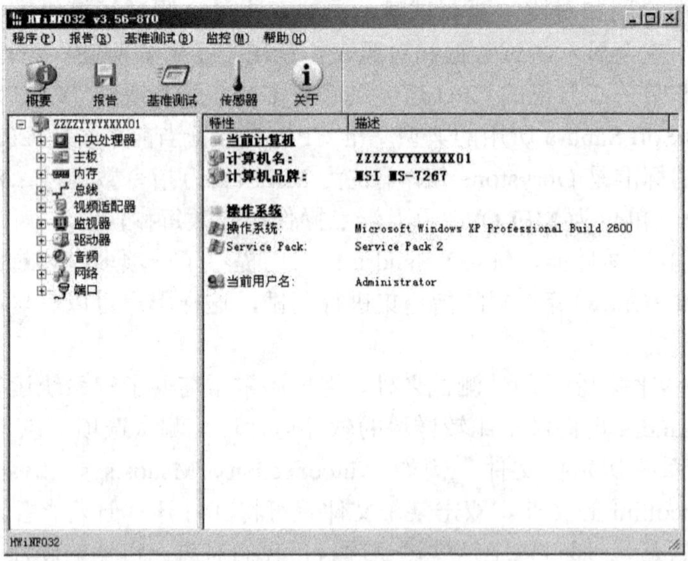

图 12-15　HWiNFO32 运行后主界面

(1) 系统总览。点击主界面工具栏上的“概要”按钮，弹出系统总览界面，可以查看 CPU、主板、内存的信息，显示显卡、声卡的芯片组，以及硬盘所支持的 DMA 模式、当前支持的 DMA 模式等，如图 12-16 所示。

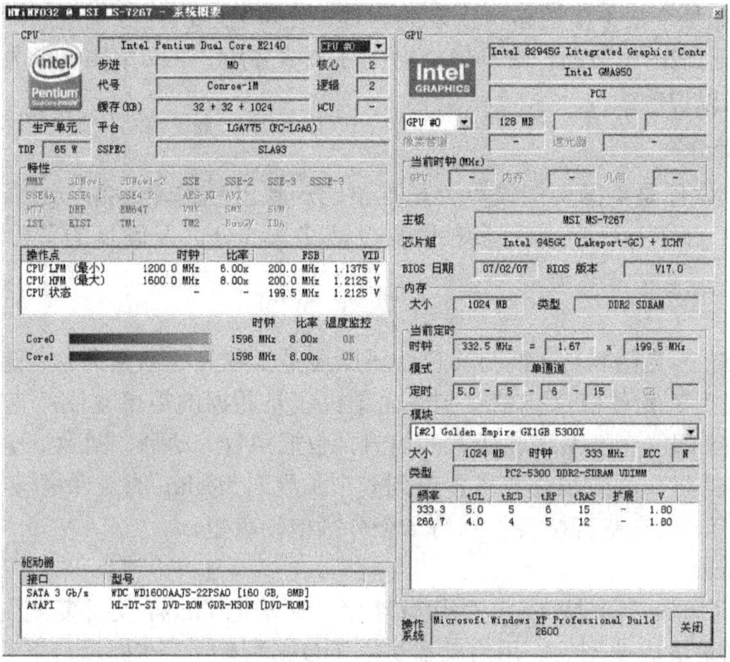

图 12-16　系统总览界面

(2) 基准测试。点击工具栏上的“基准测试”按钮，就可以对 CPU、磁盘、内存的具体性能进行测试，如图 12-17 所示。点击对应项目栏的“比较”按钮，还会显示与同类硬件相比较所得的值，使用户对当前所使用的硬件性能有一个直观的认识。比如点击磁盘“读取突发速度”右侧的“比较”按钮，就会得到如图 12-18 所示的窗口。如果点击工具栏上的“报告”按钮，还能得到所选择测试项目的详细报告。

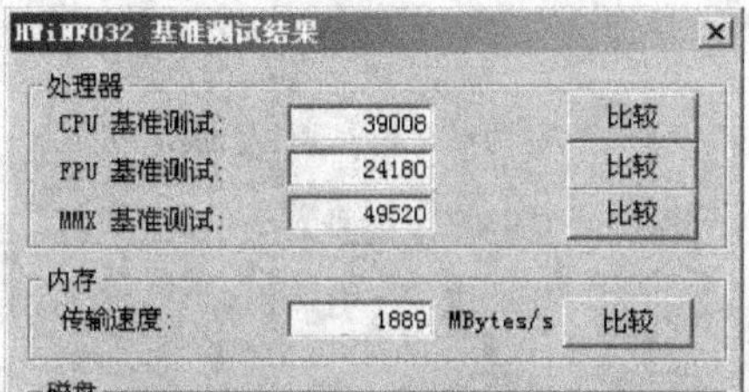

图 12-17　基准测试结果

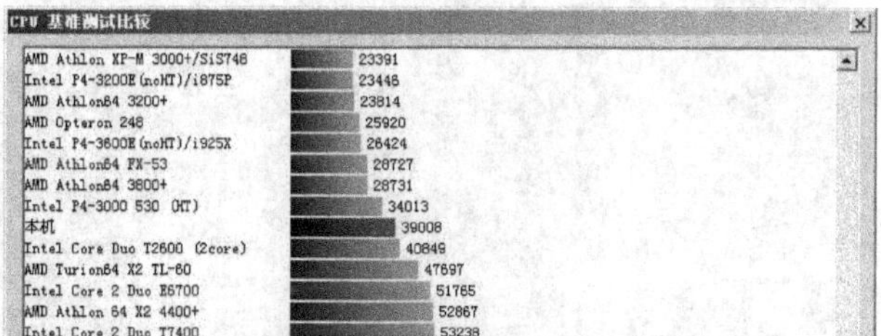

图 12-18　对 CPU、硬盘、内存的具体性能进行测试

12.3　备份恢复类软件

大多数人都为重装系统的漫长过程而苦恼，都不大愿意重装系统。Ghost 软件可以解决

这个问题。Ghost 是个很不错的备份恢复的软件，在重装一次纯净系统后，可以很方便地做一个镜像，以后系统出了问题，恢复起来也十分快捷方便。下面用图解的方式对 Ghost 各功能的使用方法加以说明。

1. Ghost 简介

Ghost(幽灵)软件是美国赛门铁克公司推出的一款出色的硬盘备份还原工具，可以实现 FAT16、FAT32、NTFS、OS2 等多种硬盘分区格式的分区及硬盘的备份还原，俗称克隆软件。

1) 特点

既然称 Ghost 为克隆软件，说明其备份还原还是以硬盘的扇区为单位进行的，也就是说可以将一个硬盘上的物理信息完整复制，而不仅仅是数据的简单复制；克隆人只能克隆躯体，但这个 Ghost 却能克隆系统中所有的信息，包括声音、动画、图像，连磁盘碎片都可以复制。Ghost 支持将分区或硬盘直接备份到一个扩展名为.gho 的文件里(赛门铁克把这种文件称为镜像文件)，也支持直接备份到另一个分区或硬盘里。

2) 运行 Ghost

至今为止，Ghost 只支持 DOS 的运行环境。通常把 Ghost 文件复制到启动软盘(U 盘)里，也可将其刻录进启动光盘。用启动盘进入 DOS 环境后，在提示符下输入 Ghost，回车后即可运行 Ghost，首先出现的是“关于”界面，如图 12-19 所示。

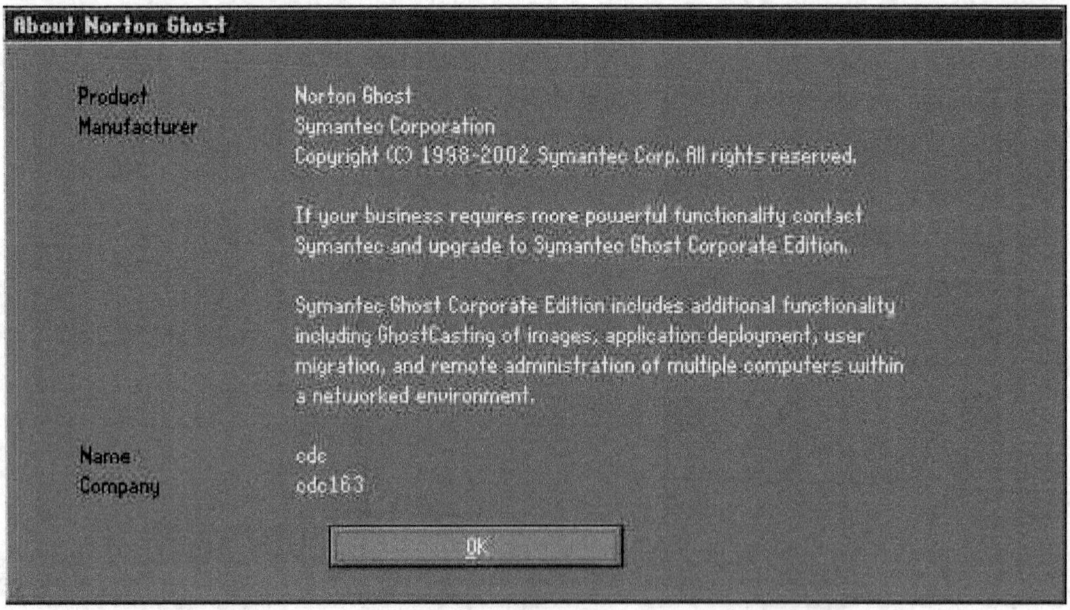

图 12-19 Ghost“关于”界面

按任意键进入 Ghost 操作界面，出现 Ghost 菜单，主菜单共有 4 项，从下至上分别为 Quit(退出)、Options(选项)、Peer to Peer(点对点，主要用于网络中)、Local(本地)。一般情况下我们只用到 Local 菜单项，其下有三个子项：Disk(硬盘备份与还原)、Partition(磁盘分区备份与还原)、Check(硬盘检测)。前两项功能是用得最多的，下面的操作讲解就是围绕这两项展开的。

由于 Ghost 在备份还原时是按扇区来进行复制的，所以在操作时一定要小心，不要把目标盘(分区)弄错了，否则会将目标盘(分区)的数据全部抹掉并且根本没有多少恢复的机会，所以一定要认真、细心。

2. 分区备份

Ghost 中的几个关键词是：

Disk：磁盘。

Partition：分区。在操作系统里，每个硬盘盘符(C 盘以后)对应着一个分区。

Image：镜像。镜像是 Ghost 的一种存放硬盘或分区内容的文件格式，扩展名为.gho。

To：到。在 Ghost 里，简单理解 to 即为“备份到”的意思。

From：从。在 Ghost 里，简单理解 from 即为“从……还原”的意思。

1) Partition 菜单简介

其下有三个子菜单：

To Partition：将一个分区(称源分区)直接复制到另一个分区(目标分区)。注意操作时，目标分区空间不能小于源分区。

To Image：将一个分区备份为一个镜像文件。注意存放镜像文件的分区不能比源分区小，最好是比源分区大。

From Image：从镜像文件中恢复分区(将备份的分区还原)。

2) 分区镜像文件的制作

(1) 运行 Ghost 后，用光标方向键将光标从“Local”经“Disk”、“Partition”移动到“To Image”菜单项上，如图 12-20 所示，然后按回车。

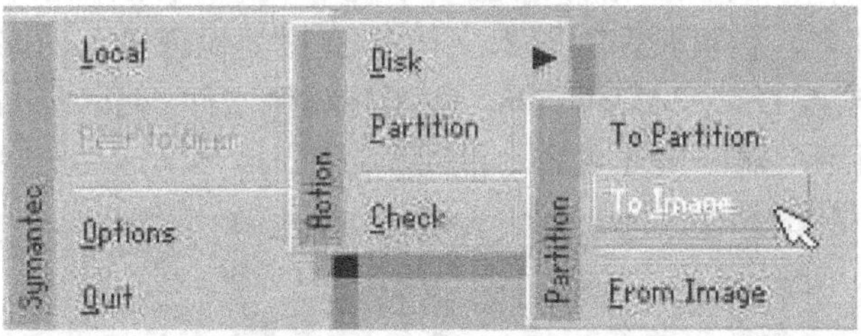

图 12-20 Ghost 菜单界面

(2) 出现选择本地硬盘窗口，如图 12-21 所示，再按回车键。

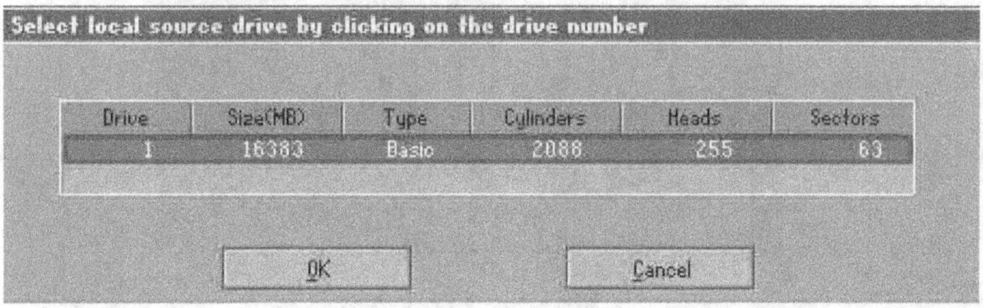

图 12-21 选择本地硬盘窗口

(3) 出现选择源分区窗口(源分区就是要把它制作成镜像文件的那个分区)，如图 12-22 所示。

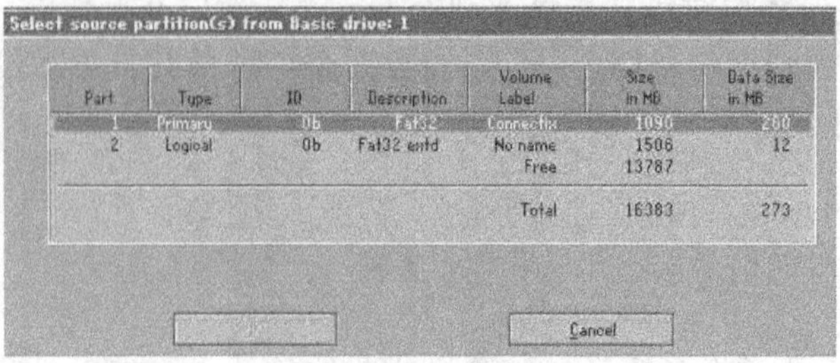

图 12-22　选择源分区

用上下光标键将蓝色光条定位到要制作镜像文件的分区上，按回车键确认要选择的源分区，再按一下 Tab 键将光标定位到“OK”键上(此时“OK”键变为白色)，如图 12-23 所示，再按回车键。

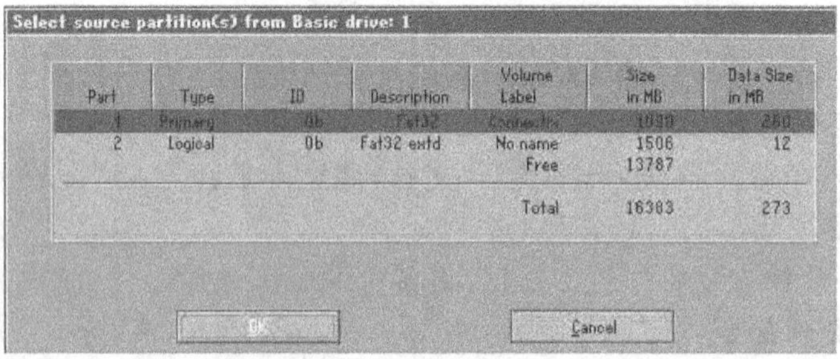

图 12-23　定位到“OK”键

(4) 进入镜像文件存储目录，默认存储目录是 Ghost 文件所在的目录。在 File name 处输入镜像文件的文件名，也可带路径输入文件名(此时要保证输入的路径是存在的，否则会提示非法路径)，如输入 D:\sysbak\cwin98，表示将镜像文件 cwin98.gho 保存到 D:\sysbak 目录下，如图 12-24 所示，输好文件名后，再回车。

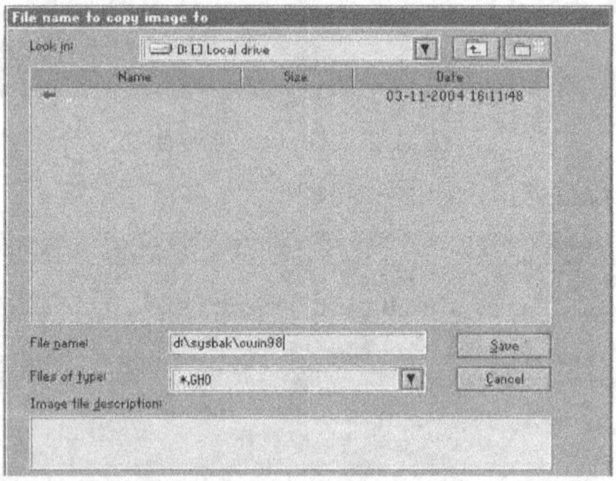

图 12-24　输入文件名

(5) 出现“是否要压缩镜像文件”窗口，如图 12-25 所示，有“No”(不压缩)、“Fast”(快速压缩)、“High”(高压缩比压缩)三个按钮。压缩比越低，保存速度越快。一般选“Fast”即可，用向右光标方向键移动到 Fast 上，回车确定。

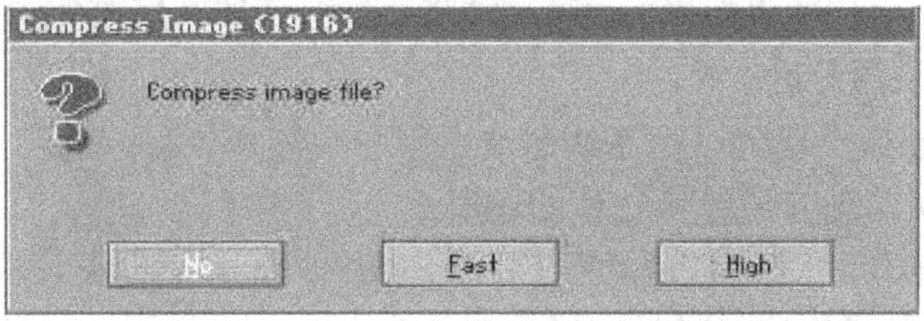

图 12-25　确定是否压缩镜像文件

(6) 出现一个提示窗口，如图 12-26 所示，用光标方向键移动到“Yes”上，回车确定。

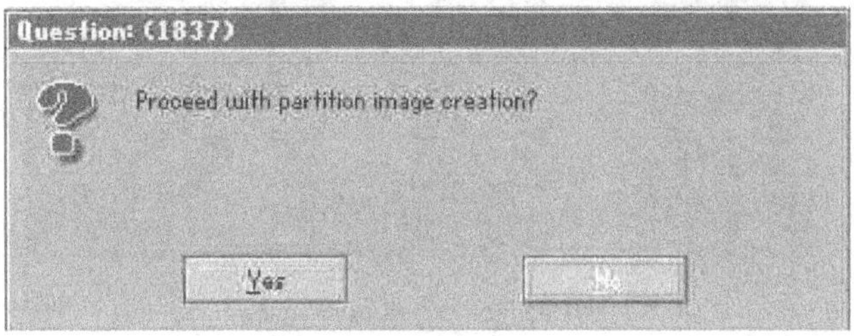

图 12-26　提示窗口

(7) Ghost 开始制作镜像文件，如图 12-27 所示。

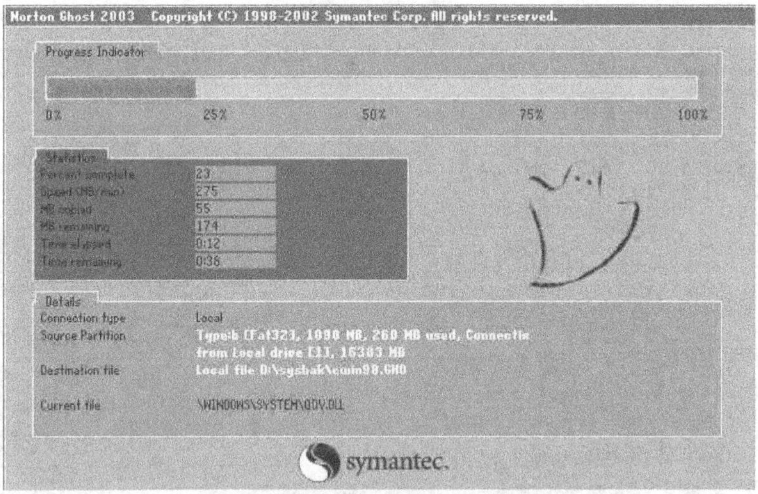

图 12-27　Ghost 开始制作镜像文件

(8) 建立镜像文件成功后，会出现提示创建成功窗口，如图 12-28 所示，回车后即可回到 Ghost 界面。

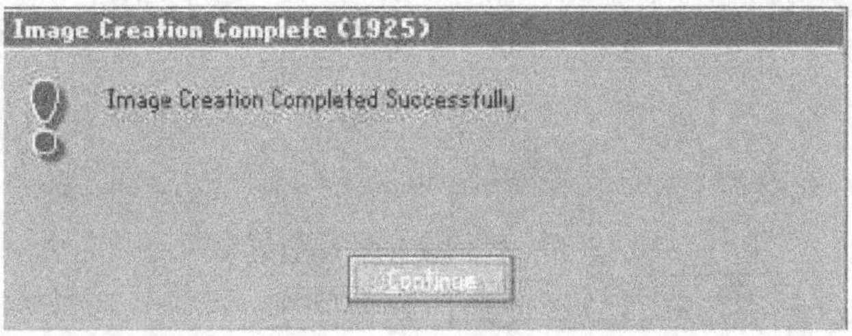

图 12-28　创建成功提示窗口

(9) 按 Q 键，回车后即可退出 Ghost。至此，分区镜像文件制作完毕。

3. 从镜像文件还原分区

制作好镜像文件后，就可以在系统崩溃后用它来还原恢复，这样又能恢复到制作镜像文件时的系统状态。下面介绍镜像文件的还原。

(1) 在 DOS 状态下，进入 Ghost 所在目录，输入 Ghost 后回车，即可运行 Ghost。

(2) 出现 Ghost 主菜单后，将光标移动到菜单“Local→Partition→From Image”，如图 12-29 所示，然后回车。

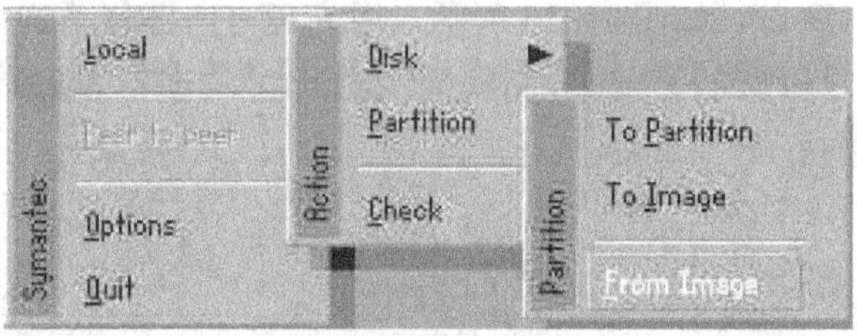

图 12-29 选择菜单还原

(3) 出现“镜像文件还原位置窗口”，如图 12-30 所示，在 File name 处输入镜像文件的完整路径及文件名(也可以用光标方向键配合 Tab 键分别选择镜像文件所在路径并输入文件名，但比较麻烦)，如 d:\sysbak\cwin98.gho，再回车。

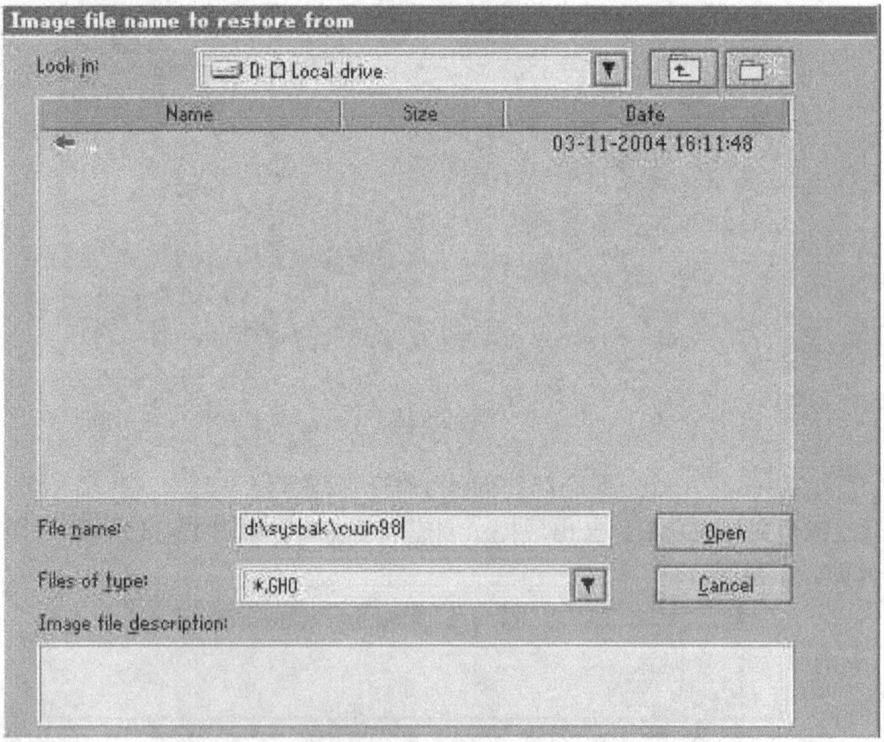

图 12-30 镜向文件还原位置窗口

(4) 出现从镜像文件中选择源分区窗口，直接回车。

(5) 出现选择本地硬盘窗口，如图 12-31 所示，再回车。

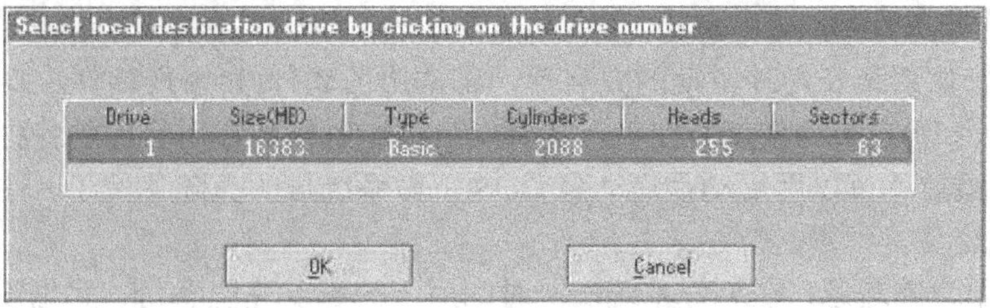

图 12-31　选择本地硬盘窗口

(6) 出现从硬盘选择目标分区窗口，用光标键选择目标分区(即要还原到哪个分区)，回车。

(7) 出现提问窗口，如图 12-32 所示，选“Yes”后回车确定，Ghost 开始还原分区信息。

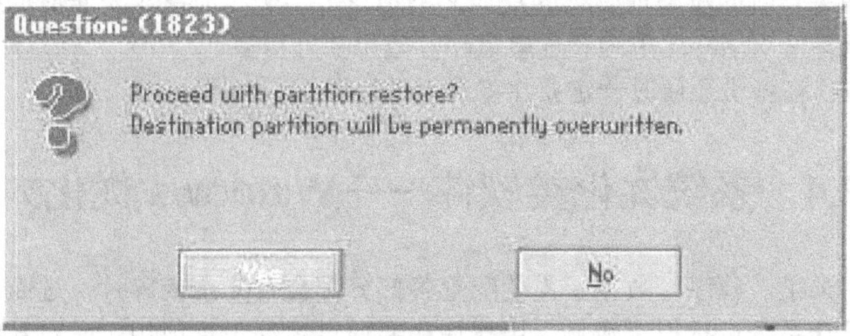

图 12-32　提问窗口

(8) 一段时间后还原完毕，出现还原完毕窗口，如图 12-33 所示，选 Reset Computer 并回车，重启电脑。

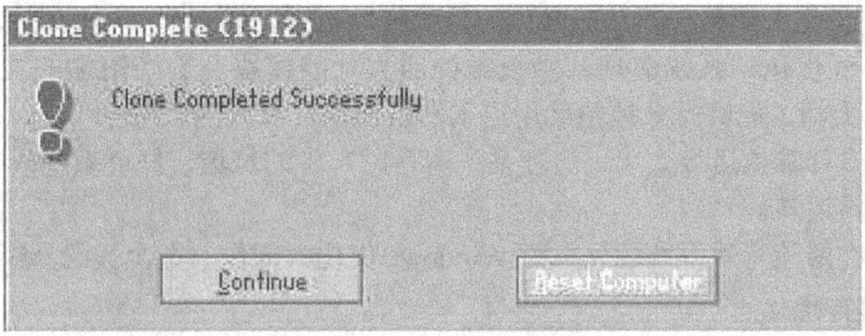

图 12-33　还原完毕窗口

注意：选择目标分区时一定要注意选对，否则目标分区原来的数据将全部消失。

4. 硬盘的备份及还原

Ghost 的 Disk 菜单下的子菜单项可以实现硬盘到硬盘的直接对拷(Disk To Disk)、硬盘到镜像文件(Disk To Image)、从镜像文件还原硬盘内容(Disk From Image)。在多台电脑的配置完全相同的情况下，可以先在一台电脑上安装好操作系统及软件，然后用 Ghost 的硬盘对拷功能将系统完整地“复制”一份到其他电脑，这样安装操作系统要比传统方法快得多。

Ghost 的 Disk 菜单项的使用与 Partition 的大同小异，而且使用得也不是很多，在此就不赘述了。

5. Ghost 使用方案

(1) 完成操作系统及各种驱动的安装后，将常用的软件(如杀毒软件、媒体播放软件、Office 办公软件等)安装到系统所在盘，接着安装操作系统和常用软件的各种升级补丁，然后优化系统，最后就可以用启动盘启动到 DOS 下做系统盘的克隆备份了。注意备份盘的容量不能小于系统盘。

(2) 如果用户因疏忽，在装好系统一段时间后才想起要克隆备份，那也没关系，备份前最好先将系统盘里的垃圾文件和注册表里的垃圾信息清除(推荐用 Windows 优化大师)，然后整理系统盘磁盘碎片，整理完成后到 DOS 下进行克隆备份。

(3) 当感觉系统运行缓慢(此时多半是由于经常安装和卸载软件，残留或误删了一些文件，导致系统紊乱)时、系统崩溃时、中了比较难杀除的病毒时，就可以进行系统的克隆还原了。有时如果长时间没整理磁盘碎片，又不想花上半个小时甚至更长时间整理，也可以直接恢复克隆备份，这样比单纯整理磁盘碎片效果要好得多。

最后强调：在备份还原时一定要注意选对目标硬盘或分区。

12.4 系统优化类软件——Windows 优化大师

系统使用久了，程序、数据、系统配置各部分都会有冗余或碎片，进而影响系统的运行速度。为了让系统运行得更流畅，用户往往要通过手动设置或用工具对系统进行优化。对一般用户来说，手动设置的地方太多，过程较为复杂，需要了解系统的细节技术等，因而无法胜任此项工作，而系统优化又是一项经常要做的工作，因此使用专门的优化软件来优化就是一种比较便捷和实用的方法。

Windows 优化大师是一款功能强大的系统辅助软件，它提供了全面有效且简便安全的系统检测、系统优化、系统清理、系统维护四大功能模块及数个附加的工具软件。使用 Windows 优化大师，能够有效地帮助用户了解自己的计算机的软/硬件信息，简化操作系统设置步骤，提升计算机运行效率，清理系统运行时产生的垃圾，修复系统故障及安全漏洞，维护系统的正常运转。

本节对现在最流行的系统优化软件 Windows 优化大师作一个全面的介绍。

1. 磁盘缓存优化

对于不同的操作系统(Windows 98/2000/XP/2003/Vista)，Windows 优化大师可自动识别；之后向用户提供适合当前操作系统的选项。具体选项如图 12-34 所示。

- 计算机设置为较多的 CPU 时间来运行应用程序或者后台服务。该项对于普通用户建议选择应用程序，对于服务器用户请选择后台服务。

- 分配最多的系统资源给前台应用程序。本选项仅在 Windows XP 下有效，适合于通常同时只运行一个应用程序或游戏的用户，经常同时进行多任务操作的用户请勿选择。

- 关闭无响应程序的等待时间。Windows 用户选择此项除能实现与 Windows 9x 相同的功能，即强制 Windows 立即关闭无响应的应用程序外，还将修正下述系统 Bug：当用户从一个应用程序启动另一个应用程序时，新创建的窗体将会躲在当前已开启窗体的背后，并且在任务栏上的新窗体按钮会不断闪动。选择此项，将自动把最新的窗体放在所有窗体的最前面。建议选择。

● 输入/输出缓存大小。输入/输出系统是设备和中央处理器(CPU)之间传输数据的通道，当扩大其缓存大小时数据传递将更为流畅。但是，过大的输入/输出缓存将耗费相同数量的系统内存，因此具体设置多大的容量要视物理内存的大小和运行任务的多少来定。一般来说，如果内存有 64 MB，就可将缓存设为 1 MB、2 MB 或 4 MB；如果是 128 MB 内存，可将缓存设为 4 MB、8 MB 或 16 MB；如果是 256 MB 内存，则可将缓存设为 16 MB 或 32 MB；如果是 512 MB 内存，可将缓存设为 64 MB。如果系统中有更多内存，还可将缓存设为 128 MB。

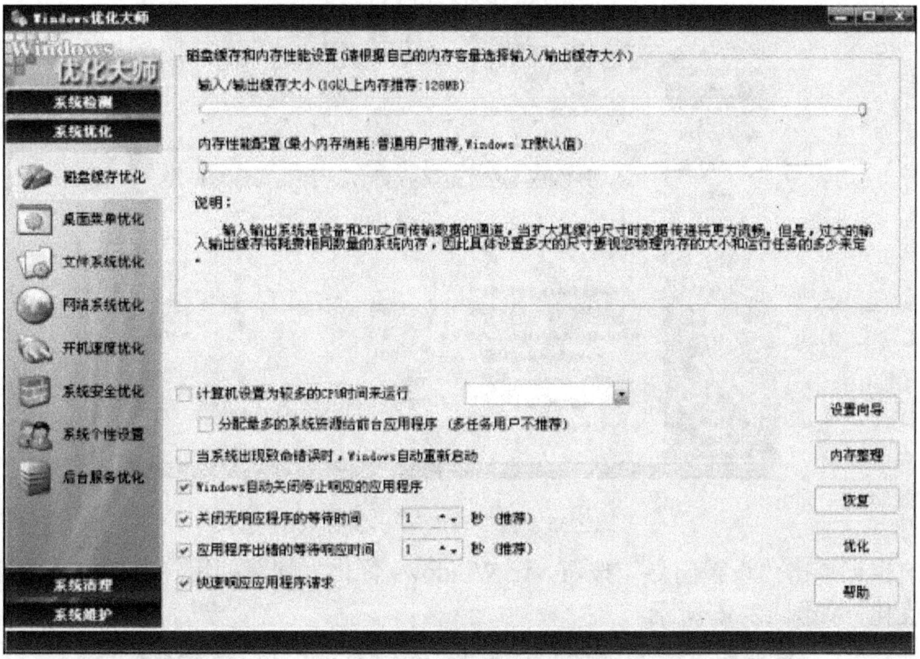

图 12-34 磁盘缓存优化

由于设置输入/输出缓存要涉及内存容量、日常运行任务的多少，因而一直以来都比较繁琐。如图 12-35 所示，现在可以用鼠标或键盘调整上面的调节棒，当调整到适合当前系统的大小时，Windows 优化大师将在调节棒左上方给出“推荐”提示。如果用户在设置后不满意，也可以将调节棒调整到“Windows 自动配置”后，单击优化按钮将其恢复到 Windows 默认的大小(即由 Windows 自动配置)。

● 内存性能配置。该项有以下三种选择配置：

(1) 最小内存消耗。适合大多数普通用户，台式机推荐。

(2) 最大网络吞吐量。适合网络服务器用户。服务器推荐。

(3) 平衡。适合兼顾平时本机应用程序和网络吞吐量的用户。不推荐。

● 当系统出现致命错误时，Windows 会自动重新启动。虽然 Windows 已经很少出现蓝屏死机的现象了，但还是有可能发生，该选项将在 Windows 出现这种情况时，自动重新启动。可以选择。

- Windows 自动关闭停止响应的应用程序。选中该项则当 Windows 诊测到某个应用程序已经停止响应时，可以自动关闭它。建议选择。

Windows 关机时自动清理页面文件。这里所说的“清理”页面文件并非是指从硬盘上完全删除 pagefile.sys(Windows 默认交换文件)，而是对其进行“清洗”和“整理”，从而为下次启动更好地利用虚拟内存作好准备。注意：启用此功能后关闭系统时会延长 Windows 的关机时间，但是为了能在下一次开机时具有干净而整齐的虚拟内存页面文件，关机时的等待还是值得的。建议用户根据自己的实际需要选择。

用户可根据本机的实际性能进行调节，使系统达到最好的磁盘缓存和内存工作状态，调整完成后点击“优化”，保存您的设置，如图 12-35 所示。

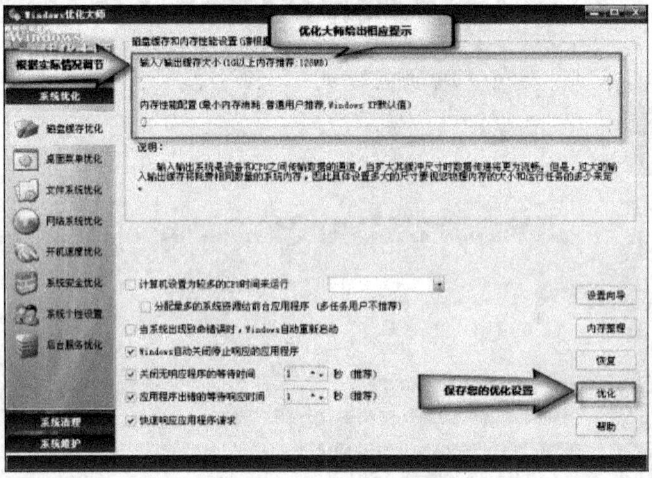

图 12-35　调节输入/输出缓存大小

用户也可点击“设置向导”按钮，让 Windows 优化大师帮助用户自动完成对磁盘缓存/内存的优化，如图 12-36 所示。

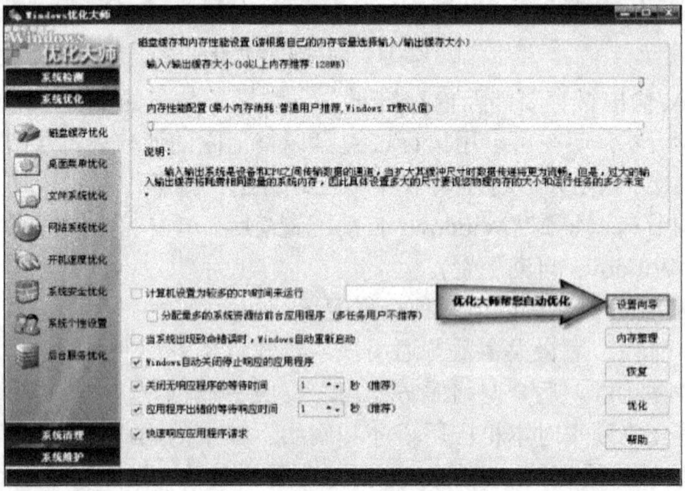

图 12-36　设置向导

进入磁盘缓存设置向导，如图 12-37 所示。点击“下一步”按钮，开始磁盘缓存设置。

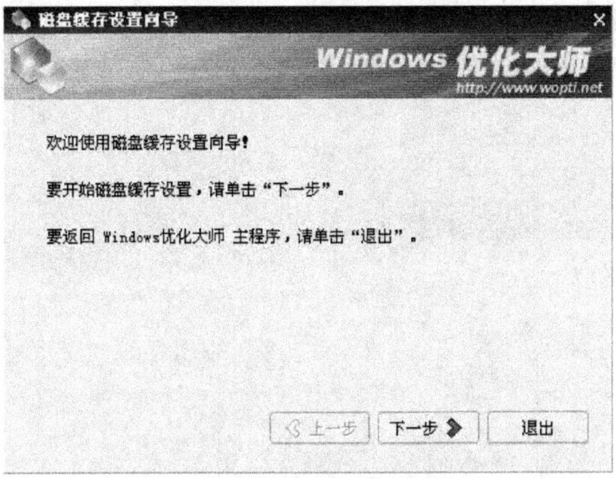

图 12-37　磁盘缓存设置向导

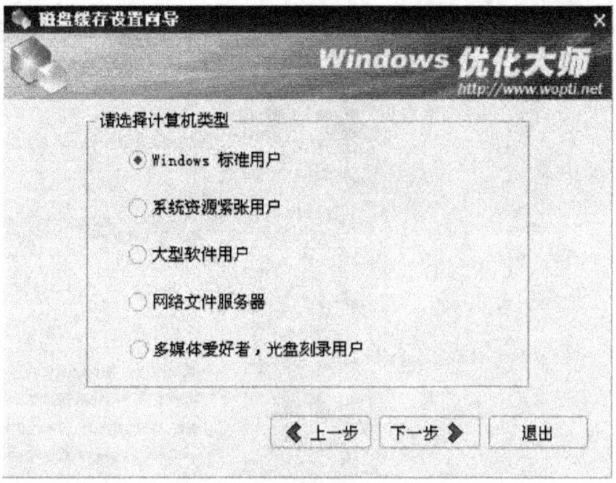

图 12-38　磁盘缓存优化向导选择

根据用户的实际情况选择计算机类型，无特殊情况时一般用户可选择“Windows 标准用户”，如图 12-38 所示。点击“下一步”按钮。

优化大师根据上一步所选择的计算机类型，给出相应的优化建议，如图 12-39 所示。点击“下一步”按钮。

磁盘缓存设置向导完成，可以根据需要选择立刻执行优化，如图 12-40 所示。部分设置需要重新启动计算机后才能生效。选择完后，点击“完成”按钮。

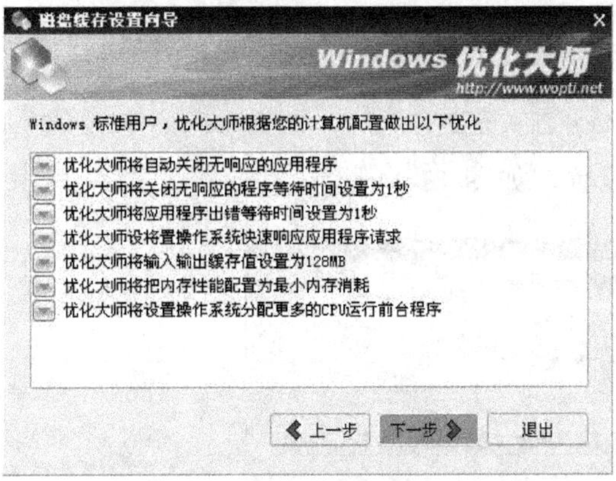

图 12-39　磁盘缓存优化向导选择

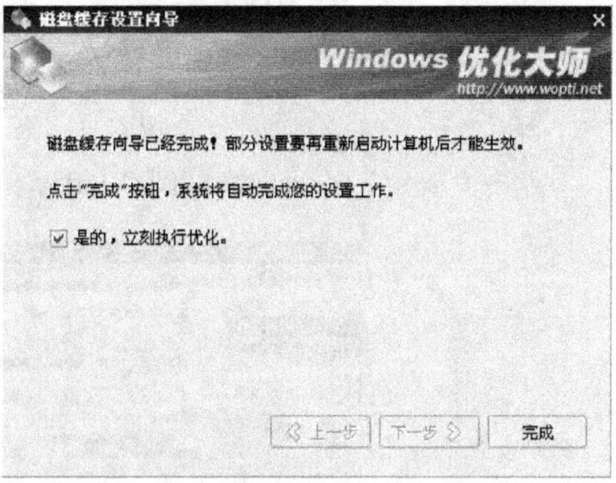

图 12-40　磁盘缓存设置向导完成

在完成磁盘缓存设置向导后，Windows 优化大师会给出提示，如图 12-41 所示。

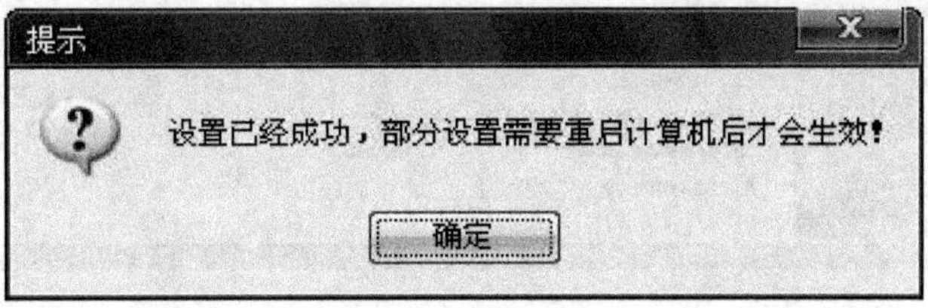

图 12-41　提示

如果计算机运行得不够流畅，可能是内存不足引起的，这时便可以利用 Windows 优化大师的内存整理功能进行优化(点击“内存整理”按钮)。如果想把磁盘缓存恢复为 Windows 默认设置，可点击“恢复”按钮，如图 12-42 所示。

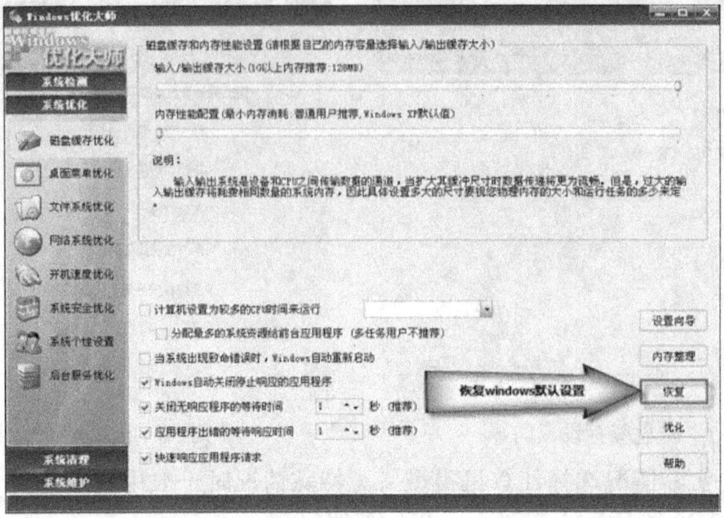

图 12-42 恢复默认设置

弹出提示窗口，询问是否要恢复为 Windows 默认设置，如图 12-43 所示。

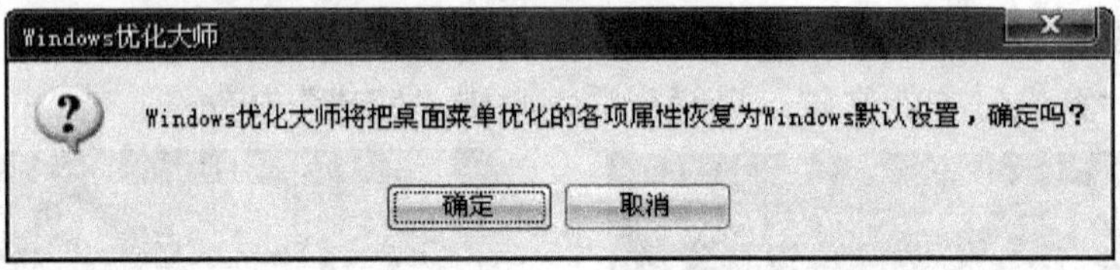

图 12-43 提示是否恢复默认设置

点击“确定”按钮，恢复到 Windows 默认设置，如图 12-44 所示。

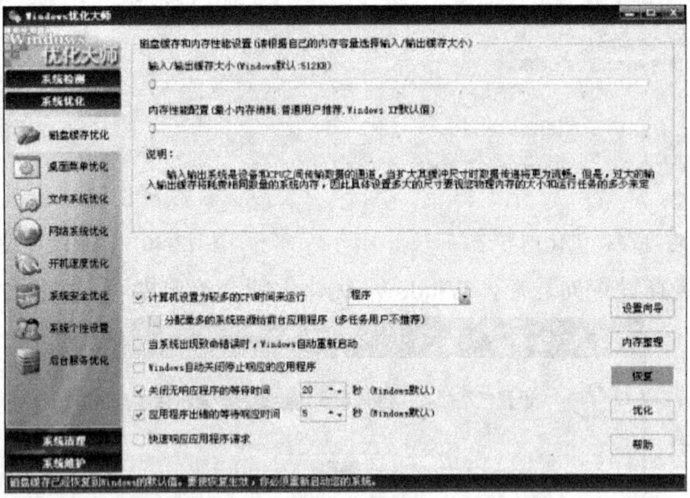

图 12-44 Windows 默认设置

2. 后台服务优化

服务是一种应用程序类型，它在后台运行，与 UNIX 后台应用程序类似，并且每个服务都有特定的权限，如图 12-45 所示。

图 12-45　Windows 优化大师后台服务优化

根据服务的启动类型，可以分为“自动”、“手动”和“禁用”三种。

(1) “自动”即启动系统或首次调用服务时将自动启动这些服务。

(2) “手动”指在系统能够加载该服务前必须手工启动该服务，并使其可用。

(3) “禁用”后则无法自动或通过手工启动该服务。

Windows 运行时自动启动的服务中，一部分是 Windows 所必需的，还有一些是可以停用或禁用的。

对于服务的具体信息，用户可以展开服务列表中的项目来进一步了解。

注：具体启用或禁用哪些服务，使用者应该根据自己的实际情况并结合 Windows 优化大师对于该服务的描述信息来决定。

为方便用户优化后台服务，Windows 优化大师提供了设置向导模块，通过此向导，用户可以方便地优化或恢复服务。

设置向导：

点击“设置向导”按钮，Windows 优化大师将帮助用户完成对后台服务的优化设置，如图 12-46 所示。

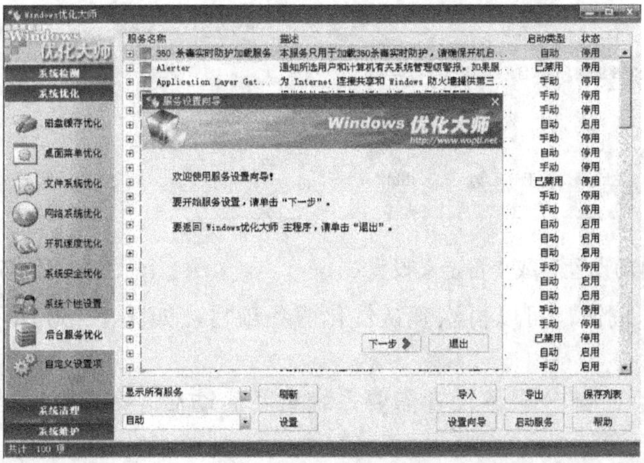

图 12-46　Windows 优化大师后台服务优化设置向导

进入后台服务优化向导，点击“下一步”按钮，开始服务优化设置，如图 12-47 所示。

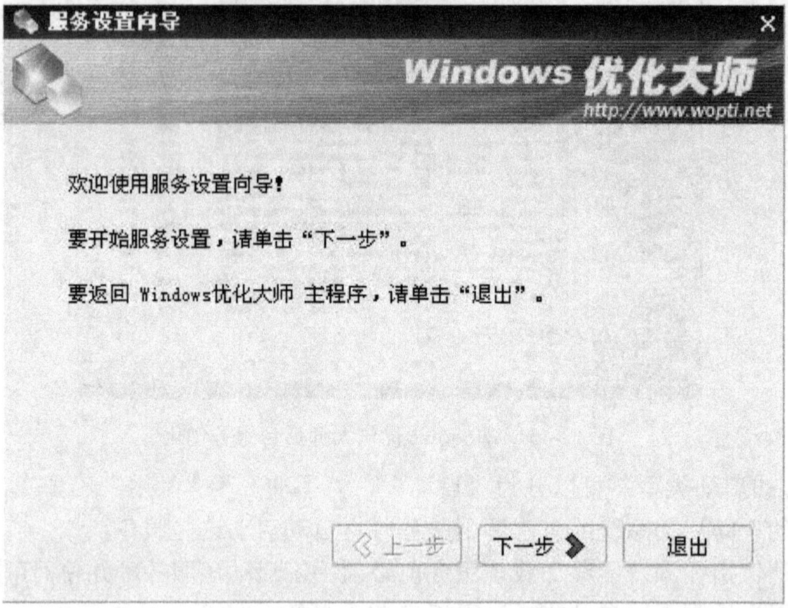

图 12-47　服务设置向导的欢迎页面

用户可以根据使用计算机的情况做出选择，可以选择“自动设置”(默认)，也可以选择“自定义设置”，如图 12-48 所示。

点击“下一步”按钮，优化大师会给用户推荐服务优化方案，如图 12-49 所示。可以根据实际情况选择。

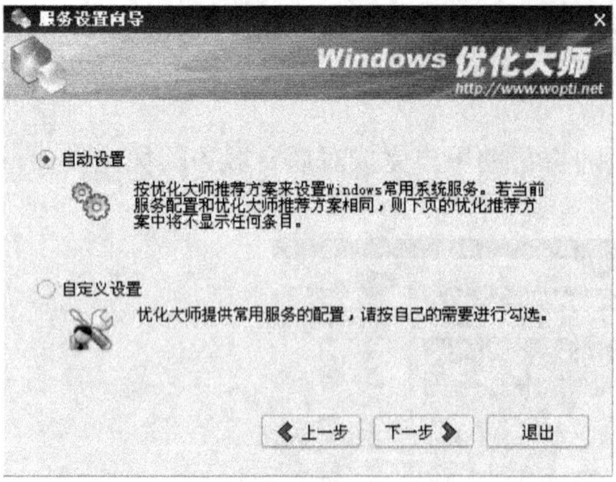

图 12-48　选择“自动设置”或“自定义设置”

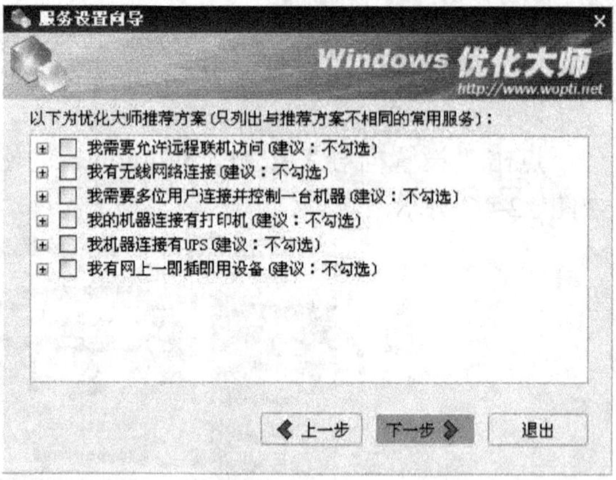

图 12-49　服务优化方案

点击“下一步”按钮，可以再次确认优化服务项目，如图 12-50 所示。点击“下一步”按钮，设置生效。

服务设置完成后，部分服务设置需要系统重新启动后才能生效，点击“完成”按钮，如图 12-51 所示。

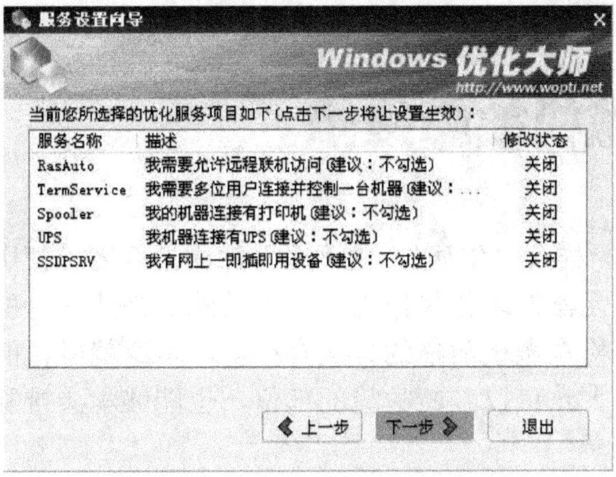

图 12-50　优化服务项目

图 12-51　服务设置完成

小　结

本章主要介绍了微机各常用维护类的工具软件，包括查杀病毒类的软件、硬件测试类的软件、备份恢复类的软件、系统优化类的软件。通过对这些软件功能的学习，读者能更加深入地了解并掌握微机的软件维护技术。

思 考 题

1. 什么是计算机病毒？
2. 计算机病毒的预防方法有哪些？
3. 你常用的查杀病毒的软件是什么？它有何特色功能？
4. 常见的硬件测试软件有哪些？请选择一种进行实际硬件测试。
5. 如何高效地进行软件备份及恢复？
6. 系统优化的目的是什么？可以通过哪些方面来实现系统的优化？

第 13 章　微机故障维修

电脑是一种高度智能化的机器，但也像人一样会“生病”：由于元器件质量低劣、使用环境恶劣、使用不当、病毒攻击、设置不当、元器件老化等原因，出现故障是必然的，所不同的是故障的大小、范围，出现的时间等。检查微机故障的方法有很多，本章就微机的故障维修做了简单阐述，通过这些方法，用户大致可以判断故障的部位，也能够学会排除一些常见的、简单的故障。

13.1　微机故障检测

微机故障是指造成微机系统功能出错或系统性能下降的硬件物理损坏或软件系统的运行错误。前者称为硬件故障，后者称为软件故障。微机的硬件无论是主机还是外部设备，都可能因为这样那样的原因发生故障或损害。随着微机技术的进步，硬件质量不断提高，微机硬件运行的平均无故障时间大大增加，硬件故障在微机系统中所占的比例已大幅度下降。并且由于集成电路芯片都采用 SMT 技术直接焊接在电路板上，无法更换，硬件板卡的价格又下跌，因此微机硬件的维护也变得十分简单，大多数是板卡级。当确定出现故障错误和性能下降的板卡后，用相应的板卡更换即可。实践表明，软件故障是微机用户经常遇到的一种系统故障，也是微机用户在系统维护中经常需要处理的系统故障。

故障诊断是指不仅要判断微机的硬件、软件有没有故障，还要准确地确定故障的位置并进一步分析出故障产生的原因。任何复杂的事物都有它的规律性，微机系统也不例外。当系统发生故障时，表现出来的故障现象与故障原因有着内在的联系，有它自己的规律性。故障诊断根据对故障现象的检查和分析，揭示其中内在的规律性，从而准确地定位故障点。

这里还要重点解释一下系统维护和故障维修这两个容易混淆而又截然不同的概念。

所谓系统维护，是指定期或不定期进行的使微机系统的硬件和软件处于良好工作状态的活动，包括检查、测试、调整、优化、更换和修理等。在微机系统日常应用中，应特别重视对微机系统进行经常的或定期的检查和维护，以保证微机系统工作在合适的物理环境中；同时，通过检查测试发现某些偏差并加以调整，以使系统的软、硬件工作在最佳状态，并及时发现可能出现故障的环节，以便事先采取措施，保证系统稳定、可靠地运行。

故障维修是指在微机系统硬件发生故障之后，通过检查某些部件的机械、电气性能，修理更换已失效的可换部件，使微机系统功能恢复的手段和过程。一般故障维修是在诊断的基础上进行的，当微机出现故障时，应首先对系统进行检测和分析，并确定故障的具体位置和产生原因，进而排除因故障造成的系统差错，使微机的功能恢复并正常运行。

13.1.1　微机故障的检测原则

(1) 进行维修判断须从最简单的事情做起。简单的事情，一方面指观察，另一方面是指简捷的环境。观察包括：

① 电脑周围的环境情况——位置、电源、连接、其他设备、温度与湿度等。

② 电脑所表现的现象、显示的内容及它们与正常情况下的异同。

③ 电脑内部的环境情况——灰尘、连接、器件的颜色、部件的形状、指示灯的状态等。

④ 电脑的软硬件配置——安装了何种硬件，资源的使用情况，使用的是何种操作系统，其上又安装了何种应用软件，硬件的设置驱动程序是何版本等。

简捷的环境包括：

① 后续将提到的最小系统。

② 在判断的环境中，仅包括基本的运行部件/软件和被怀疑有故障的部件/软件。

③ 在一个干净的系统中，添加用户的应用(硬件、软件)来进行分析判断，从简单的事情做起，有利于精力的集中，有利于进行故障的判断与定位。

一定要注意，只有通过认真的观察后，才可进行判断与维修。

(2) 根据观察到的现象，要“先想后做”。先想后做包括以下几个方面：

首先，先想好怎样做、从何处入手，再实际动手。也可以说是先分析判断，再进行维修。

其次，对于所观察到的现象，尽可能地先查阅相关的资料，看有无相应的技术要求、使用特点等，然后根据查阅到的资料，结合下面要谈到的内容，再着手维修。

最后，在分析判断的过程中，要根据自身已有的知识、经验来进行判断，对于自己不太了解或根本不了解的，一定要先向有经验的同事或技术支持工程师咨询，寻求帮助。

(3) 在大多数的电脑维修判断中，必须“先软后硬”。从整个维修判断的过程看，总是先判断是否为软件故障，先检查软件问题。当可断定软件环境是正常的时，如果故障不能消失，再从硬件方面着手检查。

(4) 在维修过程中要分清主次，即“抓主要矛盾”。在复现故障现象时，有时可能会看到一台故障机不止有一个故障现象(如启动过程中无显示，但机器也在启动，同时启动后有死机的现象等)，这时应该先判断、维修主要的故障，在修复后再维修次要故障，有时可能次要故障现象已消失了。

13.1.2　微机故障常见的检测步骤和方法

1. 清洁法

对于机房使用环境较差或使用较长时间的机器，应首先进行清洁。可用毛刷轻轻刷去主板、外设上的灰尘。如果灰尘已清扫掉或无灰尘，就进行下一步的检查。另外，由于板卡上的一些插卡或芯片采用插脚形式，因震动、灰尘等其他原因常会造成引脚氧化，接触不良。可用橡皮擦擦去表面氧化层，重新插接好后开机检查故障是否已排除。

2. 直接观察法

直接观察法即“看、听、闻、摸”。“看”即观察系统板卡的插头、插座是否歪斜，电阻、电容引脚是否相碰，表面是否烧焦，芯片表面是否开裂，主板上的铜箔是否烧断。还要查看是否有异物掉进主板的元器件之间(造成短路)，也可以看看板上是否有烧焦变色的地方，印制电路板上的走线(铜箔)是否断裂等。“听”即监听电源风扇、软/硬盘电机或寻道机构、显示器的变压器等设备的工作声音是否正常。系统发生短路故障时常常伴随着异常声响，监听可以及时发现一些事故隐患和帮助在事故发生时及时采取措施。“闻”即辨闻主机、板卡中是否有烧焦的气味，便于发现故障和确定短路所在地。“摸”即用手按压管座的活动芯片，看芯片是否松动或接触不良。另外，在系统运行时用手触摸或靠近CPU、显示器、硬盘等设备的外壳，根据其温度可以判断设备运行是否正常；用手触摸一些芯片的表面，如果发烫，则可判断该芯片损坏。

3. 拔插法

PC 系统产生故障的原因很多，主板自身故障、I/O 总线故障、各种插卡故障均可导致系统运行不正常。采用拔插维修法是确定故障在主板或I/O设备的简捷方法。该方法就是关机后将插件板逐块拔出，每拔出一块板就开机观察机器运行状态，一旦拔出某块后主板运行正常，那么故障原因就是该插件板故障或相应I/O总线插槽及负载电路故障。若拔出所有插件板后系统启动仍不正常，则故障很可能就在主板上。拔插法的另一含义是：一些芯片、板卡与插槽接触不良，将这些芯片、板卡拔出后再重新正确插入可以解决因安装接触不当引起的微机部件故障。

4. 交换法

交换法就是将同型号插件板，总线方式一致、功能相同的插件板或同型号芯片相互交换，根据故障现象的变化情况判断故障所在的方法。若交换后故障现象变化，则说明交换的芯片中有一块是坏的，可进一步通过逐块交换来确定部位。如果能找到相同型号的微机部件或外设，使用交换法可以快速判定是否是元件本身的质量问题。交换法也可以用于以下情况：没有相同型号的微机部件或外设，但有相同类型的微机主机，则可以把微机部件或外设插接到该同型号的主机上判断其是否正常。

5. 比较法

运行两台或多台相同或相类似的微机，根据正常微机与故障微机在执行相同操作时的不同表现可以初步判断故障产生的部位。

6. 敲击法

用手指轻轻敲击机箱外壳，有可能解决因接触不良或虚焊造成的故障问题，然后可进一步检查故障点的位置并排除之。

7. 升温/降温法

人为升高微机运行环境的温度，可以检验微机各部件(尤其是CPU)的耐高温情况，从而及早发现事故隐患。人为降低微机运行环境的温度，如果微机的故障出现率大为减少，说明故障出在高温或不能耐高温的部件中，此举可以帮助缩小故障诊断范围。事实上，升温/降温法采用的是故障促发原理，即通过制造故障出现的条件来促使故障频繁出现，以观察和判断故障所在的位置。

8. 测试法

随着各种集成电路的广泛应用，焊接工艺越来越复杂，同时，随机硬件技术资料较缺乏，仅靠硬件维修手段往往很难找出故障所在。而通过随机诊断程序、专用维修诊断卡或根据各种技术参数(如接口地址)自编专用诊断程序来辅助硬件维修，则可达到事半功倍之效。程序测试法的原理就是用软件发送数据、命令，通过读线路状态及某个芯片(如寄存器)状态来识别故障部位。此法往往用于检查各种接口电路故障及具有地址参数的各种电路。但此法应用的前提是CPU及总线基本运行正常，能够运行有关诊断软件，能够运行安装于

I/O 总线插槽上的诊断卡等。编写的诊断程序要严格、全面、有针对性，能够让某些关键部位出现有规律的信号，能够对偶发故障进行反复测试并能显示和记录出错情况。软件诊断法要求具备熟练的编程技巧，熟悉各种诊断程序与诊断工具(如 debug、DM 等)，掌握各种地址参数(如各种 I/O 地址)以及电路组成原理等，尤其要掌握各种接口单元正常状态的各种诊断参考值，这是有效运用软件诊断法的前提和基础。

13.1.3　故障检测处理流程

微机系统故障检测处理流程如图 13-1 所示。如果遇到微机故障可以此作为参考。

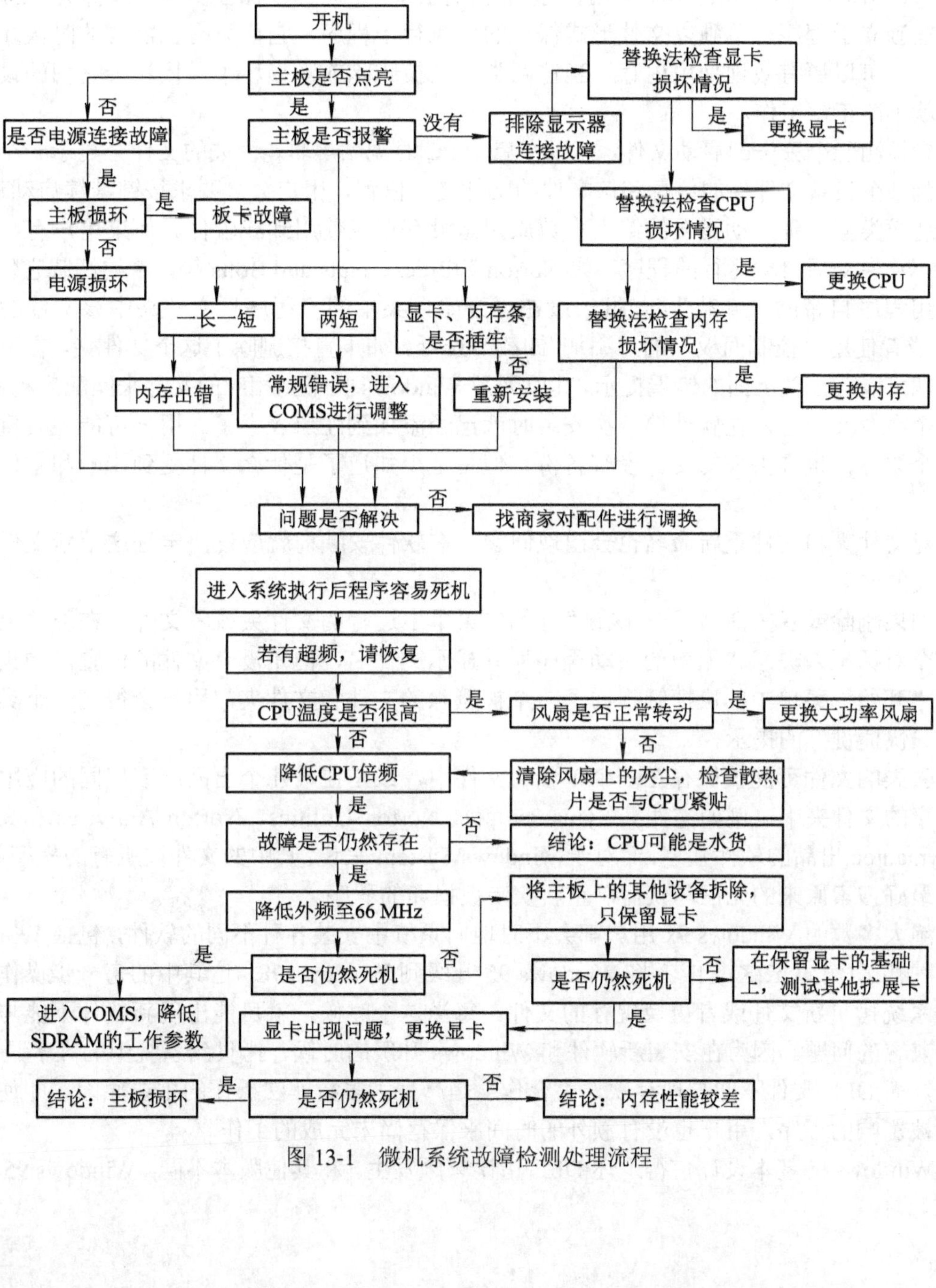

图 13-1　微机系统故障检测处理流程

13.2　微机软件故障的分析和排查

微机出现软件故障的原因有很多，如版本不匹配、内存冲突、内存耗尽等。可以仔细研究一下每种情况发生的原因，看看怎样检测和避免。

每次启动计算机和运行程序的时候，都会牵涉上百个文件，绝大多数文件是一些虚拟设备驱动程序(Virtual x Driver，VxD)以及和应用程序非常依赖的动态链接库(Dynamic Link Library，DLL)。VxD 允许多个应用程序同时访问同一个硬件并保证不会引起冲突；DLL 则是一些独立于程序、单独以文件形式保存的可执行子程序，它们只有在需要的时候才会调入内存，可以更有效地使用内存。当这两类文件被删除或者损坏了，依赖于它们的设备和文件就不能正常工作。

要检测一个丢失的启动文件，可以在启动 PC 时观察屏幕，丢失的文件会显示一个“不能找到某个设备文件”的信息和该文件的文件名、位置，用户会被要求按键继续启动进程。

造成类似这种启动错误的绝大多数原因是没有正确使用卸载软件。如果用户有一个在 Windows 启动后自动运行的程序，如 Norton Utilities、Nuts and Bolts 等，希望卸载它们，应该使用程序自带的“卸载”选项(一般在“开始”菜单的“程序”文件夹中该文件的选项里)，或者使用“控制面板”的“添加/卸载”选项。如果直接删除了这个文件夹，在下次启动后就可能会出现上面的错误提示。其原因是 Windows 找不到相应的文件来匹配启动命令，而这个命令实际上是在软件第一次安装时就已经添加到注册表中了。用户可能需要重新安装这个软件，也许丢失的文件没有备份，但是至少知道了是什么文件受到影响和它们来自哪里。

对文件夹和文件重新命名也会出现问题，在软件安装前就应该决定好这个新文件所在文件夹的名字。

如果删除或者重命名了一个在“开始”菜单中运行的文件夹或者文件，在屏幕上会出现一个对话框，提示“无效的启动程序”并显示文件名，但是没有文件的位置。如果桌面或者“开始”菜单中的快捷键指向了一个被删除的文件和文件夹，用户会得到一个类似的“丢失快捷键”的提示。

丢失的文件可能被保存在一个单独的文件中，或是在被几个出品厂家相同的应用程序所共享的文件夹中，例如文件夹\Symantec 就被 Norton Utilities、Norton Antivirus 和其他一些 Symantec 出品的软件共享，而对于\windows\System 来说，其中的文件被所有的程序共享。此时最好搜索原来的光盘和软盘，重新安装被损坏的程序。

绝大多数的 Windows 9x 用户都会不时地向系统中安装各种不同的软件，包括 Windows 的各种补丁(例如 Y2K)，或者将 Windows 95 升级到 Windows 98，这其中的每一步操作都需要向系统拷贝新文件或者更换现存的文件。每当这个时候，就可能出现新软件不能与现存软件兼容的问题。因为在安装新软件和 Windows 升级的时候，拷贝到系统中的大多是 DLL 文件，而 DLL 文件不能与现存软件“合作”是产生大多数非法操作的主要原因。即使快速关闭被影响的程序，用户也没有额外的时间来保存尚未完成的工作。

Windows 的基本设计使得上述 DLL 错误频频发生。和其他版本不同，Windows 95 允许多个文件共享\Windows\System 文件夹中的所有文件，例如可以有多个文件使用同一个 Whatnot.dll。而不幸的是，同一个 DLL 文件的不同版本可能分别支持不同的软件，很多软件都坚持安装适合它自己的 Whatnot.dll 版本来代替以前的。如果运行了一个需要原来版本的 DLL 的程序，就会出现“非法操作”的提示。

在安装新软件之前，先备份\Windows\System 文件夹的内容，可以将 DLL 错误出现的概率降低。既然大多数 DLL 错误发生的原因在此，那么保证 DLL 运行安全就是必要的。而绝大多数新软件在安装时也会观察现存的 DLL，如果需要置换新的，会给出提示，一般可以保留新版并标明文件名，以免出现问题。

绝大多数卸载软件也可以用来监视安装，这些监视记录可以保证在以后的卸载时更加准确，另外用户也可以知道哪些文件被修改了。如果提供备份功能，可以保存旧版本的文件和安装过程中被置换的文件。

Windows 98 和 Windows 95 有所不同，它在将 Windows 升级和安装新软件时自动备份被置换的文件。如果在Windows 98安装后出现问题，可以使用Version Conflict Manager(VCM)查看哪些文件被改变了，可以从 Windows 98 的备份中将原来的版本恢复出来，而 VCM 可以从“开始”菜单、附件、系统工具或者安装 Windows 98 的光盘中寻找。

另一个避免出现 DLL 引起的非法操作的办法是不同时运行不同版本的同一个软件，即使已为新版本软件准备了另一个新文件夹，但如果一定要同时使用两个版本，就会出现非法错误信息。

非法操作会让很多用户觉得很迷惑，如果仔细研究的话就会发现很多情况下软件才是引起此类问题的根本原因。每当有非法操作信息出现时，相关的程序和文件都会和错误类型显示在一起。在 Windows 3.1 中可能是一般保护性错误(GPF)，一般是由于有两个软件同时使用了内存的同一个区域，但是即使知道原因也无法避免这一类错误。

用户可以通过错误信息列出的程序和文件来研究错误起因，因为错误信息并不直接指出实际原因。如果给出的是“未知”信息，可能数据文件已经损坏，此时可以看看有没有备份或者厂家是否有文件修补工具。

如果是 Microsoft 的软件，可以将程序名和错误信息作为关键字在 Microsoft 的站点进行搜索。例如到微软的基本知识站点 http://support.microsoft.com/search 中输入“Windows XP 的非法操作输入”，可以找到多个文档，说明可能产生的原因。也可以将文件名、错误操作和比较准确的原因作为关键字进行输入，例如搜寻 Windows XP、非法操作和 kernel32.dll 三项，就只会返回 9 条信息。

从微软的站点返回的信息大约是 DLL 错误、软件的 BUG、在低端 RAM 运行或者是磁盘空间等问题，具体的弥补方法会因为问题的不同而有所区别，例如下载并安装软件的补丁、卸载并重新安装特定的程序，或者不要同时运行某些程序等。

计算机还会出现蓝屏故障。要确定出现蓝屏的原因需要仔细检查错误信息，很多蓝屏发生在安装了新软件以后，是新软件和现行的 Windows 设置发生冲突直接引起的。

出现蓝屏的真正原因不容易搞清楚，最好的办法是把错误信息保留下来，然后用“blue screen”和文件名、“fatal exception”代码到微软的站点搜索，以便确定原因。但是，即使是一个特定的软件被破坏，蓝屏也不能确定引起问题的文件是什么。如果在蓝屏上显示了多个信息，那么首先应该搜索第一条。

很多蓝屏可以用改变 Windows 设置的方法来解决。大多数情况下需要下载安装一个更新的驱动程序，因为一些蓝屏与版本有关。可以通过查看 Windows 9x 的设备管理程序确定 Windows 版本信息。

在程序打开和关闭之间都会消耗资源，一些在程序打开时被占用的资源在程序关闭时可以被恢复，但并不都是这样，一些程序在运行时可能导致 GDI(图形界面)和 USER(用户)资源丧失，这就是为什么在机器运行一段时间以后最好重新启动一次补充资源的原因。绝大多数用户希望在出现非法操作或者蓝屏之前能够被提示资源占用严重的情况。Windows 带有一个资源测量仪(打开“开始”菜单，选择程序→附件→系统工具)，可以将其放置在工具栏上，实时显示关于 GDI、USER 和一些系统资源的占用情况。

防止软件故障的五个注意事项：

(1) 在安装一个新软件之前，考察一下它与系统的兼容性。

(2) 在安装一个新的程序之前需要保护已经存在的被共享使用的 DLL 文件，防止在安装新文件时被其他文件覆盖。

(3) 在出现非法操作和蓝屏的时候仔细研究提示信息并分析原因。

(4) 随时监测系统资源的占用情况。

(5) 使用卸载软件删除已安装的程序。

13.3 微机硬件故障的分析和排查

电脑是由各种部件组合而成的。下面，就根据组成电脑的各个部件分别对其经常出现的故障进行分析。

1. 主板

主板是整个电脑的关键部件，如果主板产生故障，将会影响到整个 PC 系统的工作。有关主板的故障主要有：

(1) 开机无显示。电脑开机无显示，首先我们要检查的就是 BIOS。主板的 BIOS 中存储着重要的硬件数据，同时 BIOS 也是主板中比较脆弱的部分，极易受到损坏，一旦受损就会导致系统无法运行。出现此类故障一般是因为主板 BIOS 被 CIH 病毒破坏(当然也不排除因主板本身故障导致系统无法运行)。一般 BIOS 被病毒破坏后硬盘里的数据将全部丢失，所以可以通过检测硬盘数据是否完好来判断 BIOS 是否被破坏。如果硬盘数据完好无损，那么还有三种原因会造成开机无显示的现象：

① 因为主板扩展槽或扩展卡有问题，导致插上诸如显卡等扩展卡后主板没有响应而无显示。

② 免跳线主板在 CMOS 里设置的 CPU 频率不对，也可能会引发开机无显示故障。对此，只要清除 CMOS 即可予以解决。清除 CMOS 的跳线一般在主板的锂电池附近，其默认位置一般为 1、2 短路，只要将其改跳为 2、3 短路几秒钟即可解决问题。对于以前的老主板，如果用户找不到该跳线，只要将电池取下，待开机显示进入 CMOS 设置后再关机，将电池装上去，亦可达到 CMOS 放电之目的。

③ 主板无法识别内存、内存损坏或者内存不匹配也会导致开机无显示的故障。某些老

的主板比较挑剔内存，一旦插上主板无法识别的内存，主板就无法启动，甚至某些主板连故障提示(鸣叫)也不给出。当然有时为了扩充内存以提高系统性能，插上了不同品牌、不同类型的内存，同样会导致此类故障的出现。因此在检修时，应多加注意。

对于主板 BIOS 被破坏的故障，我们可以插上 ISA 显卡看有无显示(如有提示，可按提示步骤操作即可)。倘若没有开机画面，可以自己做一张自动更新 BIOS 的软盘，重新刷新 BIOS。但有的主板的 BIOS 被破坏后，软驱根本就不工作，此时，可用写码器将 BIOS 更新文件写入 BIOS 里面(可找有此服务的电脑商解决比较安全)。

(2) CMOS 设置不能保存。此类故障一般是由于主板电池电压不足造成的，对此予以更换即可。但有的主板电池更换后同样不能解决问题，此时有两种可能：

① 主板电路问题，对此要找专业人员维修。

② 主板 CMOS 跳线问题。有时候因为错误地将主板上的 CMOS 跳线设为清除选项，或者设置成外接电池，使得 CMOS 数据无法保存。

(3) 在 Windows 下安装主板驱动程序后出现死机或光驱读盘速度变慢。在一些杂牌主板上有时会出现此类现象，将主板驱动程序装完后，重新启动计算机后不能以正常模式进入 Windows XP 桌面，而且该驱动程序在 Windows XP 下不能被卸载。如果出现这种情况，建议找到最新的驱动程序并重新安装，问题一般都能够解决。如果实在不行，就只能重新安装系统。

(4) 安装 Windows 或启动 Windows 时鼠标不可用。出现此类故障的软件原因一般是由于 CMOS 设置错误引起的。在 CMOS 设置的电源管理栏有一项 Modem Use IRQ 项目，其选项分别为 3、4、5、……、NA，一般默认选项为 3，将其设置为 3 以外的中断项即可。

(5) 电脑频繁死机，在进行 CMOS 设置时也会出现死机现象。在 CMOS 里发生死机现象，一般是因为主板或 CPU 有问题。如果按以下方法不能解决故障，那就只有更换主板或 CPU 了。

出现此类故障一般是由于主板的 Cache 有问题或主板设计散热不良引起。对于主板散热不够好而导致该故障的现象，在死机后触摸 CPU 周围的主板元件，发现其温度非常烫手。在更换大功率风扇之后，死机故障得以解决。对于 Cache 有问题的故障，可以进入 CMOS 设置，将 Cache 禁止后即可顺利解决问题。当然，Cache 禁止后运行速度肯定会受到影响。

(6) 主板 COM 口或并行口、IDE 口失灵。出现此类故障一般是由于用户带电插拔相关硬件造成的，此时用户可以用多功能卡代替，但在代替之前必须先禁止主板上自带的 COM 口与并行口(有的主板连 IDE 口都要禁止方能正常使用)。

2. 显卡

有关显卡的故障主要有：

(1) 开机无显示。此类故障一般是因为显卡与主板接触不良或主板插槽有问题造成的。对于一些带集成显卡的主板，如果显存共用主内存，则需注意内存条的位置。一般在第一个内存条插槽上应插有内存条。由于显卡原因造成的开机无显示故障，开机后一般会发出一长两短的蜂鸣声(对于 AWARD BIOS 显卡而言)。

(2) 显示花屏，看不清字迹。此类故障一般是由于显示器或显卡不支持高分辨率而造成的。花屏时可切换启动模式到安全模式，再在 Windows XP 下进入显示设置，在 16 色状态下点选“应用”、“确定”按钮，之后重新启动，在 Windows XP 系统正常模式下删掉显卡驱动程序，重新启动计算机即可。也可不进入安全模式，在纯 DOS 环境下，编辑 System.ini 文件，将 display.drv=pnpdrver 改为 display.drv=vga.drv 后，存盘退出，再在 Windows 里更新驱动程序。

(3) 颜色显示不正常。出现此类故障一般有以下原因：

① 显示卡与显示器信号线接触不良。

② 显示器自身故障。

③ 某些软件运行时颜色不正常，一般常见于老式机，在 BIOS 里有一项校验颜色的选项，将其开启即可。

④ 显卡损坏。

⑤ 显示器被磁化。此类现象一般是由于显示器与有磁场的物体过分接近所致，磁化后还可能会引起显示画面出现偏转的现象。

(4) 死机。出现此类故障一般是由于主板与显卡的不兼容或主板与显卡接触不良；显卡与其他扩展卡不兼容也会造成死机。

(5) 屏幕出现异常杂点或图案。此类故障一般是由于显卡的显存出现问题或显卡与主板接触不良造成的。需清洁显卡金手指部位或更换显卡。

(6) 显卡驱动程序丢失。显卡驱动程序载入，运行一段时间后驱动程序自动丢失，此类故障一般是由于显卡质量不佳或显卡与主板不兼容(使得显卡温度太高)，从而导致系统运行不稳定或出现死机，此时只有更换显卡。

此外，还有一类特殊情况，以前能载入显卡驱动程序，但在显卡驱动程序载入后，进入 Windows 时出现死机。对此，可更换其他型号的显卡，在载入其驱动程序后，重新恢复或重新安装操作系统即可。

3. 内存

内存是电脑中最重要的配件之一，它的作用毋庸置疑。内存最常见的故障有：

(1) 开机无显示。出现此类故障一般是因为内存条与主板内存插槽接触不良，只要用橡皮擦来回擦拭其金手指部位即可解决(不要用酒精等清洗)；还有就是内存损坏或主板内存槽有问题也会造成此类故障。

由于内存条原因造成开机无显示故障，主机扬声器一般都会长时间蜂鸣(针对 AWARD BIOS 而言)。

(2) Windows 注册表经常无故损坏，提示要求用户恢复。此类故障一般都是因为内存条质量不佳引起的，很难予以修复，只能更换。

(3) Windows 经常自动进入安全模式。此类故障一般是由于主板与内存条不兼容或内存条质量不佳引起的，常见于高频率的内存用于某些不支持此频率内存条的主板上，可以尝试在 CMOS 设置中降低内存读取速度，如若不行，那就只有更换内存条了。

(4) 随机性死机。此类故障一般是由于采用了几种不同芯片的内存条，而各内存条速度不同，产生一个时间差，从而导致死机，对此可以尝试在 CMOS 设置中降低内存速度，如若不行，唯有使用同型号内存。还有一种可能就是内存条与主板不兼容，此类现象一般少见。另外也有可能是内存条与主板接触不良引起电脑随机性死机。

(5) 内存加大后系统资源反而降低。此类现象一般是由于主板与内存不兼容引起的，常见于高频率的内存条用于某些不支持此频率的内存条的主板上，当出现这样的故障后可以试着在 COMS 中将内存的速度设置得低一点。

(6) 运行某些软件时经常出现内存不足的提示。此现象一般是由于系统盘剩余空间不足造成的，可以删除一些无用文件，多留一些空间，一般保持在 300 M 左右为宜。

(7) 从硬盘引导安装 Windows 进行到检测磁盘空间时，系统提示内存不足。此类故障一般是由于用户在 config.sys 文件中加入了 emm386.exe 文件造成的，只要将其屏蔽掉即可解决问题。

4. 硬盘

硬盘是负责存储文件的仓库，硬盘的故障如果处理不当，往往会导致系统无法启动和数据的丢失。硬盘的常见故障有：

(1) 系统不认硬盘。系统从硬盘无法启动，从 A 盘启动也无法进入 C 盘，使用 CMOS 中的自动检测功能也无法发现硬盘的存在。这种故障大都出现在连接电缆或 IDE 端口上，硬盘本身故障的可能性不大，可通过重新进行替换试验，发现故障的所在。如果新接上的硬盘也不被接受，一个常见的原因就是硬盘上的主从跳线有问题。如果一条 IDE 硬盘线上接有两个硬盘设备，就要分清楚主从关系。

(2) 硬盘无法读写或不能辨认。这种故障一般是由于 CMOS 设置故障引起的。CMOS 中的硬盘类型正确与否直接影响硬盘的正常使用。现在的机器都支持“IDE Auto Detect”的功能，可自动检测硬盘的类型。当硬盘类型错误时，有时无法启动系统，有时虽能够启动，但会发生读/写错误。比如 CMOS 中的硬盘类型小于实际的硬盘容量，则硬盘后面的扇区将无法读写，如果是多分区状态则个别分区将丢失。还有一个重要的故障原因是，目前的 IDE 都支持逻辑参数类型，硬盘可采用“Normal，LBA，Large”等，如果在一般的模式下安装了数据，而又在 CMOS 中改为其他的模式，则会发生硬盘的读/写错误故障，因为其映射关系已经改变，将无法读取原来的正确硬盘位置。

(3) 系统无法启动。造成这种故障的原因通常有以下四种：

① 主引导程序损坏。

② 分区表损坏。

③ 分区有效位错误。

④ DOS 引导文件损坏。

如果是 DOS 引导文件损坏，可用启动盘引导后，向系统传输一个引导文件就可以了。主引导程序损坏和分区有效位损坏一般也可以用 FDISK/MBR 强制覆写解决。分区表损坏就比较麻烦了，因为无法识别分区，系统会把硬盘作为一个未分区的裸盘处理，因此造成一些软件无法工作。不过有个简单的方法——使用 Windows 2000。找个装有 Windows 2000 的系统，把受损的硬盘挂上去，开机后，由于 Windows 2000 为了保证系统硬件的稳定性会对新接上去的硬盘进行扫描，而 Windows 2000 的硬盘扫描程序 CHKDSK 对于因各种原因损坏的硬盘都有很好的修复能力，因此扫描完后基本上也修复了硬盘。

分区表损坏还有一种形式，这里姑且称之为“分区映射”，具体的表现是出现一个和活动分区一样的分区。这里的“一样”是指文件结构、内容、分区容量都一样。假如在任意区对分区内容作了变动，都会在另一处体现出来，好像是映射的影子一样。这种问题不影响使用，不修复的话也不会有事，但要修复时，只有采用 Ghost 覆盖和用 NORTON 的拯救盘。

(4) 硬盘出现坏道。当使用 Windows 系统自带的磁盘扫描程序扫描硬盘的时候，系统提示说硬盘可能有坏道，其实，这些坏道大多是逻辑坏道，是可以修复的。首先我们应该重新使用各品牌硬盘自己的自检程序进行完全扫描。注意，别选快速扫描，因为它只能查出大约 90%的问题。如果检查的结果是“成功修复”，那可以确定是逻辑坏道，只要将硬盘重新格式化就可以了。但为了防止格式化可能出现的丢弃现象(因为簇号上已经作了标记表明是坏簇，格式化程序可能没有检查就接受了这个“现实”，于是丢弃该簇)，最好还是重分区，使用如 IBM DM 之类的软件，或者 Ghost 覆盖都可以，只是这两个方案都多多少少会损失些数据。

(5) 硬盘容量与标称值明显不符。一般来说，硬盘格式化后容量会小于标称值，但此差距绝不会超过 20%，如果两者差距很大，则应该在开机时进入 BIOS 设置，在其中根据硬盘作合理设置。如果还不行，则说明可能是主板不支持大容量硬盘。此时可以尝试下载最新的主板 BIOS 并进行刷新。此种故障多在大容量硬盘与较老的主板搭配时出现。另外，由于突然断电等原因使 BIOS 设置产生混乱也可能导致这种故障的发生。

(6) 无论使用什么设备都不能正常引导系统。这种故障一般是由于硬盘被病毒的“逻辑锁”锁住造成的。中了“逻辑锁”之后，无论使用什么设备都不能正常引导系统，甚至软盘、光驱、挂双硬盘都一样没有任何作用。

“逻辑锁”的上锁原理。“逻辑锁”修改了正常的主引导分区记录，将扩展分区的第一个逻辑盘指向自己，使得 DOS 在启动时查找到第一个逻辑盘后，查找下个逻辑盘时总是找到自己，这样一来就形成了死循环。碰到“逻辑锁”后，请依照下面几种比较简单和安全的方法处理：

① 准备一张启动盘，然后在其他正常的机器上使用二进制编辑工具(推荐 UltraEdit)修改软盘上的 IO.SYS 文件(修改前先将该文件的属性改为正常)，具体是在这个文件里搜索第一个“55AA”字符串，找到以后修改为任何其他数值即可。用这张修改过的系统软盘就可以顺利地带着被锁的硬盘启动了。不过这时该硬盘正常的分区表已经被破坏，无法用“Fdisk”来删除和修改分区，可以用 DiskMan 等软件恢复或重建分区即可。

② 因为 DM 是不依赖于主板 BIOS 来识别硬盘的硬盘工具，就算在主板 BIOS 中将硬盘设为“NONE”，DM 也可识别硬盘并进行分区和格式化等操作，所以也可以利用 DM 软件为硬盘解锁。首先将 DM 拷贝到一张系统盘上，接上被锁硬盘后开机，按“Del”键进入 BIOS 设置，将所有 IDE 接口设为“NONE”并保存后退出，然后用软盘启动系统，系统即可“带锁”启动，因为此时系统根本就等于没有硬盘。启动后运行 DM，会发现 DM 可以识别出硬盘，选中该硬盘进行分区格式化就可以了。这种方法简单方便，但是有一个致命的缺点，就是硬盘上的数据无法保留。

(7) 开机时硬盘无法自举，系统不认硬盘。这种故障往往是最令人感到可怕的。产生这种故障的主要原因是硬盘主引导扇区数据被破坏，表现为硬盘主引导标志或分区标志丢失。这种故障的罪魁祸首往往是病毒，它将错误的数据覆盖到了主引导扇区中。市面上一些常见的杀毒软件都提供了修复硬盘的功能，大家不妨一试。但若手边无此类工具盘，则可尝试将全 0 数据写入主引导扇区，然后重新分区和格式化，其方法如下：用一张干净的 DOS 启动盘启动计算机，进入 A:\>后输入以下命令(括号内为注释)：

```
A:\>DEBUG(进入 DEBUG 程序)
－F 100 3FF0(将数据区的内容清为 0)
－A 400(增加下面的命令)
MOV AX, 0301
MOV BX, 0100
MOV CX, 0001
MOV DX, 0080
INT 13
INT 03
－G=400(执行对磁盘进行操作的命令)
－Q(退出 DEBUG 程序)
```

用这种方法一般能使硬盘复活，但由于要重新分区和格式化，里面的数据就无法保留了。以上是硬盘在日常使用中的一些常见故障及解决方法，希望能对大家有所启发。如果硬盘的故障相当严重并且不能用上述的一些方法处理时，则很可能是机械故障。由于硬盘的结构相当复杂，所以不建议用户自己拆卸，而应求助于专业人员予以维修。

5. 鼠标

鼠标的故障分析与维修比较简单，大部分故障为接口或按键接触不良、断线、机械定位系统脏污所引起，少数故障为鼠标内部元器件或电路虚焊所引起(这主要存在于某些劣质产品中，其中尤以发光二极管、IC 电路损坏居多)。鼠标的常见故障有：

(1) 找不到鼠标。主要原因可能是：

① 鼠标彻底损坏，需要更换鼠标。

② 鼠标与主机连接的串口或 PS/2 口接触不良。

③ 主板上的串口或 PS/2 口损坏，这种情况很少见，如果是这种情况，只好去更换一个主板或使用多功能卡上的串口。

④ 鼠标线路接触不良，这种情况是最常见的。接触不良的点多在鼠标内部的电线与电路板的连接处。故障只要不是在 PS/2 接头处，一般维修起来不难。解决方法是将鼠标打开，使用电烙铁将焊点焊好。还有一种情况就是鼠标线内部接触不良，这是由于老化引起的，这种故障通常难以查找，更换鼠标是最快的解决方法。

(2) 鼠标能显示，但无法移动。鼠标的灵活性下降，鼠标指针不像以前那样随心所欲，而是反应迟钝，定位不准确，或干脆不能移动了。这种情况主要是因为鼠标里的机械定位滚动轴上积聚了过多污垢而导致传动失灵。维修的重点放在鼠标内部的 X 轴和 Y 轴的传动机构上。解决方法是，打开胶球锁片，将鼠标滚动球卸下来，用干净的布蘸上中性洗涤剂对胶球进行清洗，对摩擦轴等可用酒精进行擦洗。最好在轴心处滴上几滴缝纫机油，但一定要仔细，不要流到摩擦面和码盘栅缝上。

(3) 鼠标按键失灵。有以下两种情况：

① 鼠标按键无动作，这可能是因为鼠标按键和电路板上的微动开关距离太远或点击开

关经过一段时间的使用其反弹能力下降。拆开鼠标，在鼠标按键的下面黏上一块厚度适中的塑料片，厚度要根据实际需要确定，处理完毕后即可使用。

② 鼠标按键无法正常弹起，这可能是因为按键下方微动开关中的碗形接触片断裂引起的。如果是三键鼠标，那么可以将中间的那一个键拆下来应急。如果是品质好的原装名牌鼠标，则可以拆开微动开关，细心清洗触点，上一些润滑脂，装好后即可使用。

6. 键盘

键盘在使用过程中的故障表现形式是多种多样的，原因也是多方面的，有接触不良故障，有按键本身的机械故障，还有逻辑电路故障以及虚焊、假焊、脱焊和金属孔氧化等故障。维修时要根据不同的故障现象进行分析判断，找出产生故障的原因，进行相应的修理。键盘的常见故障有：

(1) 键盘上的键，如空格键、回车键不起作用，有时需按很多次才输入一个或两个字符，有的键，如回车键按下后不再弹起，屏幕上光标连续移动，此时键盘上其他字符不能输入，需再按一次才能弹起来。

这种故障为键盘的“卡键”故障，主要由以下两个原因造成：一个原因就是键帽下面的插柱位置偏移，使得键帽按下后与键体外壳卡住不能弹起而造成了卡键，此原因多发生在新键盘或使用不久的键盘上；另一个原因就是按键长久使用后，复位弹簧的弹性变得很差，弹片与按杆之间的摩擦力变大，不能使按键弹起而造成卡键，此种原因多发生在长久使用的键盘上。当键盘出现卡键故障时，可将键帽拨下，然后按动按杆。若按杆弹不起来或乏力，则是由第二种原因造成的，否则为第一种原因所致。若是由于键帽与键体外壳卡住的原因造成“卡键”故障，则可在键帽与键体之间放一个垫片，该垫片可用稍硬一些的塑料(如废弃的软磁盘外套)做成，其大小等于或略大于键体尺寸，并且在按杆通过的位置开一个可使铵杆自由通过的方孔，将其套在按杆上后，插上键帽。用此垫片阻止键帽与键体卡住，即可修复故障按键。若是由于弹簧疲劳，弹片阻力变大的原因造成卡键故障，可将键体打开，稍微拉伸复位弹簧使其恢复弹性，再取下弹片将键体恢复，以减少按杆弹起的阻力。

(2) 某些字符不能输入。若只有某一个键值不能输入，则可能是该按键失效或焊点虚焊。检查时，按照上面叙述的方法打开键盘，用万用表电阻挡测量接点的通断状态。若键按下时始终不导通，则说明按键簧片疲劳或接触不良，需要修理或更换；若键按下时接点通断正常，说明可能是因虚焊、脱焊或金屑孔氧化所致，可沿着印制线路逐段测量，找出故障进行重焊；若因金属孔氧化而失效，可将氧化层清洗干净，然后重新焊牢；若金属孔完全脱落而造成断路，则需加焊引线进行连接。

(3) 有多个既不在同一列，也不在同一行的按键都不能输入。可能是列线或行线某处断路，也可能是逻辑门电路产生故障。这时可用 100 MHz 的高频示波器进行检测，找出故障器件的虚焊点，然后进行修复。

(4) 键盘输入与屏幕显示的字符不一致。此种故障可能是由于电路板上产生短路现象造成的，其表现是按这一键却显示为同一列的其他字符，此时可用万用表或示波器进行测量，确定故障点后进行修复。

(5) 按下一个键产生一串字符，或按键时字符乱跳。这种现象是由逻辑电路故障造成的。

先选中某一列字符，若是不含回车键的某行某列，有可能产生多个其他字符现象；若是含回车键的一列，将会产生字符乱跳且不能最后进入系统的现象。用示波器检查逻辑电路芯片，找出故障芯片后更换为同型号的新芯片，即可排除故障。

7. 光驱

光驱是电脑硬件中使用寿命最短的配件之一。其常见故障有：

(1) 光驱工作时硬盘灯始终闪烁。这是一种假象，实际上并非如此。硬盘灯闪烁是因为光驱与硬盘同接在一个 IDE 接口上，光盘工作时也控制了硬盘灯的闪烁。

(2) 在 Windows 环境下对 CD-ROM 进行操作时显示“32 磁盘访问失败”，然后死机。很显然，Windows 的 32 位磁盘存取对 CD-ROM 有一定的影响。CD-ROM 大多接在硬盘的 IDE 接口上，不支持 Windows 的 32 位磁盘存取功能，使 Windows 产生了内部错误而死机。进入 Windows 后，在“主群组”中双击“控制面板”，进入“386 增强模式”设置，单击“虚拟内存”按钮后再单击“更改”，把左下角的“32 位磁盘访问”核实框关闭。确认后，重启动 Windows，在 Windows 中再访问 CD-ROM 时就不会出错了。

(3) 光驱无法正常读盘，屏幕上显示“驱动器 X 上没有磁盘，插入磁盘再试”，或“CDR101:NOT READY READING DRIVE X ABORT .RETRY.FALL?”偶尔进/出盒几次也都读盘，但不久后又不读盘。

在此情况下，应先检测病毒，用杀毒软件对整机进行查杀毒。如果没有发现病毒，可用文件编辑软件打开 C 盘根目录下的“CONFIG.SYS”文件，查看其中是否又挂上光盘驱动程序及驱动程序是否被破坏，并进行处理。还可用文本编辑软件查看“AUTOEXEC.BAT”文件中是否有“MSCDEX.EXE/D:MSCDOOO /M:20/V”。若以上两步都未发现问题，可拆卸光驱维修。

(4) 光驱使用时出现读/写错误或无盘提示。这种现象大部分是在换盘时还没有就位就对光驱进行操作所引起的故障。对光驱的所有操作都必须等光盘指示灯显示为就位时才可进行。在播放影碟时也应将时间调到零时再换盘，这样就可以避免上述错误。

(5) 在播放电影 VCD 时出现画面停顿或破碎现象。检查一下“AUTOEXEC.BAT”文件中的“SMARTDRV”是否放在“MSCDEX.EXE”之后。若是，则应将 SMARTDRV 语句放到 MSCDEX.EXE 之前；不使用光驱的高速挡程序，改为 SMARTDRV.EXE/U，故障即可排除。

(6) 光驱在读数据时，有时读不出，并且读盘的时间变长。光驱读不出盘的硬件故障主要集中在激光头组件上，且可分为两种情况：一种是使用太久造成激光管老化；另一种是光电管表面太脏或激光管透镜太脏及位移变形。所以在对激光管功率进行调整时，还需对光电管和激光管透镜进行清洗。

光电管及聚焦透镜的清洗方法是：拔掉连接激光头组件的一组扁平电缆，记住方向，拆开激光头组件，这时能看到护套罩着激光头聚焦透镜，去掉护套后会发现聚焦透镜由四根细铜丝连接到聚焦、寻迹线圈上，光电管组件安装在透镜正下方的小孔中；用细铁丝包上棉花蘸少量蒸馏水擦拭(不可用酒精擦拭光电管和聚焦透镜表面)，并看看透镜是否水平悬空正对激光管，否则须适当调整。至此，清洗工作完毕。

调整激光头功率的方法是：在激光头组件的侧面有一个像十字螺钉的小电位器。用色笔记下其初始位置，一般先顺时针旋转 5°～10°，装机试机不行后再逆时针旋转 5°～10°，直到能顺利读盘。注意切不可旋转太多，以免功率太大而烧毁光电管。

(7) 开机检测不到光驱或者检测失败。这有可能是由于光驱数据线接头松动、硬盘数据线损毁或光驱跳线设置错误引起的。遇到这种问题的时候，首先应该检查光驱的数据线接头是否松动，如果发现没有插好，就将其重新插好、插紧。如果这样仍然不能解决故障，那么可以找来一根新的数据线换上试试。这时候如果故障依然存在的话，就需要检查一下光盘的跳线设置了，如果有错误，将其更改即可。

8. 打印机

在办公室中，喷墨打印机是使用得较为普通的一种设备。喷墨打印机由于使用、保养、操作不当等原因经常会出现一些故障，如何解决是用户关心的问题。在此我们将日常工作中的常见故障及处理方法总结出来，希望对大家有所帮助。

(1) 打印时墨迹稀少，字迹无法辨认。该故障多数是由于打印机长期未用或其他原因，造成墨水输送系统障碍或喷头堵塞。

排除的方法：如果喷头堵塞得不是很厉害，那么直接执行打印机上的清洗操作即可。如果多次清洗后仍没有效果，则可以拿下墨盒(对于墨盒喷嘴非一体的打印机，需要拿下喷嘴，但需要仔细)，把喷嘴放在温水中浸泡一会。注意，一定不要把电路板部分也浸在水中，否则后果不堪设想。用吸水纸吸走喷嘴上沾着的水滴，装上后再清洗几次就可以了。

(2) 更换新墨盒后，打印机在开机时面板上的“墨尽”灯亮。正常情况下，当墨水已用完时“墨尽”灯才会亮。更换新墨盒后，打印机面板上的“墨尽”灯还亮，一是有可能墨盒未装好，另一种可能是在关机状态下自行拿下旧墨盒，更换上新的墨盒。因为重新更换墨盒后，打印机将对墨水输送系统进行充墨，而这一过程在关机状态下将无法进行，使得打印机无法检测到重新安装上的墨盒。另外，有些打印机对墨水容量的计量是使用打印机内部的电子计数器来进行计数的(特别是在对彩色墨水使用量的统计上)，当该计数器达到一定值时，打印机判断墨水用尽。而在墨盒更换过程中，打印机将对其内部的电子计数器进行复位，从而确认安装了新的墨盒。

解决方法：打开电源，将打印头移动到墨盒更换位置。将墨盒安装好后，让打印机进行充墨，充墨过程结束后，故障排除。

(3) 喷头软性堵头堵塞的处理。软性堵头堵塞指的是因种种原因造成墨水在喷头上黏度变大所致的断线故障。一般用原装墨水盒经过多次清洗就可恢复，但这样的方法太浪费墨水。最简单的办法是利用空墨盒来进行喷头的清洗。用空墨盒清洗前，先要用针管将墨盒内残余的墨水尽量抽出，越干净越好，然后加入清洗液(配件市场有售)。加注清洗液时，应在干净的环境中进行。将加好清洗液的墨盒按打印机正常的操作上机，不断按打印机的清洗键对其进行清洗。利用墨盒内残余墨水与清洗液混合的淡颜色进行打印测试，正常之后换上好墨盒就可以使用了。

(4) 打印机清洗泵嘴的故障处理。打印机清洗泵嘴出毛病是较多的，也是造成堵头的主要因素之一。打印机清洗泵嘴对打印机喷头的保护起决定性作用。喷头小车回位后，要由清洗泵嘴对喷头进行弱抽气处理，以对喷头进行密封保护。在打印机安装新墨盒或喷嘴有断线时，机器下端的抽吸泵要对喷头进行抽气。在实际使用中，泵嘴的性能及气密性会因时间的延长、灰尘及墨水在泵嘴的残留凝固物增加而降低。如果使用者不对其经常进行检查或清洗，它会使你的打印机喷头不断出些故障。

养护此部件的方法：将打印机的上盖卸下移开小车，用针管吸入纯净水对泵嘴进行冲洗，特别要对嘴内镶嵌的微孔垫片进行充分清洗。在此要特别提醒用户，清洗此部件时，千万不能使用乙醇或甲醇，这样会造成此组件中镶嵌的微孔垫片溶解变形。另外要提醒的是，喷墨打印机要尽量远离高温及灰尘的工作环境，只有良好的工作环境才能保证机器长久正常的使用。

(5) 检测墨线正常而打印精度明显变差的处理。喷墨打印机在使用中会因使用的次数及时间的延长而使打印精度逐渐变差。喷墨打印机的喷头也是有寿命的。一般一只新喷头从开始使用到寿命完结，如果不出什么故障，也就是 20～40 个墨盒的用量寿命。如果打印机已使用很久，现在的打印精度变差，可以用更换墨盒的方法来试试，如果换了几个墨盒，其输出打印的结果都一样，那么就要更换这台打印机的喷头了。如果更换墨盒以后有变化，说明可能使用的墨盒中有质量较差的非原装墨水。

如果打印机是新的，打印的结果却不能令人满意，经常出现打印线段不清晰、文字图形歪斜、文字图形外边界模糊、打印出墨控制同步精度差，这说明可能买到的是假墨盒或者使用的墨盒是非原装产品，应当对其立即更换。

(6) 行走小车错位碰头的处理。喷墨打印机行走小车的轨道是由两只粉末合金铜套与一根圆钢轴的精密结合来滑动完成的。虽然行走小车上设计安装有一片含油毡垫以补充轴上的润滑油，但因我们生活的环境中到处都有灰尘，时间一久，会因空气的氧化、灰尘的破坏使轴表面的润滑油老化而失效。这时如果继续使用打印机，就会因轴与铜套的摩擦力增大而造成小车行走错位，直至碰撞车头造成无法使用。

解决的办法是：一旦出现此故障应立即关闭打印机电源，用手将未回位的小车推回停车位。找一小块海绵或毡，放在缝纫机油里浸饱油，用镊子夹住在主轴上来回擦。最好是将主轴拆下来，洗净后上油，这样的效果最好。

另一种小车碰头是因为器件损坏所致。打印机小车停车位的上方有一只光电传感器，它是向打印机主板提供打印小车复位信号的重要元件。此元件如果因灰尘太大或损坏，打印机的小车会因找不到回位信号而碰到车头，导致无法使用，一般出此故障时需要更换器件。

9. 声卡

声卡常见故障有：

(1) 声卡无声。出现这种故障常见的原因有：

① 驱动程序默认输出为“静音”。单击屏幕右下角的声音小图标(小喇叭)，出现音量调节滑块，下方有“静音”选项，单击前边的复选框，清除框内的对号，即可正常发音。

② 声卡与其他插卡有冲突。解决办法是调整 PnP 卡所使用的系统资源，使各卡互不干扰。有时，打开“设备管理”，虽然未见黄色的惊叹号(冲突标志)，但声卡就是不发声，其实也是因为存在冲突，只是系统没有检查出来。

③ 安装了 Direct X 后声卡不能发声了，说明此声卡与 Direct X 兼容性不好，需要更新驱动程序。

④ 一个声道无声。检查声卡到音箱的音频线是否有断线。

(2) 声卡发出的噪音过大。出现这种故障常见的原因有：

① 插卡不正。由于机箱制造精度不够高、声卡外挡板制造或安装不良导致声卡不能与主板扩展槽紧密结合，目视可见声卡的“金手指”与扩展槽簧片有错位。这种现象在ISA卡或PCI卡上都有，属于常见故障。一般可用钳子校正。

② 有源音箱输入接在声卡的Speaker输出端。有源音箱应接在声卡的Line out端，它输出的信号没有经过声卡上的功放，噪声要小得多。有的声卡上只有一个输出端，是Line out还是Speaker要靠卡上的跳线决定，厂家的默认方式常是Speaker，所以要拔下声卡调整跳线。

③ Windows自带的驱动程序不好。在安装声卡驱动程序时，要选择“厂家提供的驱动程序”，而不要选“Windows默认的驱动程序”。如果用“添加新硬件”的方式安装，要选择“从磁盘安装”而不要从列表框中选择。如果已经安装了Windows自带的驱动程序，可选“控制面板→系统→设备管理→声音、视频和游戏控制器”，点中各分设备，选“属性→驱动程序→更改驱动程序→从磁盘安装”，这时再插入声卡附带的磁盘或光盘，装入厂家提供的驱动程序。

(3) 声卡无法“即插即用”。解决方法有：

① 尽量使用新驱动程序或替代程序。例如，在Windows 98下用原驱动盘安装驱动程序怎么也装不上，只好用Creative SB16驱动程序代替，一切正常，后来升级到Windows Me，又不正常了，再换用Windows 2000(完整版)自带的声卡驱动程序才正常。

② 进入Win9xinfother目录，把关于声卡的*.inf文件统统删掉，再重新启动后用手动安装。修改注册表也能达到同样的目的。

③ 不支持PnP声卡的安装(也适用于不能用上述PnP方式安装的PnP声卡)：进入“控制面板→添加新硬件→下一步”，当提示“需要Windows搜索新硬件吗？”时，选择“否”，而后从列表中选取“声音、视频和游戏控制器”，用驱动盘或直接选择声卡类型进行安装。

(4) 播放CD无声。分以下两种情况：

① 完全无声。用Windows 98的“CD播放器”放CD无声，但“CD播放器”又工作正常，这说明是光驱的音频线没有接好。使用一条4芯音频线连接CD-ROM的模拟音频输出和声卡上的CD-in即可，此线在购买CD-ROM时会附带。

② 只有一个声道出声。一般光驱输出口左右两线为信号，中间两线为地线。由于音频信号线的4条线颜色一般不同，可以从线的颜色上找到一一对应的接口。若声卡上只有一个接口或每个接口与音频线都不匹配，只好改动音频线的接线顺序，通常只把其中2条线对换即可。

(5) PCI声卡出现爆音。一般是因为PCI显卡采用的Bus Master技术，放大了对挂在PCI总线上的硬盘、鼠标等操作时的背景噪声的缘故。解决方法：关掉PCI显卡的Bus Master功能，换成AGP显卡，将PCI声卡换到插槽上。

(6) 无法正常录音。首先检查麦克风是否错插到其他插孔中了；其次，双击小喇叭，选择选单上的“属性→录音”，看看各项设置是否正确；接下来在“控制面板→多媒体→设备”中调整“混合器设备”和“线路输入设备”，把它们设为“使用”状态。如果“多媒体→音频”中“录音”选项是灰色的，可以在“添加新硬件→系统设备”中添加“ISA Plug

and Play bus”，把声卡随卡工具软件安装后重新启动。

(7) 无法播放 Wav 和 Midi 音乐。不能播放 Wav 音乐的现象比较罕见，常常是由于“多媒体→设备”下的“音频设备”不止一个，禁用一个即可。无法播放 MIDI 文件的原因可能有以下 3 种：

① 早期的 ISA 声卡可能是由于 16 位模式与 32 位模式不兼容造成 MIDI 播放的不正常，通过安装软件波表的方式应该可以解决。

② 如今流行的 PCI 声卡大多采用波表合成技术，如果 MIDI 部分不能放音，则很可能因为没有加载适当的波表音色库。

③ Windows 音量控制中的 MIDI 通道被设置成了静音模式。

(8) PCI 声卡在 Windows 98 下使用不正常。有些用户反映，在声卡驱动程序安装过程中一切正常，也没有出现设备冲突，但在 Windows 98 下面就是无法出声或是出现其他故障。这种现象通常出现在 PCI 声卡上，请检查一下安装过程中把 PCI 声卡插在哪条 PCI 插槽上了。有些用户出于散热的考虑，喜欢把声卡插在远离 AGP 插槽、靠近 ISA 插槽的那几条 PCI 插槽中，问题往往就出现在这里，因为 Windows 98 有一个 Bug：有时只能正确识别插在 PCI-1 和 PCI-2 两个槽的声卡。而在 ATX 主板上紧靠 AGP 的两条 PCI 才是 PCI-1 和 PCI-2(在一些 ATX 主板上恰恰相反，紧靠 ISA 的是 PCI-1)，所以如果没有把 PCI 声卡安装在正确的插槽上，就会产生问题。

10. Modem

Modem 常见故障有：

(1) 56 K 的 Modem 不能达到 56 K。这个问题可以从以下几方面考虑：

① 实际的 56 K Modem 最高速度只能达到 53 K 左右，考虑各种影响，56 K Modem 的速度一般在 45～53 K 之间。

② 电话线路在很大程度上影响着 Modem 的传输速度。如果电话线路质量不好、线路电压不稳，56 K 的 Modem 就达不到 56 K。另外，使用分机上网也会影响上网速度。

③ 未安装正确的驱动程序。

④ 和 ISP 使用的协议不同。只有 Modem 和 ISP 协议相同时，Modem 才会达到 56 K 的标准。

排除以上原因，56 K Modem 的速度仍远远低于 53 K，那就是 Modem 硬件问题，可以考虑更换或送修了。

(2) Modem 经常掉线。产生掉线问题可能有以下几种原因：

① 电话线路质量不好。

② 若数据终端就绪(DTR)信号无效持续的时间超过 Modem 的默认设置值，就会引起掉线。

③ 如果电话具有“呼叫等待”这一程控电话新功能，每当有电话打进来，调制解调器就会受到干扰而断开。

④ 另外，Modem 本身的质量以及不同 Modem 间的兼容性问题也是引起 Modem 掉线的一个普遍存在的原因。

(3) Modem 无拨号音。当在夜深人静的时候上网时，为了不使拨号音影响别人睡眠，可以通过适当的 AT 命令来改变：用 ATM0 设置 Modem 无拨号音，而 ATM1 设置 Modem 从拨号到连接时有拨号音。对于音量的选择可以通过以下指令改变：ATL0(低音量)，ATL1(低音量)，ATL2(中音量)，ATL3(高音量)。

(4) 传真速率达不到 14 400 kb/s。Modem 的最大传真速率是 14 400 kb/s，而发传真时速率只有 9600 kb/s。这是因为大部分传真机的发送和接收速率都是 9600 kb/s，只有使用速率是 14 400 kb/s 或是 33 600 kb/s 的传真机，Modem 的传真速率才会达到 14 400 kb/s。

(5) Modem 无法拨号或连接。如果没有正确安装 Modem，通信功能将无法正常工作。下列过程列出了如何验证 Modem 与 Windows 的通信程序安装了不兼容的驱动程序文件。安装了不兼容的驱动程序文件可能会导致 COM 端口和 Modem 工作不正常，所以应该首先检查是否加载了正确的 Windows 98 文件。

① 检验现有的通信文件。

- 将 System 目录中的 COMM.DRV 和 SERIAL.VXD 文件与 Windows 95 软盘或光盘中的原版文件进行比较，检查文件的大小和日期是否相同。
- 确认在 System.ini 文件中有[boot]Comm.drv=Comm.drv[386enh]device=*vcd。
- 在“控制面板”中运行“添加新硬件”向导，检测和安装 Windows 98 驱动程序。注意：Windows 98 在 System.ini 中不加载 SERIAL.VXD 驱动程序，而是使用注册命令来加载它。另外，在 System.ini 中也没有与*VCD 相关的文件。这些文件被内置于 VMM32.VXD 中。

② 检验调制解调器的配置。在“控制面板”中双击“调制解调器”图标，验证调制解调器的制造商和型号，运行“安装新调制解调器”向导，检测调制解调器并确认当前配置是否正确。如果调制解调器未出现在已安装的调制解调器列表中，请单击“添加”，然后选择合适的调制解调器。如果制造商和类型不正确，并且在列表中没有设备制造商及类型，请试着用“通用调制解调器”中的“与 Hayes 兼容”选项，设置为调制解调器支持的最大波特率，并单击“确定”按钮。再在排除冲突列表中删除所有的调制解调器条目。

③ 检查调制解调器是否处于可以使用的状态。在“控制面板”中双击“系统”图标，然后单击“设备管理”标签，在列表中选择调制解调器并单击“属性”，确认是否选中“设备已存在，请使用”。

④ 检查端口的正确性。在“控制面板”中双击“调制解调器”图标，选择调制解调器，然后单击“属性”，在“通用”标签上检验列出的端口是否正确。如果不正确，请选择正确的端口，然后单击“确定”。

⑤ 确认串口的 I/O 地址和 IRQ 设置是否正确。在“控制面板”中双击“系统”图标，单击“设备管理”标签，再单击“端口”，选取一个端口，然后单击“属性”，单击“资源”标签显示该端口的当前资源设置，请参阅调制解调器的手册以找到正确的设置。在“资源”对话框中，检查“冲突设备列表”以查看调制解调器使用的资源是否与其他设备发生冲突。如果调制解调器与其他设备发生冲突，请单击“更改设置”，然后单击未产生资源冲突的配置。

注意：如果 COM1 上有鼠标器或其他设备，请不要在 COM3 上使用调制解调器。通常 COM1 和 COM3 端口使用同样的 IRQ，并且在多数计算机上不能同时使用。COM2 和 COM4 也有同样的问题。如果可能的话，请更改 COM3 和 COM4 端口的 IRQ 设置，使它们不再冲突。另外，有一些显卡的地址也和 COM4 端口冲突，如果发现冲突，请使用其他端口或者更换图形适配器。

⑥ 检验端口设置。在“控制面板”上双击“调制解调器”图标，选择调制解调器，然后单击“属性”，在出现的菜单中单击“连接”标签以便检查当前端口设置，例如波特率、数据位、停止位和校验。

⑦ 检验调制解调器波特率。在“控制面板”中双击“调制解调器”，选择一种调制解调器，然后单击“属性”，单击“通用”标签，然后将波特率设置为正确速率。

注意：如果呼叫的主系统在原先设置的波特率下无法通信，那么有时降低波特率可能会解决问题。

11. 刻录机

刻录机的常见故障有：

(1) 安装刻录机后无法启动电脑。首先切断电脑供电电源，打开机箱外壳检查 IDE 线是否完全插入，并且要保证 PIN-1 的引脚位置正确连接。如果刻录机与其他 IDE 设备共用一条 IDE 线，需保证两个设备不能同时设定为“MA”(Master)或“SL”(Slave)方式。

(2) 使用模拟刻录成功，实际刻录却失败。刻录机提供的“模拟刻录”和“刻录”命令的差别在于是否打出激光光束，而其他的操作都是完全相同的，也就是说，“模拟刻录”可以测试源光盘是否正常，硬盘转速是否够快，剩余磁盘空间是否足够等刻录环境的状况，但无法测试待刻录的盘片是否存在问题和刻录机的激光读写头功率与盘片是否匹配等。有鉴于此，模拟刻录成功，而真正刻录失败，说明刻录机与空白盘片之间的兼容性不是很好，可以采用如下两种方法来重新试验一下：

① 降低刻录机的写入速度，建议 2X 以下。

② 更换另外一个品牌的空白光盘进行刻录操作。出现此种现象的另外一个原因就是激光读写头功率衰减，如果使用相同品牌的盘片刻录，在前一段时间内均正常，则很可能与读写头功率衰减有关，可以送有关厂商维修。

(3) 无法复制游戏 CD。一些大型的商业软件或者游戏软件，在制作过程中，对光盘的盘片做了保护，所以在进行光盘复制的过程中，会出现无法复制，导致刻录过程发生错误，或者复制以后无法正常使用的情况发生。

(4) 刻录的 CD 音乐不能正常播放。并不是所有的音响设备都能正常读取 CD-R 盘片，大多数 CD 机都不能正常读取 CD-RW 盘片的内容，所以最好不要用刻录机来刻录 CD 音乐。另外，还需要注意的是，刻录的 CD 音乐必须符合 CD-DA 文件格式。

(5) 刻录光盘过程中，有时会出现“Buffer Under run”的错误提示信息。“Buffer Under run”错误提示信息的意思为缓冲区欠载。一般在刻录过程中，待刻录数据需要由硬盘经过 IDE 界面传送给主机，再经由 IDE 界面传送到刻录机的高速缓存中(Buffer Memory)，最后刻录机把存储在 Buffer Memory 里的数据信息刻录到 CD-R 或 CD-RW 盘片上。这些动作都必须是连续的，绝对不能中断。如果其中任何一个环节出现了问题，都会造成刻录机无法正常写入数据，并出现缓冲区欠载的错误提示，进而是盘片报废。解决的办法就是，在刻录之前需要关闭一些常驻内存的程序，比如关闭光盘自动插入通告，关闭防毒软件、Window 任务管理、计划任务程序和屏幕保护程序等。

(6) 刻录光盘过程中，经常会出现刻录失败。提高刻录成功率需要保持系统环境单纯，即关闭后台常驻程序，最好为刻录系统准备一个专用的硬盘，专门安装与刻录相关的软件。在刻录过程中，最好把数据资料先保存在硬盘中，制作成“ISO 镜像文件”，然后再刻入光盘。为了保证刻录过程数据传送更流畅，需要经常对硬盘碎片进行整理，避免发生因文件无法正常传送而造成刻录中断的错误。可以通过执行“磁盘扫描程序”和“磁盘碎片整理程序”来进行硬盘整理。此外，在刻录过程中，不要运行其他程序，甚至连鼠标和键盘也不要轻易去碰。刻录使用的电脑最好不要与其他电脑联网。在刻录过程中，如果系统管理员向本机发送信息，会影响刻录效果。另外，在局域网中，不要使用资源共享。如果在刻录过程中，其他用户读取本地硬盘，会造成刻录工作中断或者失败。除此以外，还要注意刻录机的散热问题，良好的散热条件会给刻录机一个稳定的工作环境，如果因为连续刻录，刻录机发热量过高，可以先关闭电脑，等温度降低以后再继续刻录。针对内置式刻录机最好在机箱内加上额外的散热风扇。外置式刻录机要注意防尘、防潮，以免造成激光头读写不正常。

(7) 使用 EasyCDPro 刻录无法识别中文目录名。在使用 EasyCDPro 刻录中文文件名的时候，只要在文件名选项中选取 Romeo，就可以支持长达 128 位，即 64 个汉字的文件名了。另外，WinonCD、Nero、DirectCD2.x 等都能很好地支持长中文文件名， EasyCDCreator 在这方面要稍微麻烦一些。

12. 显示器

显示器用的时间长了，各种小毛病就会接踵而来。专家认为，要解决这些小毛病实际上很简单，用一双眼睛就可以看出故障的所在。显示器常见故障有：

(1) 电脑刚开机时显示器的画面抖动得很厉害，有时甚至连图标和文字也看不清，但过一二分钟之后就会恢复正常。这种现象多发生在潮湿的天气，是显示器内部受潮的缘故。要彻底解决此问题，可将食品包装中的防潮砂用棉线串起来，然后打开显示器的后盖，将防潮砂挂于显像管管颈尾部靠近管座附近。这样，即使是在潮湿的天气里，也不会再出现以上的“毛病”。

(2) 电脑开机后，显示器只闻其声不见其画，漆黑一片，要等上几十分钟以后才能出现画面。这是显像管座漏电所致，须更换管座。拆开后盖可以看到显像管尾的一块小电路板，管座就焊在电路板上。小心拔下这块电路板，再焊下管座，到电子商店买回一个同样的管座，然后将管座焊回到电路板上。这时不要急于将电路板装回去，要先找一小块砂纸，很小心地将显像管尾后突出的管脚用砂纸擦拭干净，特别是要注意管脚上的氧化层，如果擦得不干净很快就会旧病复发。将电路板装回去就大功告成。

(3) 显示器屏幕上总有挥之不去的干扰杂波或线条，而且音箱中也有令人讨厌的杂音。这种现象多半是电源的抗干扰性差所致。如果懒得动手，可以更换一个新的电源。如果有足够的动手能力，也可以试着自己更换电源内的滤波电容，往往就能奏效；如果效果不太明显，可以将开关管一并换下来。

(4) 显示器花屏。这个问题大多是显卡引起的。如果是新换的显卡，则可能是卡的质量不好或不兼容，再有就是还没有安装正确的驱动程序。如果是旧卡而加了显存的话，则有可能是新加进的显存和原来的显存型号参数不一致所致。

(5) 显示器黑屏。如果因显卡损坏或显示器断线等原因造成没有信号传送到显示器，则显示器的指示灯会不停地闪烁提示没有接收到信号。要是将分辨率设得太高，超过显示器的最大分辨率也会出现黑屏，重者烧毁显示器。但现在的显示器都有保护功能，当分辨率超出设定值时会自动保护。另外，硬件冲突也会引起黑屏。

小　结

本章主要介绍了微机软/硬件故障检测及维修的一些原则、步骤和方法。通过对本章的学习，读者应能提高对计算机软/硬件方面故障排查的能力。

思 考 题

1. 微机故障检测的原则有哪些？
2. 简述微机故障的检测步骤和方法。
3. 微机故障可分为哪几种？各有何特点？如何排查？

第14章　实验指导

实验1　计算机整机组装

1. 实验目的与要求

(1) 通过计算机整机组装过程了解计算机整机的组成。

(2) 学会正确使用常用维护工具。

(3) 认识计算机内部部件。

(4) 熟悉正确的计算机整机组装过程。

2. 实验设备及平台

(1) 电脑操作台、十字螺丝刀、一字螺丝刀、尖嘴钳、CPU 散热硅胶。

(2) AMD 和 Intel 平台的整机部件(不低于 P4 配置)各一套或多套。

3. 实验内容与步骤

(1) 机箱准备：拆下 5 英寸槽口面板(光驱位置)，拆下 3 英寸硬盘和软盘固定架，拆下主板固定底板，安装机箱电源。

(2) 主板准备：将 CPU、CPU 风扇、内存条及 CPU 风扇电源线安装到主板上。

(3) 主板安装：将主板对准机箱底板的固定孔，并将主板上的键盘、鼠标、并行、串行等接口对齐机箱背面预留的口位，用螺丝将主板固定在机箱底板的固定孔上。

(4) 板卡接插：拆下机箱背面的板卡挡片，将各种板卡(声卡、显卡、内置 Modem、网卡)接插至 PCI 或 AGP(显示卡)槽。

(5) 驱动器安装：将光驱、硬盘、软驱分别安装到固定支架上并固定在机箱上。

(6) 内部线路连接：将光驱、硬盘、软驱信号线及电源线连接好，主板电源线连接好，各散热风扇电源线连接好，机箱面板小线(Speaker\PWR SW\RST SW\HDD LED\POWER LED 等)和主板对应跳针连接好。如果有光驱至声卡音频线(CD 输出)，则也要连接好。前置 USB 接口和主板对应跳针连接好。

(7) 外部线路连接：将键盘、鼠标接到各自接口，将显示器信号线接到显卡的 VGA 接口，并固定好螺丝，将显示器电源连接好，将有源音箱连接至声卡的 LINE OUT 端，最后连接好主机箱电源。

(8) 通电试验：检查连接是否正确正常，最后通电检查。

实验2　BIOS 参数设置

1. 实验目的与要求

(1) 了解 BIOS 的含义及 BIOS 参数设置的主要作用。

(2) 掌握BIOS参数设置的基本操作方法。

(3) 熟悉BIOS主要参数的设置方法。

2. 实验设备及平台

(1) 电脑操作台。

(2) 不同版本的BIOS芯片的主板若干。

(3) P4计算机整机一套或多套。

3. 实验内容与步骤

(1) 进入BIOS设置程序：根据开机画面提示，按相应按键(如Del或F2)进入BIOS设置程序主界面。

(2) 标准参数设置：将光标移到Standard BIOS Features选项上，按回车键，观察其窗口组成，对日期、硬盘参数等进行修改设置。

(3) 高级参数设置：将光标移到Advanced BIOS Features选项上，按回车键，观察其窗口组成，对启动顺序、按键频率等进行修改设置。

(4) 设置和取消密码：将光标移到Set Supervisor Password选项上，按回车键，设置管理员密码。取消密码时只要在Enter Password下直接按回车即可。

(5) 保存设置退出：将光标移到Save & Exit Setup选项，按回车，输入“Y”，回车。

实验3　硬盘分区及格式化

1. 实验目的与要求

(1) 掌握硬盘分区的概念和方法。

(2) 掌握硬盘高级格式化的操作方法。

2. 实验设备及平台

(1) 电脑操作台。

(2) P4计算机整机一套或多套。

(3) 包含Fdisk、Format程序的启动U盘或启动光盘1张或多张。

(4) 硬盘为空。

3. 实验内容与步骤

(1) 硬盘分区。

① 用启动U盘或启动光盘启动计算机。在A:\>下输入Fdisk命令，进入Fdisk分区主界面。

② 创建主分区：在Fdisk Options窗口下的“Enter Choice:[1]”中输入1，按回车，再在Create DOS Partition or logical DOS Drive窗口下的“Enter Choice:[1]”中输入1，创建主DOS分区。

③ 创建扩展分区：在Create DOS Partition or logical DOS Drive窗口下的“Enter Choice:[1]”中输入2，按回车，创建扩展DOS分区。

④ 设置活动分区：在Fdisk Options窗口下的“Enter Choice:[1]”中输入2，按回车，

在 Enter the … to make active …[1]中输入 1，表示将主 DOS 分区设置为活动分区。

⑤ 建立逻辑分区：在 Enter logical … of disk space (%)… [***]中输入第一逻辑分区的容量，如 20 000(2 GB)。再在 Enter logical … of disk space (%)… [***]中输入第二逻辑分区的容量，如 20 000(2 GB)。这时已将硬盘分出两个逻辑分区。按 Esc 键返回 Fdisk Options 窗口。

⑥ 查看分区信息：在 Fdisk Options 窗口下的“Enter Choice:[1]”中输入 4，按回车，可以查看已建立好的 DOS 分区。

⑦ 删除分区：在 Fdisk Options 窗口下的“Enter Choice:[1]”中输入 3，按回车，可以删除已建立好的主 DOS 分区、扩展分区、逻辑分区等。

(2) 高级格式化硬盘。

① 用 Fdisk 分区程序完成硬盘分区后，退出分区程序并用启动软盘(或 U 盘、光盘)重新启动计算机。

② 在 A:\>提示下输入 format c:并回车，格式化 C 盘。

③ 在“Proceed with Format(Y/N)?”提示下输入 Y，按回车。

④ 格式化完成后，在“Volume Label(…)?”提示下输入 C 盘卷标，即给 C 盘起一个名字(最多由 11 个 ASCII 字符组成)。

实验 4　安装操作系统及设备驱动

1. 实验目的与要求

(1) 了解操作系统的安装过程和步骤。

(2) 了解操作系统的特点。

(3) 了解设备驱动程序的作用及安装驱动程序的方法。

2. 实验设备及平台

(1) 电脑操作台。

(2) P4 计算机一套或多套。

(3) Windows 98\Windows 2000\Windows Me\Windows XP 安装启动光盘若干。

(4) 保存设备驱动程序的光盘或软盘。

3. 实验内容与步骤

1) 安装操作系统

(1) 安装 Windows 98 操作系统。

① 用 Windows 98 启动软盘、U 盘或光盘启动计算机。将 Windows 98 安装光盘放入光驱中，将光标切换到光盘目录下，输入 Setup 并按回车。

② 屏幕提示 Windows 98 安装程序窗口，用鼠标点击“继续[C]”按钮。

③ 在 Windows 98 安装程序向导窗口中选择安装路径，然后单击“下一步”按钮。

④ 在安装程序选项中选择“典型安装”，然后单击“下一步”按钮。

⑤ 选择安装常用组件，单击“下一步”按钮。

⑥ 输入计算机名、工作组、计算机说明，然后单击“下一步”按钮。

⑦ 按屏幕提示制作 Windows 98 启动软盘，然后单击“下一步”按钮。

⑧ 在用户信息窗口中输入姓名、公司名，然后单击“下一步”按钮。

⑨ 在许可协议窗口中选“接受协议项”，然后单击“下一步”按钮。

⑩ 输入 Windows 产品密钥，单击“完成”按钮。

⑪ 重新启动计算机，完成 Windows 98 的安装。

(2) 安装 Windows XP 操作系统。

① 将 Windows XP 安装光盘放入光驱，计算机会自动进入安装界面。

② 观察屏幕显示信息。

③ 在“欢迎使用安装程序”窗口下按回车键。

④ 选安装 Windows XP。

⑤ 按下 F8 键同意安装协议。

⑥ 选择安装 Windows XP 所在的分区。如果硬盘没有分区，可以创建分区。

⑦ 选择分区文件系统格式，如 NTFS 或 FAT。

⑧ 观察屏幕显示信息。

⑨ 进行“区域和语言选项”，可以使用默认值，直接单击“下一步”按钮。

⑩ 输入用户姓名和单位，然后单击“下一步”按钮。

⑪ 输入产品密钥，单击“下一步”按钮。

⑫ 输入计算机系统管理员密码并确认密码，单击“下一步”按钮。

⑬ 设置计算机的当前日期和时间，单击“下一步”按钮。

⑭ 观察屏幕信息。

⑮ 在网络设置中选“典型设置”，然后单击“下一步”按钮。

⑯ 输入计算机工作组。

⑰ 观察屏幕信息。

⑱ 在选择与 Internet 连接方式时，可单击“跳过(s)”按钮。

⑲ 在选择是否要激活 Windows XP 时，先选“否”，单击“下一步”按钮。

⑳ 输入用户账户名，然后单击“下一步”按钮。

㉑ 单击“完成”按钮。

2) 设备驱动程序的安装

在这里只介绍 Windows XP 系统下设备驱动程序的安装，其他 Windows 系统的驱动安装操作类似。

(1) 安装显卡。

在桌面上的空白处单击鼠标右键——选择“属性”——在“显示属性”窗口中单击“设置”选项卡——单击“高级”按钮——单击“适配器”选项卡——单击“更改”按钮——在“升级设备驱动程序向导”窗口中单击“下一步”按钮——再单击“下一步”按钮——选定驱动程序所在的路径——取消“搜索软盘驱动器”选项——单击“下一步”按钮——单击“下一步”按钮，这时屏幕提示“Windows 已经安装了此硬件设备的升级驱动程序”——单击“完成”按钮——最后单击“是”按钮重新启动计算机，这样就完成了显卡驱动程序的安装。

(2) 安装声卡。

用鼠标右击“我的电脑”——选择“属性”——在“系统属性”窗口中单击“设备管理器”选项卡——在树状目录中选中“其他设备”下的“PCI Multimedia Audio Device”

——单击“属性”按钮——在“PCI Multimedia Audio Device 属性”窗口中选“驱动程序”选项卡——单击“升级驱动程序”按钮——在“升级设备驱动程序向导”窗口中单击“下一步”按钮——再单击“下一步”按钮——选定驱动程序所在的路径名——单击“下一步”按钮——单击“下一步”按钮——单击“完成”按钮——单击“关闭”按钮——单击“确定”按钮，这时在屏幕的右下方就会出现小喇叭的图标。这样就完成了声卡驱动程序的安装。

(3) 安装调制解调器(Modem)。

先关闭计算机，将 Modem 安装到计算机串口 COM1 上，接通 Modem 电源，打开计算机。用鼠标选中“开始”菜单——选中“设置”下的“控制面板”——双击“调制解调器”图标——在“安装新的调制解调器”窗口下单击“下一步”按钮——单击“下一步”按钮——再单击“下一步”按钮——在位置信息窗口中输入所在地区的电话区号，如果是分机，要输入外线号——单击“下一步”按钮——单击“完成”按钮，这时完成计算机对 Modem 的检测——在“添加新硬件向导”下单击“下一步”按钮——单击“下一步”按钮——选择驱动程序所在路径——取消“搜索软盘驱动器”选项——单击“下一步”按钮——单击“完成”按钮，这时屏幕上又会出现一个“添加新硬件向导”界面，这是要求安装 Modem 拨号声音驱动程序，单击“下一步”按钮——单击“下一步”按钮——单击“下一步”按钮——单击“下一步”按钮——最后单击“完成”按钮，即完成了 Modem 驱动程序的安装。

(4) 安装网卡。

用鼠标右击“我的电脑”——选择“属性”——在“系统属性”窗口中单击“设备管理器”选项卡——在树状目录中选中“其他设备”下的“PCI Ethernet Controller”——单击“属性”按钮——在“PCI Ethernet Controller 属性”窗口中选“驱动程序”选项卡——单击“升级驱动程序”按钮——在“升级设备驱动程序向导”窗口中单击“下一步”按钮——再单击“下一步”按钮——选定驱动程序所在的路径名——单击“下一步”按钮——单击“下一步”按钮——单击“完成”按钮——最后单击“是”按钮重新启动计算机，这时屏幕上出现了一个“网上邻居”图标，这说明已完成了网卡的安装。

安装网卡驱动程序后还要设置网卡参数才能连接局域网。可以在“网上邻居”图标上单击右键，选择“属性”，在“网络”窗口中添加所需要的网络协议、IP 地址等。

(5) 安装打印机。

先关闭计算机，将打印机通过打印数据线连接到计算机并口上，接通打印机电源，打开计算机。用鼠标单击“我的电脑”——选择“属性”——在“系统属性”窗口中单击“设备管理器”选项卡——单击“刷新”按钮——单击“确定”按钮，这时只要计算机自带打印机驱动程序，就可以自动安装打印机驱动程序。安装打印机后，选中“控制面板”中的“打印机”图标，就可以看到所安装的打印机型号。

实验 5　常用维护软件的使用

1. 实验目的与要求

(1) 掌握最典型的病毒查杀软件的使用。

(2) 掌握 Windows 操作系统所提供的一些维护软件的使用。

2. 实验设备及平台

(1) 电脑操作台。

(2) P4 计算机一套或多套。

(3) Windows XP 或 Windows 2000 操作系统平台。

(4) 安装好瑞星杀毒软件等。

3. 实验内容与步骤

(1) 瑞星杀毒软件。

① 双击桌面上的瑞星杀毒软件图标，启动瑞星杀毒主程序；

② 在窗口左边选择查杀目标；

③ 点击窗口下方的“立即杀毒”按钮进行病毒查杀；

④ 观察病毒查杀结果。

(2) Windows 操作系统维护软件。

① 磁盘扫描程序。在“开始”菜单中选“程序→附件→系统工具→磁盘扫描程序”；在“磁盘扫描程序”窗口中单击“高级”按钮；在“磁盘扫描高级选项”窗口中设置磁盘扫描选项；单击“确定”按钮；在“磁盘扫描程序”窗口中选中要查错的驱动器盘符和扫描类型；单击“开始”按钮。

② 磁盘碎片整理程序。在“开始”菜单中选“程序→附件→系统工具→磁盘碎片整理程序”；在“选择驱动器”对话框中选中要整理的驱动器；单击“确定”按钮；在“整理驱动器”窗口中单击“显示资料”按钮。

③ 注册表编辑器。在“开始”菜单的“运行”对话框输入 regedit 程序名，打开注册表编辑器窗口；在注册表中添加子键；重命名子键；删除子键；在注册表中添加子键的键值；重命名键值，删除键值名；注册表导入和导出。

小　结

本章重点介绍了计算机维护所涉及的几个实验，教学时可根据实际硬件及软件条件选择性地在各章节中穿插讲解。

参 考 文 献

[1] 王爱英. 计算机组成与结构. 北京：清华大学出版社，2001.
[2] 瓮正科. 计算机维护技术. 2 版. 北京：清华大学出版社，2001.
[3] 张林国，杜飞明. 计算机结构与硬件技术. 北京：高等教育出版社，2003.
[4] 邓志华. 计算机系统组装与维护技术. 北京：中国水利水电出版社，2003.
[5] 冯国聪，等. 计算机外设安装维护实用教程. 北京：冶金工业出版社，2005.
[6] 杜飞明. 计算机组装与维护. 西安：西安电子科技大学出版社，2005.
[7] 刘瑞新. 计算机实用工具软件. 3 版. 北京：机械工业出版社，2007.
[8] 徐新艳，刘益红. 计算机组装维护与维修. 北京：电子工业出版社，2008.